高等学校工程材料及机械制造基础系列教程

机械制造技术基础

江苏省高校金属工艺教学研究会组编

主　编　袁国定　朱洪海

副主编　洪荣晶

东南大学出版社

内容提要

本教材是江苏省高校金属工艺教学研究会组编的高等工科院校《工程材料及机械制造基础》系列教材之五。根据机械设计制造及其自动化专业指导委员会有关工科机械类专业和课程改革的精神及教学改革的要求，按照机械设计制造及其自动化专业对学生的培养目标和要求而编写的。

本书以机械制造工艺学为主线，精炼、综合、重组原设置过窄的专业课，内容覆盖金属切削原理、刀具、夹具及机床概论等。共6章，分别为机械制造系统和制造技术简介、机械加工工艺系统、切削过程及控制、机械加工质量、工艺过程设计和现代制造技术等。各章都编有复习思考题。全书按64课内学时编写。

本书可作为高等工业学校机械工程及自动化、机械设计制造及其自动化专业四年制本科教材，也可供过程装备与控制、机电一体化等专业选用。

图书在版编目(CIP)数据

机械制造技术基础/袁国定，朱洪海主编.—1版(修订本).
南京：东南大学出版社，2005.8(2023.7重印)
(高等学校工程材料及机械制造基础系列教程)
ISBN 978-7-81050-205-4

Ⅰ.机… Ⅱ.①袁…②朱… Ⅲ.机械制造工艺-高等学校-教材 Ⅳ.TH16

中国版本图书馆CIP数据核字(2005)第059127号

机械制造技术基础

出版发行 东南大学出版社(南京四牌楼2号 邮编210096)
网 址 http://press.seu.edu.cn
电 话 (025)83795801(发行);57711295(传真)
出 版 人 白云飞
责任编辑 施 恩(025)83790603
电子信箱 shi_en@eyou.com
经 销 江苏新华集团股份有限公司
排 版 江苏省地质测绘院
印 刷 广东虎彩云印刷有限公司
版 次 2005年7月第1版修订本 2023年7月第10次印刷
开 本 787mm×1092mm
印 张 14.5 字 数 360千字
ISBN 978-7-81050-205-4
定 价 19.00元

(凡东大版图书因印装质量问题，请直接向读者服务部调换。电话：025—83792328)

高等学校工程材料及机械制造基础系列教程

编　委　会　名　单

修订前言

本书是根据全国高等工业学校教学指导委员会第二届会议和“机械设计制造及其自动化专业教学指导委员会第四次年会”暨“工科机械类专业和课程改革研讨会”的精神及教学改革的要求，按照机械工程及自动化专业学生的培养目标与要求而编写的，从2000年第1版出版以来，受到兄弟院校机械设计制造及其自动化、机械工程及自动化专业师生的欢迎，为了跟上机械工业发展的步伐，进一步提高教学质量，我们在保持原教材特色的前提下，对其内容做了一些更新和改写。本教材修改了原教材中的一些不足和缺点；更新和增加了与现代制造技术有关的新内容，尽可能采用最新资料和技术，力求做到结构合理、内容充实、文字精炼。本书可作为高等工业学校机械设计制造及其自动化、机械工程及自动化专业四年制本科教材，也可供过程装备与控制、机电一体化等专业选用。

本书内容以机械制造工艺学为主线，覆盖金属切削原理、刀具、夹具及机床概论等，是机械设计制造及其自动化、机械工程及自动化专业的主干基础课。教材编写过程中，注意精炼、概括原设置过窄的专业课，将原来数门课程教材的主要内容与基本概念、基本理论和基本方法重新组编，既对以往的教材有一定的继承性，又体现先进制造技术的发展和专业培养要求。全书按64课内学时编写。

本课程讲授前，学生已经过金工实习的教学环节，本书对相关内容进行了必要的整合和梳理，尽量避免讲授内容的重复。考虑到学生后续选学模块不同，对涉及专业模块的基本知识，适当给予简单的介绍。

本书由江苏大学袁国定、盐城工学院朱洪海任主编，南京工业大学洪荣晶任副主编，参加编写人员还有任乃飞、华希俊、张振军。全书由金瑞琪教授主审。

本书编写大纲的拟定得到了卢秉恒教授的指导。在编写过程中，陈嘉真教授、王特典教授、卫家楣教授、王贵成教授等对编写内容提出了许多宝贵意见，在此谨致衷心谢意。本书在编写过程中，参考了有关教材、手册、资料，在成稿之前得到江苏大学许多老师的指导、支持和帮助，在此一并表示衷心的感谢。

由于编者水平有限，经验不足，对教材内容的取舍把握可能不够准确，书中缺点和错误在所难免，恳请师生、读者批评指正，以求改进。

编　者

2005年6月

目　录

绪论

1. 制造、制造业和制造技术

制造是人类按照市场需求,借助于手工或工具,运用主观掌握的知识和技能,采用有效的方法,按所需目的将制造资源(物料、能源、设备工具、资金、技术、信息和人力等),转化为可供人们使用或利用的工业品或生活消费品,并投放市场的全过程。制造活动往往形成一个系统,除加工过程外,同时还包括市场调研和预测、产品设计、选材和工艺设计、生产加工、质量保证、生产过程管理、营销、售后服务等产品寿命周期内一系列相互联系的活动。

制造业是指对原材料(采掘业的产品和农产品)进行加工或再加工以及对零部件装配的工业的总称。制造业是所有与制造有关的企业机构的总体。它涉及到国民经济的大量部门,是国民经济和综合国力的支柱产业。它一方面创造价值、生产物质财富和新的知识,另一方面为国民经济各个部门和科学技术的进步与发展提供先进的手段和装备。

制造技术是完成制造活动所需的一切手段的总和,是制造业的技术支柱。高质量的制造业必然有先进的制造技术作为后盾。制造技术的一个基本出发点就是:在充分利用现有的科学技术最新成果的基础上,优质、高效、低消耗地生产出所需要的产品来。制造技术的发展是一个国家经济持续增长的根本动力,是生产、国际经济竞争、产品革新的一种重要手段,是现代国家经济上获得成功的关键因素。为了在激烈的市场竞争中取得主动权,在世界经济中占一席之地,就必须对制造技术进行研究,不断用新技术充实并改造制造业。

2. 机械制造业在国民经济中的地位

机械制造业是为国民经济提供技术装备的工业部门。机械工业发展的规划和规模、向各部门提供的技术装备的品种、数量、质量、水平等方面是否适应需求,对整个国民经济的发展影响极大。因此,没有机械制造业的发展和振兴,就没有整个国民经济的发展和振兴。没有机械制造业提供质量优良、技术先进的技术装备,其他如新材料技术、信息技术、生物工程技术等各项新技术的发展就会受到制约。强大的机械制造业的生产力,是整个社会生产力蓬勃发展的基础。国民经济的发展速度,在很大程度上取决于机械制造业技术水平的高低和发展速度。制造业是国家的立国之本,没有发达的制造业,就不可能有国家的真正繁荣和富强。

机械制造业是重要的基础工业。根据对各工业国家统计,制造业产值占其国民经济总收入相当大的比重,美国68%的财富来源于制造业;在日本,国民经济总产值的49%是由制造业提供的;在我国,制造业在工业总产值中所占的比重约为40%。2002年,中国工程院《新世纪如何提高和发展我国制造业的研究报告》的调查结论指出:中国制造业占国民生产总值的1/3,占整个工业生产的4/5,为国家财政提供1/3以上的收入,贡献出口总额的90%,就业人员8043万。

机械制造业历来是应用科学技术的主要领域,是应用最新科技推动社会、经济发展的主导产业。现代化的工业、农业、国防和科学技术,都以相应的机械装备为物质基础。先进的技术装备集中了有关的先进科技成果。国民经济各部门的生产技术水平和经济效益,在很大程度上取决于机械工业所能提供装备的技术性能、质量和可靠性。因此,机械工业的技术水平和规模是衡量一个国家科技水平和经济实力的重要标志,反映了人民的生活质量及国防能力。

3. 机械制造业的发展状况及国内外水平

机械制造业的发展过程,是一个不断提高机械制造产品的加工精度和表面质量、不断提高和完善制造过程的自动化水平、不断降低制造成本的过程。人类文明的发展和制造业的进步密切相关。

早在公元前几个世纪,制造业的萌芽就已经出现。自1770年第一台蒸汽机诞生后,引发了第一次工业革命至今,机械制造业的发展,按其生产方式的变化,大致经历了劳动密集型生产方式、设备密集型生产方式、信息密集型生产方式、知识密集型生产方式、智能密集型生产方式这样几个阶段。

随着现代科学技术的发展,特别是微电子技术、计算机技术的飞速发展,机械制造工业已发生并继续发生着极为深刻和广泛的变化,机械制造工艺方法将进一步完善与开拓,机械制造与数学、物理、化学、电子技术、计算机技术、系统论、信息论、控制论等各门学科密切结合,逐步由一门技艺成长为一门工程科学。加工技术将不断向高精度、高度自动化发展,学科间的交叉、综合、渗透将进一步得到加强,机械制造业将不断向自动化、最优化、柔性化、集成化、智能化和精密化的目标前进。

我国是世界文明古国,是世界上使用与发展机械最早的国家之一,机械制造具有悠久的历史。古代曾有许多发明创造,如在古代机械中,就比较早地发明并使用了齿轮。建国以来,我国机械工业有了很大发展,已经成为工业产业中产品门类比较齐全、具有相当规模和一定技术基础的部门之一,为其他产业部门的发展做出了重要贡献。改革开放以来,机械工业充分利用国内外的技术资源,有计划地进行企业的技术改造,依靠科技进步,已经取得了长足的发展,有不少产品成功地打入国际市场。当前制造业已成为我国最大的产业和国民经济主要组成部分,成为就业的重要市场和出口的主力军,目前制造业和装备制造业的工业增加值已居世界第4位(仅次于美国、日本和德国)。

中国工程院调研报告还指出:20世纪下半叶,中国自力更生、艰苦奋斗,启动了中国工业化进程,建立了较为完整的工业体系,培养了数代优秀的科学家和工程师,为经济发展、社会进步和国防建设做出了历史性贡献。制造业体系的建立和已经取得的成就,为中国21世纪的工业化、现代化建设打下了良好的基础。

但是与发达国家相比,我国制造业在快速发展中存在很多问题,其中有些还是带根本性的。我国制造业虽名列世界第四位,但总体规模仅相当美国的1/5,日本的1/4强;我国的制造业能力和技术水平不高,产业主体技术依靠国外引进,有自主知识产权的产品少,依附于国外企业的组装业比重大,技术创新能力不足;工业增加值率仅为26%,远低于美国(49%)、日本(38%)和德国(48.5%);市场竞争实力不强,制造业的人均劳动生产率远远落后于发达国家,经济建设和高技术产业所需的许多装备仍依赖进口,现在的状态不能满足21世纪经济和科技发展目标的要求。因此,我国机械制造工业面临着光荣而艰巨的任务,制造业全球化带来了机会,也带来了挑战和问题。我们必须不断增强技术力量,培养高水平的人才和提高现有人员的素质，学习和引进国外先进科学技术，使我国的机械制造工业早日赶上世界先进水平。

4. 本课程的性质及主要研究内容

无论是传统的机械加工，还是先进的机械制造系统，基本组成部分都是机床和刀具，并由作为加工、装配过程信息管理基础的机械制造工艺联系而成。因此，切削原理和刀具、金属切削机床及机械制造工艺学等基本理论及相关知识形成了机械制造技术的基础。

本课程是机械设计制造及其自动化专业重要的技术基础课。其任务是研究机械加工系统的有关基本理论和知识，在对机械加工系统介绍的基础上，以机械制造工艺学为主线，介绍切削原理、刀具、机床及夹具等的基本知识，机械加工质量的基本理论，机械加工和装配的工艺规程、设计方法，并初步介绍了现代制造技术发展的概况和趋势。

通过本课程的学习，旨在使学生了解金属切削过程的一般现象和基本规律，并能结合实际，选择合理的刀具材料和刀具切削部分几何参数；了解金属切削机床的工作原理、性能及结构，了解数控机床的工作原理和主要装置，初步具有根据工艺要求选择机床的能力；掌握机械制造工艺的基本知识，能对具体的工艺问题进行分析，并能提出改进产品质量、提高生产效率、降低成本的工艺途径；了解现代制造新技术的现状与发展前景。

生产实习、课程设计、实验等是学习本课程必不可少的实践性教学环节，只有丰富教学内容，加强感性知识和理性知识的紧密结合，才能更好地理解本书所介绍的基本理论和知识，并进一步指导实践，培养学生分析和解决问题的能力及创新精神。

1 机械制造系统和制造技术简介

1.1 机械制造系统和制造过程

1.1.1 机械制造系统

在现代化的制造过程中，产品的生产过程是一个大的系统工程。制造过程及其所涉及的硬件、软件和人员组成的一个将制造资源转变为产品(含半成品)的有机整体，称为制造系统。制造系统的基本特性有集合性、相关性、整体性、目的性、环境适应性、学科综合性、动态特性、反馈特性和随机特性等。

制造系统在运行过程中，总是伴随着物料流、信息流和能量流的运动，这三者之间相互联系、相互影响，是一个不可分割的有机整体。

机械加工系统是一种典型的制造系统，它由机床、夹具、刀具、被加工工件、操作人员及加工工艺等组成。在此系统中，原材料、坯料(有时也包括半成品)、刀具、量具、夹具等作为"原材料"输入系统，经过输送、加工、检验等环节，最后输出半成品或成品，这种物料在机械加工系统中的运动称为物料流；各种技术资料如加工任务、加工方法、加工工序、刀具状态、工件质量等管理指令构成了机械加工过程的信息系统，这个系统不断地和机械加工过程进行信息交换，从而控制机械加工过程。这种信息在机械加工系统中的作用过程称为信息流；系统中各种能量的消耗及其流程称为能量流。它们是机械加工系统中不可缺少并贯穿始终的三大流程(图 1-1-1)。

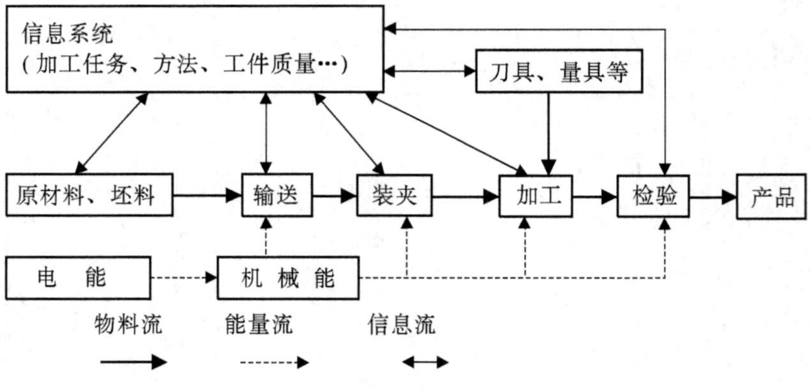

图 1-1-1 机械加工系统的"三流"运动示意图

1.1.2 制造过程和机械加工工艺过程

制造过程是制造系统从原材料投入生产开始到产品生产出来准备交付使用的全过程。它由技术准备、毛坯制造、机械加工、热处理、装配、质检、运输、储存等一系列相互关联的劳动过程组成。

其中技术准备、毛坯制造、机械加工、热处理、装配等一般称为制造工艺过程。在产品的机械制造过程中，大部分工作是机械加工。机械加工工艺过程是制造工艺过程的一部分，是直接改变毛坯的形状、尺寸的过程。虽然随着加工技术的发展，各种新的特种加工方法如电火花加工、激光加工、超声波加工等被用来进行金属的加工，但目前主要应用的仍然是用金属切削刀具来进行切削的方法。

机械加工工艺过程由若干个工序组成。机械加工中的每一个工序又可以细分为安装、工位、工步、走刀等。

工序　一个(或一组)工人在一个工作地点对一个(或同时对几个)工件连续完成的那一部分工艺过程。它是组成工艺过程的基本单元。

根据工序的定义可知，只要工人、工作地点、工作对象(工件)之一发生变化或不是连续完成，就应成为另一个工序。同一个零件，可以有不同的工序安排。如加工图1-1-2所示阶梯轴，各表面都需加工，根据生产批量和生产条件的不同，应采用不同的方案进行加工，如表1-1-1和表1-1-2所示。单件、小批生产有两个工序，而大批大量生产有五个工序。

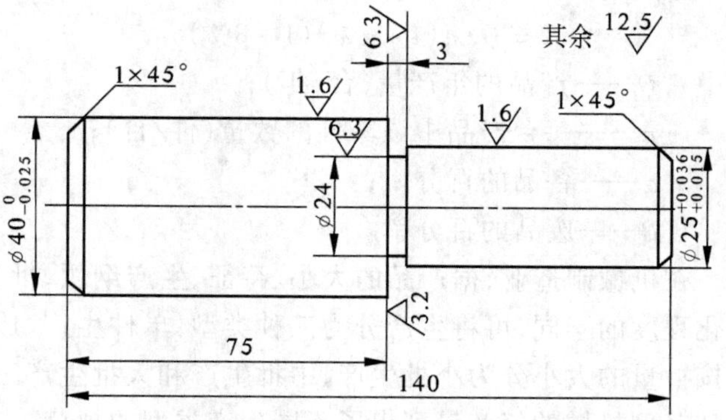

图 1-1-2　阶梯轴零件

表 1-1-1　单件、小批生产的工艺过程

工序	内　　容	设备
1	车大端：粗车外圆，车端面，倒角；调头车小端：车端面保证总长，粗车外圆及台肩面，倒角，切槽。	车床
2	精车大外圆；调头精车小外圆，精车台肩面并去除锐边。	车床

表 1-1-2　大批、大量生产的工艺过程

工序	内　　容	设备
1	铣两端面；钻中心孔	专用机床
2	粗车大外圆并倒角	车床
3	粗车小外圆及台肩面，倒角，切槽	数控车床
4	磨小外圆及台肩面	磨床
5	磨大外圆，(去毛刺)	磨床

安装　在一个工序中，工件在机床或夹具中每定位和夹紧一次，称为一次安装。表1-1-1中的工序1和工序2都是二次安装。在工序中应尽量减少安装次数，以免增加辅助时间和夹装误差。

工位　在工件的一次安装中，通过分度(或移位)装置使工件相对于机床床身改变加工位置，每占据一个加工位置称为一个工位。

工步　在一个工序内，加工表面、切削刀具、切削速度和进给量都不变的情况下所完成的加工内容称为工步。表1-1-1工序1中有七个工步。为简化工艺，习惯上将连续进行的若干个相同的工步，看作一个工步，如在一零件上采用一把钻头连续依次钻削几个孔就是一个工步。采用复合刀具或采用几把刀具同时参与切削，该工步称为复合工步。

走刀　切削刀具在加工表面上切削一次所完成的加工内容。在一个工步中，当需要切去的金属层很厚，不能在一次走刀下切完，就需分几次走刀。

1.1.3 生产类型和组织

在机械制造过程中,由于产品类型不同,产品的结构、尺寸、技术要求不同,市场对其需求量不同,因此,每种产品的生产纲领(年产量)也就不同。这样,制造过程中对工厂或车间的生产管理形式、所用的机床设备、工艺装备以及加工产品时采用的方法也就不同。

生产纲领是指企业根据生产计划和生产能力编制的企业在计划期内应当生产的产品产量和进度计划。

生产纲领中应计入备品和废品的数量。某产品的年生产纲领 N 可按下式计算

$$N = Q \cdot n(1 + \alpha\%)(1 + \beta\%)$$

式中 Q——产品的年产量(台/年);

n——每台产品中该零件的数量(件/台);

α——备品的百分率;

β——废品的百分率。

在机械制造业,据产品的大小、特征、生产纲领、批量及其投入生产的连续性,按生产专业化程度的不同,可将生产分为三种类型:单件生产、成批生产、大量生产,在成批生产中又可按批量的大小分为小批生产、中批生产和大批生产三种。表 1-1-3 是按重型机械、中型机械和轻型机械的年产量列出了不同生产类型的规范。

表 1-1-3 各种生产类型的规范

生产类型	零件的年生产纲领(件/年)		
	重型机械	中型机械	轻型机械
单件生产	≤5	≤20	≤100
小批生产	>5~100	>20~200	>100~500
中批生产	>100~300	>200~500	500~5 000
大批生产	>300~1 000	>500~5 000	>5 000~50 000
大量生产	>1 000	>5 000	>50 000

生产类型不同,其工艺特点也不同。一般,小批量生产和单件生产的工艺特点相似,大批生产和大量生产的工艺特点相似,因此生产上常按单件小批生产、中批生产和大批大量生产来划分生产类型,并按这三种生产类型归纳它们的工艺特点。表 1-1-4 列出了各种生产类型工艺过程的特点。

表 1-1-4 各种生产类型工艺过程的特点

特 点	单件、小批生产	中批生产	大批、大量生产
加工对象	经常变换	周期性变换	固定不变
毛坯制造及加工余量	木模手工造型、自由锻,毛坯精度低,加工余量大	部分用金属模、模锻,毛坯精度及加工余量中等	广泛采用金属模机器造型、模锻或其他高效方法,毛坯精度高,加工余量小
机床设备及布置	通用机床按类别和规格大小,采用"机群式"排列布置	通用机床及部分高效专用机床,按零件类别分工段排列	广泛采用专用机床,按流水线或自动线布置
夹具	通用夹具或组合夹具,必要时采用专用夹具	广泛使用专用夹具及可调夹具	广泛使用高效率的专用夹具

续表 1-1-4

特　点	单件、小批生产	中批生产	大批、大量生产
刀具与量具	通用刀具和量具	较多使用专用刀具与量具	广泛使用高效专用刀具与量具
对工人技术要求	熟练	中等熟练	对操作工人只一般要求,对调整工人技术要求高
生产率	低	中	高
成本	高	中	低
工艺文件	用简单的工艺过程卡管理生产	有较详细的工艺规程,用工艺卡管理生产	详细制订工艺规程,用工序卡、操作卡及调整卡管理生产
发展趋势	箱体类复杂零件采用加工中心加工	采用成组技术,由数控机床或柔性制造系统等进行加工	在计算机控制的自动化制造系统中加工,并可能实现在线故障诊断、自动报警和加工误差自动补偿

随着科学技术的飞速发展和市场需求不断变化,产品的“有效寿命”越来越短,而传统的大批大量生产,“刚性”很大,不能适应产品及时更新换代的需要,这就要求机械制造业能寻找到既能高效生产又能快速转产的“柔性”制造方法。计算机技术及现代制造技术的迅猛发展,为机械产品多品种小批量的生产自动化开拓了广阔的前景。

1.2　机械制造技术简介

机械制造技术是实现机械制造过程的最基本环节。在机械加工系统的物料流程中,材料的质量和性能通过制造技术的实施发生了变化。其中,质量的变化可分为质量不变、质量减少、质量增加三种主要类型。与此相应,机械加工的方法分为材料成形法、材料去除法和材料累加法三种。

1.2.1　材料成型法(质量不变工艺)

材料成型法是将不定形(块状、颗粒状、液态等)的原材料转化成所需要形状、尺寸的产品的一种工艺方法。材料成型法可以用来制造毛坯,也可以用来制造形状复杂但精度要求不太高的零件,精密成型工艺则可用来制造精度较高的零件。材料成型工艺大致包括铸造、锻造、粉末冶金和连接成形等。

1)铸造工艺

铸造工艺是将液态金属浇注到与所要求的毛坯或零件的形状和尺寸相适应的铸型型腔中,冷凝后获得具有一定形状、尺寸及精度要求的制件的一种成形方法。铸造成形的基本工艺过程包括熔化、造型、浇注、冷凝、清理和热处理等,其中影响铸件质量的关键因素是液态金属的流动性和在凝固过程中的收缩性。在铸件冷却凝固过程中当体积收缩得不到补充时,会在铸件厚大部位及最后凝固部位形成缩孔。

铸造工艺可以制造各种复杂形状的零件,对于一些很大的或中空的零件,用其他方法来实现可能极其困难、极其昂贵,用铸造工艺却可以经济地大量生产。但由于铸造成形工序繁多,影响铸件质量的因素较多,致使铸件的质量不稳定,铸件内部组织粗大且不均匀,其机械性能一般不如锻件等,因此,它的应用受到一定限制。

常用的铸造工艺有:普通砂型铸造、熔模铸造、金属型铸造、压力铸造、离心铸造和陶瓷型铸造等。

2)锻造工艺

锻造工艺是将固态金属坯料放在模膛内或抵铁间,借助锻压机外力的作用而产生塑性变形的加工方法。可分为自由锻造和模膛锻造。

锻造工艺所得制件金属组织紧密,纤维组织连贯,可提高零件强度,同时锻造工艺节约金属材料和切削加工工时,具有较高的生产率,因此是机械制造工业中提供毛坯的主要工艺方法之一。

3)粉末冶金

粉末冶金是以金属、金属化合物或非金属粉末与粘合剂一起压进模子内,经过压制和烧结,制造各种制品的成形工艺。由于它节约材料,材料利用率可达95%,可大量减少切削加工量,并可大大减少加工设备和降低加工成本,因而在机械制造业中获得日益广泛的应用。但采用粉末冶金工艺成形,其零件的大小和形状受到一些限制,粉末原料价格比较高,零件的塑性、韧性较差。

粉末冶金生产的工艺流程包括制粉、混配料、压制、烧结及整形、复压和复烧等后续工序。

粉末冶金的烧结分固相烧结和含液相烧结二种。烧结过程中必须严格控制烧结温度和时间,还必须严格控制升温速度和冷却速度

4)连接成形

连接成形工艺可分成两大类,一类为可拆卸的联接(非永久性的),另一类为不可拆卸的联接(永久性的),如焊接、粘结、卷边接合、铆接等。此处主要简单介绍焊接工艺。

焊接过程的实质就是对二个分离的金属零件进行局部加热和加压,多数情况还填充金属,使二个分离的金属零件的原子间相互接近、结合、扩散并共同结晶而产生结合力,从而连接成一个永久性连接的整体。

焊接结构所用的材料大多为钢材,有色金属的可焊性一般较钢差,焊接时要采取较严格的工艺保护措施,铸铁的碳当量高,可焊性差,主要只用于有缺陷铸件及受损铸件的焊补。

1.2.2 材料去除法(质量减少工艺)

材料去除法即质量减少工艺,在机械制造中应用非常广泛。其特点是工件原始尺寸大得足以包容工件的整个最终形状,在成形过程中材料发生分离,微粒子之间的结合状态遭到破坏,多余材料以切削微粒的形式被去除掉。切屑量多少不一,有时可达加工材料原始体积的70%—80%。

由于质量减少工艺的材料利用率很低,加之预测到材料与能源的不足及成本的增加,近年来采用精铸、精锻等质量不变工艺的倾向与日俱增。但因质量不变工艺的模具成本及设备投资费用很高,加上一系列工艺因素的影响,所以尽管质量减少工艺的材料消耗较高,在相当一段时间内,它仍是一种最经济的工艺。材料去除工艺在机械制造业仍将占有重要地位。

材料去除成形加工包括传统的切削加工和特种加工。

1)切削加工

金属切削加工就是用金属切削刀具在机床上切除工件(毛坯)上多余的金属,从而使工

件的形状、尺寸和表面质量符合设计要求的工艺方法。在切削加工过程中，刀具和工件间必须有一定的相对切削运动，这是由机床来完成的。

与其他成形方法相比，切削加工由于要多次安装工件、调整机床，故生产率低，但它所用的设备、工装夹具费用不高，可达到的精度远远高于材料成形法，且其完成零件几何形状是由刀具的切削刃、毛坯形状、刀具与毛坯之间的相对运动来共同确定的，所以切削加工的柔性在所有制造方法中最佳。现代数控加工中心使机床、工件和刀具之间的自由度数目大大提高，进一步使切削加工可以拥有更大的加工范围。

金属切削加工的方法很多，常见的有车削、钻削、镗削、铣削、磨削、刨削等(图 1-2-1)。虽然各种切削加工方法所用的机床、刀具、实现切削的运动形式各不相同，但在很多方面，如切削时的基本运动方式、切削刀具的几何要素以及切削过程的物理实质，都有其共性。下面简要介绍切削加工的基本知识。

(1)切削运动　金属切削机床的基本运动，按切削时工件与刀具相对运动所起的作用来分，可分为主运动和进给运动。

①主运动　使刀具与工件产生相对运动，以切除工件上多余金属的基本运动叫主运动(见图 1-2-2)。在切削运动中它的速度最快，所消耗的功率也较大。主运动可以由工件完成，也可以由刀具完成，如车削时工件的旋转运动是主运动，牛头刨床刨削时刀具的直线运动是主运动。切削加工中主运动只有一个。

②进给运动　不断地将多余金属层投入切削，以保证切削连续进行的运动叫进给运动(见图 1-2-2)。进给运动速度较低，消耗的功率也很小。进给运动可由工件或刀具完成，如车削时车刀纵向移动和横向移动及铣削时工件的移动都是进给运动。进给运动可以是一个或几个。

切削运动可以是旋转的，也可以是直线的或曲线的；可以是连续的，也可以是间隙的。各种切削加工方法的切削运动如图 1-2-1 所示。

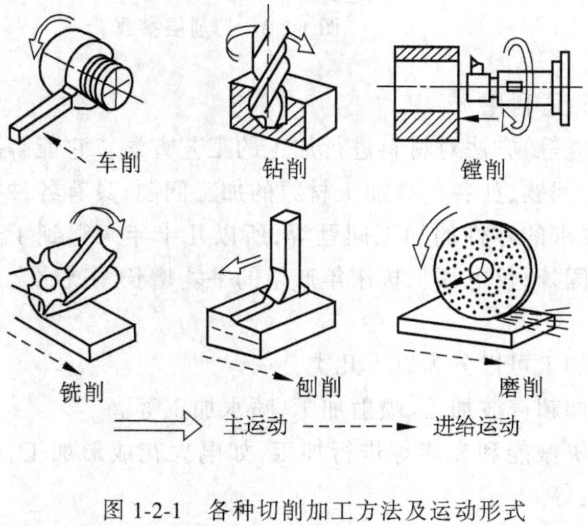

图 1-2-1　各种切削加工方法及运动形式

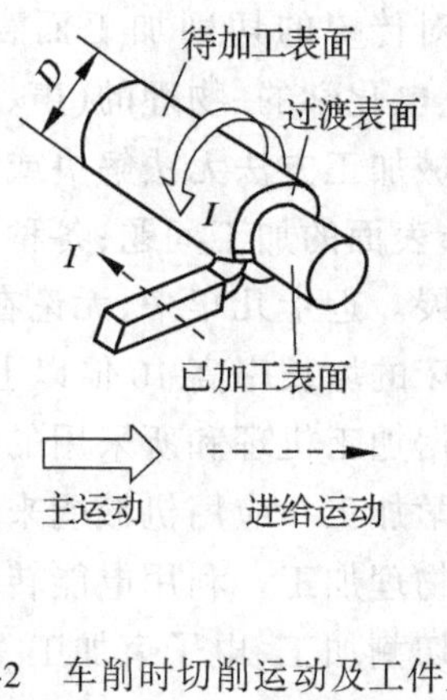

图 1-2-2　车削时切削运动及工件上三表面

在切削过程中，工件表面的被切金属层不断地被切削而转变为切屑，从而加工出所需要的工件新表面。在新表面形成的过程中，工件上有三个不断变化的表面，即待加工表面、过渡表面(切削表面)及已加工表面(图 1-2-2)。

(2) 切削要素　切削要素包括切削用量和切削层的几何参数。

①切削用量　切削用量是切削速度、进给量和背吃刀量(切削深度)的总称。切削用量的大小,反映了单位时间内金属切除量的多少,它是衡量生产率的重要参数。

a.切削速度 v_c　单位时间内工件与刀具沿主运动方向相对移动的距离,即主运动的速度。单位一般用 m/min。

b.进给量 f　在主运动一个循环内刀具与工件之间沿进给方向相对移动的距离。进给量单位:车削用 mm/r,刨削用 mm/str,铣削用 mm/min。单位时间内工件与刀具在进给运动方向上的相对位移量称为进给速度(v_f),单位是 mm/s。

c.背吃刀量(切削深度)a_p　工件上待加工表面和已加工表面间的垂直距离。车削外圆时:

$$a_p = (D - d)/2 \quad (\mathrm{mm})$$

式中:D、d 分别为工件待加工表面和已加工表面的直径。

②切削层几何参数　切削层是指工件上正被刀刃切削的一层金属。切削层被工件轴向剖面切开所得的剖面称为切削层横剖面,如图 1-2-3 中的四边形所示。

切削层的几何参数包括(图 1-2-3):

切削层公称厚度 h_d　垂直于过渡表面度量的切削层尺寸。外圆纵车时

$$h_d = f \cdot \sin k_r$$

切削层公称宽度 b_D　沿过渡表面度量的切削层尺寸。外圆纵车时

$$b_D = a_p / \sin k_r$$

切削层公称横截面积 A_D　切削层在基面内的面积。且

$$A_D = h_d \cdot b_D = f \cdot a_p$$

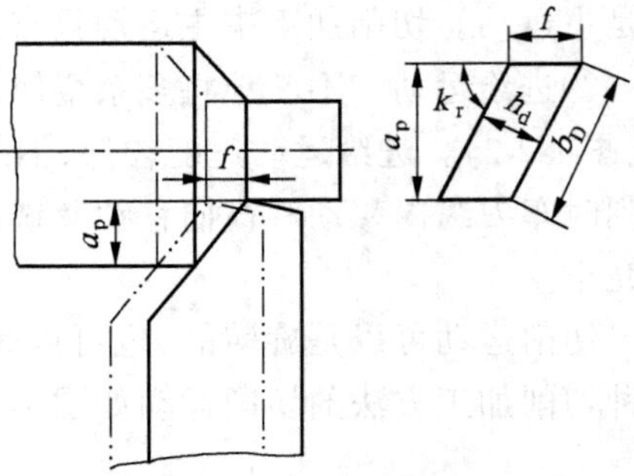

图 1-2-3　切削层参数

2)特种加工

相对传统的切削加工而言,特种加工是利用化学的、电化学的、物理的(声、光、热、磁、电等)方法对材料进行加工的工艺方法。它能解决普通机械加工方法无法解决或难以解决的问题,如各种难加工材料的加工问题;具有各种特殊、复杂表面的加工问题;各种具有特殊要求的零件的加工问题等,所以几十年来得到了迅速的发展。近十几年来,无论在国内还是国外,仅电加工机床年产量的平均增长率就比金属切削机床的增长率高 10 倍以上。

根据加工机理和所采用的能源,特种加工可以分为以下几类:

力学加工　应用机械能来进行加工,如超声波加工、喷射加工、喷水加工等。

电物理加工　利用电能转换为热能、机械能和光能等进行加工,如电火花成形加工,电火花线切割加工、电子束加工、离子束加工等。

电化学加工　利用电能转换为化学能进行加工,如电解加工、电镀、刷镀和电铸加工等。

激光加工　利用激光能转换为热能进行加工。

化学加工　利用化学能或光能转换为化学能来进行加工,如化学铣削和化学刻蚀等。

复合加工　将机械加工和特种加工叠加在一起就形成复合加工,如电解磨削、超声电解

磨削等。

特种加工的加工范围不受材料的物理力学性能的限制，能加工各种高硬度、高强度、高脆性、高韧性的金属或非金属材料，因而为各种新型材料的应用提供了有效的加工手段。特种加工过程主要不是依靠刀具和磨料来进行切削和磨削，工件和工具之间无明显的切削力和切削热，对工件无宏观作用力，适合加工薄壁件、弹性件、精密细微零件等。加工中的能量易于转换和控制，适合于高精度加工和微细加工，工件在一次装夹中可实现粗、精加工，有利于保证加工精度，提高生产率。同时，特种加工中，工具的硬度和强度可以低于工件的硬度和强度。但由于它是一种新技术、新工艺，所以对加工原理的研究尚不透彻，工艺参数的选择有一定的难度，废液及废气的排放处理难度大，易污染环境，且特种加工所需的设备价格高，维护费用大，因而限制了特种加工的应用。

(1)电火花加工　电火花加工是利用工具电极与工件电极之间脉冲性的火花放电，产生瞬时高温将金属蚀除而将工件逐步加工成形。图 1-2-4 是电火花加工原理图，工作时，工具电极和工件电极均浸泡在工作液中，脉冲电源发出一连串脉冲电压，加到工具电极和工件电极上，自动调节进给装置使工具电极缓缓下降，并保持与工件电极的放电间隙，经过每秒钟成千上万次放电，工具的轮廓和截面形状即复映到工件表面上，直到加工完成为止。

电火花加工必须具有以下几个条件：

·工具电极与工件之间要保持一定的间隙(约在 0.01～0.2mm 之间)，以便形成火花放电的条件，间隙过大，不会击穿介质产生放电；间隙过小则形成短路也不产生放电。

·有足够的火花放电强度，且须是间隙的瞬时放电(脉冲性放电)，而非持续性放电，产生的大量热量才来不及传导扩散到不加工部位，从而能局部地蚀除金属。

·放电要在绝缘强度较高的液体介质(即工作液)中进行，工作液既能压缩放电通道的区域，提高放电的能量密度，又能加剧放电时流体动力过程，加速蚀除物的排出，同时还可加速极间介质的冷却。

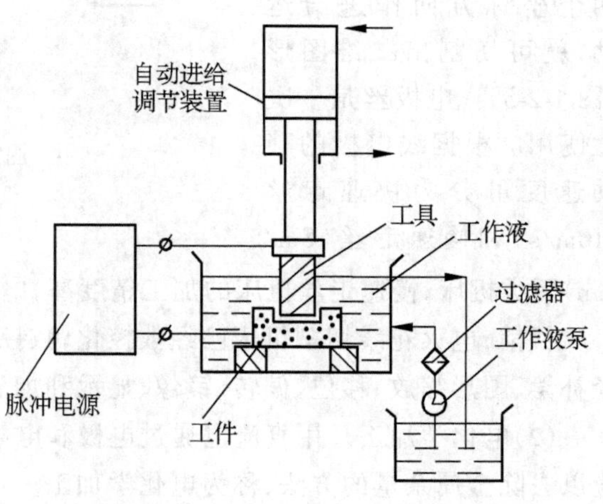

图 1-2-4　电火花加工原理图

根据工具电极的型式、相对运动的方式等，电火花加工大致可以分成电火花成形加工、电火花线切割、电火花磨削、电火花同步回转加工、电火花表面强化五大类。表 1-2-1 介绍了几种电火花加工工艺方法的特点和用途。

表 1-2-1　电火花加工工艺方法比较

工艺方法	特　　点	用　　途
电火花成形加工	1)工具和工件间主要只有一个相对的伺服进给运动； 2)工具为成形电极，与被加工表面有相同的截面形状	型腔加工：加工各类型腔模及各种复杂的型腔零件 穿孔加工：加工各种冲模，挤压模、粉末冶金模、各种异形孔及微孔等

工艺方法	特　点	用　途
电火花线切割加工	1)工具电极为顺电极丝轴线移动着的线状电极； 2)工具与工件在两个水平方向同时有相对伺服进给运动	1)切割各种冲模和具有直纹面的零件； 2)下料、切割和窄缝加工
电火花内孔、外圆成形磨削	1)工具和工件有相对的旋转运动； 2)工具和工件间有径向和轴向的进给运动	1)加工高精度、良好表面粗糙度的小孔，如拉丝模、挤压模、钻套等； 2)加工外圆、小模数滚刀等
电火花表面强化、刻字	1)工具在工件表面上振动； 2)工具相对工件移动	1)模具刃口、刀、量具刃口表面强化和镀覆； 2)电火花刻字、打印记

电火花线切割加工是用连续移动的导电金属丝(钨丝、钼丝、铜丝等)作阴极，工件为阳极，两极通以直流高频脉冲电源，机床工作台带动工件在水平面两个坐标方向作进给运动，就可切割出二维图形(图 1-2-5)。电极丝是一次性使用。根据线电极的移动速度可分为快速走丝(10m/s)和慢速走丝(8m/min)两类机床，慢速走丝机床的加工精度高，电极表面粗糙度小，是发展方向。

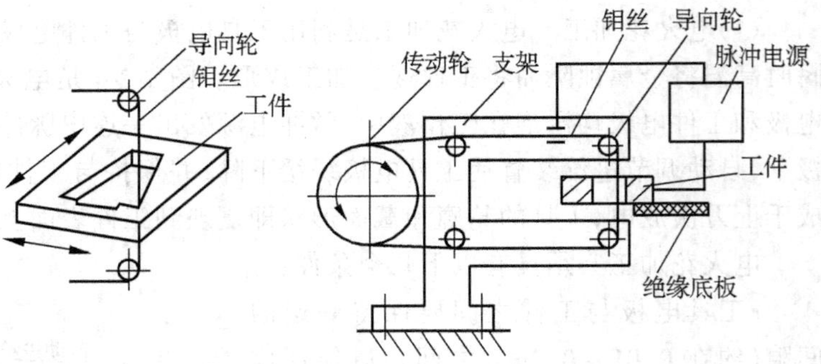

图 1-2-5　电火花线切割加工原理

目前，电火花线切割机床已经数控化，数控电火花线切割机床有多维切割、重复切割、丝径补偿、图形缩放、移位、偏转、镜像、显示和加工跟踪、仿真等功能。

(2)电化学加工　用直流电通过电极和电解液时，使工件电极表面和电解液产生化学反应以去除金属余量的方法，称为电化学加工。

电化学加工按作用原理分成三大类：电化学阳极溶解加工，如电解加工、电解抛光；电化学阴极涂覆加工，如电铸、电镀、局部涂镀；与其他加工方法相结合的复合加工，如电解磨削，电解电火花加工等。

①电解加工　利用金属在电解液中的电化学阳极溶解原理将工件加工成形的方法，如图 1-2-6 所示。工件接电源正极，成形的工具作阴极接电源负极。工具向工件缓慢进给，两极间保持较小的间隙(0.1 ~ 1mm)，具有一定压力(0.5 ~ 2MPa)的电解液(通常为 NaCl 或 $NaNO_3$ 溶液)从间隙中流过，此时，作为阳极的工件金属逐渐被溶解腐蚀，电解产物被高速流动的电解液带走，最终在工件上留下工具的形状。

②电铸加工　电铸加工是利用电化学阴极涂覆原理进行加工的方法，如图 1-2-7。原模接电源负极作阴极，电铸材料接电源正极作阳极，与电铸材料相同的金属盐溶液作电铸镀液。在直流电源作用下，阳极的金属原子不断地失去电子变成离子进入溶液，进一步在阴极获得电子变成金属原子而沉淀在原模表面。当原模上的金属层达到预定厚度即可取出，与

原模分离后而得到电铸件。

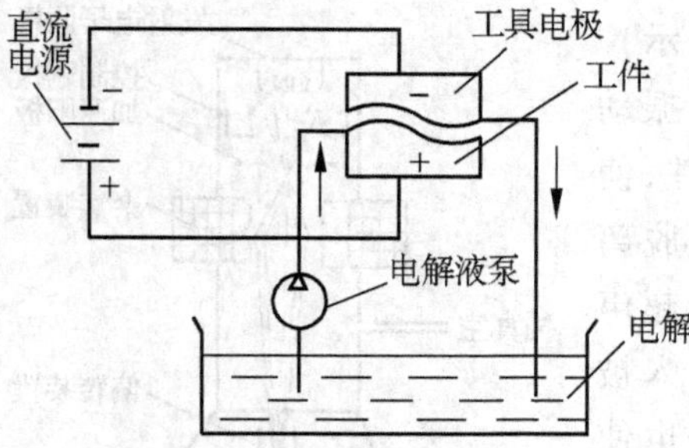

图 1-2-6　电解加工原理

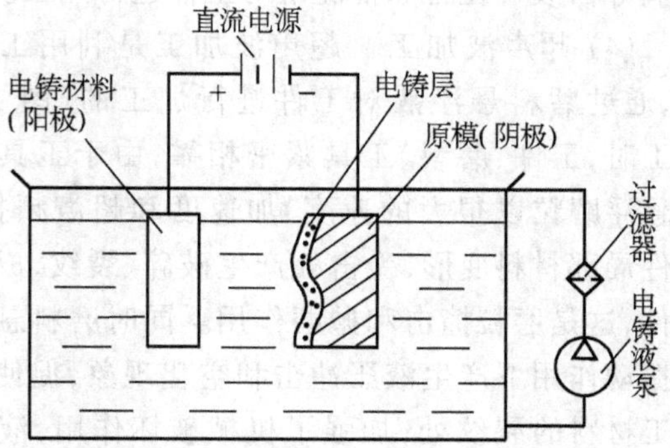

图 1-2-7　电铸加工原理

(3)激光加工　激光加工是利用大功率激光束进行打孔、切割、焊接和表面处理等材料成形和改性等的一系列工艺技术。激光是由处于激发状态的原子、离子或分子受激辐射而发出的得到加强的光,是一种能量密度高、方向性强、单色性好的相干光,故可通过光学系统将激光束聚成一个极小的光斑,获得 108 ~ 1010 W/ cm^2 的能量密度及 10^4 ℃以上的高温,从而能在千分之几秒的时间内使各种物质熔化和气化,以达到蚀除被加工材料的目的。其加工原理如图 1-2-8 所示,当激光器发出单向平行光束,通过光学系统光圈、反射镜、聚焦镜将激光束聚焦到工件待加工表面,工件材料就在高温熔融和冲击波的同时作用下蚀除部分物质而进行各种加工。

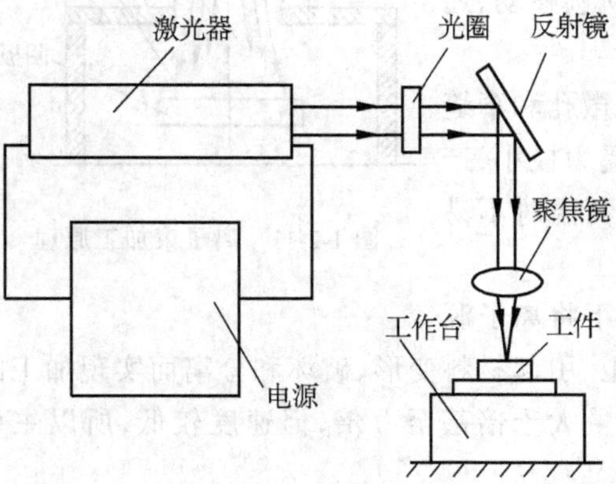

图 1-2-8　激光加工原理图

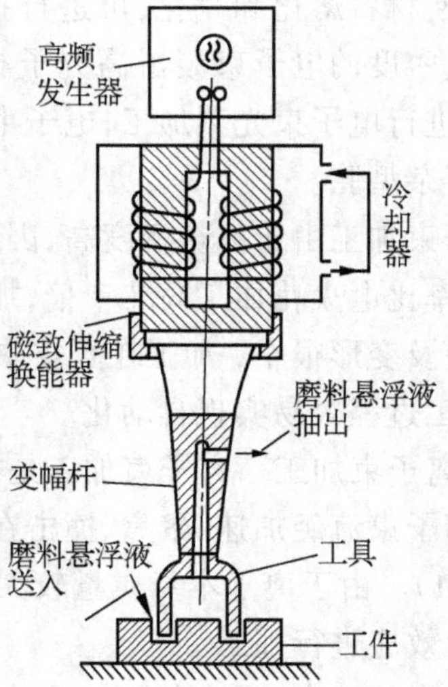

图 1-2-9　超声波加工原理图

激光加工不需加工工具,不存在工具损耗,几乎可加工所有材料(包括各种金属材料、石英、陶瓷、金刚石等硬脆材料),加工速度快,效率高,热影响区小,激光光斑大小可聚焦到微米级,故可用以精密微细加工,加工深而小的微孔和窄缝。激光加工可通过透明介质(空气、玻璃等),故可在特殊情况下对工件进行加工。

(4) 超声波加工　超声波加工是利用工具作超声振动,通过磨料悬浮液对工件进行加工的(图 1-2-9 所示)。加工时,工件、磨料、工具紧密相靠,由于工具的超声振动使悬浮磨粒以很大的速度、加速度和超声频打击工件,使工件局部材料变形,受击处产生破碎、裂纹,成微粒而脱离工件,这是磨粒撞击和抛磨作用。同时磨料悬浮液在超声波振动作用下产生液压冲击和空化现象,促使液体渗入被加工材料的裂纹处,加强了机械破坏作用,液压冲击也使工件表面损坏而蚀除。

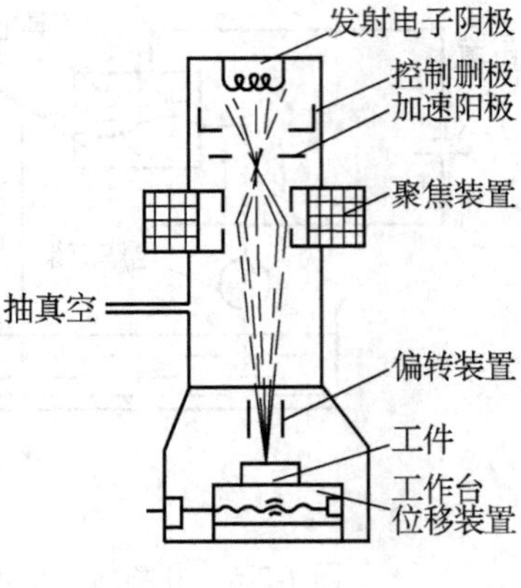

图 1-2-10　电子束加工原理

(5)电子束加工　电子束加工是利用高速电子的冲击动能来加工工件的。加工原理如图 1-2-10 所示。在真空条件下,利用电能将阴极加热到 2 700℃以上,发射电子并形成电子云,在阳极吸引下,使电子朝着阳极方向加速运动,经聚焦后得到能量密度极高(可达 $10^9 W/cm^2$)、直径仅为几微米的电子束。它以极高的速度作用到被加工表面上,而使局部材料瞬时熔融、气化蒸发而被蚀除。

控制电子束能量密度的大小和能量注入时间,可以达到不同的加工目的。如果只使材料局部加热,就可进行电子束热处理;使材料局部熔化可进行电子束焊接;提高电子束能量密度,使材料熔化和气化,可进行打孔、切割等加工;利用较低能量密度的电子束轰击高分子材料会产生化学变化的原理,可进行电子束光刻加工;电子束如按一定轨迹移动,还可加工复杂型腔。

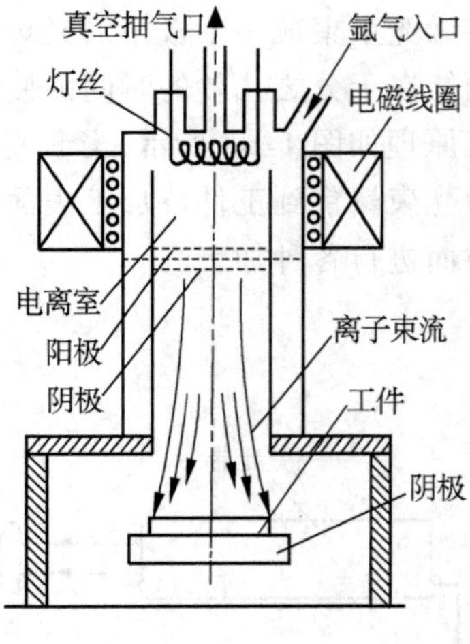

图 1-2-11　离子束加工原理

电子束加工由于能量密度高,因此用于加工微孔和窄缝时,生产率比电火花加工高几十倍,加工中工件受力极小,产生的应力及变形很小,加工在真空中进行,表面高温时不易氧化,加工过程容易实现自动化。

(6)离子束加工　离子束加工是在真空状态下将离子源产生的离子束流经加速、聚焦、撞击在工件表面上,引起材料变形、破坏和分离而实现加工的(图 1-2-11)。由于离子本身质量较大,比电子质量大千倍甚至万倍,但速度较低,所以主要是通过力效应进行加工。

离子束加工中,当冲击工件材料的能量大,会从被加工表面分离出原子和分子,即为离子束去除加工;如果用被加速了的离子从靶材上打出原子或分子,并将它们附着到工件表面上形成镀膜则为离子束镀膜加工;若用数十万电子伏特的高能离子轰击工件表面,离子打入工件表层内,其电荷被中和,成为置换原子或晶格间原子,留于工件表层中,从而改变了工件表层的材料成分和性能,这就是离子束注入加工。

离子束去除加工可用于非球面透镜的成形、金刚石刀具和压头的刃磨、集成电路芯片图形的曝光和刻蚀离子束镀膜加工是一种干式镀,比蒸镀有较高的附着力,效率也高。离子束注入加工可用于半导体材料掺杂、高速钢或硬质合金刀具材料切削刃表面改性等。

离子束加工应用范围很广,可根据加工要求选择离子束斑直径和功率密度,如去除加工时,离子束斑直径较小而功率密度较大;注入加工时,离子束斑直径较大而功率密度较小。离子束加工时,其束流密度和能量可以精确控制而可以实现毫微米级的加工,因此它被认为是最有前途的超精密加工和微细加工方法 。

1.2.3 材料累加法(质量增加工艺)

材料累加法主要指快速原型制造技术(RPM:Rapid Prototype Manufacturing),这是80年代初发展起来的一门新技术。RPM是直接根据产品CAD的三维实体模型数据,经过计算机进行数据处理后,将三维实体数据模型转化为许多2D平面模型的叠加,再直接通过计算机控制这些平面模型,并顺次将其加以联结,从而形成复杂的三维实体零件模型。

RPM是机械工程、CAD、数控技术、激光技术以及材料科学的技术集成,它可以自动而迅速地将设计思想物化为具有一定结构和功能的原型或直接制造零件,从而可以对产品设计进行快速评价、修改,以响应市场需求,提高企业的竞争能力。

1)选择性激光烧结法(SLS)

选择性激光烧结法(Selective Laser Sintering)是将金属粉末(与热熔性接合剂混合在一起)通过由计算机控制的激光束进行加热使之熔化成形,如图1-2-12。成形时,供粉活塞上移一定距离,铺粉滚筒将一层粉末材料均匀地铺在加工平面(成型活塞上部)上,然后计算机按照截面轮廓的信息,控制激光束的移动轨迹,对制件的实心部分所在的粉末进行烧结,粉末烧结成一定厚度的片层,形成零件的第一层后,成型活塞下移一个截面层距离,供粉活塞上移一定距离,再次重复以上工作,进行下一层的烧结。如此循环,逐步形成各层轮廓,最终得到三维制品实型。由此产生的金属零件放到加热炉内进一步烧结并加入渗透剂进行后处理就可得到完全致密的金属零件。

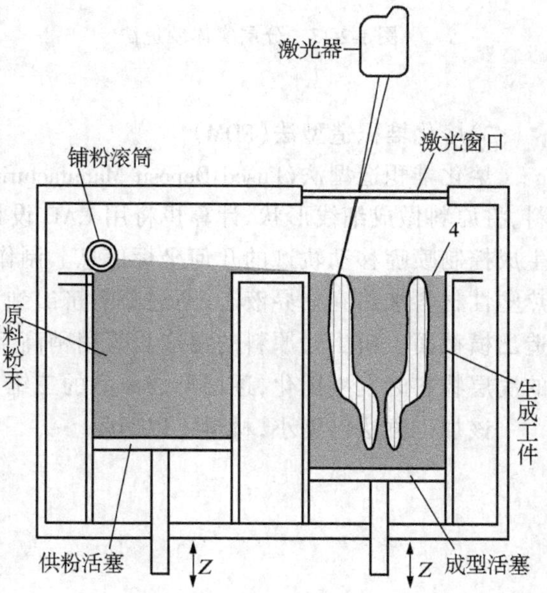

图1-2-12 选择性激光烧结成型法

与其他成型方法相比,SLS法的优点是原材料广泛,原则上任何受热后粘结的粉末都可用作SLS原材料,如金属、塑料、蜡粉、陶瓷及它们的复合粉。

2)分层实体制造法(LOM)

分层实体制造法(Laminated Object Manufacturing)是以片材(如纸片、塑料薄膜或复合材料)为材料,利用CO_2激光束切割出相应的横切面轮廓,得到连续的层片材料构成三维实体模型图(1-2-13)。制作过程为:由计算机产生模型横截面的数据资料,其厚度等于准备用来制作三维物体的材料厚度,由投射机在层片材料上涂印粘合剂,用CO_2激光束根据该数据轮廓(二维投影)切出轮廓,然后由热压机对切片材料加以高压,使粘合剂融化并使层片之间粘贴成形,当本层完成后再铺上一层材料,如此反复直到加工完毕。在加工过程中,非零件部分全部切成小块以便于去除。

LOM 法比其他快速原型技术法快 5～10 倍,因为激光只需扫描每个切片的轮廓而不是整个切 片的面积,且材料广泛,成本低。

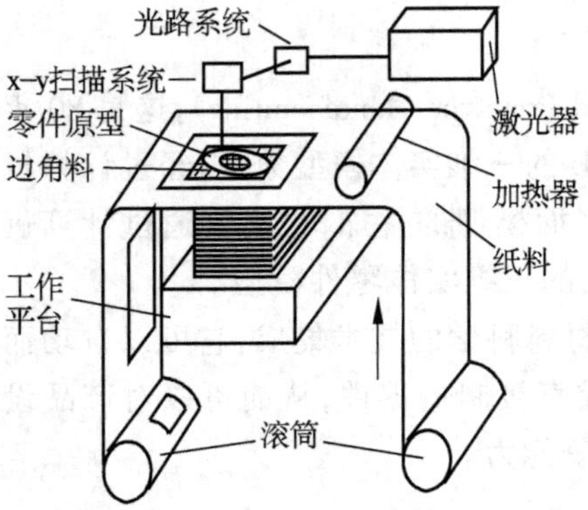

图 1-2-13　分层实体制造法

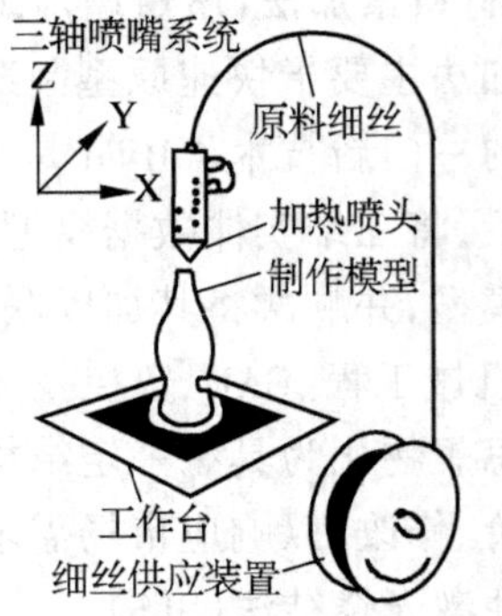

图 1-2-14　熔化堆积造型法

3)熔化堆积造型法(FDM)

熔化堆积造型法(Fused Deposit Manufacturing)是以塑胶或石蜡等低熔点材料作为造型材料,将原料做成细线形状,计算机将用 CAD 设计的产品 3D 模型分成一层层极薄的截面,并生成控制喷嘴移动轨迹的几何坐标信息。制作时,计算机控制喷头作 X－Y 连动,加热头将热塑性材料加热到临界液态,通过喷嘴挤出到一块固定的底板上或先前固化的物料上逐层造出横截面。挤出时原料的温度只是稍稍高于其熔点,当熔化的物料刚刚接触到温度较低的底层物料时发生固化,逐层形成原型的三维实体造型(图 1-2-14)。

该加工方法污染小,材料可以回收。

2 机械加工工艺系统

在机械加工中由机床、刀具、夹具和工件所组成的系统,称为机械加工工艺系统。

机械加工的目的是获得合格的零件,而零件的表面是在加工过程中成形的,所以我们有必要首先研究工件表面的成形方法。

2.1 工件表面的形成方法

2.1.1 工件表面的形成原理

工件的表面可以是由一个或多个表面元素组成。这些表面元素通常是:平面、圆柱面、圆锥面、球面,此外还有成形表面,如圆环面、螺旋面等。

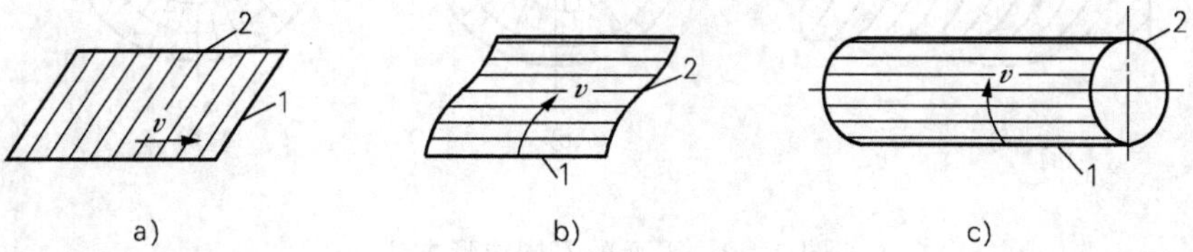

图 2-1-1 表面的形成

任何表面都可以看作是一条线(称为母线)沿着另一条线(称为导线)运动的轨迹。母线和导线统称为形成表面的发生线。

为得到平面(图 2-1-1a),必须使直线 1(母线)沿着直线 2(导线)移动。直线 1 和 2 就是形成平面的两条发生线。为得到直线成形表面(图 2-1-1b),须使直线 1(母线)沿着曲线 2(导线)移动。直线 1 和曲线 2 就是形成直线成形表面的两条发生线。图 2-1-1c 是形成圆柱面的情形,直线 1 和圆周 2 就是它的两条发生线,等等。

但是需要注意,有些表面的两条发生线完全相同,只因母线的原始位置不同,可形成不同的表面。如图 2-1-2 中,母线皆为直线 1,导线皆为圆周 2,轴心线皆为 O－O,所给的运动也相同。但由于母线相对于轴线 O－O 的原始位置不同,所产生的表面也就不同:圆柱面,圆锥面,双曲面。

形成平面、直线成形表面和圆柱面的两条发生线——母线和导线可以互换,而有些表面的母线和导线是不可以互换的,如圆锥面、螺旋面等。

同一种表面可以有不同的形成方法。平面的形成,可以选择不同于图 2-1-1a 的发生线。例如,图 2-1-3a 中,将圆弧线 1 看作一根发生线,它沿着直线 2 移动,也形成平面,这是用端面铣刀铣削平面的情形;图 2-1-3b 中,将直线段 1 看作一根发生线,它沿着阿基米德螺旋线 2 移动,也形成平面,这是车削端面时的情形;图 2-1-3c 中,把直线段 1 看作是一根发生线,它沿着圆周 2 运动一周,也形成平面(环形),这是用 90°车刀车削轴肩平面的情形。而图

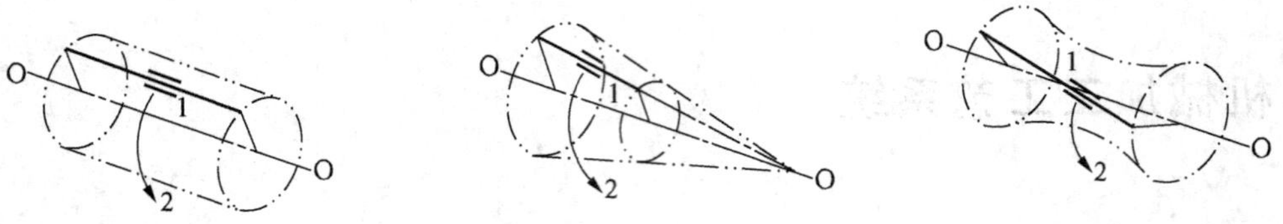

图 2-1-2　母线原始位置变化时形成不同的表面

2-1-1a所示，则是刨削平面的情形。再如图 2-1-4 中，把直线段 1 看作一根发生线，它沿着螺旋线 2 运动便形成圆柱面，这是采用纵向走刀车削外圆时的情形。而图2-1-1c所示，是宽刃车刀不用走刀时车削外圆的情形。

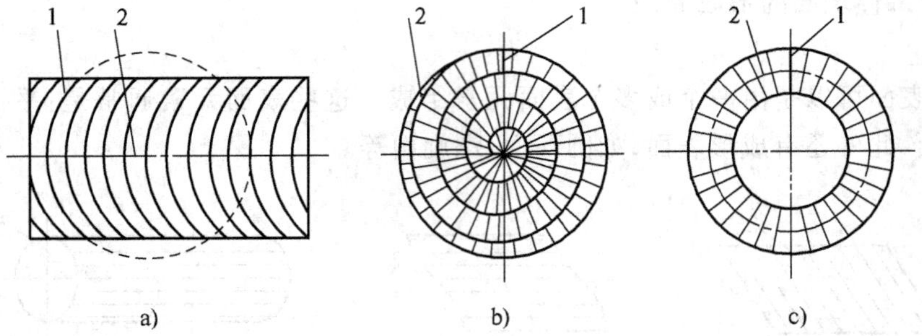

图 2-1-3　平面的不同成形方法

2.1.2　发生线的形成方法

由于使用的刀具切削刃形状和采取的加工方法不同，形成发生线的方法可归纳为四种。下面以形成图 2-1-5 所示的发生线 2(图中为一段圆弧)为例加以说明。

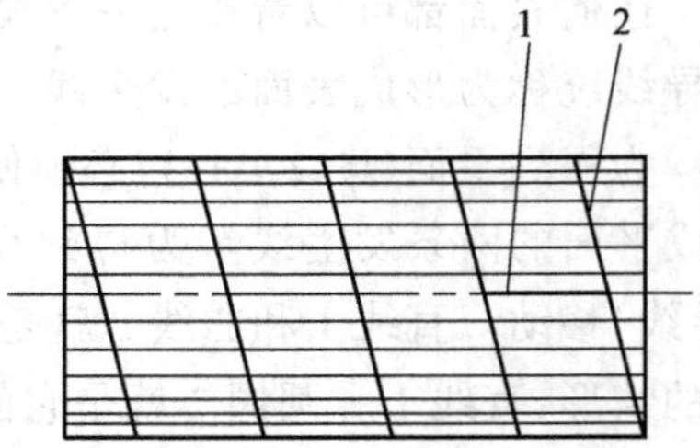

图 2-1-4　圆柱面的另一种成形方法

1)　成形法

成形法(图 2-1-5a)是利用成形刀具对工件进行加工的方法。刀刃为切削线 1，它的形状和长短与需要形成的发生线 2 完全重合。因此形成发生线 2 不需运动。

2)　轨迹法

轨迹法(图 2-1-5b)是利用刀具作一定规律的轨迹运动来对工件进行加工的方法。刀刃为切削点 1，它按一定规律作直线或曲线(图为圆弧)运动，从而形成所需的发生线 2。因此采用轨迹法形成发生线需要一个成形运动。

3)　展成法

展成法(图 2-1-5c)是利用工件和刀具作展成切削运动的加工方法。刀具切削刃(切削线)1 的形状为圆，也可是直线(如齿条刀)或曲线(插齿刀)，它与需要形成的发生线 2 的形状不吻合。切削线 1 与发生线 2 彼此作无滑动的纯滚动。发生线 2，就是切削线 1 在切削过程中连续位置的包络线。曲线 3 是切削刃上某点 A 的运动轨迹。在形成发生线 2 的过程中，或者仅由切削刃 1 沿着由它生成的发生线 2 滚动；或者切削刃 1(刀具)和发生线 2(工件)共同完成复合的纯滚动，这种运动称为展成运动。因此，用展成法形成发生线需要一个成形运动(展成运动)。

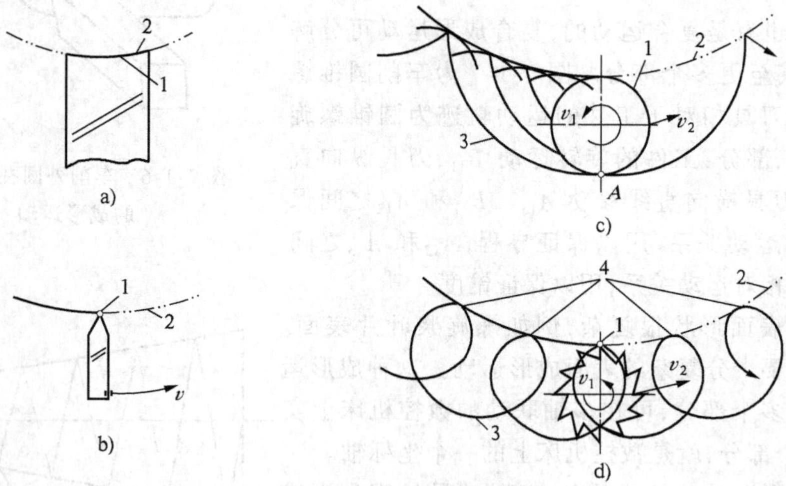

图 2-1-5　形成发生线的方法

4)　相切法

相切法(图 2-1-5d)是利用刀具边旋转边作轨迹运动来对工件进行加工的方法。刀具作旋转运动，刀具中心按一定规律作直线或曲线(图为圆弧)运动，刀具上切削点 1 的运动轨迹如图中的曲线 3。切削点的运动轨迹与工件相切，形成了发生线 2。图中点 4 就是刀具上的切削点 1 的运动轨迹与工件的各个切点。由于刀具上有多个切削点，发生线 2 是刀具上所有的切削点在切削过程中共同形成的。用相切法得到发生线，需要两个成形运动，即刀具的旋转运动和刀具中心按一定规律的运动。

展成法和相切法的区别在于刀尖的运动轨迹不同。展成法(图 2-1-5c)的刀具旋转速度 v_1 和刀具中心的移动速度 v_2 之间彼此关联，满足刀具与工件的纯滚动特定关系，刀刃上的一个点在纯滚动中对工件(发生线)上的对应点进行切削，是一一对应关系；而相切法(图 2-1-5d)的刀具旋转速度 v_1 和刀具中心的移动速度 v_2 之间彼此独立，没有特定关系，相切法中刀具的旋转速度 v_1 通常远远大于其中心的移动速度 v_2，刀刃上的一个点对工件(发生线)上多个不同的点进行切削，不是一一对应的关系。展成法可以看成是相切法的一种特例。展成法又称为范成法，在渐开线齿形加工中应用很普遍。

2.1.3　工件表面的成形运动

为了获得所需的工件表面形状，必须使刀具和工件按上述四种方法之一完成一定的表面成形运动。

表面成形运动(简称成形运动)是保证得到工件要求的表面形状的运动。例如，图 2-1-6 是用车刀车削外圆柱面，形成母线和导线的方法，都属于轨迹法。工件的旋转运动 B_1 产生母线(圆)；刀具的纵向直线运动 A_2 产生导线(直线)。运动 B_1 和 A_2 都是表面成形运动。下角标表示次序。用 A 表示直线运动，用 B 表示旋转运动。

以上所说的成形运动都是旋转运动或直线运动。这两种运动最简单，也最容易得到，因而合称简单成形运动。在机床上，它以主轴的旋转、刀架或工作台的直线运动的形式出现。

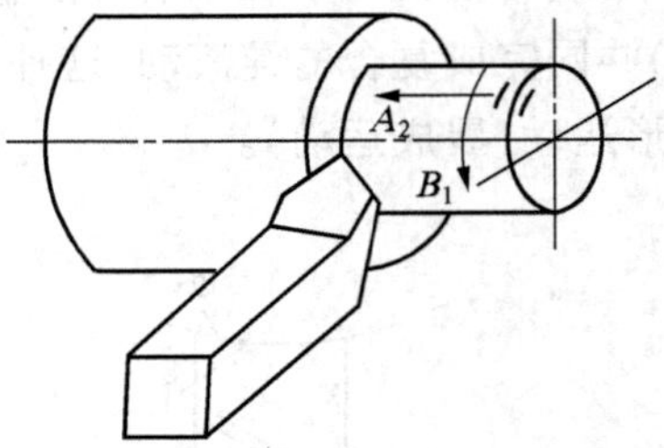

图 2-1-6　车削外圆柱表面时的成形运动

成形运动也有是复合运动的，复合成形运动可分解为两个、三个甚至更多个部分。图 2-1-7 为车削圆锥螺纹时的情况。刀具相对于工件的运动轨迹为圆锥螺旋线，可分解为三部分：工件的旋转运动 B_{11}、刀具纵向直线移动 A_{12}和刀具横向直线移动 A_{13}。B_{11}和 A_{12}之间保持严格的相对运动关系，用以保证导程；A_{12}和 A_{13}之间也保持严格的相对运动关系，用以保证锥度。

有的机件表面形状很复杂，例如螺旋桨叶片表面。为了加工它需要十分复杂的表面成形运动。这种成形运动要分解为更多个部分，可在多轴联动的数控机床上实现，运动的每个部分，就是数控机床上的一个坐标轴。

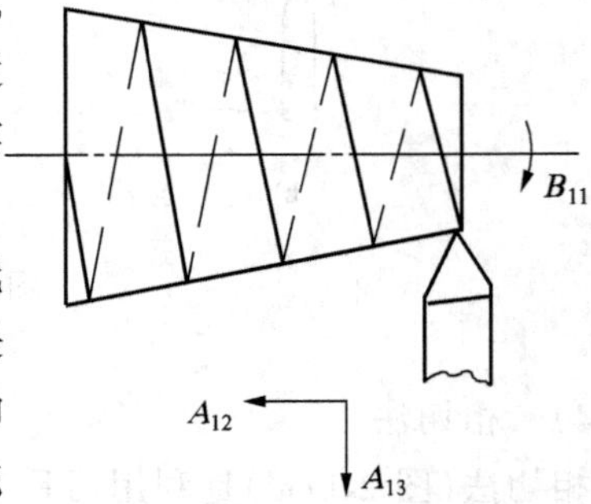

图 2-1-7　加工锥螺纹时的表面成形运动

由复合成形运动分解成的各个部分，虽然都是直线或旋转运动，与简单运动相像，但本质是不同的。前者是复合运动的一部分，各个部分必须保持严格的相对运动关系，是互相关联而不是独立的；简单运动之间是互相独立的，没有严格的相对运动关系。另外需要着重强调一个基本概念：工件表面成形运动是刀具和工件的相对运动。可以是工件运动而刀具不动，也可以是刀具运动而工件不动，还可以是刀具、工件两者按一定的规律同时运动。为了加工出所需的零件，机床就必须提供这些成形运动。下面介绍机床的基本知识。

2.2　金属切削机床基本知识

金属切削机床是用切削的方法将金属毛坯加工成机器零件的机器，简称机床。机床在加工过程中保证工件与刀具的相对位置，提供工件成形运动，是机械加工工艺系统中最重要的组成部分。

2.2.1　机床的型号

金属切削机床的品种和规格繁多，为了便于区别、使用和管理，需对机床加以分类和编制型号。

国家标准把机床分为十一大类，见表 2-2-1。

此外，还可按机床的万能性程度分为：通用机床、专门化机床、专用机床；按机床精度分为：普通机床、精密机床、高精度机床；按自动化程度分为：一般机床、半自动机床、自动机床；按重量分为：仪表机床、一般机床、大型机床、重型机床；按机床的主要工作部件数目分为：单刀机床、多刀机床、单轴机床、多轴机床；按机床具有的数控功能分为：普通机床（非数控机床）、一般数控机床、加工中心、柔性制造单元等。

表 2-2-1　通用机床的类别代号

类别	车床	钻床	镗床	磨　床			齿轮加工机床	螺纹加工机床	铣　床	刨插床	拉　床	锯　床	其他机床
代号	C	Z	T	M	2M	3M	Y	S	X	B	L	G	Q
读音	车	钻	镗	磨	二磨	三磨	牙	丝	铣	刨	拉	割	其

1)　金属切削机床型号的编制方法

按 GB/T15375－94《金属切削机床　型号编制方法》规定，通用机床型号由基本部分和辅助部分组成，中间用"/"隔开，读作"之"。前者需统一管理，后者纳入型号与否由企业自定。型号构成见图 2-2-1。

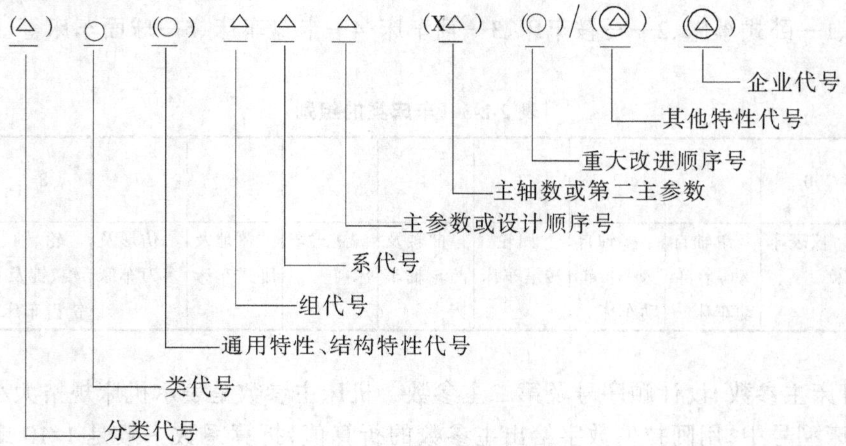

注：①有"(　)"的代号或数字，当无内容时，则不表示，若有内容则不带括号；

②有"○"符号者，为大写的汉语拼音字母；

③有"△"符号者，为阿拉伯数字；

④有"◬"符号者，为大写的汉语拼音字母，或阿拉伯数字，或两者皆有之。

图 2-2-1　通用机床型号构成

(1)机床的类代号　类代号用大写的汉语拼音字母表示。磨床类又分成三个分类，分类代号用阿拉伯数字表示，放在类代号之前，但第一分类的代号"1"省略，见表 2-2-1。

(2)机床的通用特性和结构特性代号

①通用特性代号　当某类型机床除有普通型外，还有如表 2-2-2 所示的某种通用特性时，则在类别代号之后加上相应的特性代号。例如"XK"表示数控铣床。如果同时具有两种通用特性，则可用两个代号同时表示，如"MBG"表示半自动高精度磨床。如某类型机床仅有某种通用特性，而无普通型时，则通用特性不必表示，如 C1312 型单轴转塔自动车床，由于这种自动车床没有"非自动"，所以不必用"Z"来表示通用特性。

②结构特性代号　为了区别主参数相同而结构不同的机床，在型号中用结构特性代号来表示。结构特性代号为汉语拼音字母。例如，CA6140 型卧式车床型号中的"A"，可理解为这种型号车床在结构上区别于 C6140 型车床。当机床有通用特性代号时，结构特性代号应排在通用特性代号之后。为了避免混淆，通用特性代号已用的字母及"L"、"O"都不能作为结构特性代号。

表 2-2-2　**通用特性代号**

通用特性	高精度	精密	自动	半自动	数控	加工中心（自动换刀）	仿形	轻型	加重型	简式或经济型	柔性加工单元	数显	高速
代号	G	M	Z	B	K	H	F	Q	C	J	R	X	S
读音	高	密	自	半	控	换	仿	轻	重	简	柔	显	速

(3)机床的组别、系别代号　用两位阿拉伯数字表示，前一位表示组别，后一位表示系别。每类机床按其结构性能及使用范围划分为10个组，用数字0～9表示。例如表2-2-3是摘录的车床类组别的划分。每一组又分为若干个系（系列），例如车床类第6组又分为0—落地车床、1—卧式车床、2—马鞍车床、3—轴车床、4—卡盘车床、5—球面车床等。

表 2-2-3　**车床类的组别**

类别＼组别	0	1	2	3	4	5	6	7	8	9
车床C	仪表车床	单轴自动、半自动车床	多轴自动、半自动车床	回轮、转塔车床	曲轴及凸轮轴车床	立式车床	落地及卧式车床	仿形及多刀车床	轮、轴、辊、锭及铲齿车床	其他车床

(4)机床主参数、设计顺序号及第二主参数　机床主参数是表示机床规格大小的一种参数。在机床型号中，用阿拉伯数字给出主参数的折算值，折算系数一般是1/10或1/100，也有少数是1。

某些通用机床，当无法用一个主参数表示时，则用设计顺序号来表示。

第二主参数是对主参数的补充，如最大工件长度、最大跨距、工作台工作面长度等，第二主参数一般不予给出。

(5)机床的重大改进顺序号　当机床的性能和结构有重大改进，并按新产品重新设计、试制和鉴定时，在原机床型号尾部加重大改进顺序号，依次选择汉语拼音字母A、B、C……。

(6)其他特性代号：主要用以反映各类机床的特性，如对于数控机床，可用来反映不同的数控系统；对于一般机床可用以反映同一型号机床的变型等。其他特性代号用汉语拼音字母或阿拉伯数字或二者的组合来表示。

(7)企业代号　生产单位为机床厂时，由机床厂所在城市名称的大写汉语拼音字母及该厂在该城市建立的先后顺序号，或机床厂名称的大写汉语拼音字母表示。生产单位为机床研究所时，由该所名称的大写汉语拼音字母表示。

上述机床型号编制方法适用于通用机床。专用机床的型号表示方法为

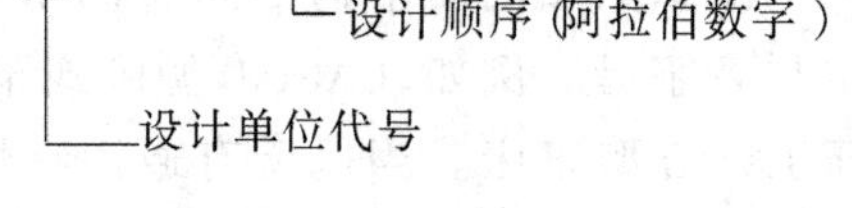

设计单位代号用通用机床型号中的企业代号。专用机床的设计顺序号，按各单位设计

制造的专用机床的先后顺序排列。

2) 机床型号举例

MG1432A 型高精度万能外圆磨床。

M G 1 4 32 A

类别代号 (磨床类) — M
通用特性 (高精度) — G
组别代号 (外圆磨床组) — 1
系别代号 (万能外圆磨床系) — 4
主参数 (最大磨削直径 320mm) — 32
重大改进顺序号 (第一次重大改进) — A

2.2.2 机床的组成

金属切削机床通常由以下各部分组成:

(1)动力源部件　如各种电动机、液压马达等,是机床运动的主要来源。

(2)成形运动执行件　如主轴、刀架、工作台等,用来直接执行工件成形运动,也用来安装切削刀具。

(3) 变速传动装置　如轮、带、链、主轴箱、变速箱以及其中的轴系零部件、联轴器等,用来传递运动和速度。变速传动装置把动力源和执行件联接起来,构成传动联系。

(4)运动控制装置　如离合器、按钮、拨叉、手柄、行程开关等零部件,用来控制运动的开、关、换向、变速等。

(5)润滑装置　如油泵、管路系统、分油器等,用于润滑运动副,以减小摩擦,提高机械效率,延长机构使用寿命。

(6)电气系统零部件　如控制柜、接触器、线路等,用于电源和信息的传递和控制。

(7)支承零部件　如床身、立柱、横梁、底座等,用于支承和联接别的零部件。此外,一些支承件上常常备有导轨表面,对运动部件起导向作用。

(8)其他装置　如冷却系统、分度装置、读数装置、保险装置以及安全低电压照明装置等等。

2.2.3 机床上的运动

在机床上切削加工时,为了获得所需的工件表面形状,机床必须提供表面成形运动,这是机床上最主要的运动。此外,机床还有多种辅助运动。

从金属切削加工的角度来说,表面成形运动又称切削运动,它是刀具和工件的相对运动。

1) 切削运动

切削运动按照在切削过程中所起的作用不同,通常分为主运动和进给运动。

特殊情况下,可以只有主运动而没有进给运动,例如拉削,拉削时的进给量由拉刀结构(齿升量)决定。

2) 辅助运动

辅助运动是指切削运动之外的各种运动。

(1)分度运动　工件上有许多相同形状、不同位置的表面,且又不能同时加工时,一个表面加工完成后应将工件转过一定角度(或移动一定距离),再加工另一位置的表面,这一运动称为分度运动。多工位工作台、刀具等的周期性转位和移动也是一种分度运动。

(2)送、夹料运动　装卸、夹紧、松开工件的运动,自动线中工件或随行夹具的输送、定位、夹紧以及随行夹具的倒屑、回转运动等。

(3)控制运动　包括机床的开车、停车、变速、换向、自动换刀、砂轮修整、自动测量、自动补偿、控制各种动作及运动的先后顺序等。

(4)其他各种空程运动　加工开始前,机床有关部件移动到要求位置的调位运动,切削前后刀具或工件的快速趋近和快速退回等。

2.3　数控机床

数控机床是一种以数字量作为指令信息形式,通过数字逻辑电路或计算机控制的机床。它综合运用了机械、微电子、自动控制、信息、传感测试、电力电子、计算机、接口、软件编程等多种现代技术,是一个典型的机电一体化产品。

数控机床与一般机床相比具有较强的适应性和广泛的通用性,能获得更高的加工精度和稳定的加工质量,具有较高的生产率,能改善劳动条件,减轻工人的劳动强度,并便于现代化生产管理。

数控机床自从20世纪50年代问世以来,至今已迅速发展到在发达国家的机床工业产值中占大部分的程度,应用范围已从小批生产扩展到大批大量生产领域。

2.3.1　数控机床的分类

1)　按工艺特征分类

(1)一般数控机床　即数控化的通用机床,如数控车床、数控铣床、数控滚齿机、数控线切割机床等等。

(2)加工中心　即配有刀库和自动换刀装置的数控机床。工件一次装夹能完成多道工序。

(3)多坐标数控机床　一般在5轴以上,机床结构复杂。用于加工特殊形状复杂零件。

2)　按数控装置功能分类

(1)点位控制数控机床　机床移动部件获得点位控制,移动中不加工,如数控坐标镗床、钻床、冲床。

(2)点位直线控制数控机床　在点位控制基础上增加直线控制,移动中可以加工,如简易数控车床。

(3)轮廓控制数控机床　实现连续轨迹控制,即控制加工过程每个点的速度和位置。有各种全功能的数控机床。

此外,数控机床还可按功能水平、伺服系统控制方式等分类。

2.3.2　数控插补原理

尽管零件的形状千变万化,但它的各个表面都可看作是由发生线和导线形成的。从切削加工的角度看,每个加工表面是由主运动、进给运动加工出来的。而且,大多数表面的发生线和导线是直线或圆弧,即使是更复杂的曲线,加工时也可用直线或圆来逼近。数控机床的加工正是采用逼近轮廓的方法——插补法。因此,只要能加工出直线和圆弧,就可以加工出零件的各种复杂表面。

数控机床上的溜板可以沿 X、Y、Z 三个坐标方向上完成合成运动，加工空间轮廓线；或沿 X、Y 两个坐标方向完成合成运动，加工平面轮廓线。但其溜板的运动方式是“一步”、“一步”地进给，即数控装置每发出一个进给脉冲，工作台（或工件）就走“一步”，这一步走过的距离（即单位位移量）称作脉冲当量。

目前国内普遍采用的逼近轮廓的方法为逐点比较法，下面以逐点比较法来介绍加工直线和圆弧的插补原理。

1） 直线插补

要在 XOY 平面中加工斜直线 OA（图 2-3-1），刀具（或工件）并不是从 O 点沿 OA 走到 A 点，而是沿 $O\rightarrow1\rightarrow2\rightarrow3\rightarrow\cdots A$ 的顺序逼近 OA。即先沿 X 坐标走一步到 1 点，再沿 Y 坐标走一步到 2 点……沿阶梯形折线走完全程（用折线来代替直线）。只要折线与直线的最大偏差不超过加工精度允许的范围，就可将该折线近似视为是 OA 直线。显然折线线段长的加工误差大；反之，则逼近程度好，加工误差小。即用加密折线来插补所要加工的直线（缩短“步距”，密化数据点的方法称为插补），可提高加工精度。同理，数控机床的脉冲当量越小，加工精度越高。

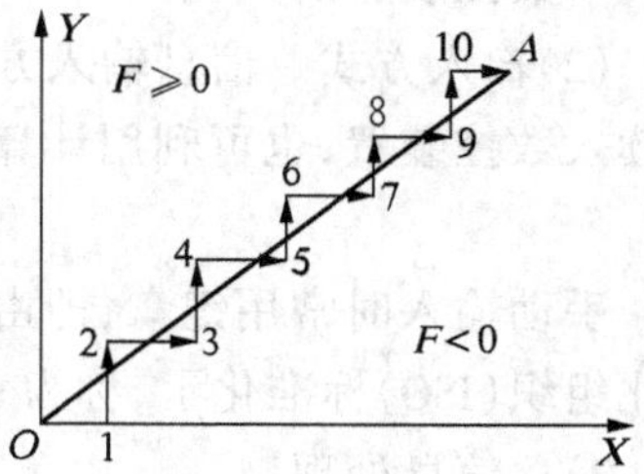

图 2-3-1 直线插补

数控装置具有偏差判别等一系列逻辑功能，其作用是：当加工点在直线下方，即偏差值 $F<0$ 时（F 为该点与 O 点连线的斜率与 OA 线斜率之差值），就控制溜板向 $+Y$ 方向前进一步；当加工点在直线上或直线上方时（$F\geqslant0$），沿 $+X$ 方向进给一步。每走一步都与 OA 线进行比较（判别加工点对规定轮廓的偏离位置），并对其偏差值进行计算以决定溜板走向，直到终点。

2） 圆弧插补

圆弧插补与直线插补原理相同（图 2-3-2）。当加工点在 AB 圆弧上或圆弧外侧时（$F\geqslant0$），控制工作台沿 $-X$ 方向进给一步；当 $F<0$ 时，沿 $+Y$ 方向进给一步，直到走到终点为止。

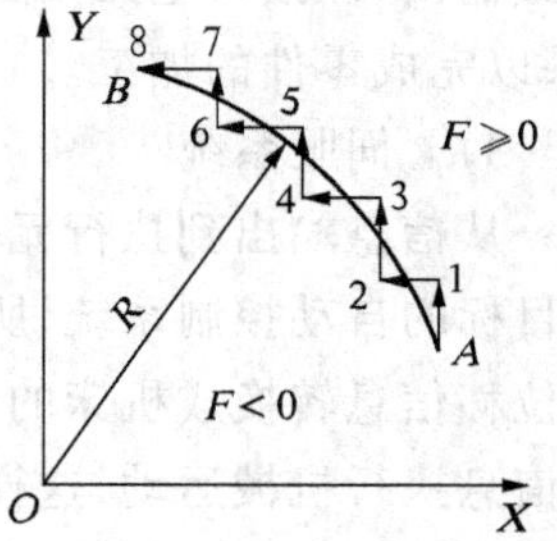

图 2-3-2 圆弧插补

2.3.3 机床数控的工作原理

数控加工不需人直接操纵。但机床必须执行人的意图。操作者首先按照加工零件图样的要求，编制加工程序。用规定的代码和程序格式，把人的意图转变为数控机床能接受的信息。把这种信息记录在信息载体上（例如磁盘），输送给数控装置。数控装置对输入的信息进行处理后，向机床各坐标的伺服系统发出数字信息，驱动机床相应的运动部件（如刀架、工作台等），并控制其他的动作（如变速、换刀、开停冷却液泵等），自动地加工出符合图样要求的工件。数控机床加工零件的过程如图 2-3-3 所示。图中的数控装置是数控机床的中枢，由它接收和处理来自信息载体的指

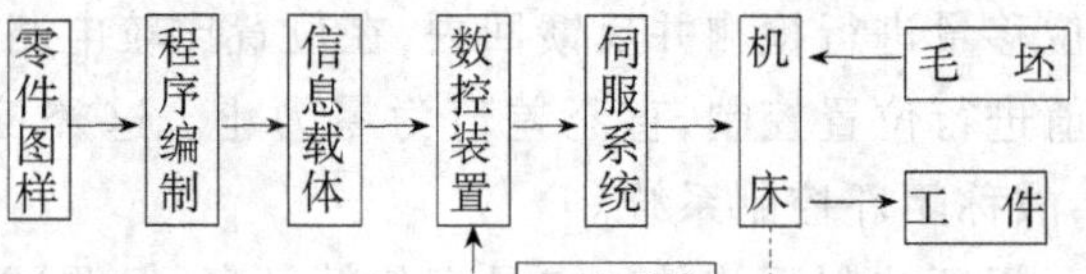

图 2-3-3 数控机床加工零件的过程

令信息，并将其输送到伺服系统去执行。这种工作如用数字逻辑电路实现，称为（普通）数控（NC），如用计算机实现，称为计算机数控（CNC）。数控加工的过程是围绕信息的交换进行的，从零件图到加工出工件，需经过信息输入、信息处理、信息输出实现对机床的控制。所以机床的数控系统由信息输入、信息处理和伺服系统三部分组成。

1） 信息输入

（1）信息载体　为使数控加工的自动工作循环符合人的意图，必须在人－机之间建立联系。这种联系的媒介称为信息载体。它记录了根据零件图编制的零件加工程序——零件加工的全部信息。信息载体也称控制介质，它可以是各种储存代码的载体，采用哪一种载体，取决于数控装置的类型。

（2）输入方式　信息输入方式通常有手动和自动两种。自动输入时，将信息通过输入装置读入数控装置，也可利用计算机与数控机床的接口直接进行通讯，实现零件加工程序的输入。

手动输入时常用键盘，即由人工按键，输入加工信息。输入计算机的指令，已由国际标准化组织（ISO）标准化了，称为 ISO 代码。

2） 信息处理

信息处理是数控装置的核心任务，由计算机来完成。它的作用是识别输入信息中每个程序段的加工数据和操作命令，并对其进行换算和插补计算，即根据程序信息计算出加工运动轨迹上的许多中间点的坐标，将这些中间点坐标用前一中间点到后一中间点的位移分量形式输出，经接口电路向各坐标轴执行部件送出控制信号，控制机床按规定的速度和方向移动，以完成零件的加工。

3） 伺服系统

从信息输出到执行元件的一系列装置称为伺服系统。伺服系统是以机械位移为直接控制目标的自动控制系统，所以又称为位置随动系统。伺服系统的作用是将经过处理后输出的位移信息转换成机床的进给运动。数控机床要求伺服执行部件准确、快速地跟随插补输出信息执行机械运动，这样数控机床才能加工出高精度的工件。数控机床常用的伺服驱动部件有步进电机、宽调速直流伺服电机和交流伺服电机等。伺服系统按控制方式分以下四类：

（1）开环控制系统　开环控制系统没有对执行件位置检测结果的反馈装置，信息流是单向的，即进给指令信息发出后，执行件的实际移动值不再反馈回来。

开环控制系统的特点是结构较简单、成本较低和性能稳定。但其位移精度受伺服电机和传动件精度及动态特性影响，不能达到很高的精度。伺服电机常采用步进电机。一般适用于中、小型经济型数控机床，特别适用于旧机床改造的简易数控机床。

（2）闭环控制系统　闭环控制系统带有直线位移检测装置，在加工中随时对工作台的实际位移量进行检测并反馈回去，在位置比较电路中与位移指令值进行比较，用比较后得出的差值进行位置控制，直至差值为零为止。这类控制系统，因为把机床工作台纳入了控制环节，故称闭环控制系统。

闭环控制系统的特点是定位精度高，但调试和维修都较困难，系统复杂，成本高，一般适用于精度要求高的数控设备，如数控精密镗铣床。

(3)半闭环控制系统　半闭环控制系统采用角位移检测元件,检测伺服电机的转角,推算出工作台的实际位移量,将此值与指令值进行比较,用差值来实现控制。这类控制系统的伺服驱动部件通常采用宽调速直流伺服电机,目前已将角位移检测元件与电机设计成一个部件,使系统结构简单、方便。半闭环控制系统的性能介于开环和闭环之间,精度没有闭环高,调试却比闭环方便,因而得到广泛应用。

(4)混合控制系统　将以上三类控制系统的特点有选择地集中起来,在开环控制系统或半闭环控制系统的基础上,附加一个校正伺服电路,通过装在工作台上直线位移测量元件的反馈信号来校正机械系统的误差,便组成开环补偿型或半闭环补偿型混合控制系统。混合控制系统特别适用于大型数控机床,因为大型数控机床既需要较高的进给速度和返回速度,又需要高精度。

2.3.4　数控机床的典型机械结构

数控机床的机械结构比起普通机床而言,应有更高的要求。

由于数控机床初次投资较大,为取得与投资相应的经济效益,应使数控机床的使用率高并采用强力切削,最大限度地提高切削效率,加之工作过程是自动控制的,不能在加工中途人为调整和补偿工艺系统弹性变形误差,为此要求数控机床的机械结构必须承受大功率传动并具有良好的刚度、抗振能力和承载能力,以保证加工精度和表面质量。

数控机床(尤其是开环系统的数控机床)的加工精度在很大程度上取决于进给传动链的精度和刚度。除了尽可能缩短传动链,提高传动齿轮和滚珠丝杠的制造精度外,另一个重要措施是采用消除传动间隙的结构。

由于数控机床进给系统设定的脉冲当量一般为0.01～0.001mm,要求运动件能以极低的速度运动而不发生"爬行",为此要求尽量减小进给运动件的静摩擦力与动摩擦力之差别,因而采用塑料滑动导轨、滚动导轨、静压导轨和滚珠丝杠副。

为了提高数控机床的生产率,在提高切削效率、缩短切削时间的同时,应尽量缩短辅助时间。因此数控机床上采用了多主轴、多刀架的结构,并采用自动换刀、自动排屑和自动测量等装置。

1)　齿轮副间隙消除结构

数控机床的进给传动装置中,齿轮副的齿侧间隙使进给运动滞后于指令信号,反向时产生反向死区,直接影响加工精度,因此,必须采取措施消除间隙。

图2-3-4为偏心套式间隙调整结构。将偏心套转过一定角度,可调整两齿轮的中心距,从而得以消除齿侧间隙。图2-3-5是带有锥度的齿轮间隙调整结构。两相互啮合的齿轮都制成带有小锥度,使齿厚沿轴线方向稍有变化。通过修磨垫片的厚度,调整两齿轮的轴向相对位置,即可消除齿侧间隙。图2-3-6为斜齿圆柱齿轮轴向垫片间隙调整结构。与宽齿轮同时啮合的两个薄片齿轮,用键与轴相联接,彼此不能相对转动。两薄片齿轮的轮齿是拼装在一起进行加工的,加工时在它们之间垫入一定厚度的垫片。装配到机床上时,将厚度比加工时所用垫片稍大或稍小的垫片垫入它们之间,并用螺母拼紧。于是两薄片齿轮的螺旋齿产生错位,分别与宽齿轮的左、右齿侧贴紧,从而消除了它们之间的齿侧间隙。显然,采用这种调整结构,无论齿轮正转或反转,都只有一个薄片齿轮承受载荷。

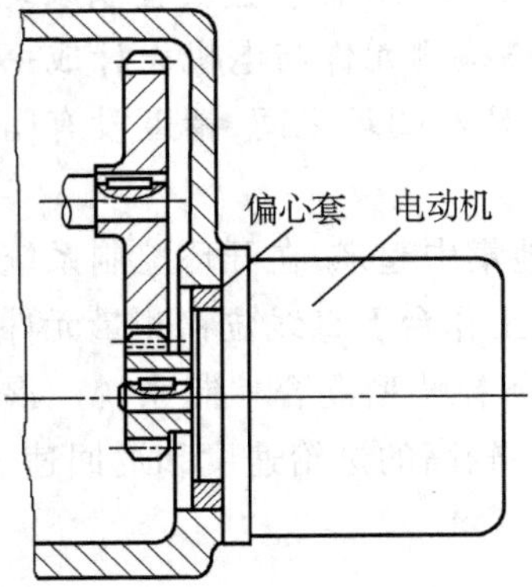

图 2-3-4　偏心套式消除间隙结构

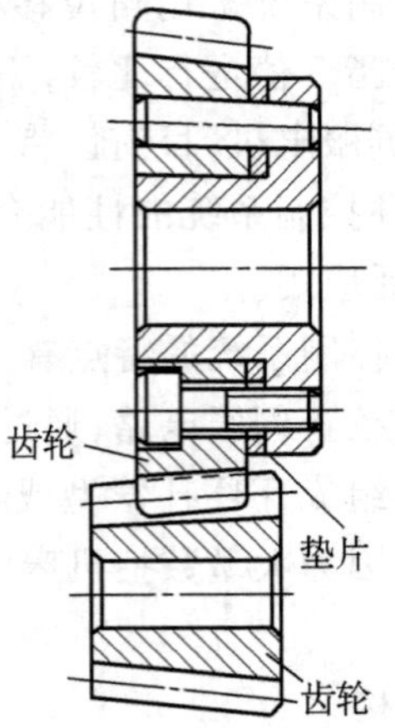

图 2-3-5　锥度齿轮的消除间隙结构

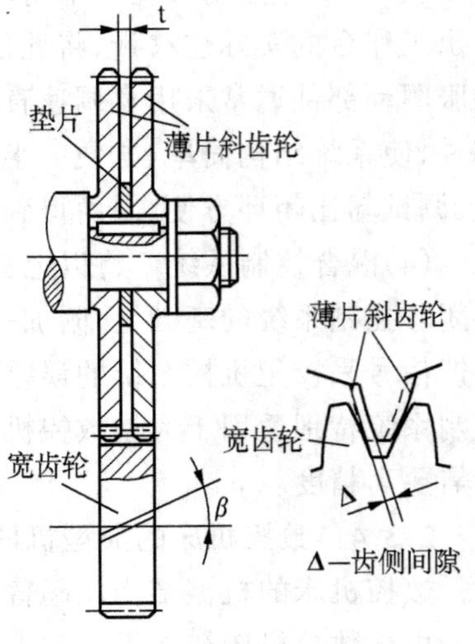

图 2-3-6　斜齿轮垫片错齿消隙结构

上述几种齿侧间隙调整方法,结构比较简单,传动刚度好,但调整之后间隙不能自动补偿,且必须严格控制齿轮的齿厚和齿距公差,否则将影响传动的灵活性。因此,还有齿侧间隙可自动补偿的调整结构,如双齿轮拉簧错齿结构等。

2）　滚珠丝杠副

(1)滚珠丝杠副的工作原理　在数控机床上,将回转运动转换为直线运动一般都采用滚珠丝杠螺母机构,因它具有摩擦阻力小,传动效率高,运动灵敏,无爬行现象,可进行预紧以实现无间隙运动,传动刚度高,反向时无空程死区等特点。

滚珠丝杠螺母机构的工作原理如图 2-3-7 所示。在丝杠和螺母上各加工有圆弧形螺旋槽,将它们套装起来便形成螺旋形滚道,在滚道内装满滚珠。当丝杠相对螺母旋转时,丝杠的螺旋面经滚珠推动螺母轴向移动,同时滚珠沿螺旋形滚道滚动,使丝杠和螺母之间的滑动摩擦转变为滚珠与丝杠、螺母之间的滚动摩擦。螺母螺旋槽的两端用回珠管连接起来,使滚珠能够从一端重新回到另一端,构成一个闭合的循环回路。

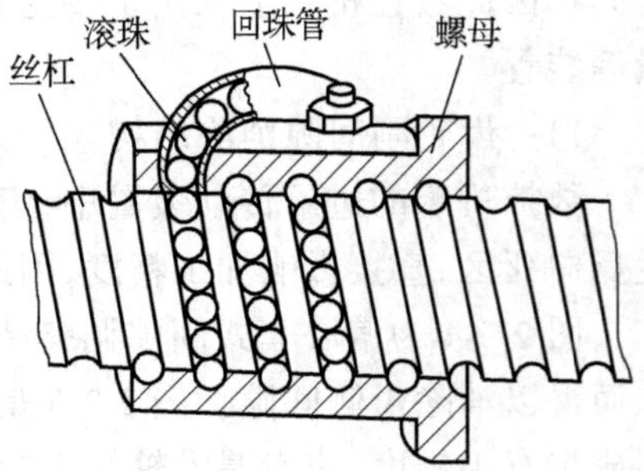

图 2-3-7　滚珠丝杠和螺母机构的工作原理

(2)滚珠丝杠副的间隙消除　为了消除丝杠和螺母之间的轴向间隙,并进行适当预紧,机床上实际都采用双螺母结构,如图 2-3-8 所示。结构相同的两个单螺母装在螺母座的孔中,通过垫片、螺母等调整间隙,螺母座则固定在工作台等运动部件上。

2-3-8a 为垫片调隙式双螺母结构,两个单螺母用螺钉固定在螺母座上,通过修磨垫片的厚度,使两螺母间产生一定轴向位移,即可消除间隙,并获得所需预紧量。

2-3-8b 为齿差调隙式双螺母结构,在两单螺母的凸缘上各制有外圆柱齿轮,其齿数分别

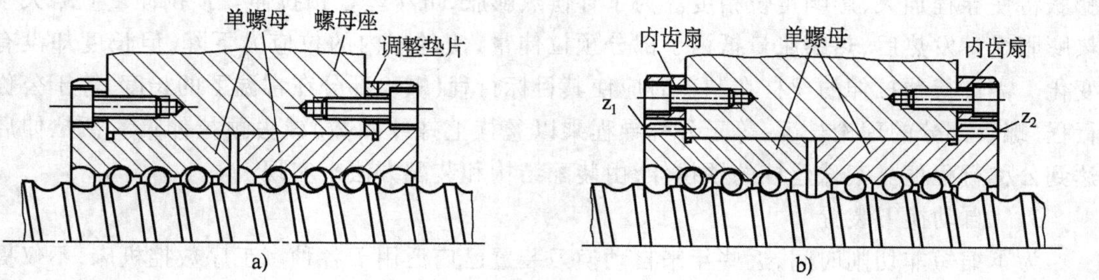

图 2-3-8 滚珠丝杠螺母机构的调整结构

为 z_1、z_2，且两者的差值$\triangle z = z_1 - z_2 = 1$；在螺母座的左右端面上，用螺钉和销钉固定着内齿扇，分别与两螺母上的外齿轮啮合。轴向间隙可通过两螺母相对转过一定角度而加以调整，调整方法如下：先在螺母与内齿扇端面上作记号以标明原先的相对位置，然后松开内齿扇的紧固螺钉，并将其向外拉出(由销钉导向以保持其周向位置不变)，使其与螺母上齿轮脱开啮合；此时可根据间隙与所需预紧力大小，将螺母转过一定齿数，其螺母上螺旋槽相对丝杠的螺旋槽轴向移动相应距离，从而使间隙得以调整。调整妥当后，重新将内齿扇向里推入，并加以紧固。调整时，如果只将一个螺母转过一齿，则间隙调整量 $\Delta = \frac{L}{z_1}$或 $\Delta = \frac{L}{z_2}$(L 为丝杠导程，单位为 mm)；如需微量调整，可将两个螺母同向各转过一齿，此时间隙调整量 $\Delta = \frac{L}{z_1 z_2}$。设 z_1、z_2 分别为 99 和 100，丝杠导程 $L = 10\text{mm}$，则可以获得的最小调整量 $\Delta = \frac{10}{99 \times 100} \approx 0.001\text{mm}$。由于这种调整结构能非常可靠地获得精确的调整量，因而在数控机床上应用较广。

(3)滚珠丝杠预加载荷　滚珠丝杠的预加载荷是根据下述原则确定的，设在图 2-3-9 所示预紧后的滚珠螺母体上受一个外载荷 F，方向为向右，则右螺母的接触变形(指螺母滚道—钢珠—丝杠滚道沿接触线的变形，下同)加大，左螺母接触变形则减小。F 大到某种程度，可使左螺母的接触变形减小至零。如果 F 再加大，则左螺母与丝杠间将出现间隙，影响定位精度。经验证，不受力侧的螺母接触变形降至零的外载荷 F，约等于预加载荷 F_0 的 3 倍，$F \approx 3F_0$。因此，滚珠丝杠的预加载荷 F_0，应不低于丝杠最大轴向载荷的 1/3。预紧后的刚度，可提高到为无预紧时的 2 倍。但是，预加载荷加大，将使寿命下降和摩擦力矩加大。通常，滚珠丝杠在出厂时，就已由制造厂调好预加载荷。预加载荷往往与丝杠副的额定动载荷 C_0 有一定的比例关系。例如有的工厂定 $F_0 = (1/9 \sim 1/10) C_0$。如果这个 F_0 值大于最大轴向载荷的 1/3，则订货时对预加载荷不必提特殊要求。

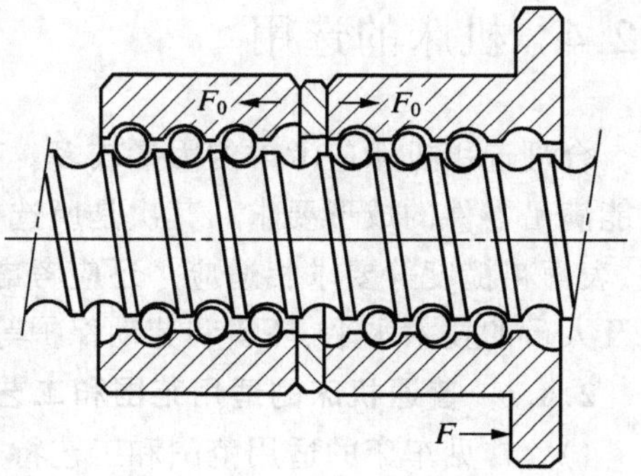

图 2-3-9 预加载荷消除间隙

(4)滚珠丝杠的预拉伸　滚珠丝杠在工作时难免要发热，其温度将高于床身。丝杠的热膨胀将使导程加大,影响定位精度。为了补偿热膨胀,可将丝杠预拉伸。预拉伸量应略大于热膨胀量。发热后,热膨胀量抵消了部分预拉伸量,使丝杠内的拉应力下降,但长度却没有变化。需进行预拉伸的丝杠在制造时应使其目标行程(螺纹部分在常温下的长度)等于公称行程(螺纹部分的理论长度,等于公称导程乘以丝杠上螺纹圈数)减去预拉伸量。预拉伸后达到公称行程值。滚珠丝杠的预拉伸,由装配结构和装配方法来实现。

3) 自动换刀装置

为了缩短非切削时间,近些年来自动换刀装置已广泛用于各种多工序数控机床,不仅提高了机床的生产效率,扩大了机床的使用范围,而且由于零件在一次安装中完成多工序加工,大大减少了零件安装定位次数,从而提高了加工精度。

各类数控机床的自动换刀装置的结构取决于机床的形式、工艺范围及其刀具的种类和数量。其基本类型有以下三类:

(1)回转刀架换刀装置　回转刀架换刀装置是一种最简单的自动换刀装置,常用于数控车床。根据不同的加工对象,可以是四方刀架或六角刀架等多种形式,分别安装四把、六把或更多的刀具,按数控装置的指令转位换刀。

(2)多主轴转塔头换刀装置　在带有旋转刀具的数控镗铣床中,常用多主轴转塔头实现换刀。例如八方形转塔头,它上面装有八根主轴,每根主轴上装有一把刀具。根据工序要求按数控装置的指令,自动地将装有所需要刀具的那根主轴转到工作位置,实现自动换刀,同时接通主传动,其余7根主轴便与主传动脱开。

(3)刀库—机械手自动换刀系统　刀库—机械手自动换刀系统的换刀过程比较复杂。首先要把加工过程中所用的全部刀具分别安装在标准的刀柄上,在机床外进行尺寸预调整后,一一插入刀库的刀座中。换刀时根据选刀指令在刀库上选刀,由机械手自动完成刀具的装卸和交换。

2.4 机床的选用

合理选用机床应考虑的因素较多。首先是机床的工艺适应性,即所选机床的工艺特点应能满足零件的成形要求。其次是所选机床的加工精度与被加工零件的尺寸公差、形位公差、表面粗糙度等要求相适应。还应考虑经济性、生产的类型和批量、加工效率、自动化程度以及人员的技术水平、环境和劳动保护等。

2.4.1 普通机床的适用范围和工艺特点

1) 常见车床的适用范围和工艺特点

(1) 卧式车床　适用于单件、小批量生产。可完成车削内外圆柱面、圆锥面、成形回转面、车削端面和公制、英制、模数、径节螺纹,用滚花刀进行滚花,由尾座完成钻孔、扩孔、铰孔、攻丝和套丝等。自动化程度低,辅助运动由手工操作完成,生产率较低。

(2) 转塔式六角车床:适用于成批生产加工形状复杂的盘、套类零件。这种机床有一个绕垂直轴线转位、6个工位的六角形转塔刀架,每一工位通过辅具可装一把或一组刀具,作纵向进给运动,以车削内外圆柱面,钻、扩、铰孔和镗孔,攻丝、套丝等。有一个横刀架作纵、横进给运动,以车削大直径的外圆柱面、成形回转面、端面和沟槽。

(3) 回轮式六角车床　适用于成批生产轴类及阶梯轴类零件的加工。该机床有一个绕水平轴线转位、12或16个工位的圆盘形回轮刀架，回轮刀架上均布的轴向孔中通过辅具可装一把单刀或复合刀具进行加工。刀架作纵向进给时，可车削内外圆柱面、钻孔、扩孔、铰孔和加工螺纹，刀架绕自身轴线缓慢转动，即作横向进给运动时，可完成成形回转面、沟槽、端面和切断等工序的加工。

(4) 单柱立式车床　适用于单件小批生产大型盘类零件的加工。该机床的主轴是垂直布置的，主轴上端有一个可回转的大直径的圆形工作台，以便安装笨重的大型零件，横梁上有一5工位垂直刀架，沿横梁导轨作水平进给运动和沿刀架导轨作垂直进给运动以及将刀架摆动角度后的斜向进给运动，以加工内外圆柱面、内外圆锥面、端面、切槽、钻孔、扩孔、铰孔等，立柱右侧导轨上还有一侧刀架，用来加工外圆、端面及外沟槽等。

(5) 铲齿车床　适用于工具车间对一些刀具进行齿背的铲削加工。该机床的外形与普通车床相似，是一专门化车床，用于铲削(或铲磨)成形铣刀、齿轮滚刀、丝锥等刀具的齿背(后刀面)，使其获得所需刀刃形状和具有规定的后角。铲齿时，刀具毛坯通过心轴安装在机床两顶尖间作均匀速度旋转，刀架上的铲齿刀由凸轮传动作径向往复运动，以获得阿基米德螺旋线的齿背。

2)　常见镗床的适用范围和工艺特点

(1) 金刚镗床　适用于加工精度高、表面粗糙度数值小的孔。广泛用于加工发动机、空气压缩机的连杆、轴瓦、气缸体、气缸套、活塞等。该机床用硬质合金镗刀进行加工，工作时转速很高，而切削深度和走刀量都很小。机床刚度高，加工精度很高。主轴中心线位置按工件孔距可进行调整。工件安装在工作台上，工作台沿床身导轨由液压传动实现半自动进给工作循环。

(2) 立式坐标镗床　适用于精密孔系的钻、铰及镗孔加工。广泛用于箱体类零件及夹具、模具的孔加工。该机床主轴箱和工作台的位移量都由精密坐标测量装置来保证，能保证很高的孔距精度。

(3) 卧式坐标镗床　该机床工作时，工件安装在工作台上，工作台可作精密分度或回转，并实现纵、横向进给运动，所以一次安装工件便能完成几个面上的孔系加工。其余同立式坐标镗床。

3)　刨床类机床的适用范围及工艺特点

(1) 牛头刨床　适用于单件小批生产。主要用于加工平面、斜面、沟槽等，调整简便，易于操作。

(2) 插床　主要用于加工沟槽、平键槽、花键孔、多边孔等。工件装在工作台上，除能作直线进给外，还能作圆周进给或进行分度。插床的生产率低。

(3) 龙门刨床　适用于大型零件的平面或沟槽的加工。龙门刨床有两个垂直刀架和两个水平刀架，可同时加工一个零件的几个平面，或几个零件一起装夹同时加工。工作台能作无级调速实现直线往复主运动，刀架作间歇进给运动。该机床刚性好，生产率高。

4)　钻床类机床的适用范围及工艺特点

(1) 台式钻床　适用单件小批生产，主要用于加工直径小于13mm的孔，也可攻螺纹。台钻的结构简单，易于操作。但主轴轴向进给靠手工操作，劳动强度大。

(2) 立式钻床　适用于中小型工件上钻孔、扩孔、铰孔和攻丝。立钻可以自动进给，操作简便。但每加工完一个孔后，需移动工件对准下一个孔的位置再加工，劳动强度大。

(3) 摇臂钻床　适用单件小批生产，主要用于钻孔、扩孔、铰孔和攻丝。工件一次装夹后，就能顺序地加工各个不同位置的孔，机床的变速机构、摇臂升降、回转及夹紧可由液压传动来实现。使用方便，生产率较高。

(4) 可调式多轴立式钻床　适用于多孔工件的成批生产。工件安装在工作台上，主轴轴线位置可根据加工孔的位置进行调整，以适应多孔同时加工，多轴箱可沿立柱上下移动，并完成半自动工作循环，生产率高。

5) 铣床类机床的适用范围及工艺特点

(1) 卧式万能升降台铣床　适用于加工平面、斜面、沟槽和成形表面。使用机床附件如立铣头、分度头及圆形工作台，可扩大加工范围，如加工铣刀螺旋表面、分齿零件的局部表面等。卧铣的主轴水平布置，工作台可沿纵向、横向和垂直方向作进给运动或快速移动。工作台可在水平面内作 ±45°的回转，以调整需要角度，适应于螺旋表面的加工。其刚度好，生产率高，工艺范围广。

(2) 立式铣床　适用于加工平面、斜面、沟槽、台阶等。立铣的主轴垂直布置，除工作台能作三个相互垂直方向的进给运动和快速移动外，主轴可沿轴线作进给调位移动，又能在垂直平面内调整一定角度。

(3) 工作台不升降铣床　适用于对大中型工件的平面及导轨的加工。工作台不能升降，只有纵向和横向进给运动或快速移动，主轴可沿轴线方向进给或调位移动。机床刚度好。

(4) 工具铣床　常用于工具车间、机修车间加工形状复杂的零件，如各类刀具的刀槽、刀齿、工具、夹具和模具等。该机床有两个相互垂直的主轴，工作台能在三个相互垂直的平面内回转一定的角度，因而机床的万能性好。机床常配有分度头、圆形工作台等附件。

(5) 龙门铣床　适用于对大中型工件如床身导轨、箱体、机座等零件的平面或成形面的加工。龙门铣床的横梁和立柱上分别安装铣头，每个铣头都有独自的主运动、进给运动和调位移动。工件紧固在工作台上作纵向直线进给运动，可用多把铣刀同时加工几个表面，生产率高。

(6) 仿形铣床　适用于加工立体成形表面，如锻模、压模、叶片、螺旋浆的曲面等。加工时用靠模来保证工件表面的形状。

6) 常见的齿轮加工机床的适用范围及工艺特点

(1) 滚齿机　适用于加工直齿、螺旋齿圆柱齿轮和蜗轮。按展成法原理加工，生产率高。

(2) 插齿机　适用于加工双联及多联的内外直齿圆柱齿轮。用展成法原理加工。加工精度较高，但生产率较低。

(3) 剃齿机　适用于精加工未经淬火的齿轮，但不宜加工多联齿轮的小齿轮。加工精度高于滚齿、插齿。也用展成法原理加工，生产率高，但刀具费用也高。

淬火后的齿轮，用珩齿机或磨齿机进行精加工。

7) 常见磨床的适用范围和工艺特点

(1) 万能外圆磨床　适用于磨削内外圆柱面、内外圆锥面以及轴和孔的台肩面。工件由工作台上的头架并利用三爪卡盘或前后顶尖夹持，由头架带动作圆周进给，由工作台带动作纵向进给运动。砂轮架、头架、工作台均可回转一定角度以适应不同工件的加工。

(2) 普通内圆磨床　适用于对内圆柱孔和内圆锥孔的磨削。工件由工作台上的头架并利用三爪卡盘夹持作圆周进给运动,内圆磨头(砂轮)高速旋转。工件头架可回转一定角度,由工作台带动作纵向进给。

(3) 平面磨床　分为卧轴矩台式、卧轴圆台式、立轴矩台式、立轴圆台式四种平面磨床。适用于磨削平面。主运动由砂轮实现,分周边切削和端面切削两种。工件由工作台上的电磁吸盘吸紧并由工作台带动实现进给运动。

(4) 无心外圆磨床　适用于细长、简单的圆柱表面加工,如小轴、销、细长轴、套类零件的外圆磨削。工件安置在砂轮与导轮之间,其中心略高于它们的中心线,以工件本身圆柱表面作定位基准,利用磨削力和导轮双曲面对工件的摩擦力使工件作圆周进给运动和轴向进给运动。工件原始形状误差将影响它的圆度,装卸工件简单方便、生产率高。

(5) 刀具磨床　习惯上也称工具磨床,适用于各类刀具如铣刀、铰刀、钻头等的磨削加工。根据不同的磨削对象来选用不同形状的砂轮。各个进给运动均为手工操作,生产率低。

2.4.2　根据典型表面的加工方案选择机床类别

典型表面主要指平面、外圆面、内孔面、渐开线齿面等,典型表面的加工方案主要考虑工件的精度要求,同时还要考虑生产类型、零件的结构和大小、工件材料及热处理等因素。现根据尺寸公差等级和表面粗糙度 *R*a(单位为 μm)的要求以图表形式大致列出典型表面的一般加工方案,供选择机床类别以及制订工艺时参考。

(1)平面加工方案,见图 2-4-1。

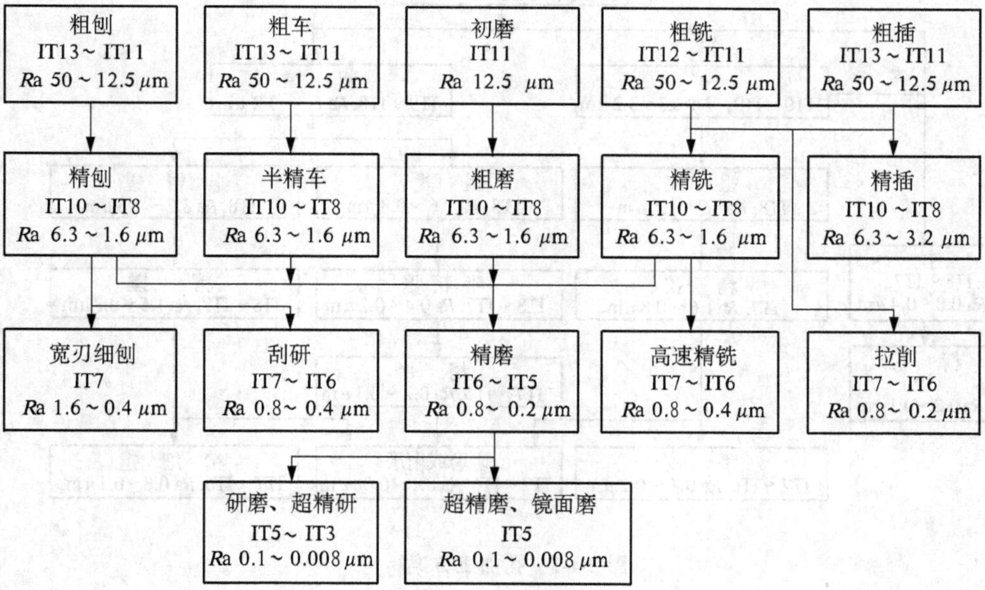

图 2-4-1　平面加工方案

(2)外圆面加工方案,见图 2-4-2。

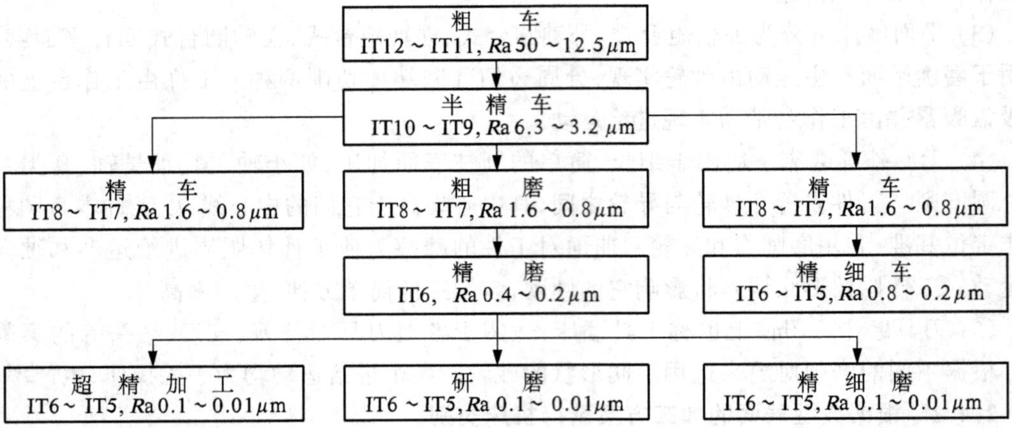

图 2-4-2　外圆面的加工方案

(3)孔加工方案,见图 2-4-3。

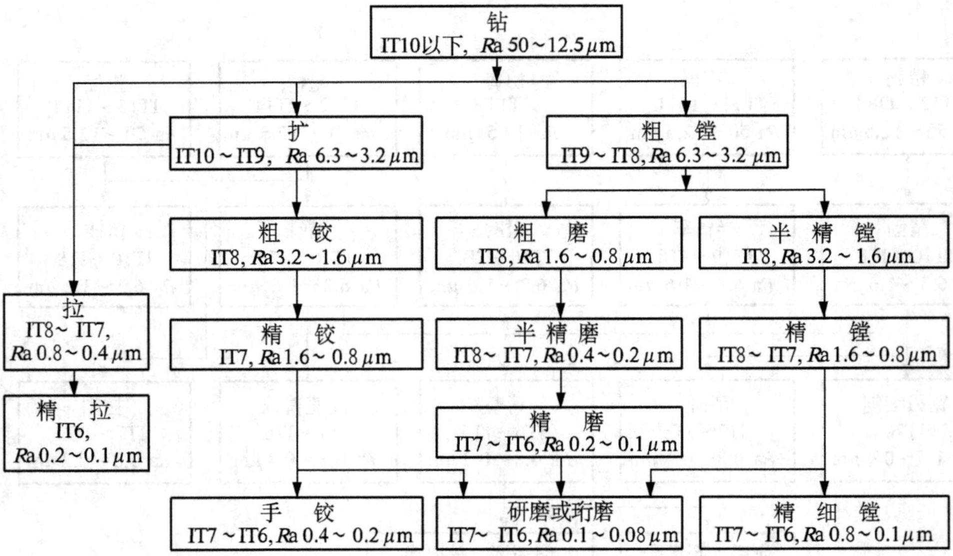

图 2-4-3　孔加工方案

以上三个框图,是关于平面、外圆、内孔表面各种加工方案的汇总罗列,实际生产中某一零件的加工方案,应当根据工件的结构特点、尺寸精度和表面粗糙度要求,只需选取框图中某一段加工路线作为具体加工工艺即可。

(4)圆柱齿轮的齿形加工方案,见表 2-4-1。

表 2-4-1　圆柱齿轮的齿形加工方案选择

精度等级	表面粗糙度 $Ra/\mu m$	热处理	齿形加工方案	生产批量
9级以下	6.3~3.2	不淬火	铣齿	单件小批
8~7级	3.2~1.6	不淬火	滚齿或插齿	各种批量
		齿面淬火	滚(插)齿—淬火—珩齿	
7级或766	0.8~0.4	不淬火	滚齿—剃齿	
		齿面淬火	滚(插)齿—淬火—磨齿	单件小批
			滚齿—剃齿—淬火—珩齿	大批量
6~3级	0.4~0.2	不淬火	滚(插)齿—磨齿	各种批量
		齿面淬火	滚(插)齿—淬火—磨齿	

2.4.3　根据工件的形位公差要求选用机床

一些典型机床加工工件达到的形位精度见表 2-4-2。参考使用该表时应当注意,表中的精度数值,是工件相应于表列测量尺寸范围时的数值。

表 2-4-2　典型机床加工的形位精度

机床	主电动机功率/kW	工件测量尺寸/mm	圆度/mm	圆柱度/mm	平面度/mm	平行度/mm	垂直度/mm	表面粗糙度 $Ra/\mu m$
CA6140 卧式车床	7.5	$D=400$ $L=100$	0.01	0.01	0.025			1.6
C5116C 单柱立式车床	40	$D=1\ 600$ $L=1\ 500$	0.015	0.03	0.05			
T6112 卧式铣镗床	10	$D=300$ $L=200$	0.02	0.02	0.02			1.6
B6050D 牛头刨床	4	$L=300$ $H=50$			0.025	0.03	0.02	
B2012A 龙门刨床	60	$B=1\ 250$ $L=2\ 000$ $H=300$			0.03	0.02	0.02	
X6132C 万能升降台铣床	7.5	$L=150$			0.02	0.02	0.02	1.6
X5030 立式升降台铣床	7.5	$L=150$			0.02	0.02	0.02	1.6
X7137S 床身铣床	7.5	$L=150$			0.02	0.02	0.02	1.6
L5110或L6120 立式或卧式内拉床	17 或 22	$H=40$ $D=200$				0.06 或 0.08		
M7120A 卧轴矩台平面磨床	2.8	$L=1\ 000$				0.015		0.2

续表 2-4-2

机床	主电动机功率/kW	工件测量尺寸/mm	圆度/mm	圆柱度/mm	平面度/mm	平行度/mm	垂直度/mm	表面粗糙度 $Ra/\mu m$
M7232B 立轴矩台平面磨床	17	$L = 1\ 000$				0.015		0.8
M7475B 立轴圆台平面磨床	25	$L = 100$				0.02		0.8
M1432A 万能外圆磨床	4	$D = 320$ $L = 1\ 000$	0.003	0.008				0.2
M2110 内圆磨床	3	$d = 100$	0.006	0.005	0.008（端面）		0.01（端面对孔中心线）	0.4

注：D—工件直径；L—工件长度；B—工件宽度；H—工件高度。

2.4.4 机床选用的环保意识

随着社会和生产的发展，机床的环境特性及良好的人机关系越来越为人们所重视。因此选用机床时要考虑环境和劳动保护。

(1)所选机床必须保证操作者的工作安全，有必要的防护装置；

(2)操纵元件的位置和结构，要符合人的生理特征，使得操作方便和省力；

(3)机床的造型和色彩应令人心情舒畅而乐于接受，不易使人疲劳；

(4)所选机床的工作噪声应尽量小，以免妨碍车间语言通讯环境和工作情绪；

(5)机床不得有渗、漏油现象，以免油料浪费和环境污染；

(6)机床工作时产生的粉尘、油雾等，会严重影响操作者健康并污染周围环境，必须备有完善的处理和防护装置。

可见，选用机床时如果充分考虑到环境和劳动保护，不仅能保护劳动者的身心健康，而且还能提高生产效率。

2.5 金属切削刀具

金属切削加工是现代机械制造业中用得最广泛的一种加工方法。机床是为机械加工提供切削运动及其动力的设备，而刀具则是其中不可缺少的最重要的工具，用来切除工件上多余的材料，或将材料切断。刀具对机械加工的生产率和产品质量有着重要的直接影响。因此，了解刀具的一些基本知识显得十分必要。

2.5.1 刀具的种类和用途

从不同的角度考虑刀具有多种分类方法。最常见的分类方法是按刀具的用途和加工方法分类，将刀具分为切刀、孔加工刀具、铣刀、拉刀、螺纹刀具、齿轮刀具和自动化加工刀具等。此外，按刀具上主切削刃的多少，分为单刃刀具（如车刀、刨刀、镗刀等）和多刃刀具（如钻头、铰刀、铣刀等）；按刀具切削部分的复杂程度分为一般刀具和复杂刀具（如拉刀、齿轮刀具等）；按刀具尺寸和工件被加工尺寸的关系分为定尺寸刀具（如钻头、铰刀、拉刀等）和非定尺寸刀具;按刀具切削部分本身的构造分为单一刀具和复合刀具(如复合钻头、钻—扩复合刀、钻—铰复合刀具等);按刀具切削部分和夹持部分之间的结构关系分为整体式刀具和装配式刀具等等。下面按刀具的用途和加工方法分类进行介绍。

1) 切刀

切刀主要包括车刀、刨刀、插刀、镗刀等。其中车刀主要用于在车床上车削回转体零件的外表面。如圆柱面、圆锥面、台肩面、螺旋面等。刨刀和插刀用于在刨床和插床上加工平面和直槽。平面可以看成是一个直径无穷大的回转体的一部分,实际上刨刀和插刀的切削部分和车刀的切削部分是相同的。镗刀主要用来镗孔,即加工回转零件的内表面,如圆柱孔和圆锥孔及其台肩面等。在镗床上镗孔的刀具叫镗刀,在车床上车削内孔的车刀,有时也叫作镗刀,实际上它们的切削部分是完全一样的,只是刀具在机床上的装夹有所不同而已。从切削运动是刀具和工件的相对运动这个角度看,在车床上镗孔与在镗床上镗孔两者的切削运动是完全一样的,只是前者的主运动由工件旋转实现,而后者的主运动由刀具旋转来实现。

2) 孔加工刀具

前面提到的镗刀,也是孔加工刀具的一种。此外,常见的孔加工刀具有以下几种:

(1)麻花钻 是孔加工刀具中应用最为广泛的刀具,尤其是加工直径 30mm 以下的孔时,至今仍以麻花钻为主。麻花钻主要用于在实体材料上钻孔,有时也可用来扩孔。

(2)中心钻 分为无护锥中心钻和带护锥中心钻两种。用来加工轴类零件两端的中心孔。

(3)扩孔钻 通常用于铰孔前或磨孔前的预加工,或用于毛坯孔的扩大。扩孔钻在切削过程中的平稳性、生产率和加工质量均比用麻花钻扩孔时好。

(4)锪钻 分为高速钢整体式和硬质合金镶齿式两种结构。不同形状的锪钻可用来加工孔端的圆柱形或圆锥形的沉头孔,或用来加工孔端凸台平面。

加工凸台平面用的锪钻也称为锪刀,又俗称刮刀,分为顺刮刀和倒刮刀两种型式。

(5)铰刀 用于孔的精加工或半精加工,由于加工余量小、齿数多以及有较长的修光刃等原因,加工精度及表面质量都较好。铰刀按使用方式分为机用和手用两大类。机用铰刀又分为直柄和锥柄两种,其中锥柄的带有扁尾;手用铰刀的柄部带有方尾,以便传递切削扭矩。

3) 铣刀

一般把铣床上使用的刀具称为铣刀。铣刀的种类很多,按用途分为:

(1) 加工平面用的铣刀,如圆柱铣刀、面铣刀(端铣刀)。

(2) 加工沟槽或台阶面用的铣刀,如槽铣刀、三面刃铣刀、立铣刀、模具铣刀、键槽铣刀、角度铣刀等。

(3) 加工成形面用的铣刀,如各种成形铣刀。

铣刀的结构有整体式、镶齿式、机夹可转位刀片式等多种。

4) 拉刀

拉刀是一种在拉床上使用的高生产率、高精度的多刃刀具。拉刀的种类很多,按工件加工表面不同,分为内拉刀和外拉刀。内拉刀如圆孔拉刀、花键拉刀、键槽拉刀等,外拉刀如平面拉刀、齿槽拉刀等。按拉削时拉刀的受力性质不同,拉刀又分为拉刀和推刀两种。拉刀较长,齿数较多。而推刀一般都比较短,齿数较少。

5） 螺纹刀具

螺纹刀具用于加工内、外螺纹表面。

按工件螺纹形成的方法分，螺纹刀具可分为切削成形与挤压成型两大类。用于切削成形的螺纹刀具有螺纹车刀、螺纹梳刀、丝锥、板牙、螺纹铣刀和螺纹切头等。用于挤压成形的螺纹刀具有滚丝轮、搓丝板及挤压丝锥等。

6） 齿轮刀具

齿轮刀具是用来加工齿轮齿形的刀具。齿轮刀具结构复杂，种类繁多。按工作原理不同，齿轮刀具可分为成形法刀具和展成法刀具两大类。成形法加工齿轮的刀具，有盘形齿轮铣刀、指状齿轮铣刀，适宜加工直齿槽的圆柱齿轮和齿条，用于单件小批生产；还有齿轮拉刀，用于大量生产。展成法加工齿轮的刀具，如齿轮滚刀、插齿刀、剃齿刀、蜗轮滚刀、直齿锥齿轮刨刀和弧齿锥齿轮铣刀盘等，这些刀具适用于成批和大量生产中加工齿轮类工件。

2.5.2 刀具材料

刀具切削性能的优劣，取决于构成切削部分的材料、几何形状和刀具结构。因此，应当重视刀具材料的正确选择和合理使用。用得最多的刀具材料是高速钢和硬质合金。

刀具材料应具备高的硬度、高的耐磨性、足够的强度和韧性、高的耐热性、良好的导热性和小的热变形性及良好的工艺性。

1） 高速钢

高速钢是加入了 W、Mo、Cr、V 等合金元素的高合金工具钢，其中 Cr 的含量常在 4% 左右。高速钢的抗弯强度较好，常温硬度为 62～65HRC。耐热性可达 600℃，可以制造刃形复杂的刀具，如钻头、成形车刀、拉刀和齿轮刀具等。

(1)普通高速钢　普通高速钢的工艺性好，切削性能可满足一般工程材料的常规加工。常用品种有：

①W18Cr4V　属钨系高速钢，它的历史悠久，我国至今尚在普遍使用。其综合机械性能和可磨削性能好，可用来制造包括复杂刀具在内的各种刀具。

②W6Mo5Cr4V2 和 W9Mo3Cr4V　属钨钼系高速钢，由于 Mo 元素使碳化物分布的均匀性、韧性和高温塑性均超过 W18Cr4V，在我国主要用作热轧刀具，如麻花钻等。国外由于钨资源不足，已用钨钼系高速钢代替 W18Cr4V。

③W14Cr4VMn－RE　这种高速钢的切削性能和 W18Cr4V 相当。含有少量锰和稀土元素 RE，塑性好，可作热轧刀具。

(2)高性能高速钢　调整普通高速钢的化学成分和添加其他合金元素，使其力学性能和切削性能有显著提高，这就是高性能高速钢。此类高速钢主要用于高温合金、钛合金、不锈钢等难加工材料的切削加工。高性能高速钢主要有以下几种：

①钴高速钢　典型钢种是 W2Mo9Cr4VCo8(M 42)，它的特点是综合性能好，硬度高(70HRC)，高温硬度在同类钢中居于前列，可磨削性好，但价格很贵。

②铝高速钢　铝高速钢 W6Mo5Cr4V2Al 是我国独创的新型高速钢，具有良好的综合性能，其高温硬度、抗弯强度、冲击韧度均与 W2Mo9Cr4VCo8 相当，价格低廉。但其可磨削性差、热处理工艺要求较严格。

③高钒高速钢　其牌号有 W6Mo5Cr4V3 和 W12Mo3Cr4V3N，由于碳化钒量的增加，从而提高了钢的耐磨性，但其刃磨性能比普通高速钢差。

2） 硬质合金

硬质合金是由金属碳化物粉末和金属粘结剂经粉末冶金方法制成。硬质合金是当今最主要的刀具材料之一。绝大部分车刀、端铣刀和部分立铣刀、深孔钻、铰刀等均已采用硬质合金制造。由于硬质合金制造工艺性差，它用于复杂刀具尚受到很大限制。

硬质合金的硬度在 89 ~ 94HRA，相当于 71 ~ 76HRC，耐磨性好，耐热性可达 800 ~ 1000℃。因此，硬质合金比高速钢的切削速度高 4 ~ 10 倍。刀具使用寿命可比高速钢提高几十倍，但其抗弯强度低、韧性差、怕冲击和振动。

常用的硬质合金可分为四类：

(1)钨钴类（WC + Co）YG　常用牌号有 YG3、YG6、YG8 等，YG 类硬质合金与钢的粘结温度较低，主要用于切削铸铁和有色金属及其合金，以及非金属材料和含 Ti 元素的不锈钢等工件材料。牌号中的数字越大，表示含钴量越多，则其强度越高，但高温硬度和耐磨性却越低。

(2)钨钛钴类（WC + TiC + Co）YT　其硬质相除 WC 外还有 TiC，粘结相为 Co。常用牌号有 YT5、YT14、YT15、YT30。主要用于切削各种钢件，但不适宜切削含 Ti 元素的不锈钢，因为两者的 Ti 元素之间的亲和作用，会加剧刀具磨损。牌号中的数字越大，表示 TiC 含量越多，则其高温硬度和耐磨性越高，但强度却越低。

(3)钨钽（铌）钴类（WC + TaC（NbC）+ Co）YA　这类硬质合金具有较高的硬度和耐磨性，同时能细化晶粒，可提高高温硬度、高温强度和抗氧化能力。适用于切削冷硬铸铁、有色金属及其合金。

(4)钨钛钽（铌）钴类[WC + TiC + TaC（NbC）+ Co]YW　这类硬质合金是在 YT 类中添加 TaC（NbC）而成，加入适量 TaC（NbC）后，可提高抗弯强度和韧性，同时也提高了耐热性和高温硬度。由于它能用来切削钢或铸铁，故又称通用合金。

以上四类硬质合金中，有些虽含有 TiC、TaC 或 NbC，但主要成分是 WC，故统称 WC 基硬质合金。近些年出现了许多新品种，如：TiC 基硬质合金（也叫金属陶瓷），代号为 YN，如 YN05、YN10，以及超细晶粒硬质合金。

3） 新型刀具材料

(1)陶瓷　陶瓷有很高的硬度和耐磨性，耐热性可达 1200℃以上，化学稳定性好，但最大弱点是抗弯强度低，韧性差。目前主要有复合氧化铝陶瓷和复合氮化硅陶瓷二种。复合氮化硅陶瓷是在 Si_3N_4 基体中添加 TiC 等化合物和金属 Co 进行热压而成，其切削性能均优于氧化铝陶瓷，氮化硅陶瓷能有效地切削冷硬铸铁和淬硬钢，是一种极其有发展前途的刀具材料。

(2)金刚石　金刚石分天然和人造两种，天然金刚石的质量好，但价格昂贵，人造金刚石是在高温高压条件下，由石墨转化而成，是碳的同素异形体。金刚石是目前最硬的物质（10000HV），金刚石刀具既能胜任陶瓷、硬质合金等高硬度非金属材料的切削加工，又可切削其他有色金属及其合金，使用寿命极高。但不适合切削铁族材料，因金刚石与铁元素有很强的亲和力。它的热稳定性差，当切削温度达到 800℃时即碳化（生成 CO_2）而失去其硬度。

(3)立方氮化硼（CBN）　立方氮化硼是继人造金刚石之后出现的又一种超硬材料。它的特点是：硬度仅次于人造金刚石（8000 ~ 9000HV），耐磨性好，热稳定性高，可耐 1300 ~ 1500℃的高温。此外，具有良好的导热性和较低的摩擦系数。立方氮化硼刀具能以加工普通钢和铸铁的切削速度切削淬硬钢、冷硬铸铁、高温合金等，从而大大提高生产率。当精车淬硬零件时，其加工精度与表面质量足以代替磨削。

(4)涂层硬质合金　它是以韧性较好的硬质合金刀片为基体，在刀具表面涂上一层厚度为 5～10μm 的 TiC、TiN 或 Al_2O_3 而成，较好地解决了刀具的硬度、耐磨性与强度、韧性之间的矛盾，因而具有良好的切削性能。

2.5.3　刀具切削部分的结构要素

金属切削刀具的种类，尽管繁多，但它们切削部分的几何形状与参数都有共性，其基本形态总是和外圆车刀的切削部分相似。

外圆车刀切削部分的结构要素(图 2-5-1)定义如下：

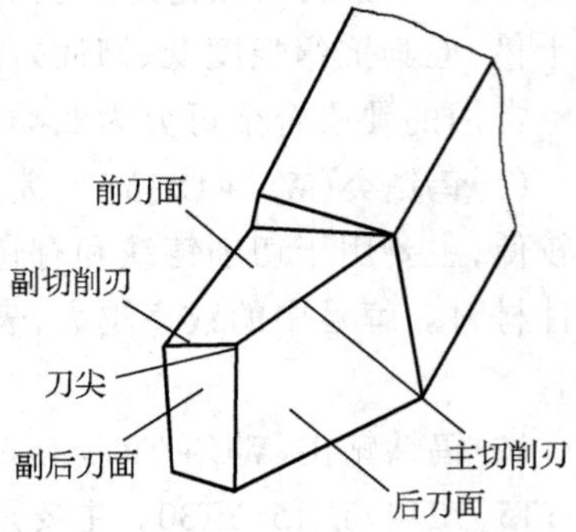

图 2-5-1　车刀切削部分结构要素

(1)前刀面　前刀面是切屑流过的表面。该面直接作用在被切削的金属层上，当切屑流出时，它与切屑接触。

(2)后刀面　后刀面是与工件上过渡表面相对的刀面。

(3)副后刀面　该面是与工件上的已加工表面相对的刀面。

(4)主切削刃　系前刀面与后刀面的交线。

(5)副切削刃　系前刀面与副后刀面的交线。

(6)刀尖　系主切削刃与副切削刃的连接部分，它可以是曲线、直线或实际交点。

2.5.4　刀具角度

从工件表面的成形运动和金属切削加工本质来看，各种刀具在切削加工时，它们切削刃上的各点具有共同的规律和性质，我们可以把各种刀具刀尖附近切削刃的刃区部分都看成一个二面角楔形实体。切削加工时刀具切削刃上各点相对于工件的切削运动本质都是一样的，其切削原理也是一样的。下面我们就以普通外圆车刀为例研究刀具的角度。研究刀具角度将有助于我们今后认识切削过程的各种现象和本质，并加以优化和控制。

1)　刀具标注角度的参考系

为了确定刀具切削部分各表面和刀刃的空间位置，需要建立刀具的参考系，参考系由参考平面组成，分为标注角度参考系和工作角度参考系两类。标注角度参考系由主运动方向确定，工作角度参考系由合成切削运动方向确定。

刀具标注角度参考系亦称刀具静止角度参考系，是指用于定义刀具设计、制造、刃磨和测量几何参数的参考系。构成刀具标注角度参考系的参考平面，有基面、切削平面、正交平面、法平面、假定工作平面和背平面。

基面 P_r　过切削刃选定点垂直于主运动方向的平面。它平行或垂直于刀具在制造、刃磨及测量时适合于安装或定位的平面或轴线。

切削平面 P_s　过切削刃选定点与切削刃相切并垂直于基面的平面。

互相垂直的基面与切削平面，分别与车刀前刀面、后刀面形成夹角，由于夹角是二个平面之间的夹角，二面角的角度值随测量剖面位置不同而异，便构成三种刀具标注角度参考系：

(1) 正交平面和正交平面参考系　正交平面 P_o 是通过切削刃选定点并同时垂直于基面和切削平面的平面。也可认为,正交平面是过切削刃选定点垂直主切削刃在基面上的投影所作的平面,如图 2-5-2 所示。由 P_r—P_s—P_o 组成正交平面参考系。

(2) 法平面和法平面参考系　法平面 P_n 是通过切削刃选定点并垂直于切削刃的平面。如图 2-5-2 所示。由 P_r—P_s—P_n 组成法平面参考系。

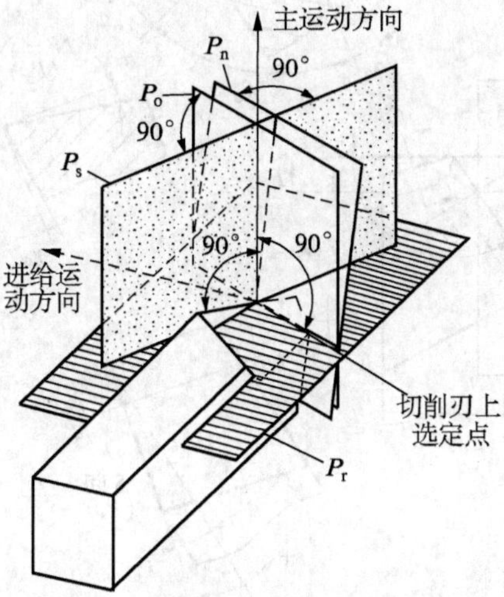

图 2-5-2　正交平面与法平面参考系

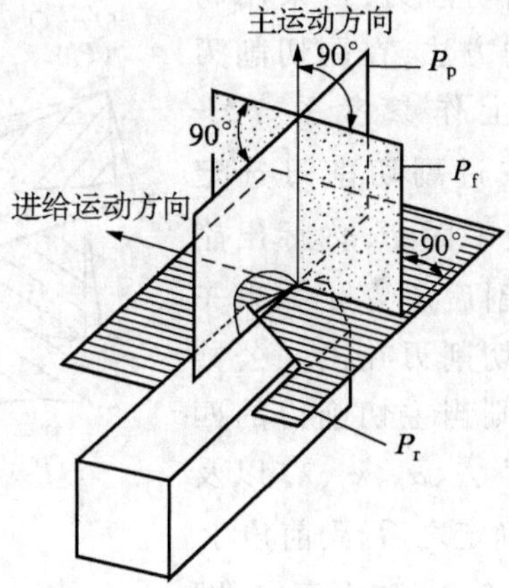

图 2-5-3　假定工作平面、背平面参考系

(3) 假定工作平面、背平面及其组成的假定工作平面、背平面参考系　假定工作平面 P_f 是通过切削刃选定点平行进给运动方向,并垂直于基面 P_r 的平面。背平面 P_p 是通过切削刃选定点同时垂直于 P_r 和 P_f 的平面。图 2-5-3 表示由 P_r—P_f—P_p 组成假定工作平面、背平面参考系。

2)　刀具的标注角度

(1) 在正交平面内标注的角度

①前角 γ_o　在正交平面内度量的前刀面与基面 P_r 之间的夹角。

②后角 α_o　在正交平面内度量的后刀面与切削平面 P_s 之间的夹角。

③楔角 β_o　在正交平面内度量的前刀面与后刀面之间的夹角。由图 2-5-4 可知

$$\beta_o = 90° - (\gamma_o + \alpha_o)$$

(2) 在切削平面内标注的角度

刃倾角 λ_s:在切削平面内度量的主切削刃与基面 P_r 之间的夹角。

(3) 在基面内标注的角度

①主偏角 κ_r:主切削刃在基面上的投影与进给运动方向的夹角。

②副偏角 κ'_r:是副切削刃在基面上的投影与进给运动方向的夹角。

③刀尖角 ε_r:是在基面内度量的主刃与副刃之间的夹角。由图 2-5-4 可知

$$\varepsilon_r = 180° - (\kappa_r + \kappa'_r)$$

上述角度中，β_o 和 ε_r 是派生角度，由前、后刀面磨出的主切削刃只需四个基本角度即可确定它的空间位置，即为 γ_o、α_o、κ_r、λ_s。

对于副切削刃，可采用与上述相同的方法，在副切削刃的选定点上作参考系 P_r—P_s'—P_o'。在过副切削刃选定点作的正交平面 P_o' 内标出副前角 γ_o' 和副后角 α_o'。如果车刀的主、副切削刃在同一公共前刀面上，则当主切削刃的四个基本角度 γ_o、α_o、κ_r、λ_s 以及副偏角 κ_r' 确定之后，副前角 γ_o' 和副刃刃倾角 λ_s' 随之而定，图样上也就不用标注。这样，一把三个刀面两个切削刃的外圆车刀标注角度只有六个，即主切削刃的 γ_o、α_o、κ_r、λ_s 和副切削刃的 α_o'、κ_r'。

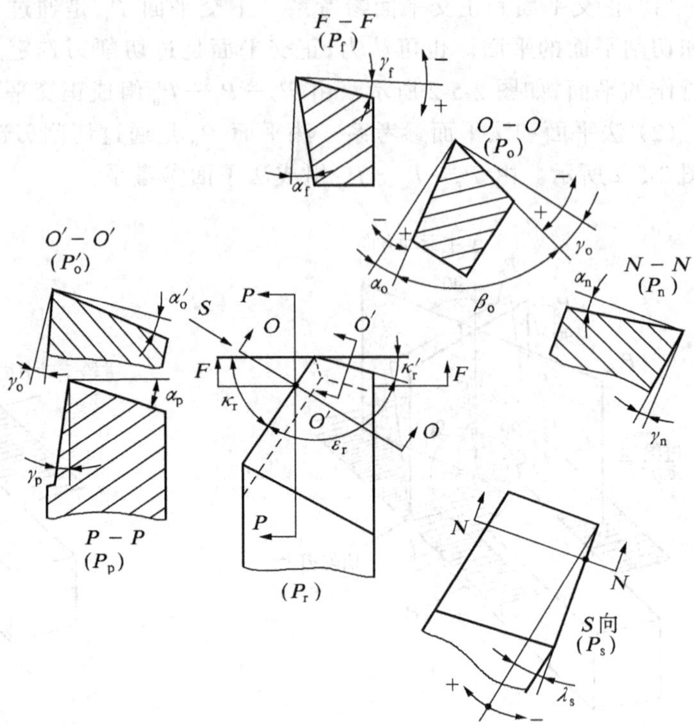

图 2-5-4　刀具的标注角度

在上述 6 个基本角度中，其中前角、后角及刃倾角正负值的规定，见图 2－5－4 所示。可以这样来认识前角、后角及刃倾角的正负：角度的顶点取在刀刃的选定点上，空心的角度为正，实心的角度为负。刀具正的角度比负的角度较锋利，切削阻力较小，但负的角度比正的角度刀尖强度好，传热和散热性能好。正常切削时，后角不得取负值，而前角和刃倾角根据不同情况可取正、可取负。

以上所述为正交平面参考系里的标注角度。

在法平面、假定工作平面及背平面中，有法前角 γ_n、法后角 α_n、侧前角 γ_f、侧后角 α_f、背前角 γ_p、背后角 α_p。这些角度可以参照给正交平面参考系标注角度下定义的方法加以定义。

在法平面参考系中，只需标注 γ_n、α_n、κ_r 和 λ_s 四个角度即可确定主切削刃和前、后刀面的方位。

在假定工作平面、背平面参考系中，只需标注 γ_f、α_f、γ_p、α_p 四个角度，便可确定车刀的主切削刃和前、后刀面的方位。

3）　刀具工作角度

刀具的标注角度，是在假定安装条件下并以主运动方向确定基面的情况下得到的角度，如果考虑以合成切削运动方向确定基面以及刀具的实际安装误差，则刀具角度的参考系将变成工作角度参考系。在刀具工作角度参考系中确定的角度，称为工作角度。

通常进给运动速度远远小于主运动速度，即合成切削速度方向和主运动方向相差不大，所以在一般的安装条件下，刀具的工作角度，近似地等于标注角度。这样，在大多数场合下可以不考虑工作角度和标注角度的差异。但当两者差异较大时，例如车削螺纹或丝杠时纵向走刀较快、铲背时径向进给量较大或者刀具特殊安装时，就应当考虑实际工作角度。

(1)进给运动对刀具工作角度的影响

①横向进给对工作角度的影响　如图 2-5-5 所示，为切断时工作前角 γ_{oe} 与工作后角 α_{oe}。当考虑横向进给运动时，切削刃相对工件的运动轨迹为一平面阿基米德螺旋线，此时工作基面 P_{re} 和工作切削平面 P_{se} 相对 P_r 和 P_s 相应地转动一个 μ 角。其计算公式如下：

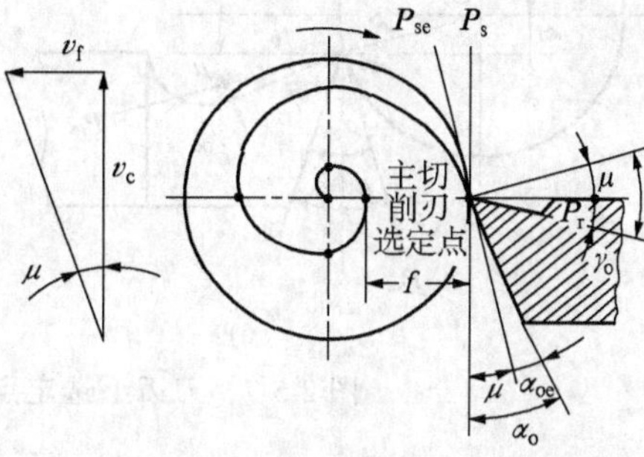

图 2-5-5　横向进给时的工作角度

$$\gamma_{oe} = \gamma_o + \mu \qquad (2.1)$$

$$\alpha_{oe} = \alpha_o - \mu \qquad (2.2)$$

$$\mathrm{tg}\mu = f/\pi d \qquad (2.3)$$

式中　f——进给量(mm/r)；

d——工件切削点处表面直径(mm)；

μ——正交平面内 P_{re} 与 P_r 的转角，即主运动方向与合成运动方向的夹角。

②纵向进给对工作角度的影响　图 2-5-6 为纵车外圆车刀的工作角度，在假定工作平面内的工作角度为

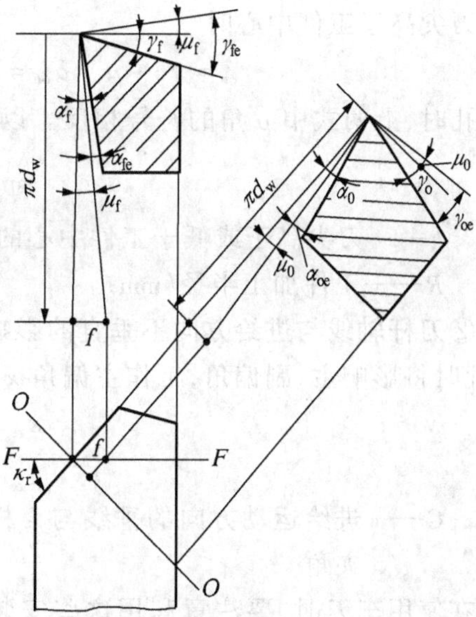

图 2-5-6　纵向进给时的工作角度

$$\gamma_{fe} = \gamma_f + \mu_f \qquad (2.4)$$

$$\alpha_{fe} = \alpha_f - \mu_f \qquad (2.5)$$

$$\mathrm{tg}\mu_f = f/\pi d_w \qquad (2.6)$$

式中　γ_{fe}——假定工作平面工作前角；

α_{fe}——假定工作平面工作后角；

d_w——工件待加工表面直径(mm)；

μ_f——主运动方向与合成运动方向的夹角。

上述角度变化可以换算至正交平面内：

$$\mathrm{tg}\mu_0 = \mathrm{tg}\mu_f \cdot \sin\kappa_r \qquad (2.7)$$

$$\gamma_{oe} = \gamma_o + \mu_0 \qquad (2.8)$$

$$\alpha_{oe} = \alpha_0 - \mu_0 \qquad (2.9)$$

式中　μ_0——正交平面内 P_s 与 P_{se} 之间夹角。

(2)刀具安装对工作角度的影响

①刀刃与工件中心不等高的影响　如图 2-5-7 所示，当切断车刀的刀尖(刀刃上的选定点)A 高于或低于工件中心时，A 点处的工作基面 P_{re} 已不再平行于刀杆的底面(不考虑进给运动)，而应垂直于 A 点的主运动 v 的方向。A 点处的工作切削平面 P_{se} 为 A 点处圆周的切

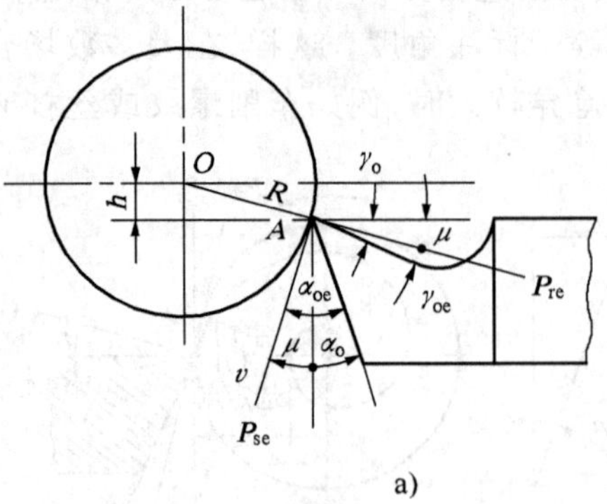

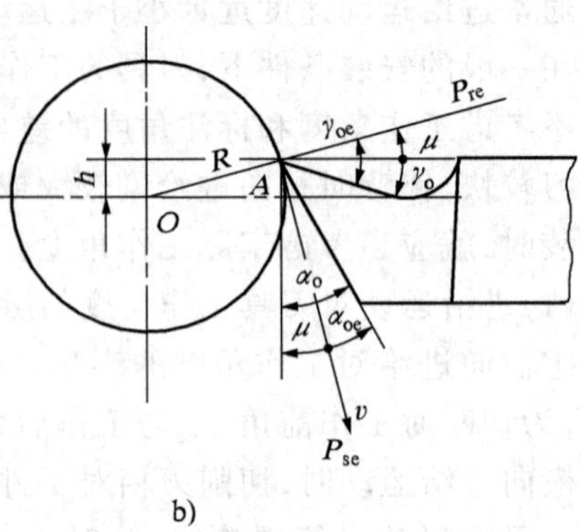

图 2-5-7　刀刃上选定点与工件中心不等高时的工作角度

平面(与主运动方向 v 重合),于是工作系相对于静止系转动了一个 μ 角,工作前角 γ_{oe}和工作后角 α_{oe}计算公式如下:

刀尖低于工件中心时

$$\gamma_{oe} = \gamma_o - \mu \quad \alpha_{oe} = \alpha_o + \mu \tag{2.10}$$

刀尖高于工件中心时

$$\gamma_{oe} = \gamma_o + \mu \quad \alpha_{oe} = \alpha_o - \mu \tag{2.11}$$

加工孔时,上两式中 μ 角的符号相反。以上两式中 μ 角按下式计算:

$$\sin\mu = \frac{h}{R} \tag{2.12}$$

式中　h——刀尖高于或低于工件中心的距离(mm);

R——工件加工半径(mm)。

②刀杆轴线与进给方向不垂直的影响　如图 2-5-8 所示,车刀刀杆轴线与进给方向不垂直,此时将影响主、副偏角,工作主偏角 κ_{re}与工作副偏角 κ_{re}'的计算如下:

$$\left.\begin{aligned}\kappa_{re} &= \kappa_r \pm G\\ \kappa_{re}' &= \kappa_r' \mp G\end{aligned}\right\} \tag{2.13}$$

式中　G——进给运动方向的垂线与刀杆轴线间的夹角。

在使用车刀时,要注意利用这些安装特点。如粗车时,刀尖可稍高于工件中心以增大前角来减小切削力;如车细长轴时,可转动刀架来增大主偏角,以减少工件弯曲、振动等。

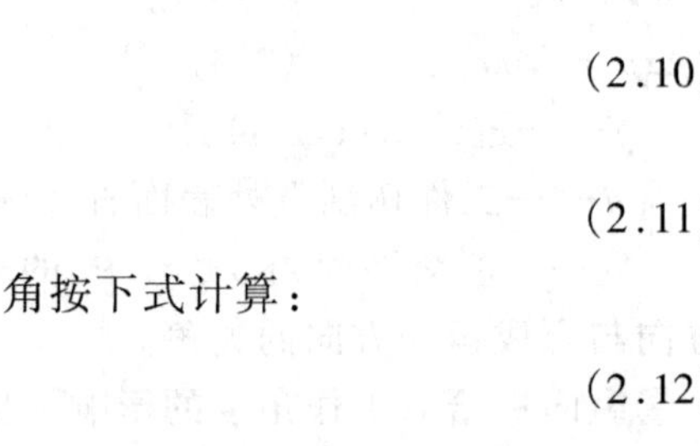

图 2-5-8　刀杆偏斜时的工作角度

2.5.5　刀具的合理几何参数

在保证加工质量的前提下,能够满足刀具使用寿命长、生产效率高、加工成本低的刀具几何参数,称为刀具的合理几何参数。

刀具的几何参数包括切削刃形状、刃区剖面型式、刀面型式和刀具角度。这四方面的参数对刀具切削性能的影响是相互关联的。金属切削加工是一个复杂的工艺系统,刀具合理几何参数的确定,要关顾各方面因素综合考虑。例如,要考虑工件的材料性能、毛坯情况、加工余量、精度和表面质量要求等,要考虑刀具的材料性能、结构型式和各几何参数之间的相互制约和影响等,要考虑工艺系统的刚度、机床功率、切削用量和切削液性能等,要考虑刀具几何参数对切削变形、排屑断屑、切削力、切削热、刀头强度、刀面磨损与寿命的影响等等。现仅简略介绍刀具角度的主要功能及其合理选择。

1) 前角的功用及选择

(1)前角的功用

增大前角能减小切屑变形和摩擦,降低切削力和切削温度,减少刀具磨损和改善加工表面质量。但是前角也不能选得过大,前角过大会削弱刀刃强度和散热能力,反而使刀具磨损加剧,刀具使用寿命下降。

(2)前角的选择原则

①工件材料的强度低、硬度低、塑性大,前角数值应取大些,以求减小切削变形,降低切削温度。加工脆性材料时,应选取较小的前角,因变形小,刀屑接触面小。

②刀具材料的强度和韧性越好,应选用较大的前角。如高速钢刀具可采用较大前角。

③粗切时为增强刀刃强度前角取小值。工艺系统刚性差时,为减小切削力,前角应取大值。

硬质合金外圆车刀前角推荐值见表 2-5-1。

2) 后角的功用及选择

(1)后角的功用　增大后角能减少后刀面与过渡表面间的摩擦,还可以减少切削刃圆弧半径,使刃口锋利。但后角过大会减小刀刃强度和散热能力。

(2)后角的选择原则　后角主要根据切削层公称厚度选取。粗切时,进给量大,切削层公称厚度大,后角可取小值;精切时,进给量小,切削层公称厚度小,后角应取大值,可延长刀具使用寿命和提高已加工表面质量。当工艺系统刚性较差或使用有尺寸精度要求的刀具时,取较小的后角。后角的参考值见表 2-5-1。

表 2-5-1　硬质合金车刀前角及后角的推荐值

被加工材料		前角	后角
铜,铝合金,镁合金,黄铜		25°	8° ~ 15°
灰铸铁(< 220HB),软钢		15°	8° ~ 12°
碳钢及合金钢(σ_b = 0.78 ~ 1.18GPa),可锻铸铁,青铜		10°	8° ~ 12°
灰铸铁(> 220HB),黄铜(脆性的),高锰钢		0° ~ 5°	8° ~ 12°
冷硬铸铁,淬硬钢		- 10°	8°
高硅铸铁		- 6° ~ - 8°	8°
不锈钢		20° ~ 25°	10° ~ 12°
高温合金	锻造	5° ~ 8°	14° ~ 18°
	铸造	0° ~ 10°	10°
钛合金		5°	10° ~ 15°

3） 斜角切削与刃倾角的选择

(1)斜角切削

当刀具的刃倾角 $\lambda_s = 0°$时，主切削刃与切削速度方向垂直，称直角切削。若刀具的刃倾角 $\lambda_s \neq 0°$，其主切削刃与切削速度方向不垂直，称斜角切削。斜角切削是应用比较普通的一种切削方式。斜角切削使实际前角变大，使切削刃显得锋利。

(2)刃倾角的功用

①影响切屑流出方向　负刃倾角时，切屑会损伤已加工表面。

②影响切削刃的锋利性　因实际前角变大，可进行精加工微量切削。

③影响刀刃强度　负刃倾角时，刀尖是切削刃最低点，可使刀尖避免冲击。

④影响切削分力　负刃倾角切削时，工艺系统的刚性好。

(3)刃倾角的选择原则

选择刃倾角时主要根据切削条件和系统刚性而定。精切 $\lambda_s = 0° \sim +5°$；粗切 $\lambda_s = 0° \sim -5°$。工艺系统刚性不足时，取正值刃倾角。

4） 主偏角、副偏角的功用及选择

(1)主偏角和副偏角的功用

①影响切削加工残留面积高度，即影响已加工表面的粗糙度。

②影响切削分力的大小和比例，影响工艺系统的弹性变形和振动。

③直接影响刀尖强度、影响对切削热的传散。

④主偏角影响切削层的形状，改变切削刃单位长度上的负荷，从而影响刀具的磨损和寿命。主偏角还影响断屑效果和排屑方向。

(2)主偏角的选择原则

①粗加工、半精加工，硬质合金车刀，选较大主偏角(45° ~ 90°)

②加工很硬的材料，如冷硬铸铁、淬硬钢，宜取较小主偏角(10° ~ 30°)，以改善刀刃负荷和改善传热。

③工艺系统刚性好，取较小主偏角(如 45°)；车细长轴时刚性不足，宜取大的主偏角(90° ~ 93°)。

④单件小批生产时，一般切削条件下车削可选择通用性好的主偏角等于 90°或 45°的车刀。

(3)副偏角的选择原则

①一般刀具，如车刀、铣刀、刨刀，取较小副偏角(5° ~ 10°)。

②精加工刀具，副偏角取更小。必要时可采用修光刃(副偏角为 0°的刀刃)，修光刃的长度约为进给量的 1.2 ~ 1.5 倍。

③加工高强度、高硬度材料或断续切削时，取较小副偏角(4° ~ 6°)，以提高刀尖强度。

④切断刀、锯片铣刀、槽铣刀取很小副偏角(1° ~ 2°)，以保证刀头强度和重磨后刀头宽度变化很小。

2.5.6　磨料与磨具

磨削加工中用来去除工件表面多余材料的工具称为磨具。磨具由磨料、结合剂、空隙三者构成。磨料是细微的高硬颗粒，由结合剂粘结成形，空隙除了起着容屑、传热作用之外，还影响磨具的组织紧密程度，从而调节不同磨具的磨削性能以适应不同的加工对象。常见的磨床上所用的砂轮就是典型的磨具,此外还有砂瓦、油石(砂条)等也是磨具。

由于各种零件被磨削时所表现的性能是各不相同的,所以对磨具提出了不同的性能要求,砂轮的特性包括以下几个方面:

1) 磨料

磨料是磨具的主要成分,它除了应具有锋利的尖角之外,还应有高的硬度、耐热性和一定的韧性,以担负切削任务。常用磨料的代号、特点及应用范围见表 2-5-2。

表 2-5-2 常用磨料的特点及应用

类别	磨料名称	代号	颜色	硬度	韧性	应用范围
刚玉类	棕刚玉	GZ(A)	棕褐色	低 ↓ 高	大 ↑ 小	磨削碳钢、合金钢、可锻铸铁等
	白刚玉	GB(WA)	白色			磨削淬火钢、高速钢、高碳钢等
	单晶刚玉	GD(SA)	浅黄或乳白			磨削不锈钢、高钒高速钢及其他难加工材料
	铬刚玉	GG(PA)	紫红色			磨削淬硬高速钢、高强度钢,特别适用于成形磨削
碳化硅类	黑色碳化硅	TH(C)	黑色			磨削铸铁、黄铜、耐火材料及非金属材料
	绿色碳化硅	TL(GC)	绿色			磨削硬质合金、宝石、陶瓷、玻璃等
高硬磨料	立方氮化硼	CBN	黑色			磨削各种高温合金、高钼、高钒、高钴钢、不锈钢等
	人造金刚石	JR	乳白色			磨削硬质合金、光学玻璃、宝石、陶瓷等高硬度材料

2) 粒度

粒度是指磨料颗粒尺寸的大小。粒度分为磨粒和微粉两类。对于颗粒尺寸大于 40μm 的磨料,称为磨粒,用机械筛分法分级,如 60# 的磨粒表示其大小刚好能通过每英寸长度上有 60 个孔眼的筛网。对于颗粒尺寸小于 40μm 的磨料,称为微粉,以其实际尺寸大小来表示。如 W20 即表示其实际尺寸为 20μm。

磨具的粒度对磨削表面的粗糙度和磨削效率有很大影响。粒度号小则磨削深度大,故磨削效率高,但表面粗糙度大。所以粗磨时,一般选粗粒度,精磨时选细粒度。磨软金属时,多选用粗的磨粒,磨脆和硬的金属时,则选用较细的磨粒,详见表 2-5-3。

表 2-5-3 粒度尺寸和适用范围

粒度号	公称尺寸/μm	适用范围	粒度号	公称尺寸/μm	适用范围
8# ~ 36#	3 150 ~ 7 500 500 ~ 400	荒磨、打毛刺 切断钢坯	280 ~ W40	50 ~ 40 40 ~ 28	精磨、螺纹磨、珩磨 超精加工
46# ~ 80#	400 ~ 315 200 ~ 160	粗磨 半精磨	W28 ~ W7	28 ~ 20 7 ~ 5	精密磨削 超精密加工,制造研磨剂
100# ~ 240#	160 ~ 125 63 ~ 50	精磨 成形磨 珩磨	W5 ~ W0.5	5 ~ 3.5 < 0.5	超精密加工,研磨 镜面磨削

3) 硬度

砂轮的硬度是指砂轮工作时,磨料自砂轮上脱落的难易程度,砂轮的硬度和磨料本身的硬度是两回事。砂轮硬表示磨粒难脱落,砂轮软,表示磨粒易脱落。一般情况下,加工硬度大的金属,应选用软砂轮;加工软金属时,应选用硬砂轮。粗磨时,选用软砂轮;精磨时,选用硬砂轮。砂轮的硬度等级见表 2-5-4。

表 2-5-4　砂轮硬度等级

等级		超软			软			中软		中		中硬			硬		超硬
代号		CR			R			ZR		Z		ZY			Y		CY
代号	GB2484	CR			R1	R2	R3	ZR1	ZR2	Z1	Z2	ZY1	ZY2	ZY3	Y1	Y2	CY
	GB2489	D	E	F	G	H	J	K	L	M	N	P	Q	R	S	T	Y

4)　结合剂

结合剂是把磨粒粘结在一起组成磨具的材料。常用的结合剂性能及应用范围见表 2-5-5。

表 2-5-5　常用结合剂的性能及适用范围

名称	代号	性能	适用范围
陶瓷	(A)　V	强度高,耐热,耐腐蚀性好,气孔率大,易保持轮廓,弹性差	适用于通用砂轮、成形磨削,一般磨削速度 V 小于 35m/s
树脂	(S)　B	强度高,弹性好,耐热性差,气孔率小、易磨损	适用于高速磨削,速度可达 50m/s 左右,可制成薄片砂轮,用于切口、开槽
橡胶	(X)　R	强度与弹性均高于 V、B,但耐热性差、气孔率小	多用于切断、开槽、抛光用砂轮,速度可达 55 m/s 左右
金属	(J)　M	强度最高,导热性好,但自锐性差	多用于金刚石砂轮及电解磨削用砂轮

5)　组织

砂轮的组织是指组成砂轮的磨粒、结合剂、空隙三部分体积的比例关系。通常以磨粒所占砂轮体积的百分比来分级。有三种组织状态(紧密、中等、疏松)共 15 级(0～14),组织号越小,磨粒所占的比例越大,砂轮越致密,见表 2-5-6。

表 2-5-6　砂轮组织分级

级别	紧密				中等				疏松						
组织号	0	1	2	3	4	5	6	7	8	9	10	11	12	13	14
磨粒占砂轮体积百分比(%)	62	60	58	56	54	52	50	48	46	44	42	40	38	36	34

砂轮疏松则不易堵塞,并可把切削液或空气带入切削区,降低磨削温度。但过分疏松则磨粒含量少,容易磨钝和失去正确的廓形。故粗磨时应采用组织较疏松的砂轮,精磨时应采用组织较紧密的砂轮。

6)　形状和尺寸

砂轮的形状和尺寸是根据磨床类型、加工方法及工件的加工要求确定的。根据 GB2484 规定,砂轮的形状代号及其基本用途见表 2-5-7。

砂轮的尺寸代号按外径×厚度×内径方式,以毫米为单位,只标记数字。

砂轮的各项特性代号,依照下列顺序和方式标记在砂轮的端面上:磨料粒度硬度结合剂组织形状尺寸。其中组织号为中等时允许省略不标。此外,还应标出砂轮允许的切削速度(m/s)。

表 2-5-7　砂轮的形状代号及用途

硅轮名称	代号	断面简图	基本用途
平形砂轮	P	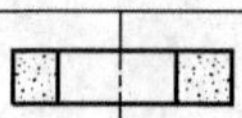	根据不同尺寸，分别用于外圆磨、内圆磨、平面磨、无心磨、工具磨、螺纹磨和砂轮机上
双斜边一号砂轮	PSX_1	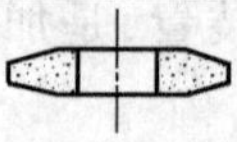	主要用于磨齿轮齿面和磨单线螺纹
双面凹砂轮	PSA	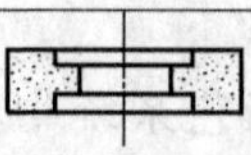	主要用于外圆磨削和刃磨刀具，还用作无心磨的磨轮和导轮
薄片砂轮	PB	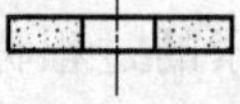	主要用于切断和开槽等
筒形砂轮	N	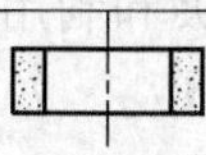	用于立式平面磨床上
杯形砂轮	B	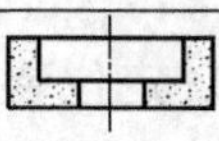	主要用其端面刃磨刀具，也可用其圆周磨平面和内孔
碗形砂轮	BW		通常用于刃磨刀具，也可用于导轨磨上磨机床导轨
碟形一号砂轮	D_1	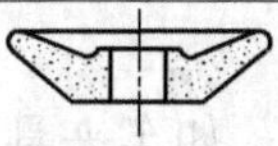	适用磨铣刀、铰刀、拉刀等，大尺寸的一般用于磨齿轮的齿面

2.5.7　自动化加工用刀具的特点

自动化加工用的刀具从各自的加工对象和切削原理本质上来讲，与普通加工用的刀具没有多少区别，但为了使数控机床和自动线能正常运转和发挥应有的效益，对自动化加工中用的刀具提出了一系列新的要求：

(1)要求刀具有很高的切削效率。因为数控机床等自动化加工设备价格昂贵，希望尽量提高加工效率。

(2)要求刀具有很高的可靠性和耐用度。因为刀具在自动加工、无人看管的情况下，如果发生先期磨损或破损，将造成成批报废甚至机床损坏。

(3)要求刀具结构便于快速更换，能适应换刀机械手或机器人的动作。

(4)要求刀具有较高的精度并可预测。

(5)要求有刀具磨损与破损的在线检测与报警装置，以防止意外事故。

(6)要求实现刀具的标准化、系列化和通用化。以求尽量减少刀具的品种和规格，以利于编制加工程序和刀具管理。

(7)要求发展刀具管理系统。如要对全部刀具进行自动识别、记忆刀具规格尺寸、存放位置、已切削时间和剩余切削时间等，还应管理刀具的更换、运送、刃磨和尺寸预调等。

2.6 机床夹具

2.6.1 机床夹具概述

机床夹具是用来装夹工件(和引导刀具)的装置,是加工过程中使工件、刀具、机床之间保持某种确定的相对位置的装置。

1) 工件的装夹

为了保证工件的加工精度,必须使工件在工艺系统中处于正确的位置,这就是定位;同时,在加工的过程中必须始终保持正确的定位,不受切削力、惯性力的影响而改变,这就需要对工件进行夹紧。工件在机床夹具中定位和夹紧的过程称为装夹。

工件的装夹分为直接找正装夹、划线找正装夹和利用夹具装夹三种方式。

2) 机床夹具的组成

夹具通常包括下列几个组成部分:

(1)定位装置 工件在夹具中定位用的装置。定位装置由一个或几个夹具零件组成。

(2)夹紧装置 夹紧工件的装置。有些夹紧装置还带有动力源。

(3)对定装置

①刀具导向元件或对刀装置 用来保证刀具和工件的相对位置。如钻夹具中的钻套、镗夹具中的镗套、铣夹具中的对刀装置等。

②保证夹具和机床相对位置的元件或装置 如车夹具中的莫氏锥柄、接盘,铣夹具中的定位键等。

③分度装置 用来保证工件在一次装夹中加工的几个平面之间的相对位置,或一组孔系、槽系中相同表面之间的相对位置的装置。即当工件加工好一个表面后,分度装置可以连同工件转过一定的角度(回转分度)或移动一定距离(直线分度),接着加工下一个表面。

(4)辅助装置 如限位装置、平衡装置、靠模装置、上下料装置等。

(5)夹具体 安装和固定以上装置或元件使之成为一体的基础件。

需要指出 每个夹具的定位和夹紧装置都是必不可少的。但不一定每个夹具都分成上述五个部分,有时一个夹具零件可能同时具备几方面功能。

3) 机床夹具的分类

机床夹具按其使用范围分为通用夹具、专用夹具、可调整夹具、组合夹具、自动化生产用夹具等。

机床夹具除按其使用范围分类外,还可按其他方法分类:按使用夹具的机床不同,又分为车床夹具、铣床夹具、钻床夹具、镗床夹具、组合机床夹具、柔性制造系统用夹具等;按夹具所采用的动力源不同,可分为手动夹具、气动夹具、液动夹具、气液联动夹具、电磁夹具、真空夹具等。

4) 机床夹具的功用

(1)保证加工精度,稳定加工质量。

(2)提高劳动生产率,降低加工成本。

(3)扩大机床工艺范围,实现“一机多能”。

(4)减轻劳动强度,保证安全生产。

(5)在流水线生产中,便于平衡生产节拍。

2.6.2 工件在夹具中的定位

1) 基准的概念

在机械加工中所说的基准,是指用来确定工件上几何要素间的几何关系所依据的那些点、线、面。

基准分为设计基准和工艺基准两大类。设计基准是设计图样上所采用的基础。工艺基准指在工艺过程中所采用的基准。

工艺基准又分为工序基准、定位基准、测量基准和装配基准:

工序基准　在工序图上用来确定本工序所加工表面加工后的尺寸、形状、位置的基准。

定位基准　在加工中用作定位的基准。

测量基准　测量时所采用的基准。

装配基准　装配时用来确定零件或部件在产品中的相对位置所采用的基准。

2) 工件定位的基本原理

一个物体在空间直角坐标系中有六个自由度:沿三个坐标轴的移动和绕三个坐标轴的转动,分别记作 $\vec{X}$、$\vec{Y}$、$\vec{Z}$ 和 $\overset{\curvearrowright}{X}$、$\overset{\curvearrowright}{Y}$、$\overset{\curvearrowright}{Z}$。工件在夹具中定位,就是限制这六个自由度,使工件不能有任何移动或转动,工件在夹具中就被完全定位了。这种限制工件六个自由度使工件定位的方法,称为六点定位原理,简称六点定则。图 2-6-1 为长方体六点定位的示例。

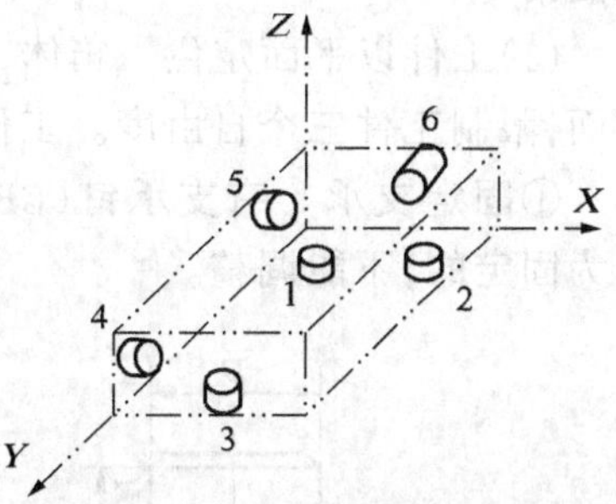

图 2-6-1　长方体的六点定位

六点定则的本质和关键是限制工件的六个自由度,而不是工件上有多少个点和定位元件接触。应当注意定位元件和工件接触面积的相对大小,工件用一个大平面定位能限制三个自由度:一个移动、两个转动;用一个狭长平面定位能限制两个自由度:一个移动、一个转动;如果定位平面的面积相对于整个工件是很小时,则相当于一个定位点,只能限制一个移动自由度。

不能把定位和夹紧混淆。定位是使工件处于正确位置,而夹紧是为了保持正确定位。定位在前,夹紧在后,两者缺一不可。没有定位而光有夹紧,不能使工件获得正确位置;只有定位而没有夹紧,工件就会脱离定位元件作反向运动而失去定位。

3) 限制工件自由度数目与加工要求的关系

六点定则应用时,对以下几种情况应区别对待。

(1)限制工件自由度数目等于六个

符合六点定则,称为完全定位。工件在夹具中获得正确定位,能保证加工要求。

(2)限制工件自由度数目少于六个

①如果限制工件自由度数目少于六个,但根据加工具体对象仍能保证加工要求,则属于合理定位,是允许的。有的资料称之为不完全定位。

②如果限制工件自由度数目少于合理的数目,不能保证加工要求,则说明定位不足,是不允许的。有的资料称之为欠定位。

有时候，根据加工要求，其中一个或几个自由度是可以不加限制的，但根据夹具结构考虑，还是把这一个或几个自由度加以限制了。例如在钢球上加工一个平面，理论上只需限制一个移动自由度就可以了，但是不便装夹，不如将三个移动自由度都限制起来更好。

(3)工件上同一个自由度被重复限制

工件上同一个(或几个)自由度被不同定位元件重复限制了，称为重复定位或称过定位。这种情况下可能造成下列不良后果：同批工件定位不一致、加工精度不稳定；可能影响工件顺利装卸；在夹紧力、切削力作用下，可能使工件或定位元件产生不允许的变形，影响加工精度等等。重复定位可以通过改变定位方案或改进定位装置加以克服。

应当指出，在实际生产中，重复定位的现象有时是允许的。在提高工件定位表面位置精度和夹具定位元件位置精度的条件下，重复定位能提高定位刚度和稳定性，反而对提高加工精度有利。

4)　工件的定位方式与定位元件

工件的定位方式和定位元件的结构形式，主要取决于工件定位基面的结构形状和大小等因素。

(1)工件以平面定位　箱体、机座、支架等许多零件，在机械加工中常以平面作为主要定位面，限制工件三个自由度。工件以平面定位时，常用的定位元件有以下几种。

①固定支承　有支承钉(GB2226)和支承板(GB2236)两种。它们共同的特点是高度尺寸为固定的，不能调整。

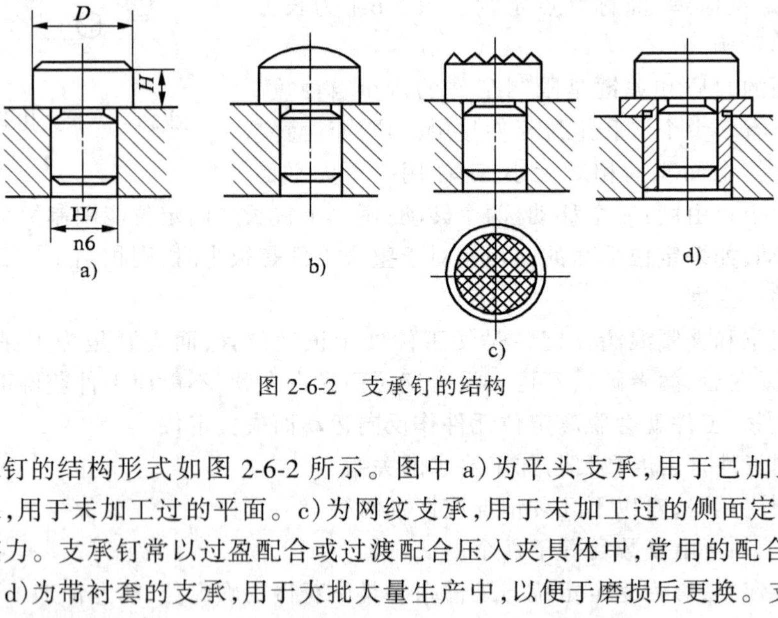

图 2-6-2　支承钉的结构

常用支承钉的结构形式如图 2-6-2 所示。图中 a)为平头支承，用于已加工过的平面。b)为球头支承，用于未加工过的平面。c)为网纹支承，用于未加工过的侧面定位，以增加接触面间的摩擦力。支承钉常以过盈配合或过渡配合压入夹具体中，常用的配合为 H7/n6 或 H7/m6。图中 d)为带衬套的支承，用于大批大量生产中，以便于磨损后更换。支承钉与衬套内孔的配合用 H7/js6。

图 2-6-3 为常用的两种支承板的结构形式。图中 a)为简单支承板，用于侧面和顶面定位。b)为带斜槽的支承板，切屑易清除，主要用于底面定位。

工件以加工过的表面定位时，同时采用几个支承钉或支承板共同限制工件的自由度，所用的支承板或支承钉，装配后应最后磨削其定位的工作表面，以保证它们的等高性，相当于一个大平面定位。

②可调支承　其高度尺寸可以调整，主要用于未加工过的表面以补偿各批毛坯的尺寸误差。一般一批毛坯调整一次。此外，可调支承也可用于成组夹具中，以加工同组内不同尺寸的工件。

常用的可调支承如图 2-6-4 所示。图中 a)可用手或用圆杆调节，适用于轻小工件。b)和 c)用扳手调节，用于较重的工件。d)用扳手和改锥调节，用于工件的侧面定位。

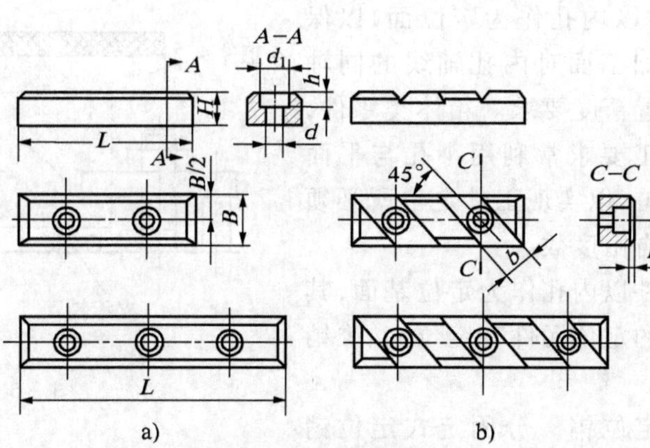

图 2-6-3　支承板的结构

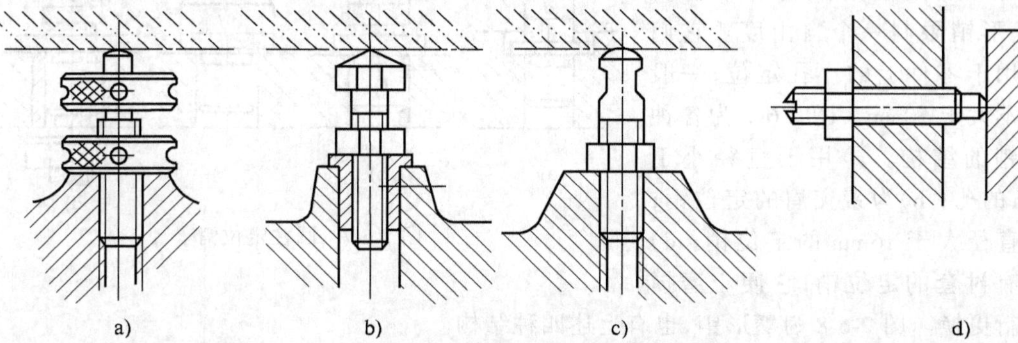

图 2-6-4　可调支承

③自位支承(浮动支承)　本身的角向位置在工件的定位过程中能随工件定位基面位置变化而自动与之相适应的支承。用在未加工的工件表面定位，能将一点接触变成二点或三点接触，以增加工件与定位元件间的接触刚度，但又不影响所限制的自由度。自位支承只起限制一个自由度的作用。如图 2-6-5 所示，a)为球面三点式，b)为杠杆二点式。

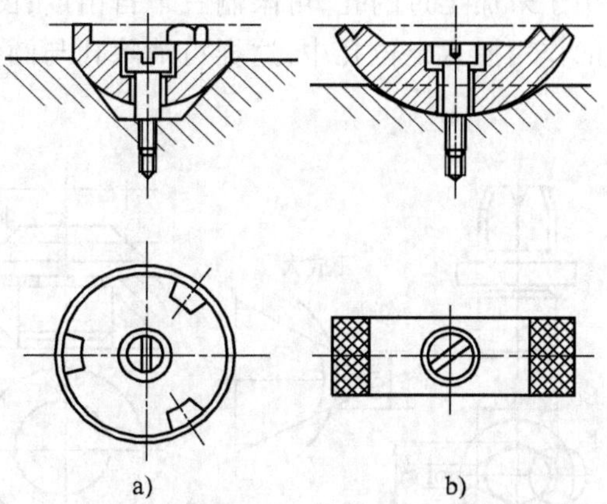

图 2-6-5　浮动支承

④辅助支承　在生产过程中，如果工件的定位基面较小，或被加工部分悬伸较远，以致加工不稳定。因此为增加工件的刚性和稳定性，常设辅助支承。如图 2-6-6 所示，工件以平面 A 定位，由于被加工表面悬伸较远，在切削力作用下会产生振动或变形，因此增设了辅助支承。

辅助支承不是定位元件，只起支承作用，不起定位作用。它不得妨碍定位元件对工件的定位。辅助支承可设计成自动调节形式，待工件正确定位后将其锁紧。

(2)工件以圆孔定位　工件以圆孔作为定位面，是生产中很常见的。如轮、盘及套筒类零件，常以内孔作为定位面，以保证外圆加工面对内孔轴线的同轴度等位置精度要求。箱体类零件，根据加工要求常利用小孔与平面联合定位，以实现工件定位所必须限制的自由度数。

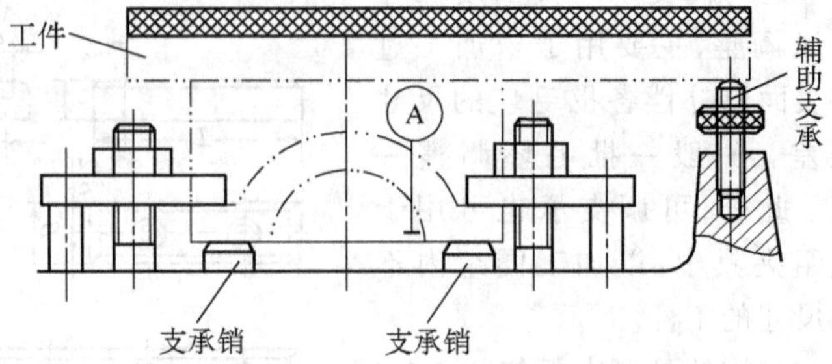

图 2-6-6　辅助支承的应用

工件以内孔作为定位基面，其中常见的定位元件有定位销、锥销和心轴。

①定位销　分固定式定位销(GB2203)及可换式定位销(GB2204)两类。每类中又分为圆柱销和菱形销两种。短圆柱销限制两个自由度，菱形销限制一个自由度。它们主要用于零件上的小孔定位，一般直径不大于50mm。图 2-6-7 为各种圆柱销的结构。a)用于直径小于10mm 的孔；b)为带突肩的定位销；c)为直径大于 16mm 的定位销；d)为带有衬套的定位销，它便于磨损后进行更换。图 2-6-8 为菱形销，也有上述四种结构。

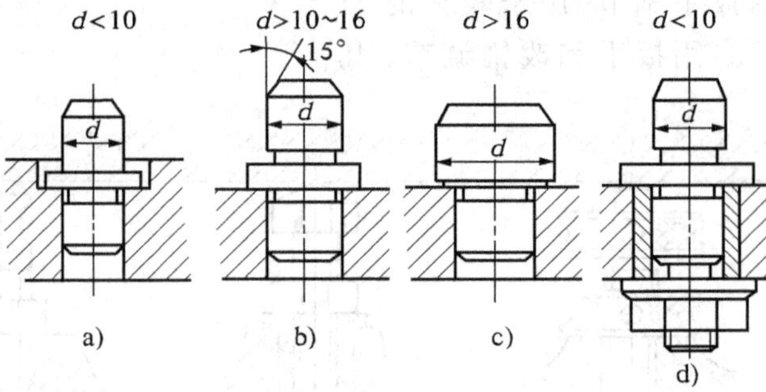

图 2-6-7　圆柱定位销

②锥销　常用于工件孔端的定位。图 2-6-9 为锥销结构。图中 a)用于已加工过的孔；b)用于未加工过的孔，可限制三个自由度；图 c)为浮动锥销，限制两个自由度。它依靠弹簧力的作用插入定位孔中，这样可消除孔与圆锥销之间的间隙，起到良好的定心作用。

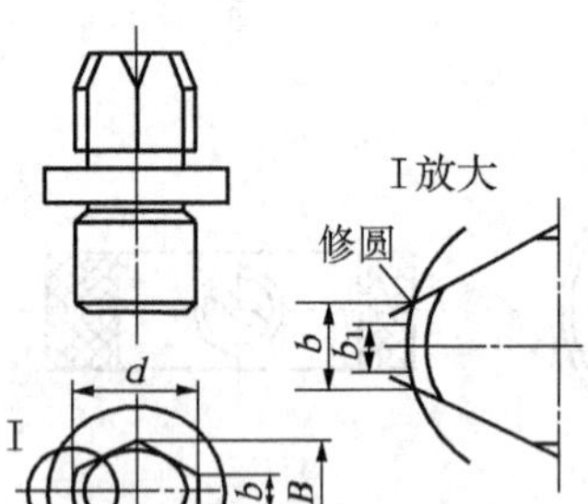

图 2-6-8　菱形定位销

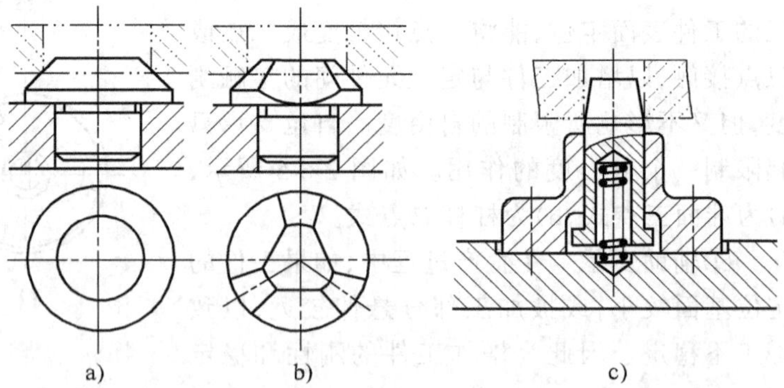

图 2-6-9　锥销的结构

③心轴　主要用于盘类或套类零件的定位。常用的几种心轴如图 2-6-10 所示。图中 a)为间隙配合心轴，与端面一起能限制五个自由度。该心轴装卸方便，但定心精度低。b)为

过盈配合心轴，能限制四个自由度。该心轴的特点是定心精度高，但装卸费时，故常用于定心精度要求高的情况。c）为小锥度心轴，锥度 $K = 1/5000 \sim 1/1000$，该心轴不仅定心精度高，而且能借助压配合处的摩擦力来带动工件转动。由于工件定位孔的直径在其公差范围内变化，工件在心轴上的轴向位置是变化的，它能限制工件的四个自由度。

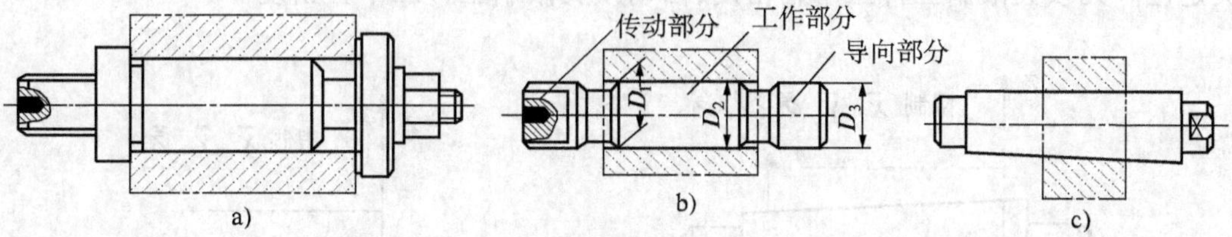

图 2-6-10　心轴

（3）工件以外圆柱面定位　加工回转件上的孔或端面，以外圆柱面定位也是常见的定位方式。常用的定位元件有如图 2-6-11 的定位套、图 2-6-12 的弹簧夹头以及图 2-6-13 的 V 形块等。

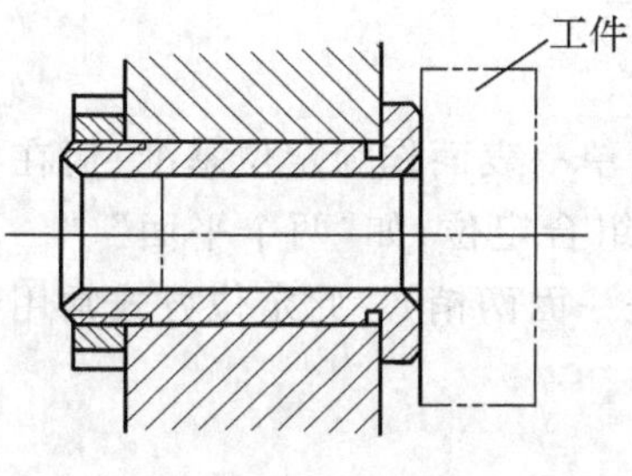

图 2-6-11　定位套

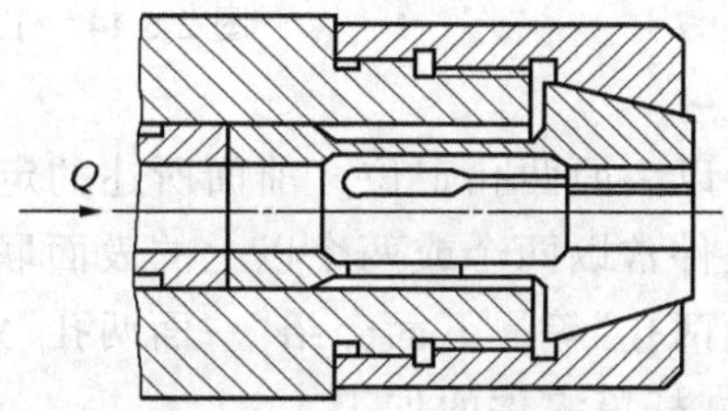

图 2-6-12　弹簧夹头

用 V 形块定位时，能使工件的轴线自动处于 V 形块的对称中心上，起对中作用。且结构简单，又能承受夹紧力。

V 形块分为固定式与活动式两种。固定式的长 V 型块限制工件四个自由度，短 V 形块限制工件两个自由度，活动短 V 形块只限制工件一个自由度。图 2-6-13 为 V 形块的基本尺寸，其中

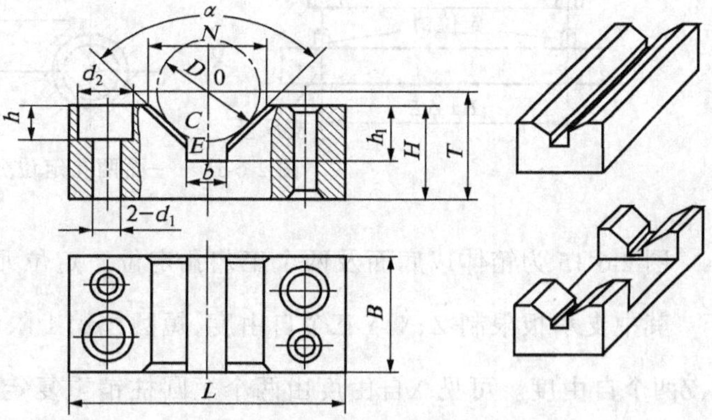

图 2-6-13　V 形块结构

D——标准心轴直径，即工件定位用的外圆直径；

H——V 形块的高度；

α——V 形块工作面的夹角；

T——V 形块检验心轴的中心高，通常供检验用。

V形块工作面间的夹角 α 一般有 90°、60°、120°三种。90°V 形块的结构尺寸已经标准化，参见 GB2208～2211。

(4)工件以锥孔定位　在加工轴类零件或某些精密定心零件时，常以工件的圆锥孔定位。最常用的定位方法如图 2-6-14 所示。图中 a)为圆锥心轴定位，限制五个自由度；b)为顶尖定位。死顶尖限制工件三个自由度，活动顶尖限制工件二个自由度。

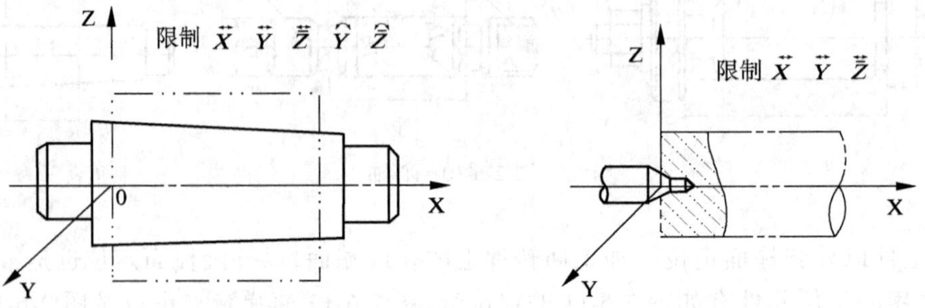

a) 圆锥心轴　　b) 顶尖

图 2-6-14　工件以锥孔定位

(5)工件以一面两孔定位　前面所述的定位方法都是以单一表面作为定位基准，但在实际生产中，工件常以两个或两个以上的表面联合定位，称为组合定位，如“两个平面”、“一面一孔”、“一面两孔”等。下面介绍“一面两孔”定位(夹具上是一面两销)。此定位方式常用于箱体、盖板、杠杆等零件的加工。

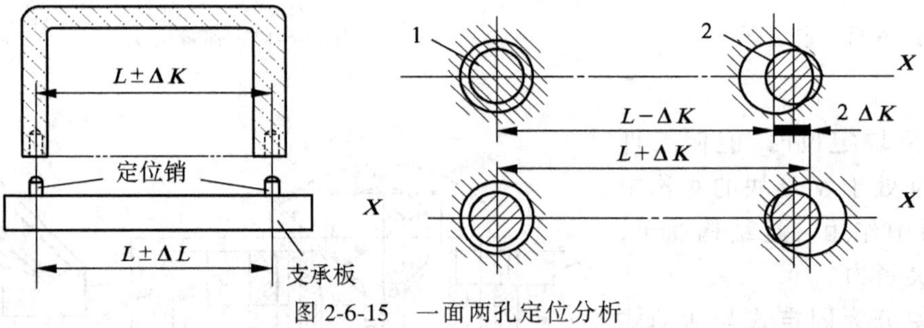

图 2-6-15　一面两孔定位分析

图 2-6-15 为箱体以底面及两个工艺孔定位。定位元件为平面支承板及两个短圆柱销。

其中支承板限制 $\overleftrightarrow{Z}$、$\overset{\frown}{X}$、$\overset{\frown}{Y}$三个自由度，短圆柱销 1 限制 $\overleftrightarrow{X}$、$\overleftrightarrow{Y}$两个自由度，短圆柱销 2 限制 $\overleftrightarrow{X}$、$\overset{\frown}{Z}$两个自由度。可见 $\overleftrightarrow{X}$自由度由两个短圆柱销重复定位了，即出现了过定位。另外，由于工件的定位孔存在孔距误差，有可能出现两个定位销不能同时装入工件定位孔中的问题。解决此问题最好的方法是在两孔连心线方向上将销 2 与孔 2 相互干涉的那部分削去，如图 2-6-16 所示，仅留下小部分圆柱面 b 与孔配合，并使配合间隙最小，以保证足够高的定位精度。这样销 2 只限制 $\overset{\frown}{Z}$一个转动自由度，就不存在过定位问题了。该销叫做削边销，也叫菱形销。

削边销的结构尺寸，参见 GB2202～2204。

除了上述常见的五种定位类型外，还有采用特殊型面定位的，如以 V 型面定位、以燕尾面定位、以齿形面定位等。

工件在夹具中的定位误差，将在第四章中介绍。

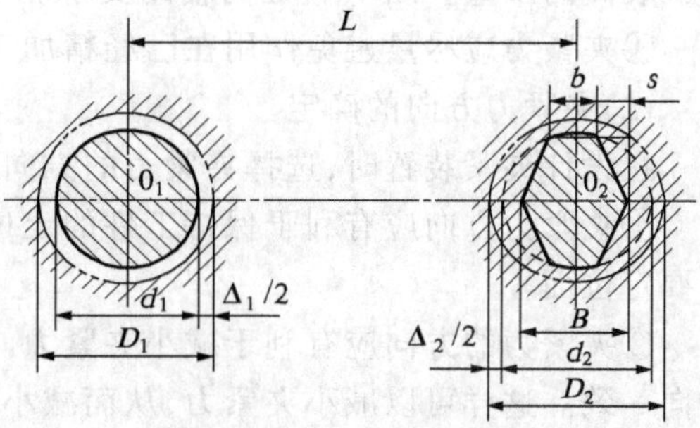

图 2-6-16 一面两销定位

2.6.3 工件在夹具中的夹紧

工件在夹具上定位以后，必须采用一些装置将工件夹紧压牢，使其在加工过程中不会因切削力、惯性力等作用而使工件产生位移或振动。这种将工件夹紧压牢的装置称为夹紧装置。

1） 夹紧装置的基本要求

夹紧装置设计得好坏，对工件的加工质量、生产率的高低，以及操作者的劳动强度都有直接影响。因此在设计夹紧装置时应满足下列基本要求：

(1)夹紧时不破坏工件的定位，不损伤已加工表面；

(2)夹紧力的大小要适当。即既要夹紧，又不使工件产生不允许的变形；

(3)夹紧动作准确、迅速，操作方便省力，安全可靠；

(4)结构简单，制造修理方便，工艺性好；

(5)夹紧装置的自动化程度和复杂程度应与生产批量和生产条件相适应。

2） 夹紧力的确定

设计夹紧装置时，首先要解决好夹紧力的作用点、夹紧力的方向和夹紧力的大小这三个要素，然后根据操作空间设计出相应的夹紧机构。下面具体介绍夹紧力三要素的确定。

(1)夹紧力作用点的确定

①夹紧力应作用在工件刚度大的部位，使夹紧变形尽可能要小。

②夹紧力的作用点应对准支承或位于几个支承所组成的面积范围之内，以免产生变形或工件定位不稳。如图 2-6-17 中 a)夹紧时会破坏工件定位；b)夹紧力在稳定区内，较为合理。

③夹紧力的作用点应尽量靠近被加工表面(图 2-6-18)，这样可以减少工件的振动，提高

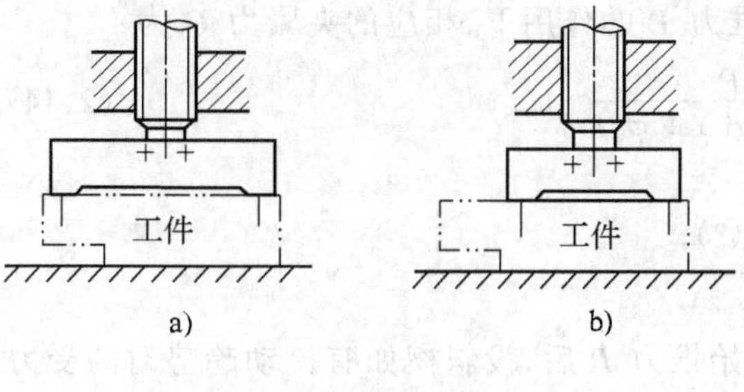

图 2-6-17 夹紧力作用点对工件稳定性的影响

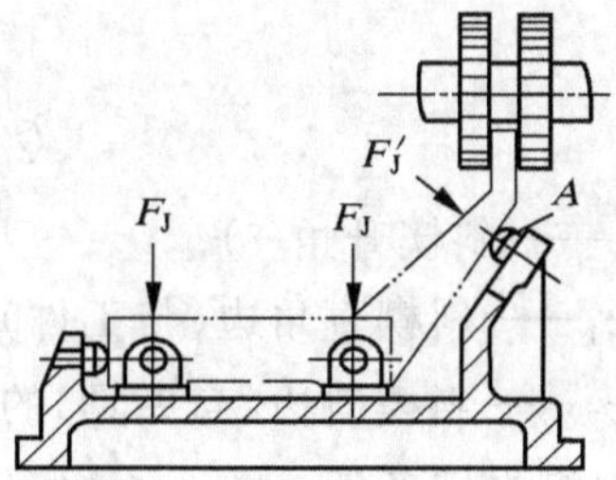

图 2-6-18 夹紧力的作用点应接近加工表面

加工表面的质量。图中 A 处为辅助支承。

④夹紧力应尽量避免作用在已经精加工过的表面上,以免产生压痕,损坏已加工表面。

(2)夹紧力方向的确定

在设计夹紧装置时,选择夹紧力的方向应符合以下原则:

①夹紧力方向应有利于保持工件的定位准确可靠,而不能破坏定位。夹紧力应垂直于主要定位面。

②夹紧力的方向应有利于减小夹紧力。最佳情况是夹紧力、切削力和工件的重力三者方向一致。这样可以减小夹紧力,从而减小工件的夹紧变形与夹紧装置的结构尺寸。

(3)夹紧力大小的确定

要设计夹紧装置,必须知道夹紧力的大小。夹紧力过小会夹不紧,不能保证工件的正确位置;夹紧力过大会使工件变形,同样保证不了加工精度。因此必须选择一个大小合适的夹紧力。

夹紧力的大小与夹紧力、切削力和工件重力的相互作用方向,及切削力和工件重力的大小有密切关系。下面介绍夹紧力大小的计算方法与步骤:

①按第三章中有关公式计算出切削力的大小 P;

②根据选定夹紧方案,估计可能出现的夹紧最不利情况,按各个作用力的静力平衡原理,算出所需的理论夹紧力 Q_s;

③计算出实际所需的夹紧力 $Q_r = KQ_s$。K 为安全系数,对于精加工,$K = 1.5 \sim 2$,对于粗加工,$K = 2.5 \sim 3$;

④校核夹紧装置能产生的夹紧力 Q_T,且应满足 $Q_T > Q_r$。

3)　常用的夹紧机构

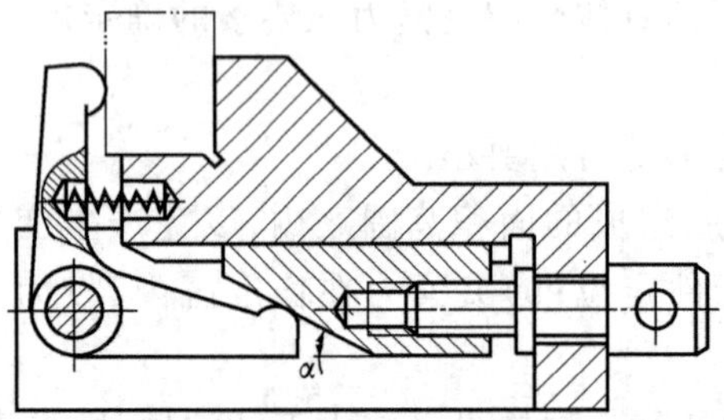

图 2-6-19　螺旋—斜楔机构

在夹具的夹紧装置中,常用的机构有斜楔夹紧机构、偏心夹紧机构、螺旋夹紧机构、杠杆夹紧机构、联动夹紧机构和定心夹紧机构等。

(1)斜楔夹紧机构

①斜楔的结构与产生的夹紧力　斜楔夹紧机构一般都是和其他夹紧元件联合使用的,很少单独用手操纵。如图 2-6-19 为螺旋—斜楔机构。

图 2-6-20b 为斜楔夹紧机构的受力分析图。在推力 P 的作用下,相应的夹紧力 Q 为:

$$Q = \frac{P}{\operatorname{tg}\varphi_1 + \operatorname{tg}(\alpha + \varphi_2)} \tag{2.14}$$

式中　α——斜楔升角(°);

φ_1——斜楔直角边(与工件)的摩擦角(°);

φ_2——斜楔斜边(与夹具)的摩擦角(°)。

②斜楔自锁条件　图 2-6-20c)是撤除原始推力 P 后,设斜楔如有松动趋势时的受力分析,如果 $F_1 \geqslant R_2$,得斜楔自锁条件:

$$\alpha \leqslant \varphi_1 + \varphi_2 \tag{2.15}$$

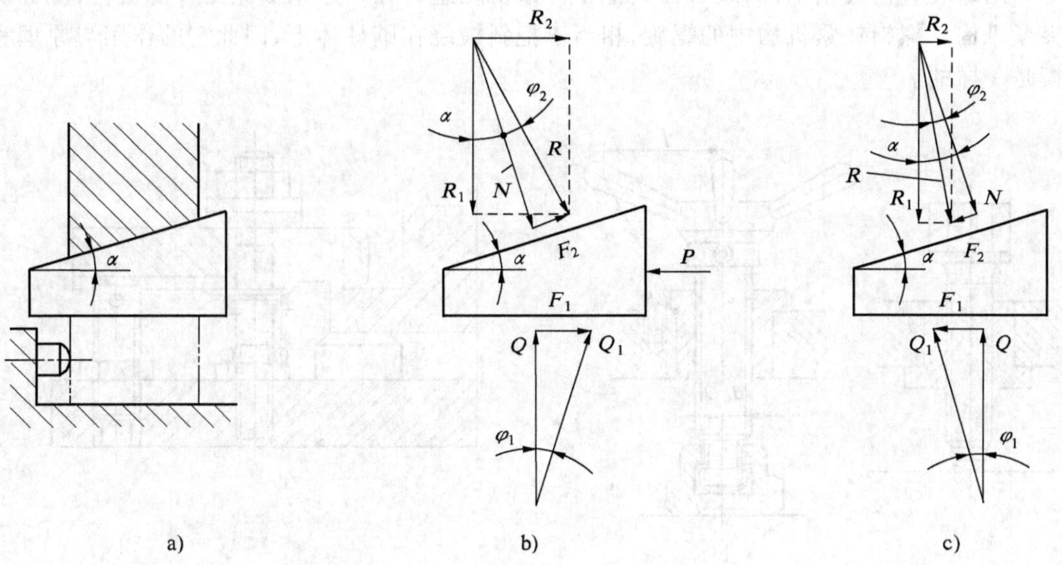

图 2-6-20　斜楔夹紧的受力分析

一般钢、铁的摩擦系数 $f=0.1\sim0.15$，则 $\varphi_1=\varphi_2=5^\circ\sim7^\circ$，故 $\alpha\leqslant10^\circ\sim14^\circ$可自锁。通常为可靠起见，一般取 $\alpha=6^\circ\sim10^\circ$。

③斜楔夹紧机构的特点及应用范围　斜楔夹紧机构的特点：结构简单，有自锁性，能改变夹紧力的方向，有增力作用。当 α 越小时，增力作用越大；但夹紧行程小，对工件的尺寸要求严格。

斜楔夹紧机构的应用范围：主要用于工件毛坯质量高的机动夹紧装置中。

(2)偏心夹紧机构

偏心夹紧机构，是指用偏心件作为夹紧元件，直接用来夹紧或与其他元件组合来夹紧工件的机构。常用的偏心件有圆偏心和轴偏心两种。

图 2-6-21 为常见的一种偏心夹紧机构。当下压手柄偏心轮其顺时针绕轴销转动时，使压板右端向上抬、左端下移压紧工件。

偏心夹紧的自锁条件为：

$$d\geqslant(14\sim20)e \tag{2.16}$$

式中　d——偏心轮直径；

e——偏心距。

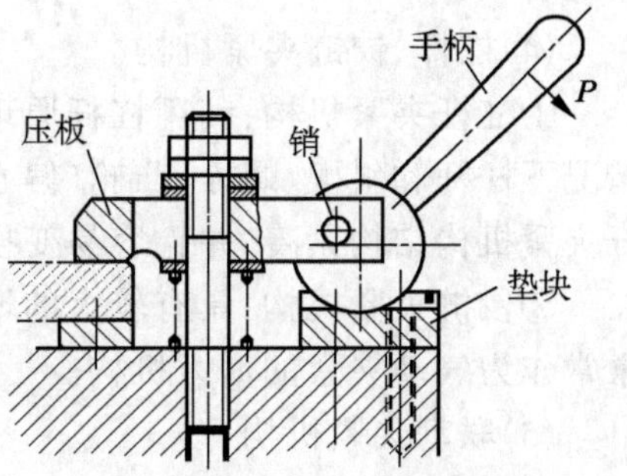

图 2-6-21　偏心夹紧机构

偏心夹紧机构的优点是结构简单、操作方便；夹紧动作迅速，工作效率高；增力比大，因此应用较广。其缺点是夹紧行程小，自锁能力差。一般用于切削力不大和振动小的场合，同时要求工件夹压面的尺寸精度较高。

(3)螺旋夹紧机构

利用螺旋直接夹紧工件，或者与其他零件或机构组合在一起来夹紧工件的机构，统称螺旋夹紧机构。螺旋夹紧机构中的螺旋，相当于把斜楔绕在圆柱体上，因此它的作用与原理和斜楔是一样的。

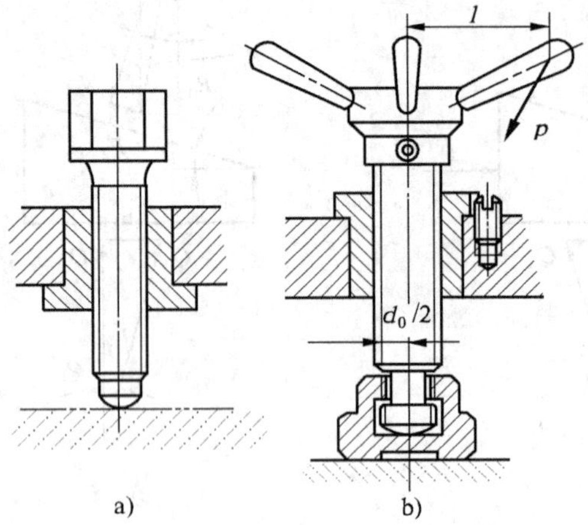

图 2-6-22　螺旋夹紧机构

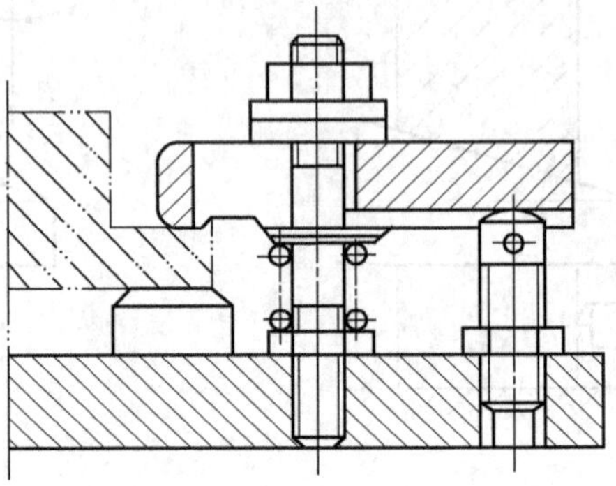

图 2-6-23　压板式螺旋夹紧机构

图 2-6-22 中 a)为最简单的螺旋夹紧机构，直接用螺钉来压紧工件表面。因其头部与工件接触面积较小，容易压伤工件表面；b)在螺杆末端装有可摆动的垫块，可扩大接触面积，使夹紧更可靠，不易压伤工件表面。螺钉旋紧时，不会带动工件偏转而破坏定位。图 2-6-23 为螺旋与压板的组合夹紧机构。

螺旋夹紧机构结构简单，制造容易，自锁性好，夹紧可靠，增力比大，夹紧行程不受限制，所以广泛应用于手动夹紧装置中。缺点是效率低，辅助时间长，所以设计有许多快速螺旋夹紧机构。

(4)杠杆、铰链夹紧机构

①杠杆夹紧机构：利用杠杆原理以杠杆夹紧工件。杠杆机构一般不能自锁，所以大多数情况下杠杆和斜楔、螺栓、凸轮(偏心轮)等组合使用，或以气压或液压作为夹紧动力源。杠杆夹紧机构结构紧凑，并且容易变换作用力的方向。因此在复合夹紧机构中应用十分广泛。

②铰链夹紧机构：具有较大的增力倍数和较小的摩擦损失。但一般都没有自锁性，因此常常作为气动夹紧的增力机构。

(5)联动夹紧机构

联动夹紧机构是指利用一个原始作用力，来完成若干个预定动作的机构，实现多点、多向或多件同时均匀地夹紧工件，如图 2-6-24、图 2-6-25，而且由于各点的夹紧动作在机构中是联动的，因此缩短了辅助时间，大大提高了生产效率。

联动夹紧机构除了实现多点、多向、多件夹紧之外，还可实现夹紧与移动压板联动、夹紧和锁紧辅助支承联动、先定位后夹紧的联动等。图 2-6-26 是以液压为动力源的先定位后夹紧的联动装置，当压力油进入油缸的左腔时，活塞杆后端的螺钉离开拨杆的短头，推杆在弹簧的作用下向上抬起，其斜面推动活块，使工件靠在 V 形定位块上，然后活塞杆上的斜面通过滚子，推杆顶起压板夹紧工件。

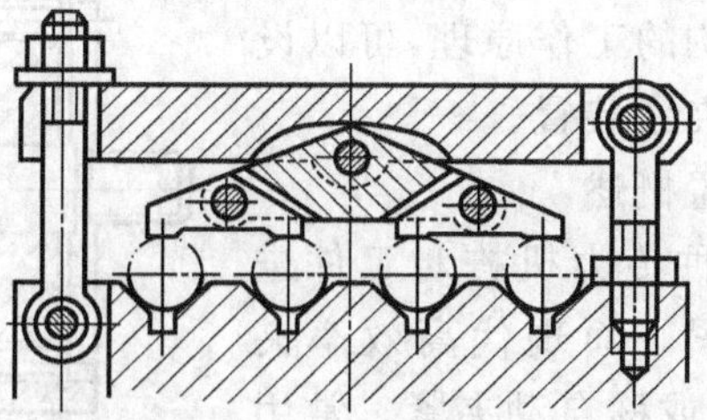

图 2-6-24　四点双向浮动压块夹紧机构　图 2-6-25　多件均压夹紧机构

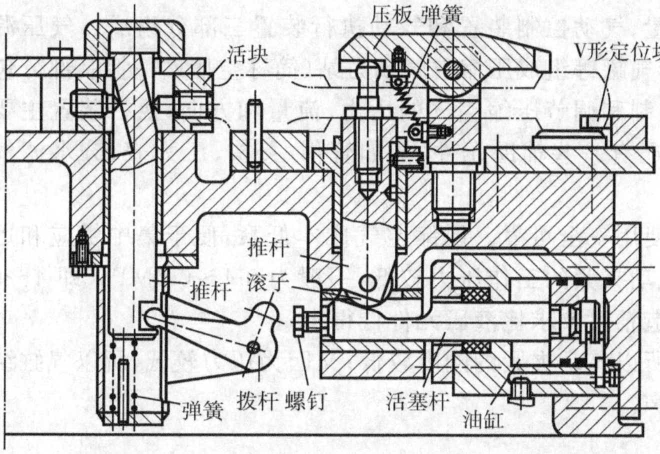

图 2-6-26　先定位后夹紧液压夹紧装置

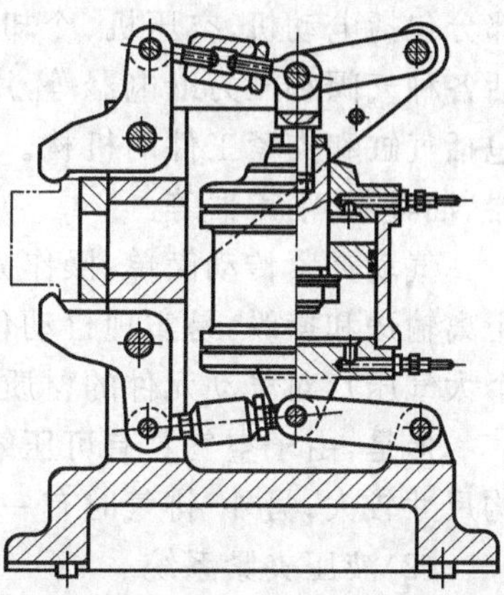

图 2-6-27　组合联动气压夹紧装置

图 2-6-27 是气动、铰链、杠杆组合联动多点夹紧装置。

(6)定心夹紧机构

①定心夹紧机构的工作原理和特点

定心夹紧机构用于工件加工表面具有轴线或对称中心平面的场合。使每个工件在定位时轴线或对称中心平面的位置保持不变，称之为定心。

定心夹紧机构的工作原理为：多个工作元件等速移动实现定位夹紧，或用弹性元件的均匀变形实现定位夹紧。

定心夹紧机构有两个特点，一是能使工件自动定心，使定位基准与工序基准重合，定位精度较高；二是定位与夹紧同时实现，工作效率较高。

②定心夹紧机构的应用

最常见的定心夹紧机构如三爪卡盘、弹簧夹头（图 2-6-12）和小锥度心轴、顶尖（图 2-6-14）等。

图 2-6-28 为楔式定心夹紧机构，利用圆锥的轴向移动，使三个压块等速沿径向压紧工件，实现自动定心。为便于工件安装和防止压块脱落，用弹簧圈箍住三个压块。

根据定心夹紧机构的工作原理，可以设计出各种专用的定心夹紧装置。

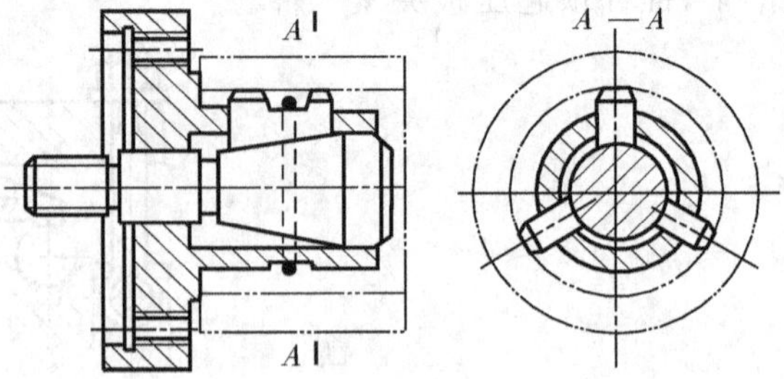

图 2-6-28 楔式定心夹紧机构

4) 夹紧动力装置概述

采用人力通过各种传力机构对工件进行夹紧，称为手动夹紧。而现代高效率夹具，大多采用机动夹紧或称自动夹紧。常用的夹紧动力系统有气动、液压、气液联动、电动、磁力、真空动力系统等。

(1)气动夹紧系统

气动夹紧系统主要由气压源装置、气动控制装置和气动执行装置三部分组成。气压源部分包括电动机、空压机、冷却器、储气罐等组成压缩空气动力站（简称空压站）；控制部分包括各种气阀和压力继电器等，用来控制和调节压缩空气的压力、流量和方向；执行装置主要包括气缸和夹紧工件的机构。此外还有一些辅助元件，例如管件、接头、压力表、分水滤气器、油雾器、消声器等。

气动夹紧传动简单，操作方便，使用安全可靠。压缩空气成本低廉，便于集中供应和远距离输送和操纵，易实现自动化。气动夹紧的工作压力较低，一般为 0.4～0.6MPa（即 4～6 个大气压），对气动元件的材质和制造精度要求比液压元件低得多。

但是，由于空气具有可压缩性，所以气动夹紧的刚度较低；又因为压力较低，所以气缸结构尺寸较大；另外，排气时有一定噪声。

(2)液压夹紧系统

液压夹紧是利用压力油作为传力介质，推动执行机构（油缸活塞杆）实现对工件的夹紧，其工作原理和结构与气动夹紧相似。由于油压一般比气压高几倍至十几倍，甚至几十倍，加上液体的不可压缩性，所以在相同夹紧力时，油缸的结构尺寸比气缸的小得多，而且夹紧刚度大，没有噪声，工作平稳，可以频繁换向和实现无级调速。

但是，液压传动的控制系统比气动的复杂，不适宜远距离操纵；而且液压元件的加工精度要求高，制造困难，因此成本高；另外，液压系统易漏油，会造成对环境的污染。

(3)气液夹紧系统

综合气动夹紧和液压夹紧的优点，制成气液增压器，利用气源可获得高压油，驱动力大，其压力为一般液压传动的 4～8 倍，为气压传动的 30～40 倍，因而可以缩小结构尺寸，且不需要机械增力机构，所以能简化夹具结构，还比液压夹紧系统容易维护。

气液增压器有典型结构，可查阅有关手册。

(4)其他自动夹紧装置

①应用电动机直接带动夹具中的夹紧机构，称为电动夹紧。如车床上使用的电动卡盘，铣床上使用的电动虎钳等。

②应用磁场吸力将工件夹紧，称为磁力夹紧，分为电磁式和永磁式两种。其基本原理是将工件置于导通磁力线的位置上，形成闭合的磁回路，靠磁通能量把工件吸紧。磁力夹紧在平面磨床上得到广泛应用，也可用于其他机床夹具。

③利用真空吸力（大气的压力）来夹紧工件，称为真空夹紧。真空夹紧系统由真空泵、空

气过滤器、单向阀、真空罐、控制阀、真空吸台组成。真空夹紧适用于加工非导磁性材料制成的薄片零件，或刚度较差的大型零件，能使夹紧力均匀地分布在工件表面，从而减小工件的夹紧变形。真空夹具结构简单，使用方便，但夹紧力不大，一般在$(6.8\sim7.8)\times10^{-2}MPa$左右。

此外，还有利用切削力或离心力来实现对工件夹紧的，这里不再赘述，可参阅有关资料。

复习思考题

2－1　母线、导线、发生线的定义各是什么？试举例加以说明。

2－2　形成发生线的方法有哪几种？展成法与相切法有什么不同？

2－3　试观察滚齿机的切削过程，滚切渐开线直齿圆柱齿轮齿面的发生线是什么？有哪几个成形运动？

2－4　用三角形螺纹车刀车削螺纹时需要哪些成形运动？

2－5　解释下列机床型号的含义：
CA6140；Z3040；MBG1432；X5032；Y3150E；CK3263B。

2－6　机床上的运动分哪几种？举例说明切削运动就是工件的成形运动。

2－7　简述机床数控的工作原理。

2－8　数控机床的伺服系统分几种控制方式？各有什么特点？

2－9　数控机床的机械结构有哪些方面比普通机床提高了要求？采取了什么措施？

2－10　分别说明常见车床、镗床、刨床、钻床、铣床、磨床和齿轮加工机床的适用范围和工艺特点。

2－11　平面、外圆、孔加工方案各有哪些？分别达到何种精度？

2－12　圆柱齿轮齿形加工方案有哪些？各用于什么场合？

2－13　分别叙述普通车床、卧式镗床、普通铣床、内外圆磨床加工的工件所能达到的形位公差要求。

2－14　从人机关系和环境保护角度考虑，选用机床应注意些什么？

2－15　到工厂认识金属切削加工的各类刀具。试述切刀的种类及其用途。

2－16　刀具标注角度参考系和工作角度参考系有什么不同？刀具标注角度参考系有哪几个？它们的定义是怎样的？

2－17　刀具在正交平面内的标注角度有哪几个？它们是怎样定义的？

2－18　刀具在基面内的标注角度有哪几个？它们是怎样定义的？

2－19　刃倾角是怎样定义的？怎样识别刃倾角的正负？

2－20　考虑进给运动对刀具工作角度的影响，工作前角比标注前角增大还是减小了？工作后角比标注后角增大还是减小了？

2－21　刀具前角和后角的功用各是什么？如何选择合理前角和后角？

2－22　刀具的刃倾角、主偏角、副偏角的功用各是什么？如何合理选择刃倾角、主偏角、副偏角？

2－23　什么是砂轮的硬度？如何选择砂轮的硬度？

2－24　什么是工艺基准和定位基准？

2－25　什么是六点定位原理？工件和六个定位元件接触了，是否一定符合六点定位原理了？

2－26　利用机床夹具加工零件，必须限制工件六个自由度，否则一定保证不了加工要求。这句话对吗？

2－27　可调支承、辅助支承、浮动支承的功用各是什么？

2－28　长圆柱销、短圆柱销、短菱形销各限制工件几个自由度？

2－29　顶尖和V形块各有几种？各限制工件几个自由度？

2－30　夹具装配时，菱形销削边部位朝哪个方向？

2－31　机床夹具的夹紧装置应满足哪些基本要求？

2－32　如何选择夹紧力的作用点和方向？怎样确定夹紧力的大小？

2－33　斜楔夹紧和偏心夹紧的自锁条件各如何？

2－34　气动夹紧和液压夹紧各有什么优缺点？

3 切削过程及控制

3.1 金属切削过程

3.1.1 切削过程

金属切削过程是指用刀具从工件毛坯上切除多余的金属层,使工件在尺寸、形状和表面质量方面都符合预定要求的一种加工过程。在切削过程中,切削层材料在刀具作用下脱离工件本体变成切屑,在本体上则形成已加工表面。切削过程实际上就是切屑形成的过程。

1) 切屑的形成

如图 3-1-1 所示,切削加工时,当刀具接触工件后,工件上被切层受到挤压而产生弹性变形;随着刀具继续切入,应力不断增大,当应力达到工件材料的屈服点时,切削层开始塑性变形,沿滑移角 β_1 的方向滑移;刀具再继续切入,应力达到材料的断裂强度,被切层就沿着挤裂角 β_2 的方向产生裂纹,形成屑片。当刀具继续前进时,新的循环又重新开始,直到整个被切层切完为止。

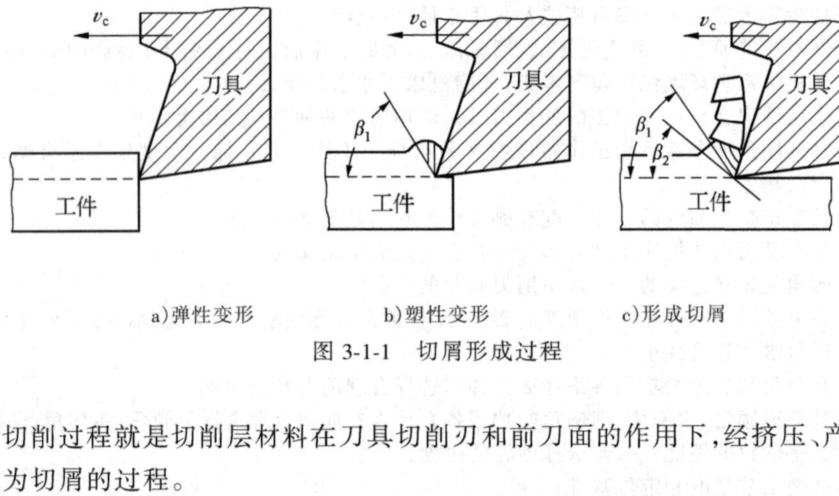

a)弹性变形　　b)塑性变形　　c)形成切屑

图 3-1-1　切屑形成过程

所以切削过程就是切削层材料在刀具切削刃和前刀面的作用下,经挤压、产生剪切滑移变形而成为切屑的过程。

2)切屑的种类

切削加工中,当工件材料、切削条件不同时,会形成不同的切屑。按其形态的不同,可分为四种类型(图 3-1-2)。

(1)带状切屑(图 3-1-2a)　切屑外形连续呈较长的带状,底面光滑,背面呈毛茸状。当用较高的切削速度,较小的切削厚度,较大的刀具前角切削塑性金属材料时,往往形成这种切屑。形成带状切屑时,切削过程较平稳,振动小,已加工表面粗糙度低,但若不采取一定的断屑措施,连续不断的切屑会影响切削加工的正常进行,切屑也难于处理。

(2)节状切屑(图 3-1-2b)　切屑的底面仍较光滑,但时有裂纹产生,背面呈明显的锯齿状。当用较低的切削速度,较小的前角,较大的切削厚度切削钢等塑性金属材料时,易形成这种切屑。形成节状切屑时,切削力会产生一定的波动,造成切削过程不稳定,使工件表面质量降低。

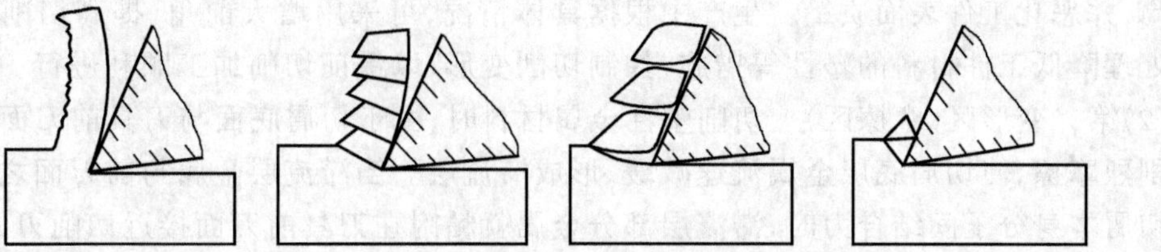

a)带状切屑　　b)节状切屑　　c)粒状切屑　　d)崩碎切屑

图 3-1-2　切屑的种类

(3)粒状切屑(图 3-1-2c)　当用更低的切削速度、更大的切削厚度切削塑性较小的金属材料时,节状切屑会进一步断裂成较均匀的颗粒状,此时,切削过程更不稳定,工件表面质量也更差。

以上是切削塑性金属材料时可能形成的三种切屑。应当指出的是,对同一种工件材料,当采用不同的切削条件切削时,三种切屑会随切削条件的改变而相互转化。

(4)崩碎切屑(图 3-1-2d)　切削铸铁、黄铜等脆性材料时,往往形成不规则的细小的颗粒状切屑,称为崩碎切屑。形成崩碎切屑时,切削过程不稳定,且切削力集中在刀刃附近,容易引起刀具的磨损和破损,且不易获得高的表面质量。

3)切削变形

切削过程也是金属不断变形的过程,将切削过程中在工件与刀具接触部位附近产生的复杂的弹、塑性变形统称为切削变形。通常将切削刃作用部位的切削层划分为三个变形区(图 3-1-3)。

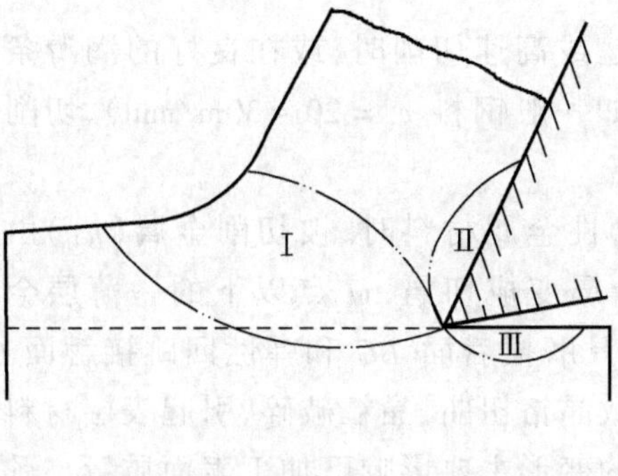

图 3-1-3　切削时的三个变形区

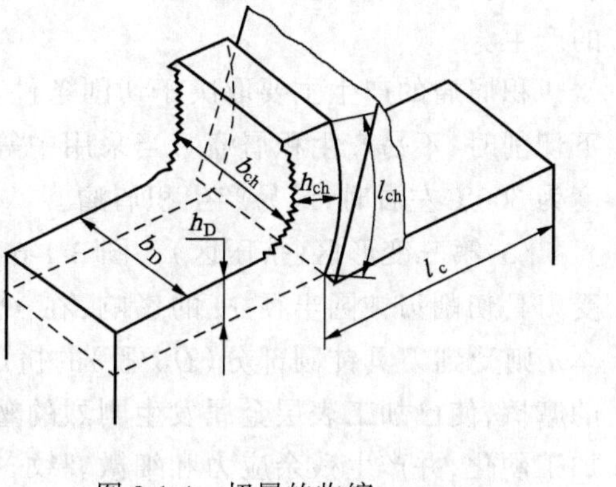

图 3-1-4　切屑的收缩

(1)第一变形区(剪切区)　切削层金属在第一变形区内发生剪切滑移转变成为切屑。随切削层金属变形程度的不同,形成不同类型的切屑。图 3-1-4 所示的切屑收缩现象($h_{ch} > h_D$, $l_{ch} < l_c$)反映了切削变形的程度。其变形量的大小可用变形系数 ξ 来定量表示:

$$\xi = \frac{h_{ch}}{h_D} = \frac{l_c}{l_{ch}} > 1$$

变形系数 ξ 越大,表示切削变形越大,则切削时消耗在变形方面的切削力越大,切削温度越高,并恶化工件表面质量。生产中根据具体情况,可采用增大前角、提高切削速度或通过热处理降低工件材料的塑性等措施,控制切削变形,以保证切削加工顺利进行。

(2)第二变形区(摩擦区) 切削塑性金属材料时,由于切屑底面与刀具前刀面之间的挤压和剧烈摩擦,使切屑底层金属流速减缓,形成滞流层。当滞流层金属与前刀面之间摩擦力超过切屑本身分子间结合力时,滞流层部分金属就粘附在刀具前刀面接近切削刃的地方,形成积屑瘤。图 3-1-5 为用高速钢刀具在 $v_c = 20\text{m/min}$ 时切削 45 钢形成的积屑瘤外形尺寸示意图。

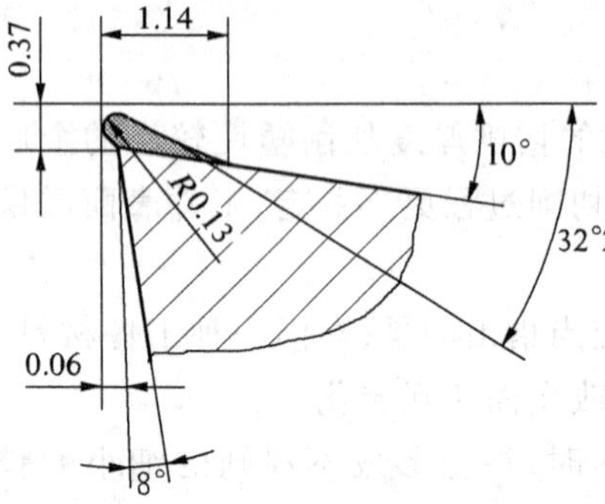

图 3-1-5 积屑瘤

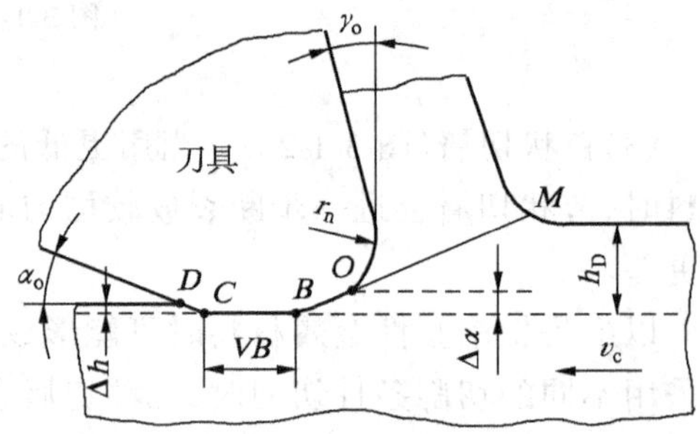

图 3-1-6 已加工表面形成过程

由于强烈的塑性变形,积屑瘤硬度很高,约为工件材料的 2 ~ 3 倍,可以代替切削刃切削,起到保护刀刃的作用;积屑瘤的存在增大了刀具的实际工作前角($\gamma_{oe} = 32°27' > \gamma_o = 10°$),使切削变形减小,切削力减小。因此,粗加工时可利用它。

但积屑瘤长到一定高度后会破裂而突然脱落,影响加工过程的平稳性;积屑瘤会在工件表面上切出沟痕,甚至粘附上积屑瘤碎片,影响工件加工质量。因此精加工时要防止积屑瘤的产生。

积屑瘤的产生主要取决于切削条件。一般在低速或高速切削时,或在良好的润滑条件下切削时,不易产生积屑瘤。当采用中等切削速度(如一般钢料 $v_c = 20 \sim 30\text{m/min}$)、切削温度为 300℃左右时,最易产生积屑瘤。

(3)第三变形区(挤压区) 图 3-1-6 所示,切削塑性金属材料时,被切削金属(h_D)由于受刀具切削刃钝圆半径 r_n 的影响,在 O 点以上的金属变成切屑,O 点以下的一薄层金属 $\triangle a$ 则受到刀具钝圆部分(OB 段)的挤压,再经过刀具磨损后面 BC 和弹性回跳接触面 CD 的摩擦,使已加工表层金属发生剧烈的塑形变形,导致晶格扭曲、晶粒破碎,引起表层材料的加工硬化,并产生残余应力和细微裂纹,第三变形区的变形主要影响已加工表面质量。凡是减小切削变形与摩擦的措施,都可以减轻加工硬化,如增大 γ_0 和 α_0、增大 v_c、限制后刀面磨损量 VB、采用合适的切削液等。

3.1.2 切削力

金属切削时,刀具切入工件,使被加工材料发生变形成为切屑所需的力,称为切削力。

切削力是切削过程中产生的重要物理现象，对切削过程有着多方面的影响。切削力直接影响切削时消耗的功率和产生的热量，并引起工艺系统的变形和振动。切削力过大时，还会造成刀具、夹具或机床的损坏。切削过程中切削力所作的功转化成的切削热则会使刀具磨损加快，工艺系统产生热变形并恶化已加工表面质量。所以，掌握切削力的变化规律，计算切削力的数值，不仅是设计机床、刀具、夹具的重要依据，而且对分析、解决切削加工中的实际问题有着重要的指导意义。

1)切削力的来源与分解

(1)切削力的来源　切削力来源于两个方面，一是三个变形区内工件材料的弹、塑性变形产生的抗力；二是工件、切屑与刀具摩擦产生的阻力。

(2)切削合力及其分解

图 3-1-7 中刀具(或工件)上作用的切削力的总合力 F 称为切削合力，由于切削合力的大小和方向是随切削条件而变化的一个空间力，不便于计算与测量。实际中，常将 F 分解为某几个方向上的分力，称为切削分力。

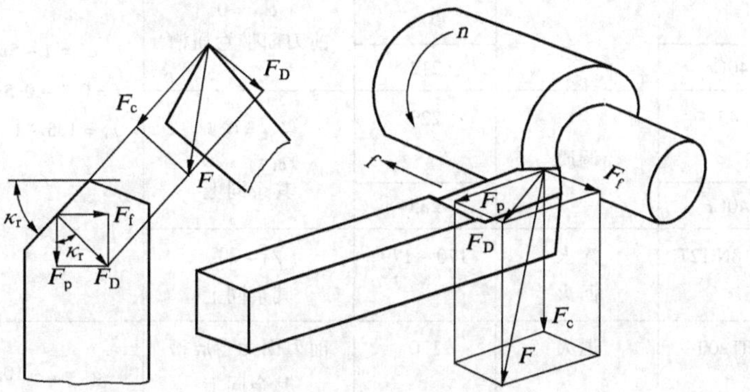

图 3-1-7　外圆车削时的切削合力与分力

车削中将 F 分解为以下三个分力：

主切削力 F_c——是沿切削速度方向的分力，又称为切向力。在各分力中它最大，消耗功率也最多，约占总功率的 95%。它是决定机床主电机功率、设计与校验主传动系统各零件以及夹具、刀具强度、刚度的重要依据。

进给抗力 F_f——是 F 在进给运动方向上的分力，外圆车削中又叫轴向力。它是设计与校验机床进给系统各零、部件强度的依据，也消耗一定的功率。

切深抗力 F_p——是 F 在切深方向上的分力，外圆车削中又叫径向力。它同时垂直于主运动和进给运动方向，不消耗功率。但在车削轴类零件时，易引起工艺系统的变形和振动，对加工精度和表面质量有较大影响。

通常情况下，F_f 与 F_p 都小于 F_c，随着刀具几何参数、刀具磨损情况、切削用量的不同，F_f、F_p 相对于 F_c 的比值在很大范围内变化，三者之间的比例大致为

$$F_f : F_p : F_c = (0.1 \sim 0.6) : (0.15 \sim 0.7) : 1$$

三个分力与合力之间的关系如下：

$$F = \sqrt{F_c^2 + F_D^2} = \sqrt{F_c^2 + F_p^2 + F_f^2}$$

$$F_p = F_D\cos\kappa_r; \quad F_f = F_D\sin\kappa_r$$

2)切削力的估算与切削功率

(1)单位切削力　单位切削面积上作用的主切削力称为单位切削力,用 k_c 表示。即

$$k_c = F_c / A_D$$

单位切削力可通过切削实验获得,表 3-1-1 提供了部分单位切削力 k_c 数据。若已知单位切削力 k_c 和切削面积 A_D,便可利用上式方便地计算出主切削力 F_c。

表 3-1-1　硬质合金外圆车刀切削常用金属时的单位切削力($f = 0.3$mm/r)

加工材料				实验条件		单位切削力
名称	牌号	热处理状态	硬度(HBS)	车刀几何参数	切削用量	k_c/N·mm^{-2}
碳素 结构钢	Q235	热轧或正火	134~137	$\gamma_0 = 15°$ $\kappa_r = 75°$ $\lambda_s = 0°$ $b_{\gamma 1} = 0$ 前刀面带卷屑槽	$a_p = 1 \sim 5$mm $f = 0.1 \sim 0.5$mm/r $v_c = 1.5 \sim 1.7$m/s	1884
优质碳素 结构钢	45		187			1962
	40Cr		212			1962
	45	调质	229	$b_{\gamma 1} = 0.5$ $\gamma_{01} = -20°$ 其余同上		2305
	40Cr		285			2305
不锈钢	1Cr18Ni12Ti	淬火 回火	170~179	$\gamma_0 = 20°$ 其余同上		2453
灰铸铁	HT200	退火	170	前刀面无卷屑槽 其余同上	$a_p = 2 \sim 10$mm $f = 0.1 \sim 0.5$mm/r $v_c = 1.17 \sim 1.13$m/s	1118
可锻 铸铁	KTH300-60	退火	170	前刀面带卷屑槽 其余同上		1344

(2)切削功率　切削过程中消耗的总功率为各分力所消耗功率的总和,称为切削功率,用 P_c 表示。车削中,切深抗力 F_p 不消耗功率,F_f 远小于 F_c,v_f 远小于 v_c,因此计算切削功率时常忽略 F_f 所消耗的功率,故有

$$P_c = F_c \cdot v_c \times 10^{-3}(\text{kW})$$

式中　F_c——主切削力(N);

v_c——切削速度(m/s)。

由此,可计算出机床主电机所需功率 P_E

$$P_E \geqslant P_C / \eta$$

式中　η——机床传动效率,一般取 $\eta = 0.75 \sim 0.85$;

P_E——用于检验和选择机床电动机的依据。

3)切削力的影响因素

切削过程中,影响切削力的因素很多。凡是影响切削过程中的变形与摩擦的,都会影响切削力。从切削条件方面来说,主要有以下几个方面:

(1)工件材料的影响　工件材料的成分、组织和性能是影响切削力的主要因素。工件材料的强度、硬度愈高，切削力愈大。这是因为强度硬度高的材料，切削时产生的变形抗力大，虽然它们的变形系数 ξ 相对较小，但总的来说，切削力还是随材料强度、硬度的增大而增大。强度、硬度相近的材料中，塑性、韧性大的，或加工硬化严重的，切削力大。如不锈钢 1Cr18Ni9Ti 的硬度与正火 45 钢大致相等，但由于其塑性、韧性大，所以其单位切削力比 45 钢大 25%。切削脆性材料时，切屑呈崩碎状态，塑性变形与摩擦都很小，故切削力一般低于塑性材料。

(2)切削用量的影响　切削用量中对切削力影响最大的是 a_p，其次是 f。实践证明，a_p 增大一倍，F_c 增加一倍；f 增大一倍，F_c 只增加 70% ~ 80%。这是因为 a_p 和 f 增大时，切削面积 A_D 成比例地增大，故切削力增大。但二者对切削力的影响程度不同，a_p 增大时，变形系数 ξ 不变，故 F_c 随 a_p 的增大成比例地增大；而 f 增大时，由于 ξ 会有所减小，故 F_c 随 f 的增大不成比例地增大，其影响程度比 a_p 小。所以，从切削力和能量消耗的观点来看，用大的 f 切削比用大的 a_p 切削更为有利。

切削速度 v_c 对切削力的影响主要通过 v_c 对积屑瘤的影响而产生的(图 3-1-8)。在产生积屑瘤的速度范围内，速度较低时，随着 v_c 的增大，积屑瘤高度增加，刀具实际工作前角 γ_{oe} 增大，故切削力逐渐减小。在速度较高时，随着 v_c 的增大，积屑瘤逐渐减小，刀具实际工作前角 γ_{oe} 减小，切削力又逐渐增大。在无积屑瘤生成的低速和高速条件下，v_c 对切削力无大影响。切削脆性金属材料时，不会产生积屑瘤，塑性变形和摩擦也小，v_c 对 F_c 影响不大。

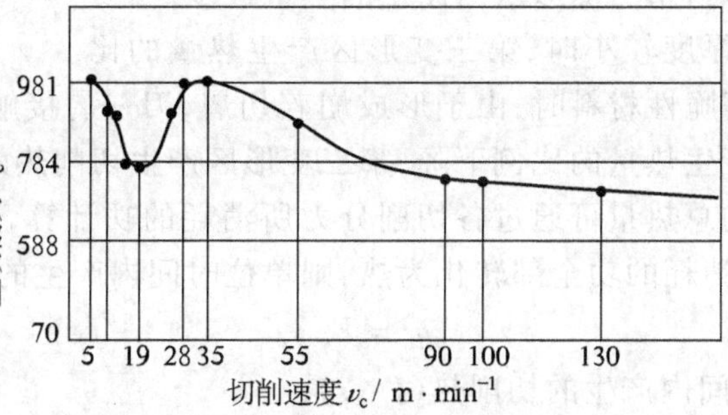

图 3-1-8　切削速度 v_c 对切削力 F_c 的影响

工件材料：45 钢　刀具：YT15

$\gamma_0 = 15°, \lambda_s = 0°, \kappa_r = 45°, a_p = 2\text{mm}\quad f = 0.2\text{mm}\cdot r^{-1}$

(3)刀具角度的影响　γ_o 增大，刀刃锋利，切削变形小，同时摩擦减小，切削力减小。

α_o 增大，刀具后刀面与工件之间的摩擦减小，切削力减小。

改变 κ_r 的大小，可以改变 F_f 和 F_p 的比例。当加工细长工件时增大 κ_r 可减小 F_p，从而避免工件的弯曲变形。

刃倾角 λ_s 改变时，将使切削合力的方向发生变化，因而改变各分力的大小。λ_s 减小时，F_p 增大，F_f 减小。λ_s 对 F_c 的影响不大，在 10° ~ －45°之内变化时，F_c 基本不变。

(4)其它因素的影响　切削加工中，合理使用切削液，对减小切削力有十分明显的效果。切削液的润滑作用，可以改善刀—屑—工件之间的摩擦状况，因而可以减小切削变形，降低切削力。

刀具磨损后，刀刃变钝，后刀面上的摩擦也加剧，故切削力增大。刀具逐渐磨损达到一定程度后，切削力会急剧增加，因此要及时刃磨或更换刀具。

刀具材料对切削力也有一定的影响，选择与工件材料摩擦系数小的刀具材料，切削力会不同程度地减小。

3.1.3 切削热与切削温度

切削热与切削温度是切削过程中产生的又一重要物理现象。切削时所消耗的能量可近似地认为全部转化为热量。切削热除少量散逸在周围介质中外，其余均传入刀具、切屑和工件中，并使它们温度升高，这将直接影响刀具前刀面上的摩擦系数、积屑瘤的产生、刀具的磨损以及工件材料的性能、工件加工精度和已加工表面质量等。因此，研究切削热和切削温度具有重要的实用意义。

1)切削热的产生与传出

(1)切削热的产生　切削热产生于三个变形区，切削过程中，三个变形区内的金属变形与摩擦是产生切削热的根本原因，切削过程中变形与摩擦所消耗的功，绝大部分转化为切削热。因而三个变形区也是产生切削热的三个热源区。图 3-1-9 为切削热产生的部位及传散情况示意图。

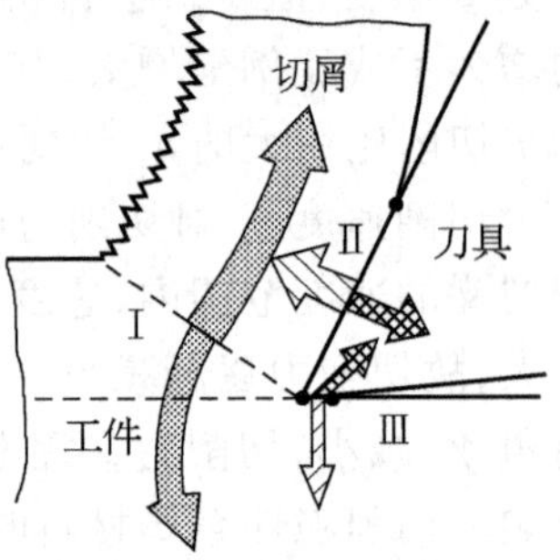

图 3-1-9　切削热的产生与传出

切削热产生的多少及三个变形区产生热量的比例随切削条件不同而不同。加工塑性金属材料时，当后刀面磨损量不大，而切削厚度又较大时，第一变形区内产生的热量最多；当刀具磨损量较大，而切削厚度较小时，第三变形区产生热量的比例将增大。加工铸铁等脆性材料时，由于形成崩碎切屑，刀—屑接触长度小，前刀面上的摩擦小，第一、二变形区产生热量的比例下降，第三变形区产生切削热的比重会相对增加。

切削过程中产生的总热量可通过各切削分力所消耗的功计算，如果忽略进给运动所消耗的功，并假定主运动消耗的功全部转化为热，则单位时间内产生的切削热可由下式算出：

$$q = F_c v_c$$

式中　q——单位时间内产生的切削热(J / s)；

F_c——主切削力(N)；

v_c——切削速度(m / s)。

(2)切削热的传出　切削过程中产生的切削热，将通过切屑、工件、刀具和周围介质(如空气、切削液)等向切削区外传散。各途径传散热量的比例与切削形式、刀具、工件材料及周围介质等有关。车削加工中，50% ~ 86% 的热量由切屑带走，40% ~ 10% 传入车刀，9% ~ 3% 传入工件，1%左右传入周围介质。钻孔时，28% 的热由切屑带走，14.5% 传入刀具，52.5%传入工件，5%左右传入周围介质。

此外，切削速度 v_c 对各途径传热比例也有一定影响。切削速度 v_c 越大，切屑带走的热量越多，传入工件中的热量减少，传入刀具的热量则更少。

切削热产生与传散的综合结果影响着切削区域的温度。过高的温度不仅使工件产生热变形，影响加工精度，还影响刀具的寿命。因此，在切削加工中应采取措施，减少切削热的产生、改善散热条件以减少高温对刀具和工件的不良影响。

2)切削温度及其影响因素

(1)切削温度的概念　通常所说的切削温度，如不加特别指明，均指切屑、工件和刀具接触区的平均温度，用 θ 表示。切削温度的高低，一方面取决于切削过程中产生热量的多少，还与切削热向外传散的快慢有很大关系。

(2)切削温度的影响因素　切削条件中对切削温度影响较大的因素有切削用量、刀具角度、工件材料和冷却条件等。分析各因素对切削温度的影响，主要应从这些因素对单位时间内产生的热量和传出的热量的影响入手。如果产生的热量大于传出的热量，则这些因素将使切削温度增高；某些因素使传出的热量增大，则这些因素将使切削温度降低。

① 切削用量的影响　切削用量 v_c、f、a_p 增大，切削功率增加，产生的切削热相应增多，切削温度相应升高。但它们对切削温度的影响程度是不同的，v_c 的影响最大，f 次之，a_p 影响最小。

a. 切削速度 v_c 的影响　随着 v_c 的提高，单位时间内金属切除量成比例地增多，消耗的功率及其转化成的热随之增加；同时，使摩擦热来不及向切屑内部传导，而是大量积聚在切屑底层，从而使切削温度显著升高。不过由于 v_c 提高后，通过切屑带走热量的比例增大，故切削温度并不是随 v_c 增大成比例地提高。

b. 进给量 f 的影响　进给量 f 增大时，切削温度也随之升高，但其影响程度不如 v_c 大，f 增大时，金属切除率及产生的切削热随之增加，但随着 f 的增大，切削平均变形减小，同时切屑与前刀面接触长度增加，散热条件有所改善，故切削温度 θ 不是随 f 的增大而成比例地提高。

c. 背吃刀量 a_p 的影响　背吃刀量 a_p 对切削温度的影响较小，这是由于 a_p 增大后，虽然产生的切削热成比例地增加，但刀具切削刃工作长度也成比例地增大，因而散热条件得到了改善，所以 a_p 对切削温度 θ 的影响不甚显著。随着 a_p 的增大，θ 会略有升高。

②工件材料的影响　工件材料的强度、硬度愈高或塑性愈好，切削中消耗的功也愈大，切削热产生得愈多，切削温度较高。导热性好的工件材料和刀具材料，因传热快，切削温度较低。切削脆性金属材料时，塑性变形小，切屑呈崩碎状态，与前刀面的摩擦小，故产生的切削热少。切削实验结果表明，切削灰铸铁 HT200 时的切削温度比切削 45 钢大约低 25%。

③刀具角度的影响　前角 γ_o 和主偏角 κ_r 对切削温度的影响较大。

a. 前角 γ_o 的影响　前角 γ_o 增大，切削变形和摩擦减小，消耗的功率及产生的切削热相应减少，故前角在一定范围内增大时，切削温度随前角增大而降低，但当前角增大到一定程度后，则会由于刀具楔角减小使散热条件变差的作用变得突出，继续增大刀具前角反而会使切削温度升高。

b. 主偏角 κ_r 的影响　在背吃刀量 a_p 不变时，减小主偏角 κ_r，将使切削刃工作长度增加，散热条件得到改善，但同时，切屑会变得薄而宽，使切削变形增大而导致切削热增加。由于散热作用更大，故切削温度 θ 还是随 κ_r 的减小而降低。

④其他因素的影响　使用切削液与否、刀具的磨损及刀具材料等也会对切削温度产生一定的影响。

合理使用切削液，可以减小刀—屑和刀—工件接触面上的摩擦并带走大量的切削热，因此可有效地降低切削温度。在中、低切削速度下，有时可降低切削温度数十度。

刀具磨损后，后刀面上形成一段后角为零的棱面，刀具与工件间的挤压力和摩擦力增大，消耗的功率及产生的切削热增加，切削温度因而提高；当磨损量达到一定数值后，切削温度会随磨损量增大而急剧上升。

刀具材料对切削温度也有一定的影响。切削导热性差的工件材料时,为了降低切削温度,应考虑选用导热性好的刀具材料。

3.1.4 磨削机理

磨削是用带有磨粒的工具来对工件进行加工的方法。磨削加工是一种历史悠久的加工方法,同时又是一种最有发展前途的加工方法。因为它既能加工普通材料又能加工超硬材料;既能作粗加工又能作精加工及超精加工。目前磨削加工精度可达 IT6~IT4,表面粗糙度 Ra 可小至 1.25~0.01 μm。

1)磨削运动

生产中常用的外圆、内圆和平面磨削一般具有四个运动。如图 3-1-10 所示。

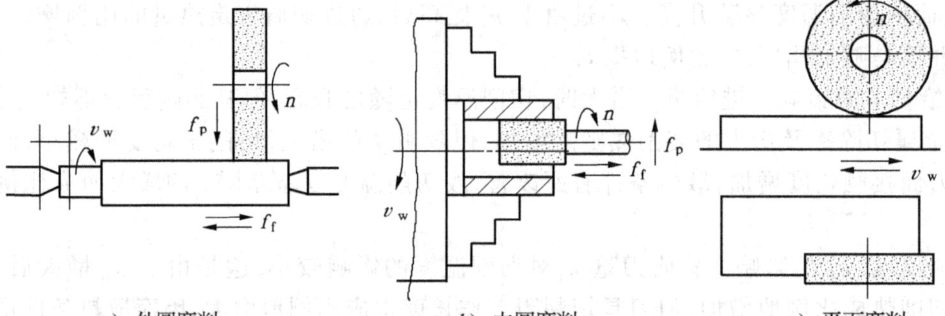

图 3-1-10 磨削运动

(1)主运动 砂轮旋转运动是主运动。砂轮旋转的线速度为磨削速度 v_c,单位为 m/s。

(2)进给运动 磨削的进给运动可分为以下几种:

①径向进给运动 砂轮切入工件的运动,其大小用径向进给量 f_p 表示。f_p 指工作台每单行程或双行程切入工件的深度,单位为 mm/单行程或 mm/双行程。

②轴向进给运动 工件相对于砂轮的轴向运动,其大小用进给量 f_f 表示。f_f 指工件每转一转或工作台每一次行程,工件相对于砂轮的轴向移动距离,单位为 mm/r 或 mm/单行程。

③圆周(直线)进给运动 工件的旋转运动或工作台的往复直线运动。其大小用 v_w 表示,v_w 指工件旋转线速度或工作台直线移动速度,单位为 m/min。

外圆磨削: $v_w = \pi d_w n_w / 1000$

平面磨削: $v_w = 2Ln_r / 1000$

式中 d_w——工件直径(mm);

n_w——工件转速(r/min);

L——工作台行程长度(mm);

n_r——工作台每分钟的往复次数,(双行程/min)。

表 3-1-2 磨削用量

磨削方式	v_c(m/s)	f_p(mm/单行程或 mm/双行程)		f_f(mm/r 或 mm/单行程或 mm/双行程)		v_w(m/min)	
		粗磨	精磨	粗磨	精磨	粗磨	精磨
外圆磨削	25~35	0.015~0.05	0.005~0.01	(0.3~0.7)B	(0.3~0.4)B	20~30	20~60
内圆磨削	18~30	0.005~0.02	0.025~0.01	(0.4~0.7)B	(0.25~0.4)B	20~40	20~40
平面磨削	25~35	0.015~0.05	0.005~0.015	(0.4~0.7)B	(0.2~0.3)B	6~30	15~20

注:表中 B 为砂轮宽度

2)磨削过程

(1)砂轮形貌　如图 3-1-11 所示,砂轮上的磨粒是形状很不规则的多面体,不同粒度号磨粒的顶尖角 β 和尖端圆角半径 r_β 的平均值见表 3-1-3。磨粒尖端在砂轮上的分布,无论在方向、高低、间距方面,在砂轮的轴向与径向都是随机分布的。

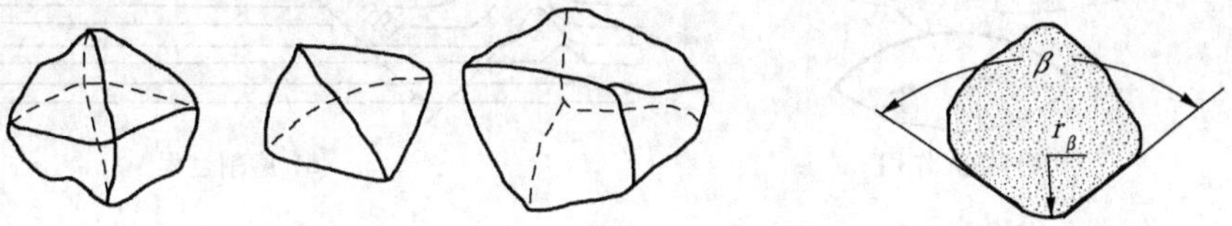

a) 外形　　b) 典型磨粒断面

图 3-1-11　磨粒的形状

表 3-1-3 不同粒度号磨粒的顶尖角 β 和尖端圆角半径 r_β 的平均值

磨粒粒度号	36#		60#		80#	
	刚　玉	碳化硅	刚　玉	碳化硅	刚　玉	碳化硅
顶尖角 β	108°	106.5°	107.2°	104°	106.7°	104°
尖端圆角半径 r_β/μm	35	30	17	16	9.6	7.4

(2)磨削过程分析　在磨削过程中,一部分突出和较锋利的磨粒切削工件形成切屑;另一部分比较钝的、突出高度较小的磨粒仅在工件表面上刻划出痕迹;还有一部分更钝的、隐藏在其他磨粒下面的磨粒既不切削也不刻划工件,而只是与工件表面产生滑擦,起抛光作用。因为磨削速度很高,这种滑擦会产生很高的温度,如不采取有效措施,将会引起被磨表面烧伤、裂纹等缺陷。磨削过程中,同一颗磨粒与工件表面的瞬时相对位置不同,也可分为上述三种情况,因此,磨粒磨削过程可分为滑擦、刻划和切削三个阶段,如图 3-1-12 所示。

磨削能达到很高的精度,很小的表面粗糙度,是因为经过精细修整的砂轮,磨粒具有微刃等高性,磨削厚度很小,除了切削作用外,还有挤压、抛光作用。

3)磨削表面质量

磨削表面质量包括磨削的表面粗糙度、表面烧伤和表层残余应力三个方面,下面分别加以分析。

(1)表面粗糙度　磨削的表面粗糙度是由砂轮上的磨粒在工件表面上形成的残留面积和工艺系统振动所引起的振纹所组成的。

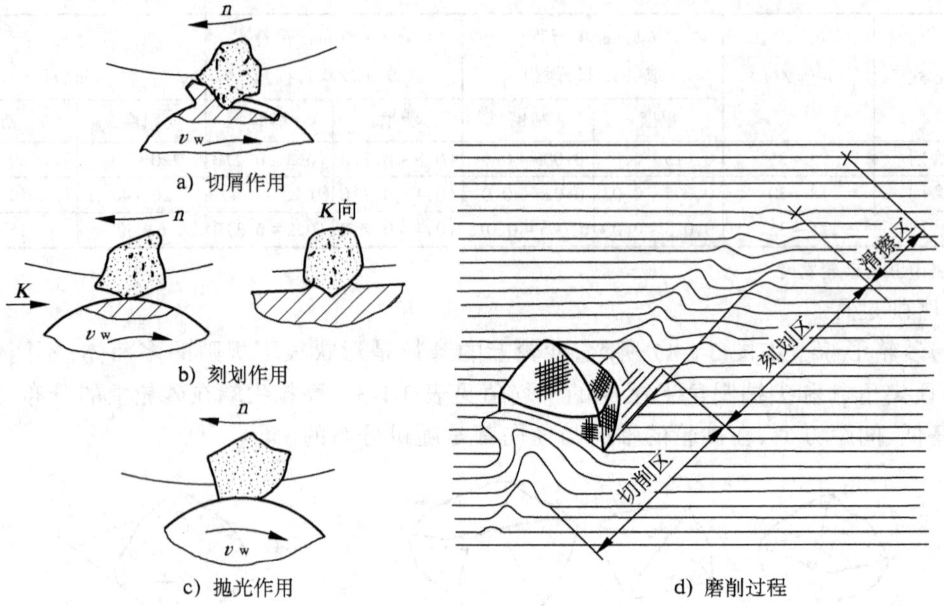

图 3-1-12 磨粒的磨削过程

磨削时的残留面积决定于砂轮的粒度、硬度、砂轮的修整情况和磨削用量的选择。

磨削时的振动对粗糙度的影响比残留面积大得多，减小振动的措施有：严格控制磨床主轴的径向跳动；砂轮及其他高速旋转部件须经过仔细的动平衡；避免工作台进给时的爬行；提高磨床动刚度；合理选择砂轮与磨削用量等。

(2)表面烧伤　磨削时，磨削热的产生使工件表面层金属发生相变，其硬度与塑性发生变化。这种表层变质的现象称为表面烧伤。生产中，合理选用砂轮及磨削用量，采用良好的冷却措施，改进磨床结构等可降低磨削温度，避免表面烧伤现象的产生。

(3)表层残余应力　残余应力是指零件在去除外力和热源作用后，存在于零件内部的应力。残余应力的产生有下列三个原因：相变引起金相组织的体积变化而产生的相变应力；温度引起的热胀冷缩不匀而产生的热应力；塑性变形不均产生的塑变应力。

磨削后工件表层的残余应力是由相变应力、热应力和塑变应力合成的。

磨削时采用切削液及减小背吃刀量可以使表面残余拉应力显著降低。

4)高效磨削方法

以提高效率为目的的先进的磨削方法在生产中常用的有：高速磨削、强力磨削和砂带磨削。

(1)高速磨削　砂轮线速度超过 45m/s 以上的磨削称为高速磨削。

高速磨削能提高效率的原因是砂轮的线速度提高后，单位时间内通过磨削区的磨粒数目增多，若保持单个磨粒的磨削厚度不变，则可增大进给量，从而缩短了磨削时间，提高生产率。

实现高速磨削必须提高砂轮的结合强度；提高机床的动刚度和静刚度；按比例增大电动机功率；增强冷却效果；加强安全措施。

(2)强力磨削　强力磨削又叫大切深缓进给磨削。其特征是背吃刀量很大，一次切深可达 2 ~ 20mm，工件进给速度小，仅为 10 ~ 300mm/min。

强力磨削由于切入深度大，砂轮和工件的接触弧长，单位时间内砂轮工作表面参加切削的磨粒数目多，加上它将粗、精加工几道工序合并，使生产效率可以成倍提高。

强力磨削应保证机床主轴有足够的刚度；机床电动机有足够的功率；应有大流量、高压冷却冲洗系统和高效率的过滤装置；应选用超软级疏松组织砂轮；机床工作台进给时无爬行并有快速返程装置。

(3)砂带磨削　图 3-1-13 是砂带磨削设备的示意图，环形砂带安装在压轮和张紧轮上，当工件由传送带送至支承板和压轮之间的磨削区时，即受到高速砂带的切削。

砂带由磨料、结合剂及基体组成，如图 3-1-14 所示。基体有纸、布和纸布混合型三种。结合剂可以是动物胶或合成树脂。

砂带磨削由于粘附在基体上的单层磨粒几乎每颗都可以参加切削，砂带的长度和宽度不受制造上的限制，从而使生产效率比普通磨削高 5 ~ 20 倍。此外，砂带磨削还有设备简单，加工质量高，能磨复杂形面等优点。

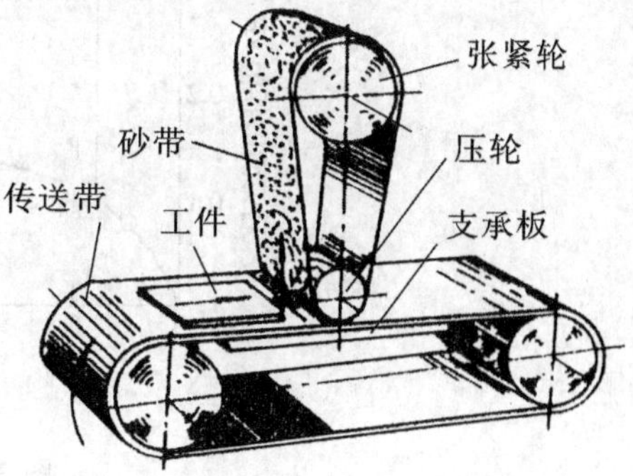

图 3-1-13　砂带磨削设备示意图

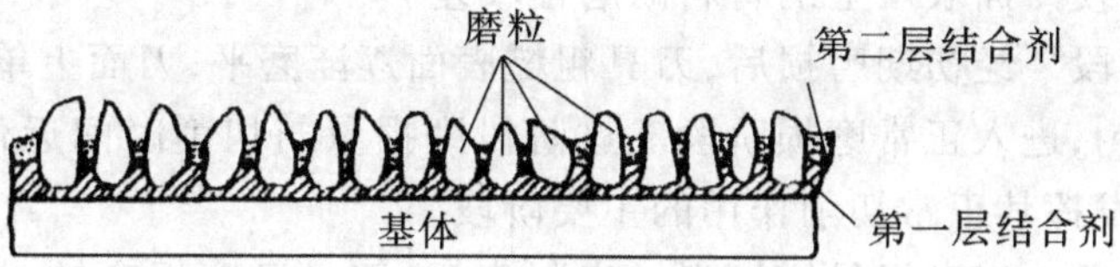

图 3-1-14　砂带的构造

3.2　切削过程优化与控制

3.2.1　刀具磨损

切削过程中，刀具与工件、切屑的接触面上存在巨大的压力，相当高的温度和剧烈的摩擦，在这种条件下，刀面上一些材料的微粒在切削过程中会逐渐地被工件或切屑擦伤带走，这种现象称为刀具的磨损。

刀具磨损后，其切削部分的形状和切削性能将发生变化，引起切削力增大，切削温度升高，甚至产生振动，从而导致工件加工质量下降。另外，刀具磨损还使刀具材料的消耗及磨刀时间与费用增加，从而影响切削加工的生产率和成本。刀具磨损过大而继续切削时，会由于切削力过大而损坏刀具、夹具与机床，或造成产品、设备和人身事故。所以，刀具磨损会给切削加工带来诸多不利的影响。因此，研究和掌握刀具磨损的一般规律，对保证工件加工质量，提高切削加工生产率和降低成本具有重要意义。

1)刀具磨损过程

在刀具磨损过程中，其磨损量总是随切削时间的增加而增大，但实验表明，各不同时间阶段的磨损量增长率是不同的。图 3-2-1 为硬质合金车刀主后刀面磨损量 *VB* 值随切削时间 *t* 的增加而增大的情况，称为磨损曲线。根据曲线反映的规律，可将刀具磨损过程分为三个阶段：

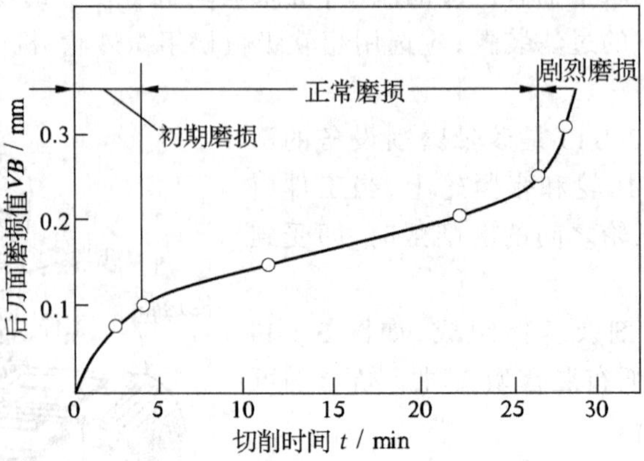

图 3-2-1　刀具磨损过程

(1)初期磨损阶段　发生在刀具开始切削的短时间内，一般初期磨损量为 0.05 ~ 0.1mm。初期磨损阶段刀具磨损较快的原因是，新刃磨过的刀具表面仍存在微观粗糙不平、氧化或脱碳层等缺陷，使刀面表层上的材料耐磨性较差。

(2)正常磨损阶段　经初期磨损后，刀具粗糙表面逐渐磨平，刀面上单位面积压力减小，磨损比较缓慢且均匀，进入正常磨损阶段。这阶段磨损量与切削时间近似成比例增加。正常磨损阶段是刀具发挥其正常切削作用的主要阶段。

(3)急剧磨损阶段　当磨损量增加到一定限度后，刀具已磨损变钝，切削力与切削温度迅速升高，磨损量急剧增加，刀具失去正常的切削能力。因此在这阶段到来之前，就要及时换刀或重磨。

2)刀具磨损形式

刀具切削工件时，如果切削条件不同，刀具上磨损的部位及其形态特征也将有所不同，典型的刀具磨损有以下三种形式(图 3-2-2)：

(1)后刀面磨损　切削脆性材料，或者切削塑性材料，$h_D < 0.1$mm 时，易发生这种磨损。后刀面磨损程度通常用后刀面平均磨损宽度 *VB* 来表示。

(2)前刀面磨损　切削塑性材料，$h_D > 0.5$mm 时易发生这种磨损。磨损后在切削刃口后方出现月牙洼，磨损程度用月牙洼的最大深度 *KT* 表示。

(3)前、后刀面同时磨损　在常规条件下切削塑性材料，$h_D = 0.1 \sim 0.5$mm 时，会发生前后刀面同时磨损。另外，在切削铸、锻件等外皮粗糙的工件时，常在主切削刃靠近工件外皮处以及副切削刃靠近刀尖处的后刀面上，磨出较深的沟纹，称为边界磨损，其宽度用 *VN* 表示。

刀具的磨损形式随切削条件不同可以互相转化，在大多数情况下，后刀面都有磨损，且 *VB* 的大小直接影响加工质量，又便于测量，所以常用 *VB* 来表示刀具磨损程度。

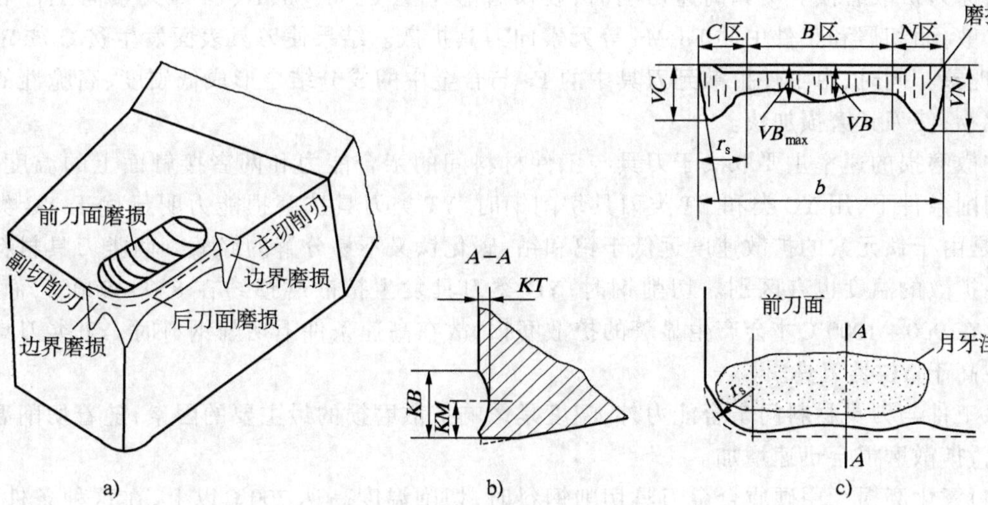

图 3-2-2　刀具磨损形态及其测量

3)刀具磨损原因

为了掌握刀具磨损的规律,很多学者对刀具磨损的原因进行了多方面的分析研究。结果表明,引起刀具磨损的原因很多,既有机械摩擦作用,又有切削力、切削热作用下的物理、化学作用。归纳起来主要有以下几种原因。

(1)磨料磨损　工件材料中的某些碳化物(Fe_3C,TiC,VC)、氮化物(TiN,SiN)、氧化物(Al_2O_3,SiO_2),粘结在工件表面上的积屑瘤碎片,已加工表面上的硬化层等,都具有相当高的硬度,在切削过程中会在刀具刀面上划出沟纹,使刀具磨损。这种由于硬质点的机械摩擦作用引起的磨损称为磨料磨损。

磨料磨损在各种切削速度下都会发生,对于切削脆性材料和在低速条件下工作的刀具,如拉刀、丝锥、板牙等,磨料磨损是刀具磨损的主要原因。

(2)粘结磨损(冷焊磨损)　切削过程中,切屑底层与前刀面之间存在着巨大的压力和相当高的温度,在这种条件下,刀—切屑—工件接触面上将会产生不同程度的粘结(或称冷焊),粘结磨损就是在两接触面相对运动过程中粘结部分发生剪切破裂引起的。由于刀具材料中也往往存在组织不均匀、微裂纹及局部软点等缺陷,故在粘结点破裂时,也常发生刀具表面材料被切屑、工件带走的现象,造成粘结磨损。

粘结磨损的程度主要取决于工件与刀具材料之间的亲合能力和温度,两种材料的亲合能力越强,越容易发生粘结磨损。另外,在中温条件下,粘结磨损较为严重。

实践证明,高速钢、硬质合金、陶瓷刀与立方氮化硼刀具都有可能与工件材料产生粘结而磨损,硬质合金刀具在中等或偏低的切削速度下切削塑性材料时,高速钢刀具在正常工作切削速度下,粘结磨损比较严重。在 YG 和 YT 两类硬质合金中,YT 类刀具切削钢时发生粘结磨损的温度较 YG 类刀具高,高速钢刀具材料的抗剪与抗拉强度均较高,因此其抗粘结磨损的能力较硬质合金刀具材料强。

(3)扩散磨损　在刀具与工件、切屑的接触面上,由于高温的作用,两种材料中的化学元素将从高浓度材料向低浓度材料中迁移(扩散),这种由于固态下元素相互迁移而引起的刀具磨损称为扩散磨损。例如高速切削时,硬质合金中的 C、W、Co、Ti、Ta 等元素向工件和切屑中扩散,而切屑和工件中的 Fe、Mn 等元素向刀具扩散。结果使刀具表面发生贫 C 贫 W 和少 Co 现象。同时,由工件扩散到刀具中的 Fe 与合金中的成分结合形成低硬度、高脆性的复合碳化物,使刀具磨损加快。

扩散磨损的速率主要取决于刀具与工件材料间的亲合能力和两者接触面上的温度,在相同切削条件下,用 YG 类和 YT 类刀具切削钢时,YT 类刀具抗磨损能力明显优于 YG 类刀具,这是由于钛元素的扩散速度远低于钨和钴,碳化钛又不易分解的缘故。两类刀具材料发生明显扩散的温度也有区别。切削钢时,YG 类刀具发生扩散磨损约在 850 ~ 900℃,而 YT 类刀具在 900 ~ 1000℃才会产生显著的扩散磨损,故在高速条件下切削钢料时,YT 类刀具的耐磨性高于 YG 类刀具。

除工件与刀具材料间亲合能力外,温度是影响扩散磨损的最主要的因素,随着切削温度的提高,扩散磨损会迅速增加。

(4)氧化磨损　用硬质合金刀具切削钢料时,切削温度高达 700℃以上,在这种条件下,由于高温的影响,空气中的氧与刀具中的元素发生氧化作用,形成 Co_3O_4,CoO,WO_3 和 TiO_2 等,在刀具表面形成一层硬度、强度较低的氧化层薄膜,这层薄膜较疏松脆弱,很容易被工件或切屑带走引起刀具的磨损,称为氧化磨损。

一般来说,在刀—屑接触区中,空气不易进入,故氧化磨损多发生在主、副切削刃的工作边界附近,造成边界磨损。在 YG 和 YT 两类刀具中,YT 类刀具形成的氧化膜相对较为薄而牢固,故其抗氧化磨损能力较 YG 类刀具强。

总之,引起刀具磨损的原因是多方面的,既有机械摩擦方面的原因,又有热效应方面的作用。在不同的刀具材料、工件材料及切削条件下,刀具磨损的主要原因是不同的。

3.2.2　刀具破损

切削加工中,若所用刀具脆性较大,或工件材料的硬度很高,有时刀具并未经过正常磨损阶段便在短时间内发生突然损坏,这种失效形式称为刀具破损。破损也是刀具失效的主要形式之一,据统计,硬质合金刀具的失效,50%是由于破损造成的,陶瓷刀具破损失效的比例更高。

1)刀具破损形式

刀具材料不同,加工条件不同,刀具破损的形式会有所不同,通常可分为脆性破损和塑性破损两大类型。

(1)脆性破损　刀具破损前,刀具切削部分无明显的塑性变形,称为脆性破损。脆性破损常发生在硬质合金、陶瓷等硬度高、脆性大的刀具上,脆性破损又可分为以下几种形式。

①崩刃　当工艺系统刚性较差、断续切削、毛坯余量不均匀或工件材料中有硬质点、气孔、砂眼等缺陷时,切削过程中,刀具因受冲击力作用而振动,在这种情况下,切削刃往往会由于强度不足而产生一些小的锯齿形缺口。

②碎裂　当加工条件更差,刀具承受冲击力更大,或刀具本身的焊接质量不好,会造成切削部分呈块状损坏。碎裂后的刀具不能再继续使用。

③剥落　常发生在脆性很大的刀具上。由于在焊接、刃磨后,表层材料上存在着残余应力或潜在的裂纹,当刀具受到交变应力的周期性作用时,表层材料会呈片状脱落下来。

④热裂　常发生在断续切削的刀具上,由于切削过程中,切削部分发生反复的冷缩热

胀,在交变的热应力和机械应力的综合作用下,发生疲劳破坏而开裂。

(2)塑性破损　由于高温高压的作用,刀具会因切削部分发生塑性流动而迅速失效,称为塑性破损。塑性破损常发生在切削高硬度材料的刀具上,在这种条件下,如果切削用量、刀具角度等切削条件选择不合理,会使切削温度过高;高温条件下切削时,刀具材料的硬度有可能低于工件材料,因而使刀具发生卷刃、烧刃(高速钢刀具)或塌陷(硬质合金刀具)。

2)防止刀具破损的措施

为了防止刀具的破损,可根据引起破损的主要原因在以下几个方面采取适当的预防措施。

(1)合理选择刀具材料　如果加工条件较差,刀具会受到冲击力的作用,选择刀具材料时应注意在保证一定的硬度和耐热性的同时,使刀具有较高的韧性。

(2)选择合理的刀具角度　在刀具角度中,减小前、后角,刃磨负倒棱有利于提高刀具刃部强度。刃磨负倒棱是防止刀具崩刃的有效措施之一。另外,减小主偏角 κ_r,减小工作刀刃上单位长度上的负荷,选择负的刃倾角,加强刀具头部强度,提高抗冲击能力,都有利于避免刀具的破损。

(3)选择适当的切削用量　过大的 a_p 和 f,会引起切削力过大,其中 a_p 对切削力的影响更大,不利于防止刀具的破损。选择 v_c 时不应太高,否则易引起刀具的塑性破损,在使用硬质合金刀具时,v_c 也不宜太低,低速下的硬质合金刀具强度较小。

除以上措施外,提高加工工艺系统的刚性以防止切削时的振动,提高刀具的焊接、刃磨质量,合理使用切削液等都有利于防止刀具的破损。

3.2.3　刀具寿命

1)刀具磨钝标准

通过对刀具磨损过程的分析,可见刀具不能无休止地使用下去,磨损量达到一定程度就要重磨或换刀,这个允许的限度称为磨钝标准。

用于制定磨钝标准的指标,应视刀具磨损的主要形式和具体加工要求等决定。当后刀面磨损为主要形式时,可用后刀面磨损棱带平均宽度 *VB* 作为指标制定磨钝标准。如果磨损棱带不均匀,国际标准 ISO 规定以磨损带中间处测定的宽度规定磨钝标准。当刀具以月牙洼磨损为主要形式时,可用牙月洼深度 *KT* 规定磨钝标准。对于一次性对刀的自动化精加工刀具,则用径向磨损量 *NB*(见图 3-2-3)作为指标。

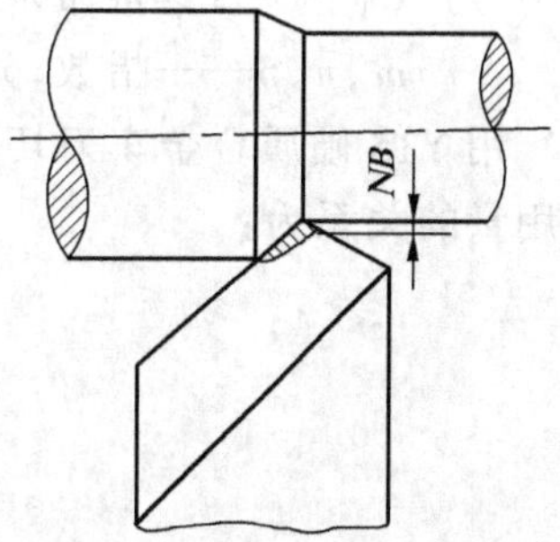

图 3-2-3　车刀的径向磨损

在规定磨钝标准的具体数值时,有两种不同的出发点,一种是尽可能充分地利用刀具的正常磨损阶段,以接近急剧磨损阶段的磨损量作为磨钝标准,这样可以充分利用刀具材料,减少换刀次数,从而获得高生产率和低成本,这样规定的磨钝标准称为经济磨钝标准,适用于粗加工和半精加工。另一种是根据工件加工精度和表面质量的要求制定磨钝标准,这种标准可以保证工件要求的精度和质量,称为工艺磨钝标准,适用于精加工。两种磨钝标准,一般都需经过实验确定。根据生产实践调查资料,硬质合金车刀磨钝标准推荐值见表 3-2-1。

表 3-2-1　硬质合金车刀的磨钝标准

加工条件	后刀面的磨钝的标准 VB/mm
精车	0.1~0.3
合金钢粗车,粗车刚性较差的工件	0.4~0.5
碳素钢粗车	0.6~0.8
铸铁件粗车	0.8~1.2
钢及铸铁大件低速粗车	1.0~1.5

2)刀具寿命概念

刀具寿命是指刀具刃磨后开始切削,一直到磨损量达到刀具磨钝标准所经历的总切削时间,用 T 表示,单位 min。它也是刀具两次刃磨之间实际进行切削的时间。

刀具寿命的高低反映了刀具磨损的快慢。因此,凡是影响刀具磨损的因素,必然影响刀具寿命。对于某一切削过程,当工件、刀具材料和刀具几何参数选定之后,切削用量是影响刀具寿命的主要因素。

3)刀具寿命与切削用量的关系

刀具寿命 T 与切削速度 v_c、进给量 f、背吃刀量 a_p 之间的关系,可通过切削实验方法求得。采用单因素实验法分别得到 $T-v_c$、f、a_p 的关系为:

$$v_c T^m = A$$

$$f T^n = B$$

$$a_p T^p = C$$

综合上面三式,可得到刀具寿命 T 与 v_c、f、a_p 关系的三因素公式:

$$T = \frac{C_T}{v_c^{m^{-1}} f^{n^{-1}} a_p^{p^{-1}}}$$

式中　C_T——刀具寿命系数,与刀具、工件材料和切削条件有关;

m、n、p——指数,分别表示 v_c、f、a_p 对刀具寿命 T 影响的程度。

用 YT5 硬质合金车刀切削($\sigma_b = 0.637$GPa 的碳钢时($f > 0.70$mm / r),刀具寿命 T 与切削用量的关系为:

$$T = \frac{G_T}{v_c^5 f^{2.25} a_p^{0.75}}$$

或

$$v_c = \frac{C_{vc}}{T^{0.2} f^{0.45} a_p^{0.15}}$$

式中　C_{vc}——切削速度系数,与切削条件有关,其值可查阅有关手册。

由上式可知,切削用量中,v_c 对 T 的影响最大,f 次之,a_p 最小。这与三者对切削温度的影响顺序完全一致,这也反映出切削温度对刀具磨损和寿命有着重要的影响。

应当指出,上述关系是在一定条件下通过实验得出的。如果切削条件改变,各种因素对刀具寿命的影响就不同,因而各指数、系数就相应地发生变化。

4)刀具寿命的选择

合理确定刀具寿命,保证刀具磨损达到磨钝标准时能及时换刀,这在自动化加工、多刀切削及大批量生产中，尤其显得重要。在切削加工中，当刀具寿命确定后，就能以它为依据选择切削速度，并计算切削效率和核算生产成本。

确定合理的刀具寿命数值，目前一般采用下列方法：

(1)最大生产率寿命 T_p 这个方法是根据切削一个零件所花费的时间(t_w)最少或在单位时间内加工出零件数(P)最多的原则来确定刀具寿命 T 值。即

$$P = 1/t_w$$

式中 P——生产率(件/min)；

t_w——生产一个零件所需的时间(min)。

在机床上加工一个零件所用的工序时间可用下式表示

$$t_w = t_m + t_{ct}\frac{t_m}{T} + t_{ot}$$

式中 t_m——机动时间，即切削时间；

t_{ct}——换刀一次花费的时间；

t_{ot}——除换刀以外所用的其他辅助时间。

外圆车削时：

$$t_m = \frac{l}{n_w f}\cdot\frac{\triangle}{a_p}$$

式中 l——工件加工表面长度；

n_w——工件转速；

$\triangle$——加工余量。

设工件直径为 d_w，则

$$n_w = \frac{1000 v_c}{\pi d_w}$$

另外由于 $v_c = A / T^m$，所以有

$$t_m = \frac{l\pi d_w\triangle}{1000 A f a_p}\cdot \mathrm{T}^m$$

令

$$K = \frac{l\pi d_w\Delta}{1000 A f a_p}$$

得 $$t_m = KT^m$$

此时可得

$$t_w = KT^m + t_{ct}KT^{m-1} + t_{ot}$$

上式中，K、m、t_{ct}与 t_{ot}均为常数，t_w 为刀具寿命 T 的一元函数，故可求出单件工序时间最短的刀具寿命，即由 $dt_w/dT = 0$，求出最高生产率寿命 T_p 为

$$T_p = (\frac{1-m}{m})t_{ct}$$

(2)经济寿命 T_c 这个方法是以加工一个零件的工序成本最小为原则来确定刀具寿命 T 值。

单个零件工序生产成本 C 为

$$C = t_m M + t_{ct}\frac{t_m}{T}M + \frac{t_m}{T}C_t + t_{ot}M$$

式中　M——该工序单位时间所分担的全厂开支；

C_t——磨刀一次所需费用(指刀具、砂轮消耗和人工费)。

将 $t_m = KT^m$ 代入上式并取极值,可求出经济寿命 T_c:

$$T_c = \frac{1-m}{m}(t_{ct} + \frac{C_t}{M})$$

比较 T_c 和 T_p 的计算公式可知,$T_c > T_p$;刀具寿命对生产率和加工成本的影响情况见图 3-2-4 和图 3-2-5。

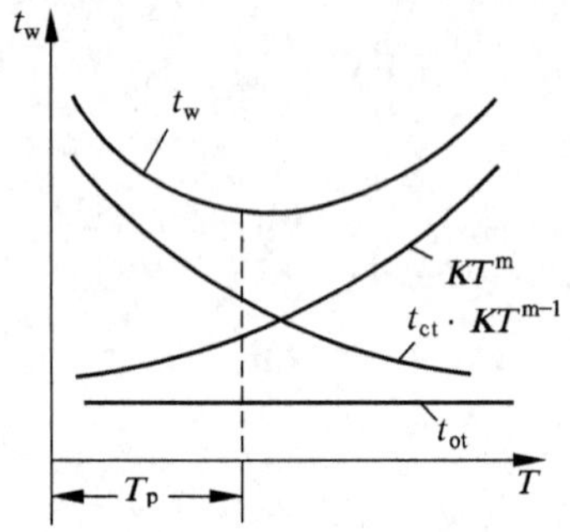

图 3-2-4　t_w—T 关系

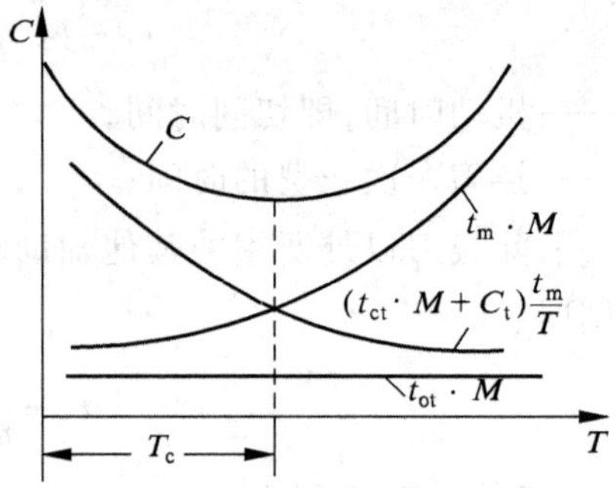

图 3-2-5　C—T 关系

生产上,一般情况下采用经济寿命 T_c,当市场需求激增,库存缺乏,有特殊需要,以及对流水线生产中的薄弱环节,为了在短时间内尽可能生产出较多产品,可采用最高生产率寿命 T_p,目前生产上所采用的刀具寿命参考值见表 3-2-2。

表 3-2-2　刀具寿命参考值

刀　具　类　型	刀具寿命 T / min
高速钢车刀	60 ~ 90
高速钢钻头	80 ~ 120
硬质合金焊接车刀	60
硬质合金可转位车刀	15 ~ 30
硬质合金端铣刀	120 ~ 180
齿轮刀具	200 ~ 300
自动机用高速钢车刀	180 ~ 200

5)刀具寿命的影响因素

(1)切削用量的影响　切削用量 v_c、f、a_p 增大,摩擦和切削热增加,切削温度升高,将加速刀具的磨损,从而使刀具寿命下降。其中以 v_c 影响最显著,f 次之,a_p 影响最小。这是由它们对切削温度的影响顺序所决定的。其他影响切削温度的因素同样也影响刀具寿命。

(2)工件材料的影响　工件材料强度、硬度愈高,塑性愈好,导热性愈差,切削温度愈高,则刀具磨损加快,寿命降低。

(3)刀具材料的影响　刀具材料的热硬性和耐磨性好，刀具不容易磨损，刀具寿命高。

(4)刀具几何角度的影响　刀具的 γ_o、α_o 增大，切削时的变形、摩擦减小，磨损也减少，使刀具寿命提高；但 γ_o、α_o 过大时，刀刃强度削弱，导热体积减小，反而会加快磨损，刀具寿命下降。

(5)其他因素的影响　正确使用切削液，可吸收大量切削热，降低切削温度，改善切削条件，减少刀具磨损，提高刀具寿命。

3.2.4　切削用量优化

1)切削用量选择原则

根据切削用量与生产率的关系，要提高生产效率，应尽量增大切削用量 a_p、f 和 v_c。事实上，在提高切削用量时会受到切削力、切削功率、刀具寿命和加工表面粗糙度等许多因素的限制。因此，所确定的切削用量应该是，能达到零件的质量要求(主要指表面粗糙度和加工精度)，并在工艺系统强度和刚性允许条件下充分利用机床功率和发挥刀具切削性能的最大切削用量。

根据不同的加工条件和加工要求，又考虑到切削用量各参数对切削过程规律的不同影响，故切削用量 a_p、f、v_c 增大的次序和程度应有所区别。这可从以下几个主要方面分析：

(1)生产效率　切削用量 a_p、f、v_c 增大，会使切削时间 t_m 减小。当加工余量一定时，减小背吃刀量 a_p 后，使走刀次数增多，切削时间成倍增加，生产效率成倍降低。所以，一般情况下尽量优先增大 a_p，以求一次进刀全部切除加工余量。

(2)机床功率　切削用量对机床功率的影响是由于使切削力与切削速度变化造成的。当背吃刀量 a_p 和切削速度 v_c 增大时，均使切削功率成正比增加。此外，增大背吃刀量 a_p 使切削力增加较多，而增大进给量 f 使切削力增加较少，消耗功率也较少。所以，在粗加工时，应尽量增大进给量 f 是合理的。

(3)刀具寿命　在切削用量中，对刀具寿命影响最大的是切削速度 v_c，其次是进给量 f，影响最小的是背吃刀量 a_p。过高的切削速度和进给量，会由于经常磨刀、装卸刀而增加费用、提高加工成本。可见，优先增大背吃刀量 a_p 不只是达到高的生产效率。相对 v_c 与 f 来说对发挥刀具切削性能、降低加工成本也是有利的。

(4)加工表面粗糙度　这是在半精加工、精加工时确定切削用量应考虑的主要原则。在较理想的条件下，提高切削速度 v_c，能减小表面粗糙度。而在一般条件下，增大背吃刀量 a_p 对切削过程产生的积屑瘤、鳞刺、冷硬和残余应力的影响并不显著，故增大背吃刀量对表面粗糙度影响较小。所以，进给量 f 的增加将主要受加工表面粗糙度的限制。

综上所述，选择切削用量时，应该首先选择一个尽量大的背吃刀量 a_p，其次选择一个大的进给量 f，最后根据已确定的 a_p 和 f，并在刀具寿命和机床功率允许的条件下选择一个合理的切削速度 v_c。

2)切削用量的计算机优化

随着计算机技术的发展和普及，切削过程优化方法在生产中得到了广泛的应用。这种方法是同时考虑各切削参数对切削过程的影响，并选择出其中的最优组合方案。现以车削用量的优化设计来说明这种方法的一般原理。

(1)目标函数　车削用量的优化目标应和企业需要完成的经济指标相一致，通常有：

①最大生产率(最短加工时间)；

②最低成本(最低生产费用);

③最大利润率。

一般情况下,多采用最低成本或最大利润率为优化的目标,当生产任务紧迫或在整个加工过程中某一工序出现薄弱环节时才考虑最大生产率为优化目标。目标确定以后,再把目标与被优化的参数,即车削用量联系起来,建立以切削用量为自变量的目标函数。在车削用量中,背吃刀量 a_p 主要取决于加工余量,往往没有什么选择的余地,通常只以切削速度 v_c 和进给量 f 作为自变量来建立目标函数。

(2)约束条件　在实际生产过程中,由于加工设备、加工条件以及工件的质量要求等技术条件的限制,可供选择的切削用量的范围是有限的,在进行优化时,必须考虑这些条件对切削用量选择的限制,给出对应的约束条件。总体上可以从机床、工件、刀具及夹具的特性等几方面考虑。

机床特性对切削用量选择的限制包括:

①机床可能实现的切削速度与进给量的范围;

②机床主轴所允许的最大扭矩对最大切削力的限制;

③机床电动机功率所允许的最大切削力与切削速度;

④机床的刚度与强度所允许的最大切削力。

工件质量要求对切削用量选择的限制包括:

①工件表面质量所允许的最大或最小切削速度;

②工件表面粗糙度对最大进给量的限制;

③工件的尺寸精度对最大切削力的限制。

刀具对切削用量选择的限制主要包括:

①刀具的刚度、强度所允许的最大切削力;

②刀具合理的寿命所允许的最大切削速度和进给量。

夹具对切削用量选择的限制主要包括:

①夹具所能提供的最大夹紧力所允许的最大切削力;

②夹具的刚度、强度所允许的最大切削力。

在实际问题中,并不一定考虑上述所有的约束条件,在具体条件下,某些约束条件很重要,而另一些可能无关紧要,可忽略不计。在某些特殊场合,还须加入一些特殊的约束条件,如切屑的状态对进给量和切削速度取值范围的限制,工艺系统的振动特性对切削用量的限制等。

最后把上面提到的各约束条件用函数关系表示出来,概括成如下的优化数学模型(以成本目标函数为例):

$$\left.\begin{aligned}&\mathrm{Min}\,C = C(v_c, f)\\&G_1(v_c, f) \geqslant 0\\&G_2(v_c, f) \geqslant 0\\&\cdots\\&G_n(v_c, f) \geqslant 0\end{aligned}\right\}$$

由于上式中的目标函数和约束函数中均含有非线性项,因此属于二维非线性优化问题,可使用各种标准的非线性规划的算法，如可行方向法、罚函数法等求解。

3.2.5 刀具状态监控

在自动化加工中，若刀具磨损或破损未能及时发现，将会导致工件报废，甚至造成机床损坏。因此，随时监测刀具磨损和破损的情况，及时发出警报，自动停机是非常重要的。

随着 FMC 和 FMS 的实用化和计算机集成制造系统（CIMS）的兴起，有关切削过程刀具状态，如破损、磨损等的实时监视与控制技术（简称监控）的研究变得愈来愈活跃，这项技术已成为各国公认的重大技术关键。

1）刀具实时监控原理

切削过程实时监控系统是由检测监视系统和机床数控系统互联（信息、数据通讯）组成的实时闭环控制系统，其组成原理如图 3-2-6 所示。检测监视系统由切削过程参数传感检测单元、信号处理单元、接口电路和识别决策单元等组成，见图 3-2-7。

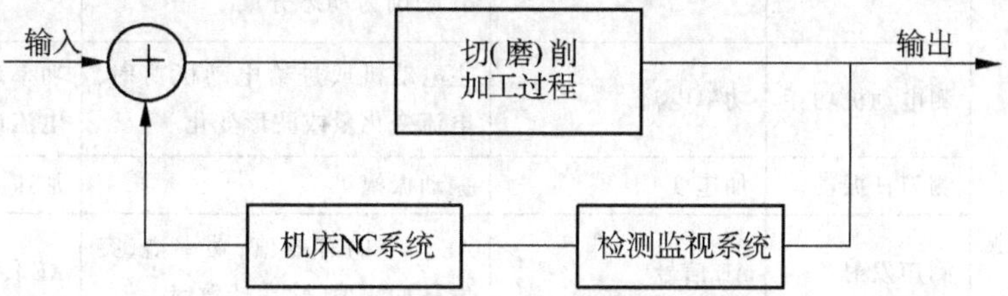

图 3-2-6　切削过程实时监控系统组成框图

代表切削过程刀具工况的参数，如刀具前后刀面的磨损与破损、切削力（扭矩）、主轴或进给电动机电流与功率、切削振动、切削过程声发射和工件尺寸精度与表面粗糙度等直接或间接评价刀具工况的相应参数，作为监测系统的输入。在机床上安装相应的传感器（包括相应的前置放大器等），实时获取输入信号，并将它们转换成电压或电流信号。信号处理单元对上述电信号进行预处理（包括选频滤波、信号放大、检波、求均、去除趋势项及其他改善信噪比的处理）和特征提取，形成表征刀具工况的低维特征集合，作为识别决策单元的输入集。系统的识别决策单元采用微处理机或微型计算机。识别决策单元利用识别决策程序来完成实时诊断。监视系统的输出是报警信号显示报警灯或报警蜂鸣器。

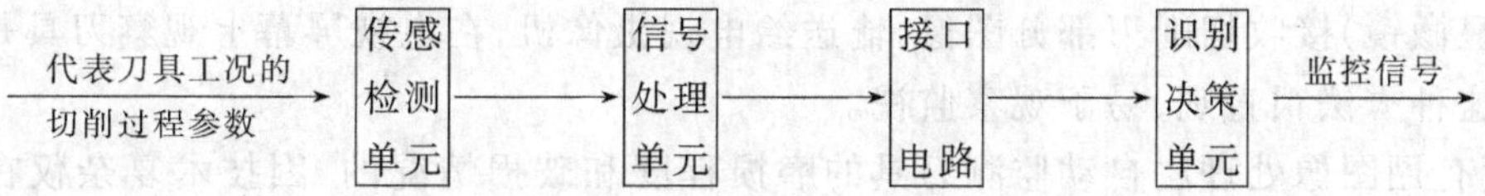

图 3-2-7　检测监视系统组成框图

2）刀具监控方法

在线监测刀具状态（磨损和破损）的方法很多，可以分为直接监测和间接监测两种，也可以分为连续监测和非连续监测。当前各国主要研究开发的是切削力（扭矩）、振动、功率（电流）和声发射等监测方法，见表 3-2-3。

表 3-2-3　刀具磨损破损的在线监测方法

检测方法			信号	特征量或处理方法	传感器
非连续检测	直接检测	测切削刃位置		位移	接触式传感器、光学传感器
	间接检测	工件质量	光、压力、超声波等	被加工工件尺寸变化，被加工表面粗糙度变化	测微仪、光、激光、气压或液压传感器
连续检测	直接检测	切削刃形状位置	光	将摄像机输出的图像数字化，然后进行计算等	工业电视，光传感器等
	间接检测	测切削力	力	切削力变化量分力比值 F_f/F_c、F_p/F_c 或分力比值的微分量，$d(F_f/F_c)/dt$、$d(F_p/F_c)/dt$ 切削力动态分量	测力仪
		测电动机功耗	功率电流	主电动机或进给电动机功率、电流变化量或波形变化	功率计 电流计
		测刀杆振动	加速度	振动振幅等	加速度计
		测声发射	AE 信号	AE 信号的有效值，功率谱，突发脉冲幅值，脉冲计数率	AE 传感器
		测切削温度	温度	切削温度的突发增量	热电偶
		测刀具和工件的接触电阻	电阻变化 电压变化	工件—刀具接触电阻突变	电压表
		工件质量	尺寸变化 粗糙度变化	加工表面粗糙度变化，工件尺寸变化	测微仪、光、激光、气压液压传感器、超声波传感器等

(1)接触式传感器监测法　直接监测法中用得最多的是用测杆或电测头等接触式传感器直接测切削刃位置。这种检测刀具破损的方法简单可靠，在实际生产中用得较多。但这种检测方法不能检测刀具的磨损和微小崩刃，这是它的不足之处。

(2)光学摄像监测法　这种方法是用工业电视监测。图 3-2-8 是该方法的原理框图，光学探头(显微镜)接收切削刃部分图像，输送给电视摄像机，在电视屏幕上观察刀具是否磨损或破损，这种方法很直观，易于观察监视。

最近有用图像处理法自动监测刀具的磨损程度和破损情况的，因技术复杂仅在实验室中试验应用。

(3)切削力变化监测法　刀具磨损和破损均会使切削力明显变化，但通过测定切削力的变动量来监测刀具磨损和破损是不太科学的。因为工件切削余量不均匀，材料硬度变化也会使切削力改变。为避免监测时的错误干扰信号，可采用切削分力比值变化或比值的变化率(即比值的微分)作为监测信号。根据实验结果，在正常切削时，$F_f/F_c=25\%\sim30\%$，$F_p/F_c=35\%\sim40\%$，当刀具磨损时 F_f/F_c 值将增加 $20\%\sim30\%$，F_p/F_c 值将增加 $10\%\sim20\%$。因此可以用切削力比值变化或比值微分值作为刀具磨损和破损的监测信号。

采用测力轴承是目前一些数控机床和加工中心常用的自动监测方法，特别是容易破断小刀具。切削时，从刀具传给主轴的切削力作用在主轴轴承上，而主轴轴承上装有电阻应变片，通过电阻应变片可以采集到切削力变化的信号。实际上主轴轴承担当了刀具自动监控系统的切削力信号传感装置。

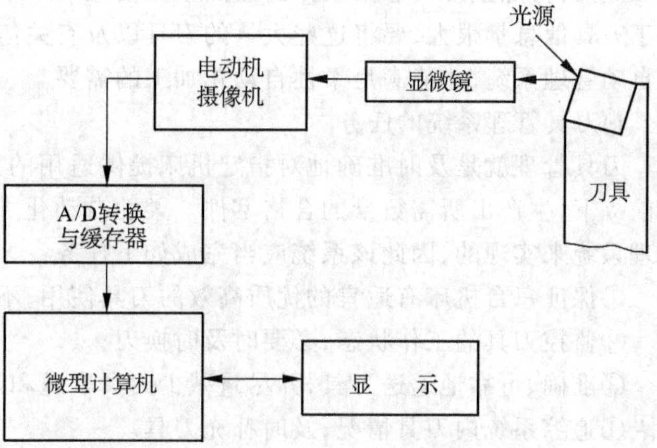

图 3-2-8　工业电视监测法

(4)电动机功率(电流)监测法

刀具磨损破损时，使电动机功率(电流)发生变化。当刀具磨损急剧增加或突然破损时，电动机的功率(或电流)发生较大的波动。电动机功率(或电流)的变化测量简单方便，用以监测刀具磨损或破损简单易行。用这种方法监测时，可预先设定一功率门槛值和新刀切削时功率波形图样本贮存在控制系统中。采用这两种监控模式可同时监控主轴、进给两个通道。无论哪个方面出现异常，都会自动报警。这种方法的缺点是灵敏度低，监测精度受机床热变化影响。

(5)声发射监测法　声发射(简称 AE)是切削过程中伴随产生的一种物理现象。所谓声发射是指在外部力作用下或当外界条件变化时，固体材料中发生变形或破损并以弹性波形式快速释放应变能的声物理现象。声源称为 AE 波源，所发出的声波称为 AE 波。在刀具发生急剧磨损破损时，由 AE 传感器监测到对 AE 波响应的声发射信号。这种 AE 信号可分为连续型和突发型两类。切削过程刀具监测系统常用几十 kHz 至 2MHz 频段内的 AE 信号。固体材料的弹—塑性变形和正常切削过程中发生的 AE 信号属于连续型的，而刀具急剧磨损和破损时发生的是非周期性的突发型 AE 信号。两种信号相比，后者的电压大于前者。

(6)多种方法综合监测　以上各种监测方法使用中都存在一定的局限性，并且监测的可靠性也不理想。为提高监测的可靠性，最近在开发多种方法多种参数的综合监测，如切削力和切削功率的综合监测，切削力、功率和声发射的综合监测等。可以想象多方法多参数的综合监测的可靠性会更高，其应用前景会很广阔。

总而言之，刀具工作状态的在线监测是自动化加工中的一个课题，在这方面国内外都投入了大量的人力物力，有些已取得了巨大进展，并已开始在生产中应用。

3.2.6　刀具管理

柔性自动化加工需要加工的零件品种规格是很多的。这就要求刀具的品种规格也十分繁多。因此，在柔性制造系统中不仅每台加工中心上配有机床刀库，而且通常系统中还配备一个总刀库——中央刀库。据统计一个由 5～8 台加工中心组成的 FMS 中需要配备的刀具总量约在 1000 把以上。刀具数量愈多，则随之产生的刀具信息量就愈大。而每一把刀具的信息都可分为两类，一类是刀具的描述信息，即刀具静态信息，如刀具的尺寸规格、几何参数和刀具识别码等；另一类是刀具状态信息，即刀具动态信息，如刀具所在位置、刀具累计切削时间及刀具剩余寿命、刀具刃磨次数等。在加工过程中刀具各信息大量频繁地在系统中流动和交换，再加上刀具磨损破损的监测数据信息的不断变化而构成了一个复杂的动态过程。由于刀具信息量很大，要将这些大量的刀具以及有关信息管理好，则必须有一个现代化的刀具自动管理系统，才能满足柔性自动化加工的需要。

1)刀具管理系统的任务

刀具管理就是及时准确地对指定机床提供适用的刀具，以便在维持较高的设备利用率的前提下，生产出所需数量的合格零件。柔性自动化加工系统中的刀具管理是由刀具自动管理系统来实现的，因此该系统应当完成如下任务：

①保证每台机床有适宜的优质高效的刀具使用，不因缺刀而停机；

②监控刀具的工作状态，必要时及时换刀；

③准确、可靠地运送刀具，并尽量减少刀具取送和运输时间；

④追综系统内刀具情况，及时补充刀具。

2)刀具管理的内容

根据刀具管理系统应完成的任务，刀具管理系统应完成的管理工作内容非常广泛，其中主要有如下两个方面：

(1)做好刀具准备工作

①根据生产计划、刀具资源情况和零件加工工艺规程等原始资料，生成刀具需求计划、刀具周期需求计划和刀具组装计划等刀具管理计划。

②根据刀具组装计划，在刀具室内将刀夹、刀片装配成刀具组件。对模块式刀具则将主柄模块、中间模块和工作模块装配成整体刀具，并在调刀仪上调好尺寸，然后编码待用。

③根据刀具周期需求计划，调取相应的刀具分配给各机床刀库和中央刀库，并完成刀具向各类机床刀库和中央刀库的输送。

(2)实施刀具在线管理

①对加工过程中的刀具状态进行实时监控和对刀具的切削时间进行累计。

②当刀具寿命达到预定值或刀具发生早期破损时，机床应立即停车发出报警信号，并及时控制机床上的机械手换刀。

③完成刀具的输送及交换，包括机床刀库和中央刀库之间的输送、使用过的刀具离线输送和刀具的补充等。

3)刀具自动管理系统的组成

为了自动完成以上各项刀具管理工作，刀具管理系统必须具备相应的系统硬件和系统软件。

(1)系统硬件　图 3-2-9 是一个典型的 FMS 刀具自动管理系统的硬件配置示意图。该系统主要由下列几部分组成：

①系统内部全部刀具　包括刀具室内的刀具，它们是被管理的对象。

②机床刀库　应根据加工任务将用得最多的刀具放在机床刀库内，其余刀具和中央刀库交换使用。

③中央刀库　它里面主要存放着某工序的特殊刀具、加工不同工件时所需的刀具以及备用刀具。中央刀库的存在可缩小机床刀库容量，周转和协调各机床所使用的刀具，提高刀具的使用效率。

④刀具管理计算机　这是自动管理系统的核心。它可以是一个专用的刀具管理计算机

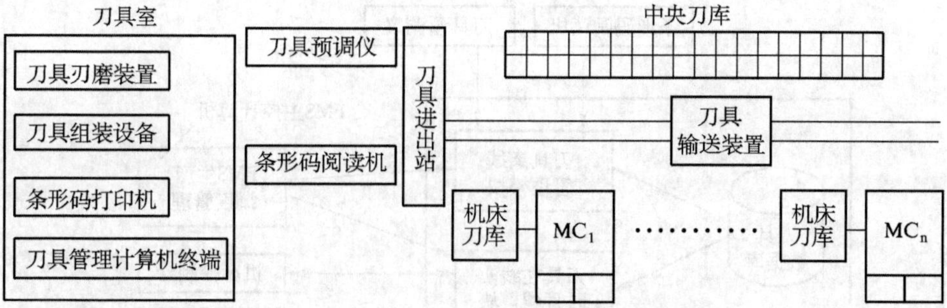

图 3-2-9　FMS 刀具管理系统的硬件构成

工作站,也可以利用 FMS 的主控计算机来兼管刀具管理系统。

⑤刀具预调仪　在刀具预调仪上进行刀具尺寸的检测和预调,并将检测的尺寸自动输入刀具管理系统的计算机。

⑥条形码阅读机和打印机　现在刀具都采用条形码来标志它的品种规格和尺寸。所谓条形码是指一组印在浅色衬底上的,深色的粗细不同的条形码符。它是采用国际上通用的编码方法,通过长条形线条的某种排列组合而得出一定含义的编码。条形码阅读机利用自身的光源发出的光线射向条形码标记,产生强弱不同的反射光,并将光信号转变成电流信号,再经过放大、整形,最后转变为数字信号输入计算机,计算机就可根据输入数据的不同而识别各类不同的刀具。条形码打印机将条形码打印到各刀具上去,每一把刀具必须占有且只能占有一组编码,在系统中计算机根据编码可以在任意位置找到相应的刀具。

⑦刀具交换输送装置　中央刀库与机床刀库之间的刀具交换,通常是利用换刀机器人或自动小车来完成。机床主轴上的刀具与机床刀库间刀具的交换,是由机床上的换刀机械手完成的。

⑧刀具磨损、破损的在线监控系统　该系统对切削过程中的刀具进行监控,对刀具切削时间进行累计,以避免刀具损坏时出现废品或损坏机床。

⑨刀具进出站　它是人与 FMS 刀具自动输送系统之间的界面,新刀由此进入系统,磨损破损后需重磨或更换的刀具由此送出。

(2)系统软件　典型的 FMS 刀具自动管理系统软件的构成见图 3-2-10。从图中可以看出刀具管理软件包括:

①刀具数据库　在刀具数据库里贮存着系统内全部刀具的信息。包括刀具的静态信息如刀具的名称、生产厂家、刀具编码、刀柄、刀杆、刀片、刀具几何参数、刀具直径及长度尺寸、刀具尺寸公差、刀具尺寸补偿值、刀具寿命、刀具允许的最大切削力和切削功率等;刀具动态信息如刀具剩余寿命、刀具摆放位置、刀具累计使用次数等。

②刀具离线管理模块　刀具离线管理是指在线外进行的那部分刀具管理。它主要由如下几种软件组成:a.能根据零件的加工工艺规程、生产计划、班次作业计划和机床刀具资源数据等原始资料生成刀具供应计划和刀具组装计划的系统软件;b.刀具数据库与预调仪之间的数据通讯管理系统软件;c.刀具进线管理系统软件,包括条形码识别软件、刀具预调数据的验证软件等。

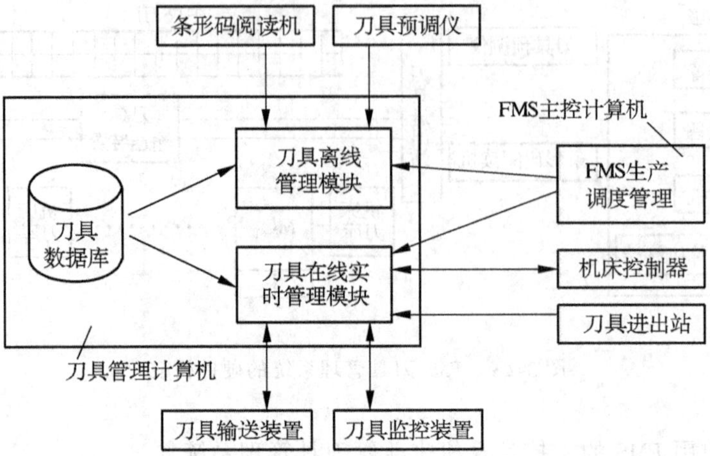

图 3-2-10 FMS 刀具管理系统软件构成示意图

③刀具在线实时管理模块　它主要包括:a.刀具的实时调度管理系统软件。它能通过一定的逻辑规则,处理机床刀库运转、装刀、卸刀、运刀等一系列刀具流动的控制和协调。在机床开始加工前检查机床刀库是否有该工序所需要的刀具,若没有,它能实时调用中央刀库的刀具。b.刀具磨损破损的监测和处理系统软件。

复习思考题

3-1　简述切屑形成过程。

3-2　切削塑性金属时,切屑大致可分为哪几种类型?试述其形成及转换条件。

3-3　画图标出三个变形区,并简述各变形区的变形特点。

3-4　现用 $\gamma_o = 15°$、$\alpha_o = 8°$、$\kappa_r = 75°$、$\kappa'_\gamma = 10°$、$\lambda_s = 0°$的硬质合金车刀,在 C6132 型卧式车床上车削 45 钢(正火,187HB)轴件的外圆,切削用量为 $v_c = 100\text{m/min}$,$f = 0.3\text{mm/r}$,$a_p = 4\text{mm}$,试用单位切削力法估算切削力 F_c 和切削功率 P_c。若机床传动效率 $\eta = 0.75$,机床主电动机功率 $P_E = 4.5\text{kW}$,试问电动机功率是否足够?如果功率不够,应采取的最有效方法是什么?

3-5　为什么切削用量中背吃刀量 a_p 对产生的切削热影响最大,而对切削温度的影响却最小?

3-6　外圆磨削、内圆磨削和平面磨削各有哪些运动?

3-7　磨削表面质量包括哪些方面?提高磨削表面质量应采取哪些措施?

3-8　什么叫高速磨削?高速磨削有什么特点?应注意什么问题?

3-9　简述刀具磨损的各种原因并画出刀具的磨损曲线。

3-10　高速钢与硬质合金刀具的主要磨损原因是什么?为什么?

3-11　如何从磨损原因解释切削钢时应选用 YT 类,而不选用 YG 类硬质合金?

3-12　刀具破损的原因有哪几种?它们与磨损原因有何本质上的不同?

3-13　减轻和防止刀具破损的措施有哪些?

3-14　何谓刀具磨钝标准和刀具寿命?刀具寿命的影响因素有哪些?

3-15　在下表中分别用图线或"↑"(提高、上升)、"↓"(减小、下降)来表示各因素对切削规律的影响趋势。

切削因素	切削用量			工件材料		刀具角度	切削液
	v_c↑	f↑	a_p↑	σ_b↑ HB↑	δ↑ a_k↑	γ_o↑ α_o↑ κ_r↑	

切削力 F_c							
切削温度 θ							
刀具寿命 T							

3-16　增大切削用量会受到哪些条件的限制？选择切削用量的次序如何排定？为什么？

3-17　在自动化加工中,为什么要对刀具状态进行在线监测？现主要有哪些监测方法？各自有何优缺点？

3-18　柔性自动化加工中的刀具管理系统的任务是什么？

4 机械加工质量

4.1 加工质量

机械零件加工质量直接影响机械产品的使用性能和寿命，它是保证机械产品质量的基础。零件的加工质量包括机械加工精度和加工表面质量两大方面。

4.1.1 加工精度

1）加工精度的概念

机械加工精度是指零件加工后的实际几何参数（尺寸、形状和表面间的相互位置）与理想几何参数的符合程度。符合程度越高，加工精度就越高。而加工误差是指加工后零件的实际几何参数与理想几何参数的不符合程度。从保证产品的使用性能和降低生产成本考虑，没有必要而且实际上也不可能把每个零件都加工得绝对精确，可以允许有一定的加工误差。

所谓保证和提高加工精度的问题，实际上就是控制和减小加工误差的问题。

机械加工精度包括尺寸精度、形状精度和位置精度三个方面。

零件的尺寸精度、形状精度和位置精度之间是存在联系的。通常形状误差应限制在位置公差之内，而位置误差应限制在尺寸公差之内。一般情况下可将零件表面的形状误差和位置误差控制在相应尺寸公差的1/2～1/3以内。当尺寸精度要求高时，相应的位置精度和形状精度也要求高。但形状精度要求高时，相应的位置精度和尺寸精度有时不一定要求高，这要根据零件的具体功能要求来决定。

一般情况下，零件的加工精度越高，则加工成本相对越高，生产效率则相对越低。因此设计人员应根据零件的使用要求，合理地规定零件的加工精度。工艺人员则应根据设计要求、生产条件等采取适当的工艺方法，以保证加工误差不超过允许范围，并在此前提下尽量提高生产率和降低成本。

2）加工精度的获得方法

（1）尺寸精度的获得方法　在机械加工中，获得尺寸精度的方法有以下四种：

① 试切法　先试切出很小一部分加工表面，测量所得尺寸，按照加工要求适当调整刀具切削刃相对工件加工表面的位置，试切、测量，当被加工尺寸达到要求后，再切削整个待加工表面。当加工第二个工件时，则要重复上述步骤。

采用试切法获得工件尺寸时，由于需要多次试切、测量和调整刀具位置，所以生产率较低，而且加工精度在很大程度上取决于操作人员的技术水平，特别是度量技术方面。因此该方法适用于单件、小批生产。

② 调整法　在加工一批工件前，先按试切好的工件尺寸、标准件或对刀块等调整确定刀具相对工件定位基准的准确位置，并在保证此准确位置不变的条件下，对一批工件进行加工。

调整法较试切法具有更高的生产率，且加工尺寸稳定，但调整工作费时。

③ 定尺寸刀具法　采用具有一定尺寸精度的刀具,来保证被加工零件尺寸精度。如用钻头、扩孔钻、铰刀、拉刀加工内孔,及用组合铣刀铣工件两侧面和槽面等,均属于定尺寸刀具法加工。该方法所获得的尺寸精度与刀具本身制造精度关系很大。

定尺寸刀具法操作简便,生产率高,加工精度也较稳定,可适用于各种生产类型。

④ 自动控制法　在加工过程中,通过尺寸测量装置,动力进给装置和控制系统等组成的自动加工系统,使加工过程中的尺寸测量、刀具补偿调整及切削加工等一系列工作自动完成,从而自动获得所要求的尺寸精度。

此法特别适用于零件加工精度要求较高、形状比较复杂的单件和中、小批生产。

(2) 形状精度的获得方法

① 轨迹法　该方法所能达到的形状精度,主要取决于成形运动的精度,如主轴的回转精度、导轨的直线度等。

② 成形法　该方法所能达到的精度,主要取决于刀刃的形状精度与刀具的装夹精度。

③ 展成法　该方法所能达到的精度,主要取决于机床展成运动的传动链精度及刀具的制造精度等因素。

另外,有时还可采用非成形运动的方法——即零件表面形状精度的获得不是靠上述的刀具相对工件的准确成形运动,而是靠在加工过程中对加工表面形状的不断检验和工人对其进行精细修整加工的方法。如对高精度测量平台及导轨面的精密刮研加工等。

(3) 位置精度的获得方法　在机械加工中,获得位置精度的方法主要有下述两种:

① 一次装夹获得法　零件有关表面间的位置精度是直接在工件的同一次装夹中,由各有关刀具相对工件的成形运动之间的位置关系来保证。如轴类零件外圆与端面的垂直度,箱体孔系加工中各孔之间的同轴度、平行度和垂直度等,均可采用一次装夹法获得。工件的位置精度主要由机床精度来保证。

② 多次装夹获得法　零件有关表面间的位置精度是由刀具相对工件的成形运动与工件定位基准面(亦是工件在前几次装夹时的加工面)之间的位置关系来保证。工件位置精度主要由找正精度、夹具制造及安装精度和工件安装精度来保证。

3) 加工精度的影响因素

在机械加工中,零件的尺寸、几何形状和表面间相互位置的形成,归结到一点,就是取决于工件和刀具在切削运动过程中相互位置的关系,而工件和刀具,又安装在夹具和机床上,并受到夹具和机床的约束。由机床、夹具、刀具和工件构成的工艺系统中的种种误差,就在不同的具体条件下,以不同的程度和方式反映为加工误差。我们将工艺系统的误差称为原始误差。

在加工过程中可能出现的各种原始误差可归纳如下:

- 原始误差
  - 工艺系统静态误差
    - 机床主轴回转误差
    - 机床导轨导向误差
    - 机床传动链传动误差
    - 刀具误差
    - 夹具误差
    - 定位误差
    - 调整误差
    - 测量误差
    - 原理误差
  - 工艺系统动态误差
    - 工艺系统受力变形
    - 工艺系统受热变形
    - 工件残余应力引起的变形

4）原始误差与加工误差之间的关系

在切削加工过程中，由于各种原始误差的影响，会使刀具和工件间的正确几何关系遭到破坏，引起加工误差。通常，各种原始误差的大小和方向是各不相同的，而加工误差则必须在工序尺寸方向度量。因此，不同的原始误差对加工精度有不同的影响。当原始误差的方向与工序尺寸方向一致时，其对加工精度的影响就最大。下面以外圆车削为例进行说明。

如图 4-1-1 所示。车削时工件的回转中心是 O，刀尖正确位置在 A，设某一瞬时由于各种原始误差的影响，使刀尖移至 A'。$\overline{AA'}$ 即为原始误差 δ，它与 $\overline{OA}$ 间夹角为 ϕ，由此引起工件加工后的半径由 $R_0 = \overline{OA}$ 变为 $R = \overline{OA'}$，故半径上（即工序尺寸方向上）的加工误差 ΔR 为

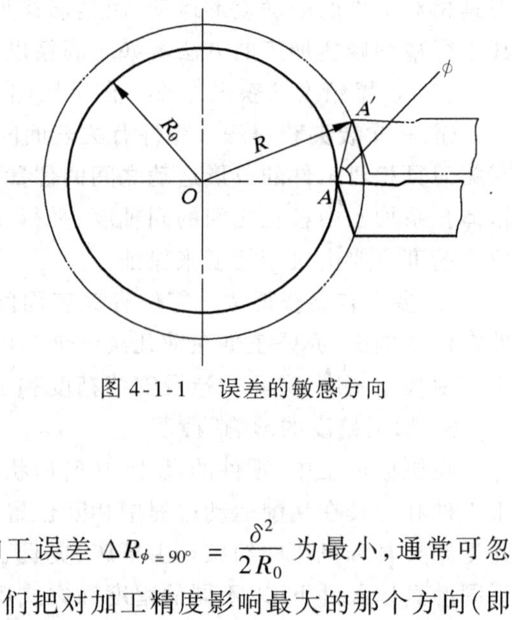

图 4-1-1　误差的敏感方向

$$\Delta R = \overline{OA'} - \overline{OA} = \sqrt{R_0^2 + \delta^2 + 2R_0\delta\cos\phi} - R_0$$

$$\approx \delta\cos\phi + \frac{\delta^2}{2R_0}$$

可以看出：当原始误差的方向在加工表面法线方向时（$\phi = 0°$），引起的加工误差 $\Delta R_{\phi = 0°} = \delta$ 为最大（忽略 $\frac{\delta^2}{2R_0}$ 项）；当原始误差的方向恰为加工表面的切线方向时（$\phi = 90°$），引起的加工误差 $\Delta R_{\phi = 90°} = \frac{\delta^2}{2R_0}$ 为最小，通常可忽略。为了便于分析原始误差对加工精度的影响，我们把对加工精度影响最大的那个方向（即通过刀刃的加工表面的法向）称为误差的敏感方向。

5）研究加工精度的目的和方法

研究加工精度的目的，就是弄清各种原始误差的物理、力学本质，以及它们对加工精度的影响规律，掌握控制加工误差的方法，以获得预期的加工精度，必要时找出进一步提高加工精度的途径。

研究加工精度的方法有两种：

① 单因素分析法　研究某一确定因素对加工精度的影响，为简单起见，研究时一般不考虑其他因素的同时作用。通过分析计算或试验测试，得出该因素与加工误差间的关系。

② 统计分析法　以生产中一批工件的实测结果为基础，运用数理统计方法进行数据

处理,用以控制工艺过程的正常进行。当发生质量问题时,可以从中判断误差的性质,找出误差出现的规律,以指导我们解决有关的加工精度问题。统计分析法只适用于批量生产。

在实际生产中,这两种方法常常结合起来应用。一般先用统计分析法寻找误差的出现规律,初步判断产生加工误差的可能原因,然后运用单因素分析法进行分析、试验,以便迅速有效地找出影响加工精度的主要原因。

4.1.2 表面质量

1) 表面质量的概念

所谓加工表面质量,是指机器零件在加工后的表面层状态。

一台机器在正常使用过程中,由于其零件的工作性能逐渐变坏,以致不能继续使用,有时甚至会突然损坏,其原因除少数是由于设计不周而造成的强度不足,或偶然性事故引起的超负荷以外,大多数是由于磨损、受外界介质的腐蚀或疲劳破坏。磨损、腐蚀和疲劳破坏都是发生在零件的表面,或是从零件表面开始的。因此,加工表面质量将直接影响零件的工作性能,尤其是它的可靠性和寿命。对于在高温、高速、高应力等条件下工作的重要零件则影响更大,因而表面质量问题正日益受到人们的重视。

加工表面质量包括两个方面:加工表面的几何形状特征和表面层的物理、力学性能的变化。

(1) 加工表面的几何形状特征　主要由两部分组成,见图 4-1-2。

① 表面粗糙度　表面粗糙度是加工表面的微观几何形状误差,其波长与波高比值一般小于 50。

② 表面波度　表面波度是加工表面不平度中波长与波高比值等于 50 ~ 1000 的几何形状误差。它是由机械加工中振动引起的。当波长与波高比值大于 1000 时,称为宏观几何形状误差。如平面度误差、圆度误差、圆柱度误差等,它们属于加工精度范畴。

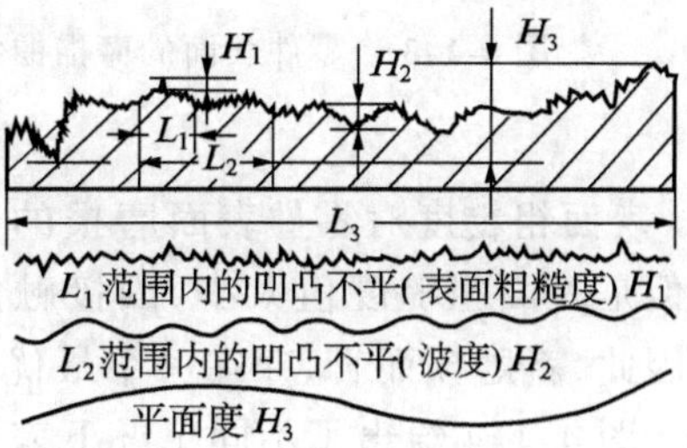

图 4-1-2　表面粗糙度和波度

(2) 表面层物理、力学性能变化　主要有以下三个方面内容:

① 表面层的冷作硬化　机械加工过程中表面层金属产生强烈的塑性变形,使晶格扭曲、畸变,晶粒间产生剪切滑移,晶粒被拉长,这些都会使表面层金属的硬度增加,塑性减小,统称为冷作硬化。

一般情况下,硬化层的深度可达0.05 ~ 0.30mm;若采用滚压加工、硬化层深度可达几毫米。

② 表面层金相组织变化　机械加工过程中,在工件的加工区域,温度会急剧升高,当温度升高到超过工件材料金相组织变化的临界点时,就会发生金相组织变化。如磨削淬火钢件时,有时会出现磨削烧伤现象,将会严重影响零件的使用性能。

③ 表面层残余应力　切削(磨削)加工过程中由于切削变形和切削热等的影响,工件表面层的金属与其基体间产生相互平衡的弹性应力,称为表面层的残余应力。

2) 表面质量对零件使用性能的影响

(1) 表面质量对耐磨性的影响　零件的耐磨性不仅与摩擦副的材料、热处理情况和润滑条件有关,而且还与摩擦副表面质量有关。

① 表面粗糙度对耐磨性的影响　由于零件表面存在微观不平度，当两个零件表面相互接触时，实际上有效接触面积只占名义接触面积的很小一部分（一般仅为 0.01% ~ 0.1%），表面越粗糙，有效接触面积就越小。零件表面在初期磨损阶段的磨损速度很快，起始磨损量较大（图 4-1-3）。随着磨损的发展，有效接触面积不断增大，压强逐渐减小，磨损将以较慢的速度进行，进入正常磨损阶段。在这之后，由于有效接触面积越来越大，零件间的金属分子亲和力增加，表面的机械咬合作用增大，使零件表面又产生急剧磨损而进入快速磨损阶段。

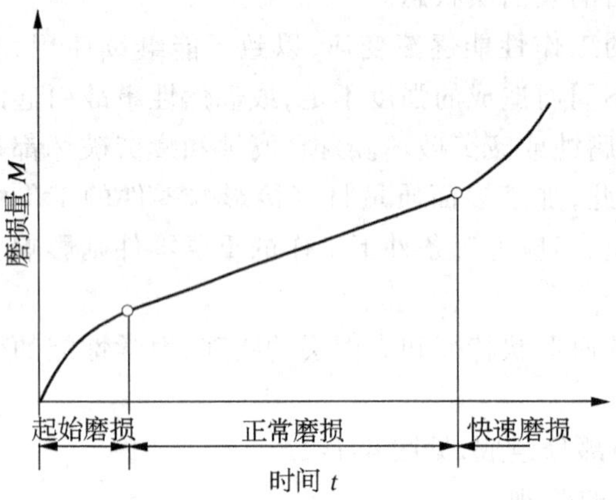

图 4-1-3　零件表面的磨损曲线

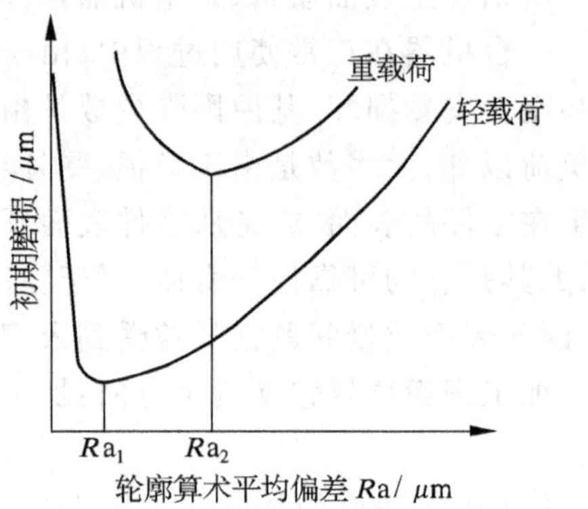

图 4-1-4　表面粗糙度与起始磨损量的关系

表面粗糙度对零件表面磨损的影响很大。一般说来，表面粗糙度值越小，其耐磨性越好。但是表面粗糙度值太小，因接触面容易发生分子粘着，且润滑液不易储存，磨损反而增加。因此，就磨损而言，存在一个最优表面粗糙度值。表面粗糙度的最优数值与机器零件工况有关，图 4-1-4 给出了不同工况下表面粗糙度值与起始磨损量的关系曲线。载荷加大时，起始磨损量增大，最优表面粗糙度值也随之加大。最佳粗糙度视不同材料和工作条件而异，一般情况下大致是：Ra 为 0.4 ~ 1.0μm。

上面所述磨损情况，是指半液体润滑或干摩擦的情况。对于完全液体润滑，要求摩擦副表面粗糙度不刺破油膜，使金属表面完全不接触。粗糙度越小，允许的油膜厚度越薄，承载能力就越强。从这个意义上讲，表面粗糙度越小越有利。

② 表面纹理对耐磨性的影响　一般来说，圆弧状、凹坑状表面纹理的耐磨性好；尖峰状的表面纹理由于摩擦副接触面压强大，耐磨性较差。在运动副中，两相对运动零件表面的刀纹方向均与运动方向相同时，耐磨性好；两者的刀纹方向均与运动方向垂直时，耐磨性最差；其余情况介于上述两种状态之间。但在重载时，磨损量最少的是两表面纹路相垂直，运动方向平行于下表面的纹路方向，因为当两表面粗糙度纹路方向均与相对运动方向一致时容易发生咬合，故磨损反而最大。

③ 冷作硬化对耐磨性的影响　加工表面的冷作硬化，一般都能使耐磨性有所提高。其主要原因是：冷作硬化使表面层金属的显微硬度提高，塑性降低，减少了摩擦副接触部分的弹、塑性变形，故可减少磨损。但是过度的冷作硬化将引起金属组织的疏松，甚至出现疲劳裂纹和剥落现象，从而使磨损加剧。

加工表面产生金相组织的变化，也会改变表面层的原有硬度而影响表面的耐磨性。如淬硬钢工件在磨削时若产生表面回火软化，将降低其表面的硬度而使耐磨性明显下降。

(2) 表面质量对耐疲劳性的影响

① 表面粗糙度对耐疲劳性的影响　表面粗糙度对承受交变载荷零件的疲劳强度影响很大。在交变载荷作用下，表面粗糙度的凹谷部位容易引起应力集中，产生疲劳裂纹，导致疲劳破坏。表面粗糙度值越小，表面缺陷越少，工件耐疲劳性越好；反之，加工表面越粗糙，表面的纹痕越深，纹底半径越小，其抵抗疲劳破坏的能力越差。

对于不同的材料，表面粗糙度对疲劳强度的影响程度也不同。材料的晶粒越细小，组织越致密，则对应力集中也越敏感，表面粗糙度对疲劳强度的影响程度也越严重。因此强度越高的钢材，对应力集中的敏感程度越大，而铸铁和有色金属对应力集中的敏感性较弱。

② 表面层物理、力学性能对耐疲劳性的影响　表面层存在一定程度的冷作硬化可以阻碍疲劳裂纹的产生和已有裂纹的扩展，因而可提高疲劳强度，但冷硬程度过高时，常产生大量显微裂纹而降低疲劳强度。

表面层的残余应力对疲劳强度有较大的影响，残余压应力可以部分抵消工作载荷引起的拉应力，延缓疲劳裂纹的产生和扩展，因而提高零件的疲劳强度；残余拉应力则使已加工表面容易产生裂纹而降低疲劳强度。实验表明，零件表面层的残余应力不相同时，其疲劳强度可能相差数倍至数十倍。

(3) 表面质量对耐蚀性的影响

① 表面粗糙度对耐蚀性的影响　零件在潮湿的空气中或在腐蚀性介质中工作时，会发生化学腐蚀或电化学腐蚀。减小表面粗糙度就可以提高零件的耐腐蚀性。

② 表面层物理、力学性能对耐蚀性的影响　零件在应力状态下工作时，会产生应力腐蚀，加速了腐蚀作用。如表面存在裂纹，则更增加了应力腐蚀的敏感性。因此表面残余应力一般都会降低零件的耐腐蚀性。表面产生冷作硬化或金相组织变化时，都会引起表面残余应力，因而会降低零件的耐腐蚀性。

(4) 表面质量对零件配合质量的影响　加工表面如果太粗糙，必然要影响配合表面的配合质量。对于间隙配合表面，初期磨损的影响最为显著，零件配合表面的起始磨损量与表面粗糙度的平均高度成正比增加，原有间隙将因急剧的初期磨损而改变，表面粗糙度越大，变化量就越大，从而影响配合的稳定性。对于过盈配合表面，表面粗糙度越大，两表面相配合时表面凸峰易被挤掉，这会使过盈量减少，从而影响过盈配合的可靠性。对于过渡配合表面，则兼有上述两种配合的影响。

因此，对于精度高的配合组件，对其有关零件配合表面的粗糙度也必须提出相应的要求。根据实验研究的结果，通常可按下述关系选取：

零件尺寸大于 50mm 时，$Rz = (0.10 \sim 0.15)T$

零件尺寸在 18 ~ 50mm 时，$Rz = (0.15 \sim 0.20)T$

零件尺寸小于 18mm 时，$Rz = (0.20 \sim 0.25)T$

式中　T——零件尺寸公差。

(5) 表面质量对接触刚度的影响　表面粗糙度对零件的接触刚度有很大的影响，表面粗糙度越小，则接触刚度越高。

3) 表面质量的影响因素

(1) 影响加工表面粗糙度的工艺因素

① 切削加工表面粗糙度

A.几何因素　切削时，由于刀刃的形状和进给量的影响，不可能把余量沿切深完全切除而留下一定的残留面积，就形成了表面粗糙度。

图 4-1-5 给出了车削、刨削时残留面积高度的计算示意图。

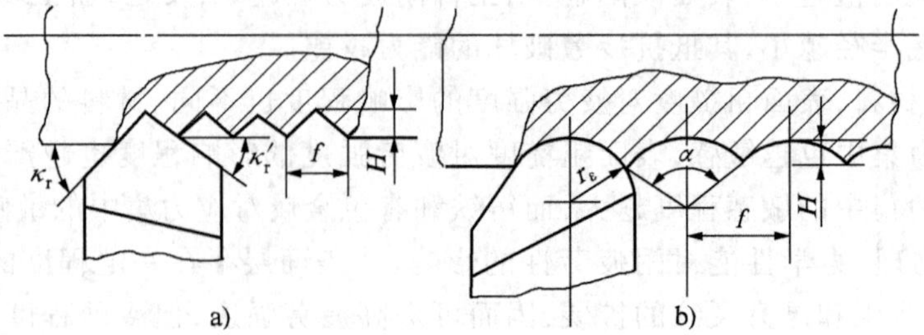

图 4-1-5　车削、刨削时残留面积的高度

图 4-1-5a 是用尖刀切削的情况，切削残留面积的高度为

$$H = \frac{f}{\cot\kappa_r + \cot\kappa_r'} \tag{4-1}$$

式中　f —— 刀具的进给量(mm/r)；

κ_r, κ_r' —— 刀具的主偏角和副偏角。

若加工时的背吃刀量和进给量均较小，则加工后表面粗糙度主要是由刀尖的圆弧部分构成，如图 4-1-5b 所示，切削残留面积高度为

$$H = \frac{f^2}{8r_\varepsilon} \tag{4-2}$$

式中　r_ε—— 刀尖圆孤半径。

从式(4 - 1)和式(4 - 2)可知，进给量 f 和刀尖圆孤半径 r_ε 对切削加工表面粗糙度的影响比较明显。

B.物理因素　切削加工后表面粗糙度的实际轮廓形状(如图 4-1-6 所示)，一般都与纯几何因素形成的理论轮廓有较大的差别(Rz 总是大于 H_{max})，这主要是由于在加工过程中还有塑性变形等物理因素的影响，现对影响加工表面粗糙度的物理因素分别加以分析。

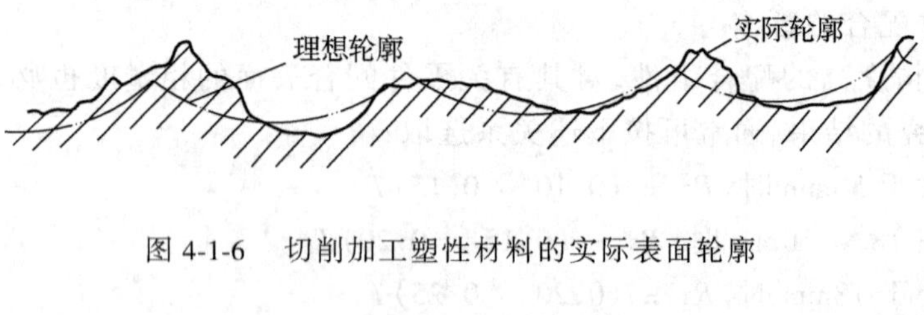

图 4-1-6　切削加工塑性材料的实际表面轮廓

a.工件材料性能的影响　一般地说，塑性材料的韧性越大，则加工表面越粗糙。对于同样材料，在相同的切削条件下，晶粒组织越粗大，则加工后表面越粗糙。加工脆性材料时，其切屑呈碎粒状，由于切屑的崩碎而在加工表面留下许多微小麻点，使表面粗糙。

b.切削用量的影响　切削速度 v_c 对物理原因引起的粗糙度影响最大。图 4-1-7 描述了

加工塑性材料时切削速度对表面粗糙度的影响。切削速度 v_c 处于 20 ~ 50m/min 时，表面粗糙度最大，因为此时常容易出现积屑瘤，使加工表面质量严重恶化；当切削速度 v_c 超过 100m/min 时，粗糙度下降，并趋于稳定。

加工脆性材料，切削速度对表面粗糙度的影响不大。

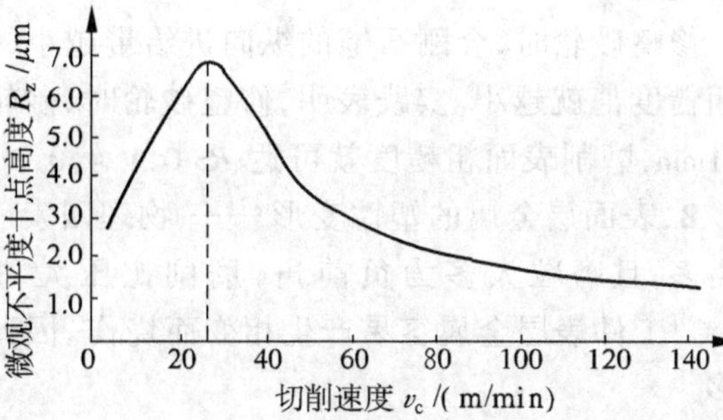

图 4-1-7　加工塑性材料时切削速度对表面粗糙度的影响

减小进给量 f 固然可降低残留面积高度，但随着 f 的减小，切削过程的塑性变形程度却逐渐增加，当 f 小到一定程度(一般为0.02 ~ 0.05mm/r)，塑性变形的影响上升到主导地位，再进一步减小 f，表面粗糙度却有增大的趋势。过小的背吃刀量 a_p 也有同样的影响。

c.刀具材料和几何参数的影响　刀具材料与被加工材料金属分子的亲和力大时，切削过程中容易生成积屑瘤。在其他条件相同的情况下，用硬度合金刀具加工时，其表面粗糙度比用高速钢刀具时为小。用金刚石车刀可加工出更为光洁的表面。

刀具几何参数方面，前角 γ_O 增大时，塑性变形程度减小，表面粗糙度变小。另外后角及刃倾角对表面粗糙度都有一定影响。

刀具经仔细刃磨，减小其刃口钝圆半径，减小前、后刀面表面粗糙度对减小加工表面粗糙度也有不容忽视的作用。

d.切削液的影响　提高切削液的冷却作用和润滑作用，能减小切削过程的界面摩擦，降低切削区温度，从而减少了切削过程的塑性变形，并抑制鳞刺和积屑瘤的生长，因此对减小表面粗糙度有着显著的作用。

C.刀刃与工件相对的微幅振动　机床主轴回转误差及工艺系统的振动都会引起刀刃与工件相对位置发生微幅变动，使加工表面产生微观的几何形状误差。

② 磨削加工表面粗糙度

与切削加工时表面粗糙度的形成过程一样，磨削加工表面粗糙度的形成也是由几何因素和表面层金属的塑性变形(物理因素)决定的，但磨削表面的粗糙度的形成有其特殊的规律。影响磨削加工表面粗糙度的因素主要有：

A.几何因素　磨削表面是由砂轮上大量的磨粒刻划出的无数极细的沟槽形成的。单纯从几何因素考虑，可以认为在单位面积上刻痕越多，即通过单位面积的磨粒数越多，刻痕的等高性越好，则磨削表面的粗糙度值越小。

a.磨削用量对表面粗糙度的影响　砂轮的速度越高，单位时间内通过被磨表面的磨粒数就越多，因而工件表面的粗糙度值就越小。

工件速度增大时，单位时间内通过被磨表面的磨粒数减少，表面粗糙度值将增加。

砂轮的纵向进给减小，被磨表面的粗糙度值将减小。

b.砂轮粒度和砂轮修整对表面粗糙度的影响　砂轮的粒度不仅表示磨粒的大小，而且还表示磨粒之间的距离。在相同的磨削条件下，粒度号数越大，参加磨削的磨粒越多，表面粗糙度就越小。

修整砂轮时，金刚石笔的纵向进给量越小，砂轮表面磨粒的等高性越好，被磨工件的表面粗糙度值就越小。实践表明，修整砂轮时，砂轮转一转金刚石笔的纵向进给量如能减小到0.01mm，磨削表面粗糙度就可达 Rz 0.1 ~ 0.2μm。

B. 表面层金属的塑性变形 —— 物理因素　砂轮的磨削速度远比一般切削加工的速度高得多，且磨粒大多为负前角，磨削比压大，磨削区温度很高，工件表层温度有时可达900℃，工件表层金属容易产生相变而烧伤。因此磨削过程的塑性变形要比一般切削过程大得多。

由于塑性变形的缘故，被磨表面的几何形状与单纯根据几何因素所得到的原始形状大不相同。影响磨削表层金属塑性变形的因素，往往是影响表面粗糙度的决定性因素。

a.磨削用量的影响　砂轮速度越高，就有可能使表层金属塑性变形的传播速度小于磨削速度，材料来不及变形，即被加工，所以表面粗糙度变小。

增大磨削深度和工件速度，将使塑性变形加剧，表面粗糙度将增大。

b.砂轮的影响　砂轮的粒度、硬度、组织和材料的不同，会对被磨工件表层金属的塑性变形产生影响，进而影响表面粗糙度。

单纯从几何因素考虑，砂轮粒度越细，磨削的表面粗糙度值越小。但磨粒太细时，砂轮易被磨屑堵塞，若导热情况不好，反而会在加工表面产生烧伤等现象，使表面粗糙度值增大。

若砂轮太硬，磨钝了的磨粒不能及时被新磨粒替代，塑性变形加剧，使表面粗糙度增大。若砂轮太软，磨粒易脱落，磨削作用减弱，也会使表面粗糙度值增大。所以通常选用中软砂轮。

紧密组织的砂轮中磨粒比例大，气孔小，在成形磨削和精密磨削时，能获得高精度和较小的表面粗糙度值。疏松组织的砂轮不易堵塞，适于磨削软金属、非金属材料和热敏性材料（如磁钢、不锈钢、耐热钢等），可获得较小的表面粗糙度值。一般情况下，应选用中等组织的砂轮。

在砂轮材料方面，氧化物（刚玉）砂轮适于磨削钢类零件；碳化物（碳化硅、碳化硼）砂轮适于磨削铸铁、硬质合金等材料；用高硬磨料（人造金刚石、立方氮化硼）砂轮磨削可获得极小的表面粗糙度值，但加工成本很高。

此外，磨削液的作用十分重要。对于磨削加工来说，由于磨削温度很高，热因素的影响往往占主导地位。

(2) 影响表面层物理、力学性能的工艺因素

① 影响表面冷硬的工艺因素　机械加工中，表面层的冷硬是强化作用和回复作用的综合结果。所有增加表面层金属塑性变形程度，降低表层温度，缩短热作用时间的因素，都将增加表面冷硬程度。

a.刀具的影响　刀具的前角、刃口圆角和后刀面的磨损对表面层的冷作硬化有很大影响。前角减小，刃口圆角和后刀面磨损量越大，冷作硬化程度和深度也越大。

b.切削用量的影响　在切削用量中，影响较大的是切削速度 v_c 和进给量 f。v_c 增大，则表面层的硬化程度和深度一般都有所减小。这是由于一方面 v_c 增大，会使切削温度增高，有助于冷作硬化的恢复；另一方面由于 v_c 增大，刀具与工件接触时间短，也会使塑性变形程度减小。进给量 f 增大时，切削力增大，塑性变形程度也增大，因此表面层的冷作硬化现象也严

重。当 f 过小时，由于刀具的刃口圆角在加工表面上的挤压次数增多，因此表面冷硬有所增加。切削用量对冷作硬化程度的影响见图 4-1-8。图中纵坐标 HV/HV_0 为加工后表面显微硬度 HV 与加工前表面显微硬度 HV_0 的比值。

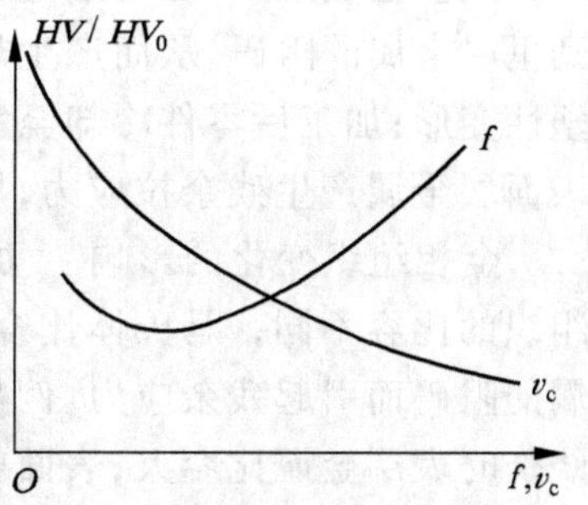

图 4-1-8　切削用量对表面层硬化程度的影响

c.工件材料性质的影响　工件材料的塑性或强化指数越大，则冷硬越严重。就碳素结构钢而言，含碳量越低，则塑性越大，硬化现象越严重。有色金属的熔点较低，容易回复，故冷硬要比结构钢小得多。

② 影响磨削烧伤的工艺因素　磨削时，磨粒在高速下以很大的负前角切削极薄层金属，在加工表面引起很大的摩擦和塑性变形，因此单位切削截面的功率消耗远远大于切削加工。如此大的功率消耗绝大部分要转化为热，这些热量中的大部分(约 80%)将传给被加工表面，使工件表面具有很高的温度，易引起加工表面磨削烧伤。其后果是零件加工表面强度和硬度下降，产生残余应力，甚至产生显微裂纹，因而大大影响零件的使用性能。

磨削淬火钢时，在工件表面层形成的瞬时高温将使表层金属产生以下三种金相组织变化：

a.如果磨削区的温度未超过淬火钢的相变温度(碳钢为 720℃)，但已超过马氏体的转变温度(中碳钢为 300℃)，工件表层金属的马氏体将转化为硬度较低的回火组织(索氏体或托氏体)，这称为回火烧伤。

b.如果磨削区温度超过了相变温度，再加上冷却液的急冷作用，表层金属会出现二次淬火马氏体组织，硬度比原来的回火马氏体高；在它的下层，因冷却较慢，出现了硬度比原来的回火马氏体低的回火组织(索氏体或托氏体)，这称为淬火烧伤。

c.如果磨削区温度超过了相变温度，而磨削过程又没有冷却液，表层金属将产生退火组织，表层金属硬度将急剧下降，这称为退火烧伤。

此外，对大多数高合金钢如高锰钢、轴承钢、高速钢等，其导热性都很差，故磨削烧伤往往是加工中的主要问题。

磨削烧伤是由于磨削的表面层的高温和高温梯度引起的，它取决于热源强度和作用时间。其主要影响因素有：砂轮圆周速度 v_c、工件线速度 v_w、纵向进给量 f_f、背吃刀量为 a_p、工件材料的导热性、砂轮的切削性能及冷却方式等。增大 a_p，降低 f_f 都将使表面层温度升高，故容易烧伤。v_w 增大时虽增加了热源强度，使表面温度增高，但随着 v_w 的增大，热源作用时间却减少，使金相组织来不及转变，故能减轻烧伤。如果砂轮磨粒刃口锐利，磨削力和磨削功率都可减少，磨削区温度下降，也就不易烧伤。

③ 影响表面残余应力的因素

a.冷塑性变形　在切削加工过程中，加工表面层受拉应力产生拉伸塑性变形，此时里层金属处于弹性变形状态；切削过后，里层金属趋于弹性恢复，但受到已产生塑性变形的表层金属的限制，从而在表层产生残余压应力，里层产生残余拉应力。

b.热塑性变形　在切削过程中,表层的温度比里层高,故表层的热膨胀较为严重,这将受到里层金属的阻碍,从而产生热应力,当热应力超过材料的屈服极限时,表层金属产生压缩塑性变形;加工后零件冷却至室温时,表层金属体积的收缩又受到里层金属的限制,因而使表面层金属产生残余拉应力,里层产生残余压应力。

c.金相组织变化的影响　加工时表面层金属在切削(磨削)热作用下发生相变,不同金相组织的比容不同,(马氏体比容最大,奥氏体比容最小)使表层金属体积发生变化,受基部金属的阻碍而引起残余应力。例如回火烧伤时表层金属比容小,表面就产生残余拉应力。淬火烧伤时表层金属比容大,表面就形成残余压应力。

实际机械加工中已加工表面层出现的残余应力是以上几方面综合影响的结果,在一定条件下,往往是其中某些原因起着主导作用。如切削加工起主要作用的往往是冷塑性变形,表面层常产生残余压应力;而磨削加工时,通常热塑性变形和相变引起的体积变化是产生残余应力的主要因素,所以表层常存在残余拉应力。

影响残余应力的工艺因素比较复杂,总的说来,凡能减小塑性变形和降低切削(磨削)温度的因素都能使已加工表面的残余应力减小。具体影响因素有:切削(磨削)用量、刀具前角、工件材料及冷却润滑液等。

4.2　工艺系统静态误差对加工精度的影响

本节所讨论的工艺系统静态误差主要是指工艺系统的几何误差。

4.2.1　机床误差的影响

引起机床误差的原因是机床的制造误差、安装误差和磨损。机床的误差项目很多,这里着重分析对工件加工精度影响较大的主轴回转误差、导轨导向误差和传动链的传动误差。

1) 主轴回转误差的影响

(1) 主轴回转误差的基本概念　机床主轴是用来装夹工件或刀具并传递主要切削运动的重要零件。它的回转精度是机床精度的一项重要指标,主要影响零件加工表面的几何形状精度、位置精度和表面粗糙度。

主轴回转时,其回转轴线的空间位置应该固定不变,即回转轴线没有任何运动。但实际上,由于主轴部件中轴承、轴颈、轴承座孔等的制造误差和配合质量、润滑条件以及回转时的动力因素的影响,往往瞬时回转轴线的空间位置都在周期性地变化。

所谓主轴回转误差是指主轴实际回转轴线对其理想回转轴线的漂移。

理想回转轴线虽然客观存在,但却无法确定其位置,因此通常是以平均回转轴线(即主轴各瞬时回转轴线的平均位置)来代替。

主轴回转轴线的误差运动,可分解为三种基本形式:

轴向窜动——瞬时回转轴线沿平均回转轴线方向的漂移运动(图 4-2-1a)。它主要影响所加工工件的端面形状精度,而不影响圆柱面的形状精度,在加工螺纹时则影响螺距精度。因此,对机床主轴端面圆跳动的幅值通常都有严格的要求,如精密车床的主轴端面圆跳动规定为 2 ~ 3μm,甚至更严。

径向跳动——瞬时回转轴线始终平行于平均回转轴线,但沿 y 轴和 z 轴方向有漂移运动(图 4-2-1b),因此在不同横截面内,轴心的误差运动轨迹都是相同的。径向跳动主要影响所加工工件圆柱面的形状精度,而不影响其端面的形状精度。一般精密车床的主轴径向圆跳动误差应控制在 5μm 以内。

倾角摆动 —— 瞬时回转轴线与平均回转轴线成一变化的倾斜角,但其交点位置固定不变的角向漂移运动(图 4-2-1c)。因此在不同横截面内,轴心的误差运动轨迹是相似的。角向漂移运动主要影响所加工工件圆柱面的形状精度,同时对端面的形状精度也有影响。

必须指出,实际上主轴工作时其回转轴线的漂移运动总是上述三种形式误差运动的合成,故不同横截面内轴心的误差运动轨迹,既不相同,又不相似;既影响所加工工件圆柱面的形状精度,又影响端面的形状精度。

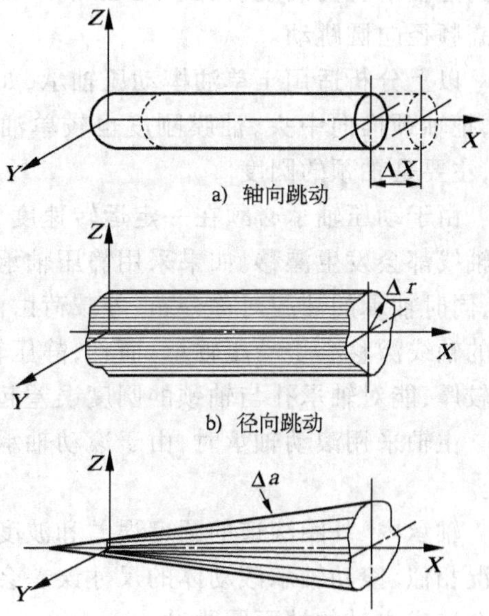

a) 轴向跳动

b) 径向跳动

c) 倾角摆动

图 4-2-1　主轴回转误差的基本形式

(2) 影响主轴回转精度的因素

① 轴承误差的影响　主轴采用滑动轴承时,轴承误差主要是指主轴颈和轴承内孔的圆度误差和波度。

对于工件回转类机床(如车床、磨床等),切削力的方向大体上是不变的,主轴在切削力作用下,主轴颈以不同部位和轴承孔的某一固定部位相接触。因此影响主轴回转精度的,主要是主轴轴颈的圆度和波度,而轴承孔的形状误差影响较小(如图 4-2-2a 所示)。主轴轴颈表面如有沿圆周的波度,主轴回转时将产生高频的径向圆跳动,精密加工时应予考虑。

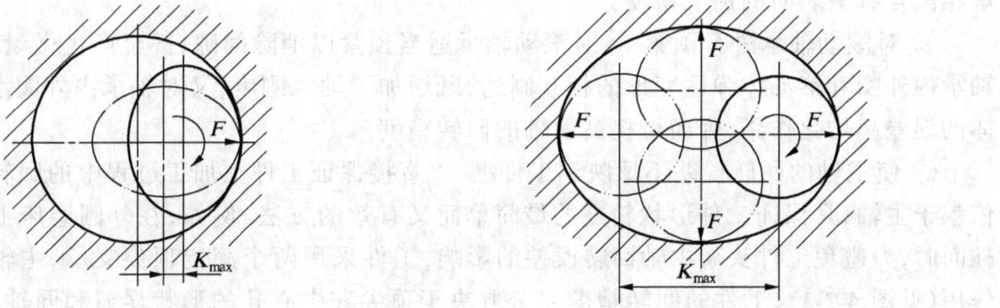

a) 工件回转类机床　　b) 刀具回转类机床

图 4-2-2　主轴采用滑动轴承的径向跳动

K_{max}— 最大跳动量

对于刀具回转类机床(如镗床等),由于切削力方向随主轴的回转而回转,主轴颈在切削力作用下总是以某一固定部位与轴承内表面的不同部位接触。因此,对主轴回转精度影响较大的是轴承孔的圆度（如图 4-2-2b 所示）。轴承内孔表面如有沿圆周的波度，同样会使主轴产生高频径向圆跳动。

以上分析适用于单油楔动压轴承，如采用多油楔动压轴承，主轴回转时周围产生几个油楔，把轴颈推向中央，油膜刚度也较单油楔为高，故主轴回转精度较高，而且影响回转精度的，主要是轴颈的圆度。

由于动压轴承必须在一定运转速度下才能建立起压力油膜，因此主轴起动和停止过程中轴线都会发生漂移。如果采用静压轴承，由于油膜压力是由液压泵提供的，与主轴转速无关，同时轴承的油腔对称分布，外载荷由油腔间的压力变化差来平衡，因此油膜厚度变化引起的轴线漂移小于动压轴承。而且，静压轴承的承载能力与油膜厚度的关系较小，油膜厚度就较厚，能对轴承孔与轴颈的圆度误差起均化作用，故可得到较高的主轴回转精度。

主轴采用滚动轴承时，由于滚动轴承是由内圈、外圈和滚动体等组成，影响的因素则更多。

轴承内、外圈滚道的圆度误差和波度对回转精度的影响，与前述单油楔动压滑动轴承的情况相似。滚动轴承滚动体的尺寸误差会引起主轴回转的径向圆跳动。推力轴承滚道端面误差会造成主轴的端面圆跳动。

② 轴承间隙的影响　主轴轴承间隙对回转精度也有影响，如轴承间隙过大，会使主轴工作时油膜厚度增大，油膜承载能力降低，当工作条件（载荷、转速等）变化时，油楔厚度变化较大，主轴轴线漂移量增大。

③ 与轴承配合零件误差的影响　由于轴承内、外圈或轴瓦很薄，受力后容易变形，因此与之相配合的轴颈或箱体支承孔的圆度误差，会使轴承圈或轴瓦发生变形而产生圆度误差。

(3) 提高主轴回转精度的措施

① 提高主轴部件的制造精度　首先应提高轴承的回转精度，如选用高精度的滚动轴承，或采用高精度的多油楔动压轴承和静压轴承。其次是提高箱体支承孔、主轴轴颈和与轴承相配合有关表面的加工精度。

② 对滚动轴承进行预紧　对滚动轴承适当预紧以消除间隙，甚至产生微量过盈，由于轴承内外圈和滚动体弹性变形的相互制约，既增加了轴承刚度，又对轴承内外圈滚道和滚动体的误差起均化作用，因而可提高主轴的回转精度。

③ 使主轴的回转误差不反映到工件上　直接保证工件在加工过程中的回转精度而不依赖于主轴，是保证工件形状精度的最简单而又有效的方法。例如，在外圆磨床上磨削外圆柱面时，为避免工件头架主轴回转误差的影响，工件采用两个固定顶尖支承，主轴只起传动作用（见图 4-2-3），工件的回转精度完全取决于顶尖和中心孔的形状误差和同轴度误差，提高顶尖和中心孔的精度要比提高主轴部件的精度容易且经济得多。又如，在镗床上加工箱体类零件上的孔时，可采用前、后镗套的镗模（图 4-2-4），镗杆与主轴浮动联接，所以镗杆的回转精度与机床主轴回转精度无关，仅由镗杆和镗套的配合质量决定。

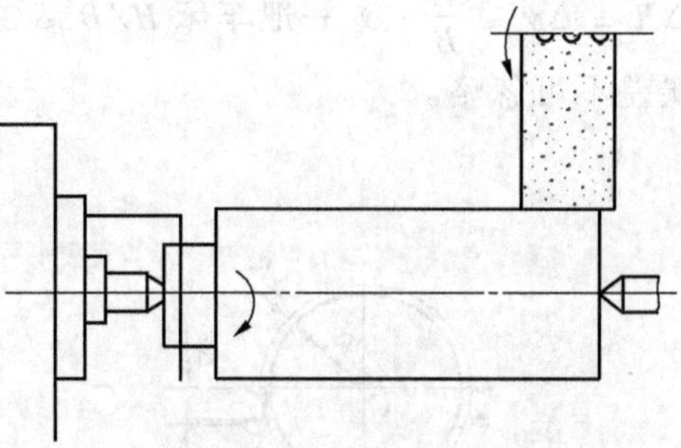

图 4-2-3　用固定顶尖支承磨外圆

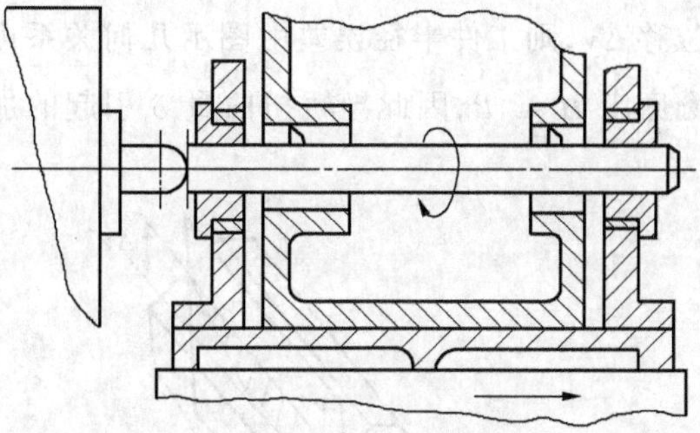

图 4-2-4　用镗模镗孔

2）导轨误差的影响

（1）导轨导向精度与导向误差　导轨导向精度是指机床导轨副的运动件实际运动方向与理想运动方向的符合程度，这两者之间的偏差值称为导向误差。

导轨是机床中确定主要部件相对位置的基准，也是运动的基准，它的各项误差直接影响被加工工件的精度。在机床的精度标准中，直线导轨的导向精度一般包括下列主要内容：

导轨在水平面内的直线度 Δy（弯曲）；导轨在垂直面内的直线度 Δz（弯曲）；前后导轨的平行度 δ（扭曲）；导轨对主轴回转轴线的平行度（或垂直度）。

（2）导向误差对加工精度的影响　导轨导向误差对不同的加工方法和加工对象，将会产生不同的加工误差。下面以车床为例进行分析。

① 导轨在水平面内弯曲　这恰好是在误差敏感方向上，故将 1∶1 地反映到工件表面上去（图 4-2-5）。

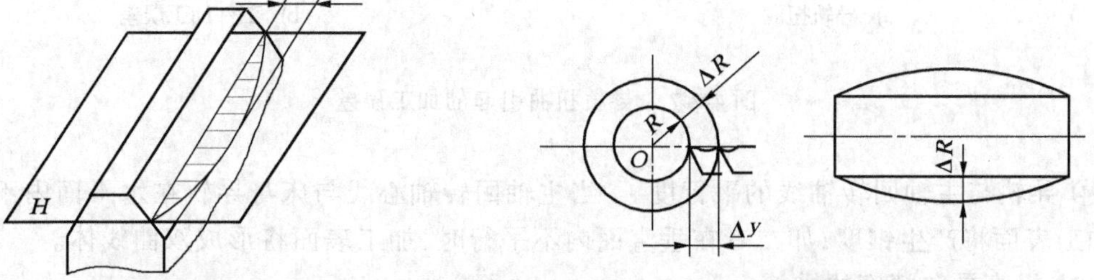

a）导轨水平弯曲　　b）工件产生形状误差

图 4-2-5　导轨在水平面内弯曲引起的加工误差

② 导轨在垂直面内弯曲　如图 4-2-6 所示，由此造成的半径误差 $\Delta R \approx \dfrac{\Delta z^2}{2R}$，$\Delta z$ 在误差的非敏感方向上。ΔR 数值很小，可以忽略。

③ 导轨扭曲　如果前、后导轨在垂直面内有平行度误差（图 4-2-7），若在两不同截面间前、后导轨高度差为 δ（原始误差），使床鞍在此间移动时偏斜造成其上的刀具在水平面发生

位移 Δy,则工件半径误差由图示几何关系可知 $\Delta R = \Delta y \approx \frac{H}{B} \cdot \delta$。一般车床 $H/B \approx 2/3$,外圆磨床 $H \approx B$,因此导轨扭曲量 δ 引起的加工误差不可忽略。

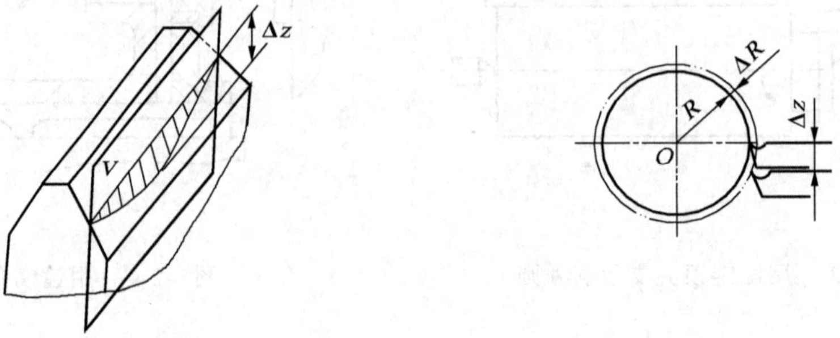

图 4-2-6　导轨在垂直面内弯曲引起的加工误差

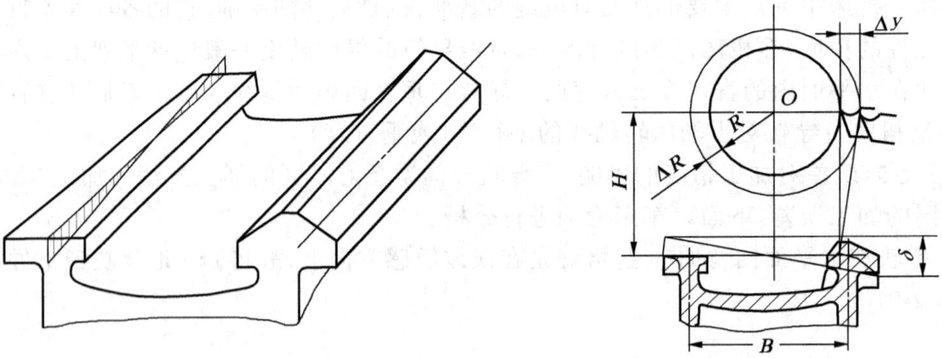

a) 导轨扭曲　　b) 工件加工误差

图 4-2-7　导轨扭曲引起的加工误差

④ 导轨与主轴回转轴线的平行度　当主轴回转轴心线与床身导轨在水平面内不平行时,加工表面将产生锥度;如二者在垂直面内不平行时,加工表面将形成双曲线体。

(3) 提高导向精度的措施

① 选用合理的导轨形状和导轨组合形式,如采用 90° 的双三角形导轨。

② 提高机床导轨副的制造、大修精度。

③ 采用静压导轨。在机床上采用液体或气体静压导轨结构,既可对导轨面的直线度误差起均化作用,又可防止导轨面在使用过程中的磨损,故能进一步提高工作台的直线运动精度及其精度保持性。

④ 提高导轨耐磨性能。如采用耐磨合金铸铁、镶钢导轨、贴塑导轨、滚动导轨、导轨表面淬火等措施提高导轨的耐磨性。

⑤ 机床安装时应有良好的基础,并严格进行测量和校正。

⑥ 减少磨损。如采用良好防护(防屑、防尘)和润滑措施。

3）传动链传动误差的影响

(1) 传动误差的概念　传动链的传动误差是指传动链始末两端传动元件间相对运动的误差。它是螺纹、齿轮、蜗轮以及其他按展成原理加工时，影响加工精度的主要因素。

当传动链中各传动元件如齿轮、蜗轮、蜗杆、丝杠、螺母等有制造误差（主要是影响运动精度的误差）、装配误差（主要是装配偏心）和磨损时，就会破坏正确的运动关系，使工件产生误差。

(2) 减少传动链传动误差的措施

① 尽可能缩短传动链（减少传动元件数量）。

② 传动比 i 小，特别是传动链末端传动副的传动比小，则传动链中其余各传动元件误差对传动精度的影响就越小。因此，采用降速传动（$i < 1$），是保证传动精度的重要原则。

③ 合理规定各传动元件的制造精度和装配精度。传动链中速度越低的传动元件（如滚齿机的分度蜗轮），其制造和装配精度应越高。

④ 采用校正装置　校正装置的实质是在原传动链中人为地加入一误差，其大小与传动链本身的误差数值相等而方向相反，从而使之相互抵消。

4.2.2　刀具误差的影响

1）刀具制造误差

① 采用定尺寸刀具（如钻头、铰刀、键槽铣刀、镗刀块及圆拉刀等）加工时，刀具的尺寸误差将直接影响加工表面的尺寸精度。

② 采用成形刀具（如成形车刀、成形铣刀、成型砂轮等）加工时，刀具切削刃在切削基面上的投影就是加工表面的母线形状。因此刀刃的形状误差以及刃磨、安装不正确，都直接影响加工表面的形状精度。

③ 展成刀具（如齿轮滚刀、花键滚刀、插齿刀等）的刀刃形状必须是加工表面的共轭曲线，因此刀具的形状误差以及刃磨、安装不正确，都直接影响加工表面的形状精度。

④ 对于一般单刃刀具（如车刀、镗刀、刨刀、铣刀等），加工表面的形状主要由机床运动的精度来保证，加工表面的尺寸主要由调整决定。刀具的制造误差对加工精度无直接影响，但这类刀具的耐用度较低，刀具容易磨损。

2）刀具磨损的影响

任何刀具在切削过程中都不可避免地要产生磨损，并由此引起工件尺寸和形状误差。例如用成形刀具加工时，刀具刃口的不均匀磨损将直接复映到工件上，造成形状误差；在加工较大表面（一次走刀需较长时间）时，刀具的尺寸磨损会严重影响工件的形状精度；用调整法加工一批工件时，刀具的磨损会扩大工件尺寸的分散范围。

3）减小刀具磨损的措施

通过正确地选用刀具材料及选用新型耐磨的刀具材料，合理地选用刀具几何参数和切削用量，正确地刃磨刀具和合理选用冷却润滑液等，均可有效地减少刀具的尺寸磨损。必要时还可采用补偿装置对刀具尺寸磨损进行自动补偿。

4.2.3　原理误差的影响

加工原理误差是指采用了近似的成形运动或近似的刀刃轮廓进行加工而产生的误差。

1）用滚刀切削渐开线齿轮

用滚刀切削渐开线齿轮时，就有两种误差，一是为了滚刀制造方便，采用阿基米德基本蜗杆或法向直廓基本蜗杆代替渐开线基本蜗杆而产生的刀刃齿廓近似造形误差,二是由于滚刀刀齿有限,实际上加工出的齿形是一条由微小折线段组成的曲线,和理论上光滑渐开线有差异,因而产生加工原理误差。

2）用模数铣刀加工渐开线齿轮

用模数铣刀切削渐开线齿轮时,理论上同一模数不同齿数的齿轮应有相应的模数铣刀,而实际上,是用一把模数铣刀加工同一模数一定范围齿数的齿轮,因而必然造成齿形误差。采用模数铣刀铣齿一般多用于单件小批生产中。模数铣刀又分为模数盘铣刀和模数指状铣刀两类。前者用于中小模数齿轮加工,后者用于大模数齿轮加工。

此外,在公制丝杠的车床上加工英制螺纹,车削模数蜗杆和切制斜齿轮时,由于导程都是无理数,只能用近似传动比的挂轮,其成形运动轨迹是近似导程的螺旋线,故都有加工原理误差;在数控机床上,加工复杂轮廓曲线或曲面,采用直线或圆孤等插补方法以折线来逼近所要求的曲线和曲面,也会产生加工原理误差。

采用近似的成形运动或近似的刀刃轮廓,虽然会带来加工原理误差,但往往可简化机床结构或刀具形状,或可提高生产效率。因此,只要其误差不超过规定的精度要求(一般原理误差应小于 10% ~ 15% 工件的公差值),在生产中仍能得到广泛的应用。

4.2.4 调整误差的影响

在工艺系统中,工件与刀具在机床上的相对位置,是通过调整机床、刀具、夹具或工件等来保证的。工艺系统的调整有两种基本方式。不同的调整方式有不同的误差来源。

1）试切法调整

单件、小批生产中普遍采用试切法加工。试切加工中,引起调整误差的因素有:

(1) 测量误差　影响尺寸测量精度的主要因素有:测量方法和测量工具的误差;测量过程中测量部位、目测或估计不准;测量力及度量环境;单次测量判断不准等。

(2) 机床进给机构的位移误差　当试切最后一刀时,往往要按刻度盘的显示值来微量调整刀架的进给量,这时由于进给机构的传动误差和微量进给时的爬行现象,使进给机构产生了位移误差(刀具或工件的实际位移与刻度指示值之间误差)。

(3) 试切时与正式切削时切削层厚度不同的影响　不同材料刀具的刃口半径是不同的,也就是说,切削加工中刀刃所能切除的最小切削层厚度是有一定限度的,切削厚度过小时,刀刃就会在切削表面上打滑,切不下金属。精加工时,试切的最后一刀往往很薄,而正式切削时的切除一般要大于试切部分,所以与试切时的最后一刀相比,刀刃不容易打滑,实际切除就大一些,因此工件尺寸就与试切部分不同。

2）调整法

在成批、大量生产中,广泛采用调整法加工。调整法又分试切调整法和样件调整法二种。试切调整法是根据试切工件来确定刀具和工件的相对位置,样件调整法则是根据标准样件或对刀样块板来确定刀具与工件的相对位置。采用试切调整法比较符合实际加工情况,故可得到较高的加工精度,但调整费时。因此实际使用时可先根据样件(或样板)进行初调,然后试切若干工件,再据之作精确微调。这样既缩短了调整时间,又可得到较高的加工精度。

由于采用调整法对工艺系统进行调整时,也要以试切为依据,因此上述影响试切法调整精度的因素,同样也对调整法有影响。此外,影响调整精度的因素还有:

(1) 定程机构的误差　调整法加工时,如每加工好一个工件后不需改变刀具与工件的相对位置就能顺利退刀,则已调整好的刀具与工件间相对位置,在整批工件的加工过程中固定不变,否则,就要用适当的定程机构来保证刀具与工件的相对位置。在成批、大量生产中广泛采用行程挡块、靠模及凸轮等机构保证加工尺寸。这时候,这些定程机构的结构形式、制造精度和刚度、定位时的接触压力、以及与它们配合使用的离合器、电气开关及控制阀等的灵敏度就成为调整误差的主要来源。

(2) 样件或样板的误差　包括样件或样板的制造误差、安装误差和对刀误差。

(3) 抽样平均尺寸的误差　若只根据首件加工测得的尺寸进行调整,会带来较大的误差。为减少这一误差,一般都以在一次调整中试加工的几个工件的平均尺寸作为进一步调整的依据。但试加工工件的件数(称为抽样件数)不可能太多,因此不可能把整批工件切削过程中各种随机性误差完全反映出来,故抽样平均尺寸与总体平均尺寸不可能完全符合,这种误差就是抽样平均尺寸的误差。

4.2.5　夹具误差的影响

1) 定位误差

(1) 定位误差的产生　在应用夹具安装工件进行定程法加工时,有些误差因素是由定位引起的。假定夹具在制造及其在机床上安装与调整,都达到了要求的精度,并忽略工件夹紧变形的影响,当遇到工件的定位基准与设计基准不重合,及工件的定位基准与定位元件的工作表面之间存在间隙时,仍会导致工件的工序基准在安装过程中,产生一定位置变化,我们将这种工件上被加工表面的工序基准在加工尺寸方向上的最大变动量,称为定位误差。定位误差产生的原因有:

① 基准不重合误差　图 4-2-8 所示零件,底面 3 与侧面 4 均已加工好,今需加工平面 1、2,均用底面及侧面定位。

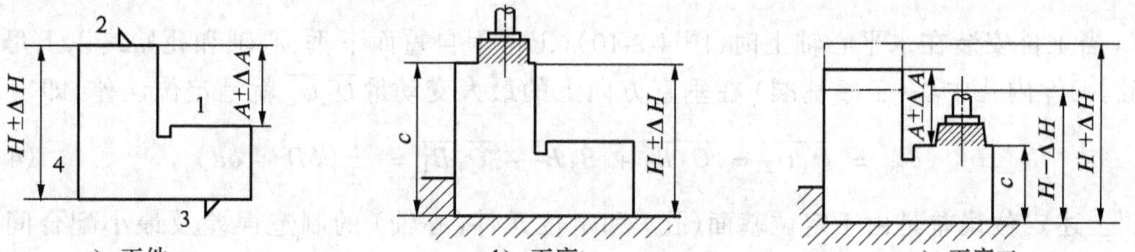

图 4-2-8　基准不重合产生的定位误差

在工序一加工平面 2 时,由于定位基准与工序基准重合均为底面 3,因此,在一批工件加工过程中,工序基准在工序尺寸方向上没有变动,若调整好刀具至定位支承面的距离 c,并不考虑其他加工误差,则工序尺寸 H 不会发生变化,即不存在由于定位而引起的加工误差,定位误差 $\delta_{dwH} = 0$。

在工序二加工平面 1 时,图纸要求的工序尺寸 $A \pm \Delta A$,而加工时刀具调整尺寸为 c。因此,在这种情况下,即使不考虑本工序的加工误差,由于这种定位方法,已有可能使工序尺寸 A 发生变化(在工序一留下的误差 $\pm \Delta H$ 范围内波动),因而也就产生了定位误差,即

$$\delta_{dwA} = (H + \Delta H) - (H - \Delta H) = 2\Delta H$$

上述定位误差，完全是由于定位基准与工序基准不重合引起的，故称为基准不重合误差。

② 基准位移误差　图 4-2-9 所示，当工件安装在垂直心轴上时，工件可在任意半径方向移动，如果工件内孔直径为最大值 $D+\delta D$，心轴直径为最小值 $d-\delta d$，工件内孔中心（工序基准）在任意方向上的最大变动量 $\overline{O_1O_2}$ 就是定位误差，即

$$\delta_{dw}=\overline{O_1O_2}=2\left(\frac{\delta D}{2}+\frac{\delta d}{2}+\frac{\delta}{2}\right)=\delta D+\delta d+\delta \qquad (4-3)$$

式中　δD—— 工件内孔直径公差；

δd—— 心轴外径公差；

δ—— 最小配合间隙（$D-d$）。

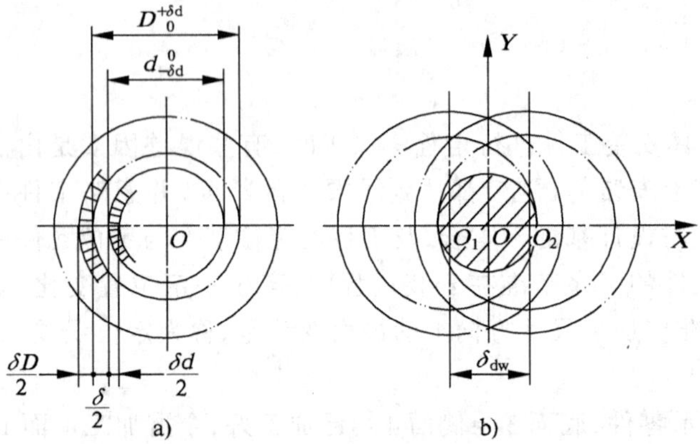

图 4-2-9　垂直心轴定位误差

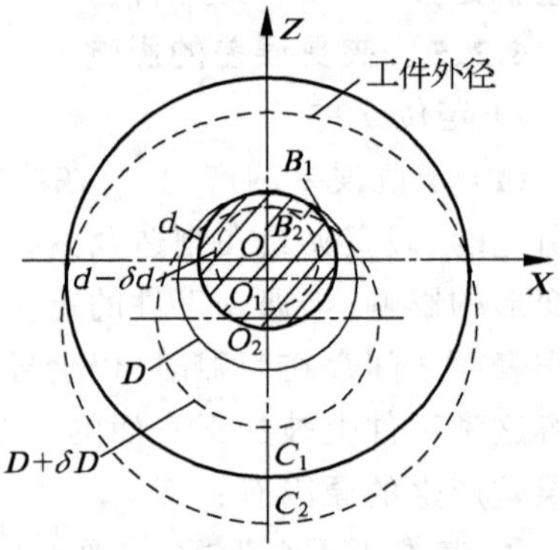

图 4-2-10　水平心轴定位误差

当工件安装在水平心轴上时（图 4-2-10），工件因自重而下垂，心轴和孔始终以上母线相接触。工件内孔中心（工序基准）在垂直方向上的最大变动量 $\overline{O_1O_2}$ 就是定位误差，即

$$\delta_{dw}=\overline{O_1O_2}=\overline{O_2B_2}+\overline{B_1B_2}-\overline{O_1B_1}=\frac{1}{2}(\delta D+\delta d) \qquad (4-4)$$

上述定位误差是由于定位基面（孔）和定位元件（心轴）的制造误差及最小配合间隙而引起定位基准位置发生变动，故称基准位移误差。

因此，在设计夹具时，为提高定位精度，除应尽量满足基准重合原则外，还应根据加工零件的精度要求，合理规定定位基准（基面）和定位元件的制造精度。

需要指出的是定位误差一般总是针对成批生产，并采用调整法加工的情况而言，如若采用试切法进行加工，则一般不考虑定位误差。

(2) 定位误差的计算　不论由何种原因引起定位误差，只要出现定位误差，就会使工序基准在工序尺寸方向上发生位置偏移。因此，通常先画出工件的定位简图，并画出工序基准变动的极限位置，然后运用三角几何知识，求出工序基准在工序尺寸方向上的最大变动量，即为定位误差。下面分别讨论 V 型块定位和双孔定位时定位误差。

① 工件用 V 型块定位时的定位误差计算　图 4-2-11 所示三批直径为 $d-\delta d$ 的轴，在 V 型块上定位铣平面。加工表面的工序尺寸分别为 H_1、H_2、H_3。

这时工件的定位基准为外圆上的半圆面，但由于 V 型块定位中，当工件尺寸有大小变化

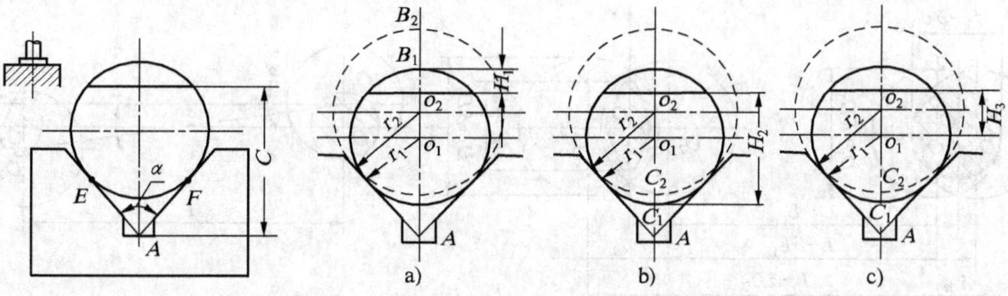

图 4-2-11　用 V 形块定位的定位误差

时，接触点 E、F 位置会变化，所以加工前可参考不变的 A 点（即 V 型块两工作表面的交点）来作为分析计算依据。

a.尺寸 H_1 的定位误差　此时，工序基准为圆柱上母线。

$$\therefore \delta_{dwH_1} = \overline{B_1B_2} = \overline{AB_2} - \overline{AB_1} = (\overline{AO_2} + \overline{O_2B_2}) - (\overline{AO_1} + \overline{O_1B_1}) = \frac{Td}{2}\left[\frac{1}{\sin\frac{\alpha}{2}} + 1\right]$$

式中第一项 $\dfrac{Td}{2\sin\frac{\alpha}{2}}$ 属于基准位移误差，$\dfrac{Td}{2}$ 属于基准不重合误差。

b.尺寸 H_2 的定位误差　此时，工序基准为圆柱下母线。

$$\therefore \delta_{dwH_2} = \overline{C_1C_2} = \overline{AC_2} - \overline{AC_1} = (\overline{AO_2} - \overline{O_2C_2}) - (\overline{AO_1} - \overline{O_1C_1}) = \frac{Td}{2}\left[\frac{1}{\sin\frac{\alpha}{2}} - 1\right]$$

c.尺寸 H_3 的定位误差　此时，工序基准为圆柱轴心线。

$$\therefore \delta_{dwH_3} = \overline{O_1O_2} = \overline{AO_2} - \overline{AO_1} = \frac{Td}{2}\left[\frac{1}{\sin\frac{\alpha}{2}}\right]$$

通过以上计算，可以看出：

$\delta_{dw} \propto T_d$，即定位误差随毛坯误差增大而增大。

δ_{dw} 与 V 型块夹角 α 有关，即定位误差随 α 增大而减小，但定位稳定性却变差了，故一般用 $\alpha = 90°$。

δ_{dw} 与加工尺寸标注有关。$\delta_{dwH_1} > \delta_{dwH_3} > \delta_{dwH_2}$，因此以下母线作为工序基准来标注加工尺寸最好，其定位误差最小，同时便于测量。

② 双孔定位时定位误差计算　当以双孔定位时，用一圆柱销和一个削边销虽然能顺利安装工件，但由于孔和销为间隙配合，所以也会产生定位误差（如图 4-2-12a）。

工件第一孔的中心在 X 轴方向定位误差为

$$\delta_{dw1} = \overline{O'_1O''_1} = \delta D_1 + \delta d_1 + \delta_1$$

第二孔中心在 X 轴方向上定位误差除受第一孔的定位误差影响外，还有孔心距公差的影响，其数值为

$$\delta_{dw2} = \overline{O'_2O''_2} = \delta D_1 + \delta d_1 + \delta_1 + 2\delta L_D$$

工件的转角误差，如图 4 – 20b 所示，第一孔偏移后的中心为 $O_1{}'$，第二孔偏移后中心为

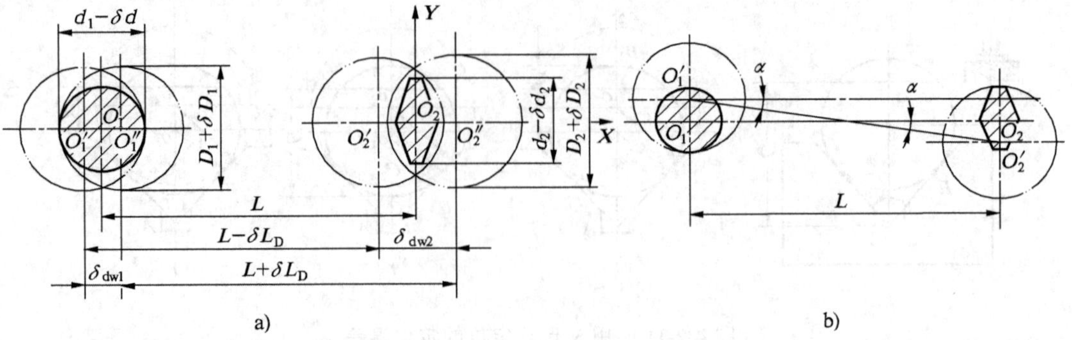

图 4-2-12　双孔定位误差分析

O_2'，则转角误差 α 由下列公式求得

$$\mathrm{tg}\alpha = \frac{\overline{O_1O_1'} + \overline{O_2O_2'}}{L}$$

其中 $\overline{O_1O_1'} = \dfrac{\delta D_1 + \delta d_1 + \delta_1}{2}$，　$\overline{O_2O_2'} = \dfrac{\delta D_2 + \delta d_2 + \delta_2}{2}$

所以 $\mathrm{tg}\alpha = \dfrac{\delta D_1 + \delta D_2 + \delta d_1 + \delta d_2 + \delta_1 + \delta_2}{2L}$

在分析计算定位误差时，若工件既能顺时针方向偏转，也能逆时针方向偏转，则应按双角转角误差 2α 考虑。

从上述分析可知，若想减少定位误差，可以：

a.提高定位孔、定位销的尺寸精度和减小配合间隙；

b.增大两孔中心距，若工件上无合适的两孔，可另设两工艺孔。

2）夹具的制造、安装误差与磨损

夹具的制造误差主要是指夹具中定位元件、刀具导向元件、分度机构及夹具体等的制造误差；夹具装配后，夹具对刀和导向元件与定位元件间误差及定位元件与夹具安装在机床上的安装基面间的位置误差。

夹具的安装误差是指夹具在机床上的位置不准确而引起的安装误差。

夹具在使用过程中，定位元件、导引元件、分度元件等的磨损对加工精度也有一定的影响。

夹具误差将直接影响工件加工表面的位置精度或尺寸精度。图 4-2-13 所示为一钻孔夹具。钻套中心至夹具体上定位平面间的距离误差，直接影响工件孔至工件底平面的尺寸精度；钻套中心线与夹具体上定位平面间的平行度误差，直接影响工件孔中心线与工件底平面的平行度；钻套孔的直径误差亦将影响工件孔至底平面的尺寸精度与平行度。

3）保证规定加工精度实现的条件

工件利用夹具加工时，影响加工精度的误差因素主要有以下几方面：

定位误差 $\delta_{定位}$，夹具制造误差 $\delta_{制造}$，夹具安装误差 $\delta_{安装}$，加工中其他原因引起的加工误差 $\delta_{加工}$。

为了保证工件的加工精度，必须使上述所有误差因素对工件加工的综合影响，控制在工件所允许的公差（$T_{工件}$）范围之内，即

$$\delta_{定位}+\delta_{制造}+\delta_{安装}+\delta_{加工}\leqslant T_{工件} \tag{4-5}$$

此不等式即为保证规定加工精度实现的条件，也称为用夹具安装加工时的误差计算不等式。

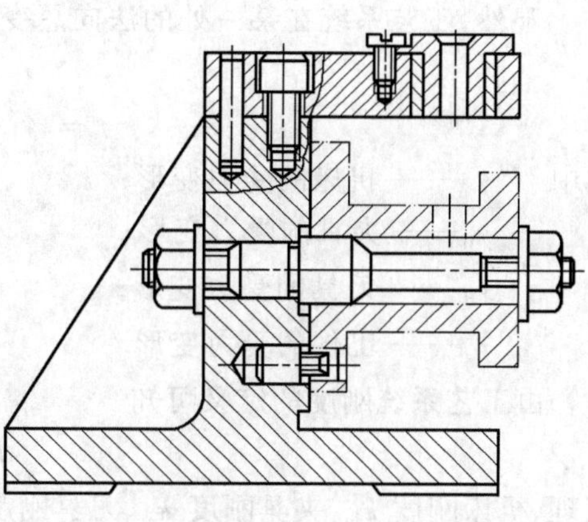

图 4-2-13　钻孔夹具误差对加工精度的影响

为使 $T_{工件}$ 合理地分配到机械加工中产生误差的各个环节，在设计夹具时，凡影响工件精度的尺寸应严格控制其制造误差，精加工用夹具一般可取工件上相应尺寸或位置公差的 1/2 ~ 1/3，粗加工用夹具则可取相应公差的 1/5 ~ 1/10。一般在对具体定位方案进行定位误差计算时，若所求得的定位误差不超过工件公差的 1/3，就可以认为定位方案基本可行。当然，对于具体加工情况，要结合生产实际，对各种误差进行合理分配，以便在保证加工精度的前提下，降低夹具的制造精度要求，减少生产成本。

4.3　工艺系统动态误差对加工精度的影响

4.3.1　工艺系统受力变形的影响

1）工艺系统刚度

在机械加工过程中，在切削力、夹紧力、惯性力、传动力和重力等作用下，工艺系统各组成环节会产生弹性变形，以及系统中各环节相互接合面间，由于接触变形和间隙等原因也会产生相对位移。这两种情况所产生的变形和位移统称为压移。由于产生压移，从而改变了刀具与工件加工表面的相对位置，因而造成加工误差。

压移的数值除取决于作用力的大小，还决定于工艺系统抵抗外力的能力。这种抵抗变形的能力，称为刚度。加工过程中沿加工表面法线方向上的切削分力 F_y 与在切削力 F_x、F_y、F_z 综合作用下法向压移 y 的比值，称为工艺系统刚度，以 k_{xt} 表示，单位为 $N \cdot m^{-1}$，则

$$k_{xt}=\frac{F_y(\text{法向切削力})}{y(\text{在 } F_x、F_y、F_z \text{ 综合作用下刀具相对工件的法向压移})} \tag{4-6}$$

如果引起工艺系统受力变形的力是静态力，则由此力和变形关系所决定的刚度称静刚度。

工艺系统在交变载荷作用下将产生振动，其变形的大小，不仅与载荷大小有关，而且还与载荷的频率有关。某一频率下产生单位振幅所需的激振力幅值称为该频率下的动刚度。

切削加工时，机床的有关部件、夹具、刀具和工件在各种外力作用下，都会产生不同程度的变形，使刀具和工件的相对位置发生变化，从而产生相应的加工误差。

显然,工艺系统在某一处的法向总变形 y 是各个组成环节在同一处的法向变形的迭加。即

$$y = y_{jc} + y_{jj} + y_{dj} + y_{gj} \quad (4-7)$$

式中 y_{jc}—— 机床的受力变形;

y_{jj}—— 夹具的受力变形;

y_{dj}—— 刀具的受力变形;

y_{gj}—— 工件的受力变形。

由工艺系统刚度的定义可知

$$k = F_y/y$$

同理,机床刚度 k_{jc}、夹具刚度 k_{jj}、刀具刚度 k_d 及工件刚度 k_g 可分别写为

$$k_{jc} = F_y/y_{jc};\quad k_{jj} = F_y/y_{jj};\quad k_d = F_y/y_{dj};\quad k_g = F_y/y_{gj}$$

代入式(4 - 7)得

$$\frac{1}{k} = \frac{1}{k_{jc}} + \frac{1}{k_{jj}} + \frac{1}{k_{dj}} + \frac{1}{k_{gj}} \quad (4-8)$$

此式表明,已知工艺系统各组成环节的刚度,即可求得工艺系统的刚度。对组成工艺系统的工件和刀具来说,结构比较简单,可通过简化,由材料力学有关公式求得。而对于由若干零件组成的机床部件及夹具,就必须通过实验的方法进行测定。具体测定方法有静态测定法及工作状态测定法(生产法)。

2) 工艺系统受力变形对加工精度的影响

(1) 切削力作用点位置变化引起的工件形状误差　切削过程中,工艺系统的刚度会随切削力作用点位置的变化而变化,因此工艺系统受力变形亦随之变化,引起工件形状误差。下面以在车床顶尖间加工光轴为例来说明这个问题。

假定切削过程中切削力大小保持不变,且车刀悬伸很短,其受力变形较机床的变形小到可以忽略不计。这时工艺系统的受力变形就取决于机床和工件的受力变形。即

$$y_{xt} = y_{jc} + y_{gj}$$

① 机床的变形　如图 4-3-1 所示,当车刀以径向力 F_y 进给到 x 位置时,车床主轴箱受作用力 F_A,相应的变形 $y_{ct} = \overline{AA'}$;尾座受力 F_B,相应的变形 $y_{wz} = \overline{BB'}$;刀架受力 F_y,相应的变形 $\overline{CC'}$。这时工件轴心线 AB 位移到 $A'B'$,因而刀具切削点处工件轴线的位移 y_x 为

$$y_x = y_{ct} + \Delta x = y_{ct} + (y_{wz} - y_{ct})\frac{x}{L}$$

式中 L—— 工件长度;

x—— 车刀至主轴箱的距离。

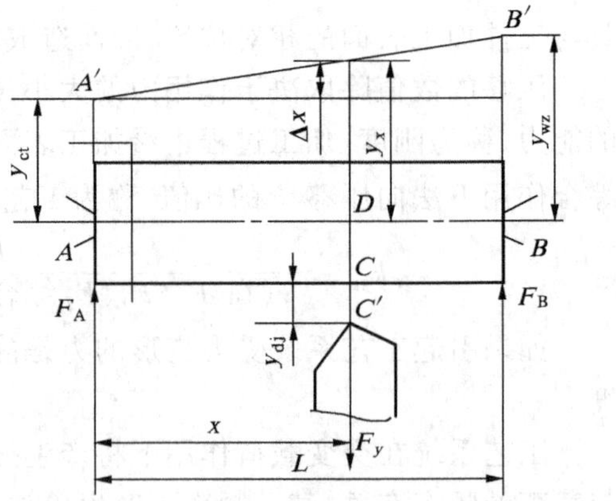

图 4-3-1　工艺系统变形随切削力位置变化而变化

考虑到刀架的变形 y_{dj} 与 y_x 的方向相反,所以机床总的变形为

$$y_{jc} = y_x + y_{dj} \quad (4-9)$$

由刚度定义有

$$y_{ct}=\frac{F_A}{k_{ct}}=\frac{F_y}{k_{ct}}\left(\frac{L-x}{L}\right);\quad y_{wz}=\frac{F_B}{k_{wz}}=\frac{F_y}{k_{wz}}\left(\frac{x}{L}\right);\quad y_{dj}=\frac{F_y}{k_{dj}}$$

式中　k_{ct}、k_{wz}、k_{dj}——分别为主轴箱、尾座、刀架的刚度。

代入式(4－9),可得机床的总变形为

$$y_{jc}=F_y\left[\frac{1}{k_{ct}}\left(\frac{L-x}{L}\right)^2+\frac{1}{k_{wz}}\left(\frac{x}{L}\right)^2+\frac{1}{k_{dj}}\right]\tag{4-10}$$

机床的刚度为

$$k_{jc}=\frac{F_y}{y_{jc}}=\frac{1}{\frac{1}{k_{ct}}\left(\frac{L-x}{L}\right)^2+\frac{1}{k_{wz}}\left(\frac{x}{L}\right)^2+\frac{1}{k_{dj}}}$$

这说明,随着切削力作用点位置的变化,工艺系统的变形是变化的。

还可求得当 $x=\left(\frac{k_{wz}}{k_{ct}+k_{wz}}\right)L$ 时,机床变形最小:$y_{jc}=y_{min}=F_y\left(\frac{1}{k_{ct}+k_{wz}}+\frac{1}{k_{dj}}\right)$

由于变形大的地方,从工件上切去的金属层薄,变形小的地方,切去的金属层厚,因此因机床受力变形而使加工出来的工件呈两端粗,中间细的鞍形,如图 4-3-2 所示。

② 工件的变形　若在两顶尖间车削细长轴,则必须考虑工艺系统中工件的变形。

此时,可把工件看成一简支梁,由材料力学公式可计算工件在切削点的变形量:

$$y_{gj}=\frac{F_y}{3EI}\frac{(L-x)^2x^2}{L}$$

工件的刚度为 $k_{gj}=\frac{F_y}{y_{gj}}=\frac{3EIL}{(L-x)^2\cdot x^2}$

显然,当 $x=0$ 或 $x=L$ 时,$y_{gj}=0$;当 $x=L/2$ 时,工件刚度最小、变形最大:$y_{gjmax}=\frac{F_y\cdot L^3}{48EI}$。因此加工后的工件呈鼓形。

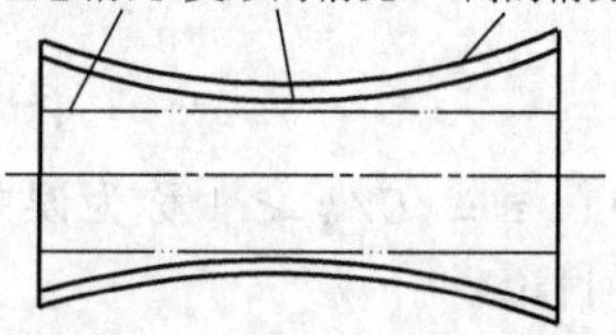

图 4-3-2　工件在顶尖上车削后的形状

③ 工艺系统的总变形

$$y=y_{jc}+y_{gj}=F_y\left[\frac{1}{k_{ct}}\left(\frac{L-x}{L}\right)^2+\frac{1}{k_{wz}}\left(\frac{x}{L}\right)^2+\frac{1}{k_{dj}}+\frac{(L-x)^2x^2}{3EIL}\right]\tag{4-11}$$

(2) 切削力大小变化引起的加工误差——误差复映规律　在车床上加工短轴,工艺系统的刚度变化不大,可近似地看作常量。这时如果毛坯形状误差较大或材料硬度不均匀,工件加工时切削力的大小就会有较大变化,工艺系统的变形也就会随切削力大小的变化而变化,因而引起工件加工误差。下面以车削一椭圆形横截面毛坯为例(见图 4-3-3)来作进一步分析。

加工时,刀具调整到一定的背吃刀量(图中双点划线圆的位置)。在工件每转一转中,背吃刀量发生变化,最大背吃刀量为 a_{p1},最小背吃刀量为 a_{p2}。假设毛坯材料的硬度是均匀的,那么 a_{p1} 处的切削力 F_{y1} 最大,相应的变形 y_1 也最大;a_{p2} 处的切削力 F_{y2} 最小,相应的变形 y_2 也最小。由此可见,当车削具有圆度误差 $\Delta m=a_{p1}-a_{p2}$ 的毛坯时,由于工艺系统受力变形的变化而使工件加工后产生相应的圆度误差 $\Delta g=y_1-y_2$,这种现象叫做“误差复映”。

如果工艺系统的刚度为 k,则工件加工后的圆度误差

$$\Delta g = y_1 - y_2 = \frac{1}{k}(Fy_1 - Fy_2)$$

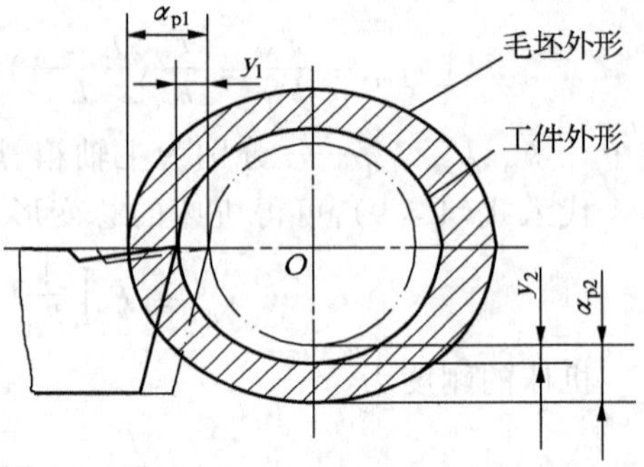

图 4-3-3　车削时的误差复映

由切削原理可知

$$Fy = C_{Fy} a_p^{x_{Fy}} f^{y_{Fy}} (HB)^{n_{Fy}}$$

式中　C_{Fy}—— 与刀具几何参数及切削条件有关的系数;

a_p—— 背吃刀量;

f —— 进给量;

HB—— 工件材料硬度;

x_{Fy}、y_{Fy}、n_{Fy}—— 指数。

在工件材料硬度均匀,刀具、切削条件和进给量一定的情况下,$C_{Fy} f^{y_{Fy}} (HB)^{n_{Fx}} = C$ 为常数。在车削加工中,$x_{Fy} \approx 1$,于是切削分力 F_y 可写成

$$F_y = Ca_p$$

因此

$$Fy_1 = Ca_{p1}, \qquad Fy_2 = Ca_{p2}$$

$$\therefore \qquad \Delta g = \frac{C}{k}(a_{p1} - a_{p2}) = \frac{C}{k} \cdot \Delta m = \varepsilon \cdot \Delta m \qquad (4-12)$$

式中　$\varepsilon = C/k < 1$ 称为误差复映系数。

讨论:

① 减小 C 或增大 k 都能使 ε 减小。例如减小进给量 f,即可减小 C,使 ε 减小,但切削时间增加。如果设法增大工艺系统刚度 k,不但能减小加工误差 Δg,而且可以在保证加工精度前提下相应增大进给量,提高生产率。

② 增加走刀次数可大大减小工件的复映误差。总的误差复映系数 $\varepsilon_{总} = \varepsilon_1 \varepsilon_2 \cdots \varepsilon_n \ll 1$。

③ 当工件毛坯有形状误差(如圆度、圆柱度、直线度等)或相互位置误差(如偏心、径向圆跳动等)时,加工后仍然会有同类的加工误差出现。在成批大量生产中用调整法加工一批工件时,如毛坯尺寸误差较大,那么加工后这批工件仍有尺寸不一的误差。因此,毛坯精度也是制约工艺水平提高的一个重要因素。另外毛坯硬度不均匀,同样会造成加工误差。

(3) 夹紧力引起的加工误差　工件在装夹时,由于工件刚度较低或夹紧力作用点选择不当,会使工件产生相应的变形,造成加工误差。如图 4-3-4a 所示为用三爪自定心卡盘夹持薄壁套筒,假定坯件是正圆形,夹紧后坯件呈三棱形,虽镗出的孔为正圆形,但松开后,套筒弹性恢复使孔又变成三棱形(如图 4-3-4a) 所示。为了减小加工误差,应使夹紧力均匀分布,可采用开口过渡环(如图 4-3-4b) 所示或采用专用卡爪(如图 4-3-4c) 所示夹紧。

3) 工艺系统受力变形的对策

(1) 提高工艺系统刚度

① 合理的结构设计　在设计工艺装备时,应尽量减少连接面数目,并注意刚度的匹配。在设计基础件、支承件时,应合理选择零件结构和截面形状。一般来讲,截面积相等时,空心截形比实心截形的刚度高,封闭的截形又比开口的截形好。在适当部位增添加强肋也有良

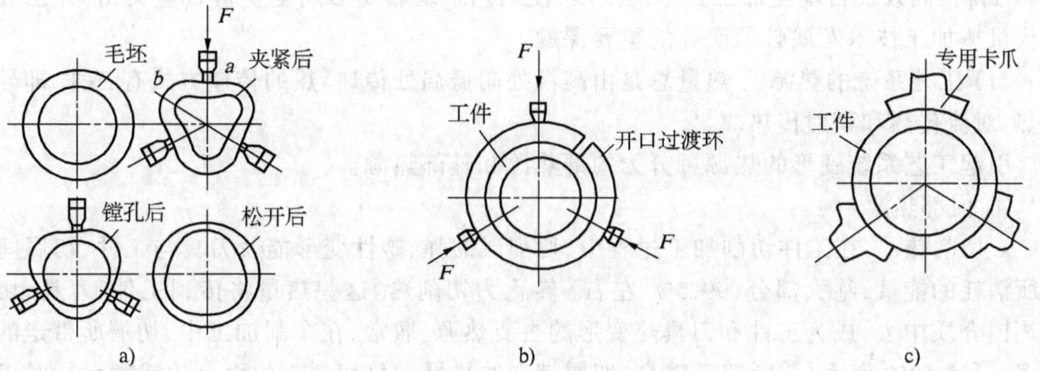

图 4-3-4　套筒夹紧变形误差

好的效果。

② 提高连接表面的接触刚度　由于部件的接触刚度大大低于实体零件本身的刚度，所以提高接触刚度是提高工艺系统刚度的关键。

a.提高机床部件中零件间接合表面的质量。

b.给机床部件以预加载荷，可消除接合面间隙，增加实际接触面积，减少受力后的变形量。

c.提高工件定位基准面的精度和减小它的表面粗糙度值。

③ 采用合理装夹和加工方式　例如在卧式铣床上铣削角铁形零件，如按图 4-3-5a 所示装夹加工方式，工件的刚度较低，如改用图 4-3-5b 所示装夹加工方式，则刚度可大大提高。

此外，增加辅助支承也是提高工件刚度的常用方法，例如在加工细长轴时采用中心架或跟刀架就是一个很典型的实例。

(2) 减小载荷及其变化

采取适当的工艺措施，如合理选择刀具几何参数(例如增大前角，让主偏角接近 90° 等) 和切削用量(如适当减小进给量和背吃刀量) 以减小切削力(特别是 F_y)，就可以减少受力变形。将毛坯分组，使一次调整中加工的毛坯余量比较均匀，就能减小切削力的变化，减小复映误差。

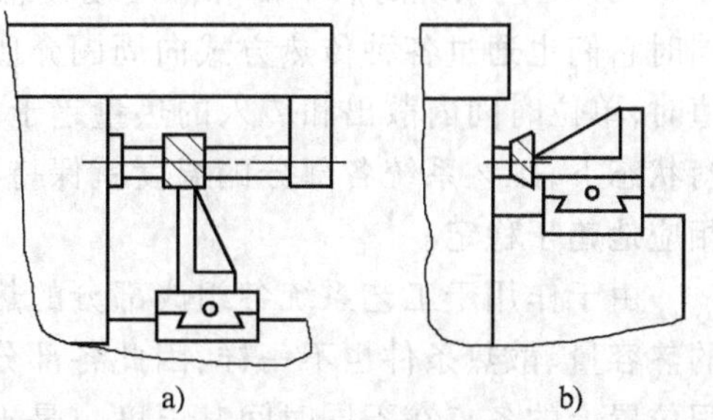

图 4-3-5　铣角铁形零件的两种装夹方式

4.3.2　工艺系统热变形的影响

1) 基本概念

在机械加工过程中，工艺系统会受到各种热的影响而产生温度变形，一般也称为热变形，这种变形将破坏刀具与工件的正确几何关系和运动关系，从而造成工件的加工误差。

热变形对加工精度影响较大，特别是在精密加工和大件加工时，热变形所引起的加工误差通常会占到工件加工总误差的 40% ~ 70%。

高精、高效及自动化加工技术的发展，使工艺系统热变形问题变得日益突出，并已成为现代机械加工技术发展必须研究的重要课题。

(1) 工艺系统的热源　热量总是由高温处向低温处传递。热的传递方式有三种，即导热传热、对流传热和辐射传热。

引起工艺系统变形的热源可分为内部热源和外部热源。

① 内部热源

a.切削热　在工件切削加工过程中，切削层的弹、塑性变形能及刀具与工件、切屑间摩擦所消耗的能量，绝大部分(99.5% 左右) 转化为切削热。这些热量将传到工件、刀具、切屑和周围介质中去，成为工件和刀具热变形的主要热源。通常，在车削加工中，切屑所带走的热最多，可达 50% 以上(切削速度越高，切屑带走的热量占总切削热的百分比就越大)；对于铣削、刨削加工，传给工件热量一般在总切削热的 30% 以下；对于钻削和卧式镗孔，因为大量的切屑滞留在孔中，传给工件的热量就比车削时高，如钻孔加工中传给工件的热量往往超过 50%；磨削时磨屑很小，带走的热量很少(约为 4%)，大部分热量(84% 左右) 传入工件，致使磨削表面的温度可高达 800 ~ 1 000℃ 左右，因此磨削热既影响工件的加工精度，又影响工件的表面质量。

b.摩擦热　主要是由机床和液压系统中运动部件产生的，如电动机、轴承、齿轮、丝杠副、导轨副、离合器、液压泵、阀等各运动部分产生的摩擦热。摩擦热会引起局部温升和变形，破坏系统原有的几何精度。

② 外部热源　主要是指周围环境温度通过空气的对流以及日光、照明灯具、加热器等环境热源通过辐射传到工艺系统的热量。外部热源的影响，有时也是不容忽视的。例如在加工大型工件时，往往要昼夜连续加工，由于昼夜温差，引起工艺系统的热变形就不一样，从而影响到加工精度。

(2) 工艺系统的热平衡和温度场概念　工艺系统在各种热源作用下，温度会逐渐升高，同时它们也通过各种传热方式向周围介质散发热量。当工件、刀具和机床的温度达到某一数值时，单位时间内散出和传入的热量趋于相等，这时工艺系统就达到了热平衡状态。在热平衡状态下，工艺系统各部分的温度就保持在一相对固定的数值上，因而各部分的热变形也就相应地趋于稳定。

由于作用于工艺系统各组成部分的热源，其发热量、位置和作用时间各不相同，各部分的热容量、散热条件也不一样，因此各部分的温升是不相同的。即使是同一物体，处于不同空间位置上的各点在不同时间其温度也是不等的。物体中各点温度的分布称为温度场。当物体未达到热平衡时，各点温度不仅是坐标位置的函数，也是时间的函数。这种温度场称为不稳态温度场。物体达到热平衡后，各点温度将不再随时间而变化，而只是其坐标位置的函数，这种温度场则称为稳态温度场。

工艺系统在刚开始工作时其温度场处于不稳定状态，其精度很不稳定。经过一定时间后温度场才渐趋稳定，其精度也才较稳定。因此保持工艺系统的热平衡，缩短达到热平衡所需时间，研究其稳态温度场对加工精度的影响，对保证工件的加工精度和提高生产率有着重要的意义。

2) 工艺系统热变形对加工精度的影响

(1) 工件热变形对加工精度的影响　使工件产生热变形的热源主要是切削热。对于精密零件，周围环境温度和局部受到日光等外部热源的辐射热也不容忽视。在受热膨胀的情况下，工件加工精度符合要求，但是在冷却收缩后，尺寸要发生变化，工件的热变形可以归纳为两种情况来分析：

① 工件比较均匀受热　对于一些形状简单的轴类、套类、盘类零件的内、外圆加工时，切削热比较均匀地传入工件，如不考虑工件温升后的散热，其温度沿工件全长和圆周的分布都是比较均匀的，可近似地看成均匀受热。均匀的温度变化，将使工件的尺寸发生变化。这时工件上切削热量可按下式计算：

$$Q = F_c v_c t K \tag{4-13}$$

式中　F_c—— 切向切削分力(N)；

v_c—— 切削速度(m/min)；

t—— 切削时间(min)；

K—— 切削热传入工件的百分比。

工件因传入热量引起的温度升高为

$$\Delta t = \frac{Q}{c\rho V} \tag{4-14}$$

式中　c—— 工件材料的比热容(J/kg ℃)；

ρ—— 工件材料的密度(kg/mm^3)；

V—— 工件的体积(mm^3)。

由此引起工件的热变形量为

$$\Delta L = L\alpha_L \Delta t \tag{4-15}$$

式中　L—— 工件原有尺寸(mm)；

α_L—— 工件材料的线膨胀系数(1/℃)；

Δt—— 工件的平均温升(℃)。

一般来讲，工件热变形对精加工的影响较大，特别是长度长而精度要求很高的零件。磨削丝杠就是一个突出的例子。若丝杠长度为 2m，每磨一次其温度相对于机床母丝杠就升高约 3℃，则丝杠的伸长量

$$\Delta L = L\alpha_L \Delta t = 2000 \times 1.17 \times 10^{-5} \times 3 = 0.07(\text{mm})$$

而 6 级丝杠的螺距累积误差在全长上不允许超过 0.02mm，由此可见热变形的严重性。

工件的热变形对粗加工精度的影响通常可不考虑，但是若在粗加工后，紧接着就进行精加工(如钻孔后立即铰孔)，粗加工的热变形就会对精加工时加工精度产生影响。因此，应尽可能把粗、精加工分开在两个工序中进行，以使工件粗加工后有足够的时间冷却。

② 工件不均匀受热　单面加工薄片类零件时，上、下表面间的温差将导致工件向上拱起，加工时中间凸起部分被切去，冷却后工件变形下凹，造成平面度误差。

磨削长 L，厚 δ 的板类零件，其热变形挠度 x 可作如下近似计算(见图 4-3-6)：由于中心角 ϕ 很小，故中性层的弦长可近似为原长 L，于是

$$x = \frac{L}{2}\sin\frac{\phi}{4} \approx \frac{L}{8}\phi$$

又由于$(R+\delta)\phi - R\phi = \alpha_L \cdot L\Delta t$，　所以　$x = \dfrac{\alpha_L \Delta t L^2}{8\delta}$　　(4 - 16)

此外，太阳光的照射和暖气装置热量的辐射等，都将使工件产生不均匀的热变形。

(2) 刀具热变形对加工精度的影响　刀具热变形主要是由切削热引起的，通常传入刀具的热量并不很多，但由于热量集中在切削部分，以及刀体小，热容量小，故温升很高。例如车削时，高速钢车刀的工作表面温度可达700 ~ 800℃，而硬质合金刀刃可达1 000℃以上。因而刀具热变形对加工精度也有不小的影响。

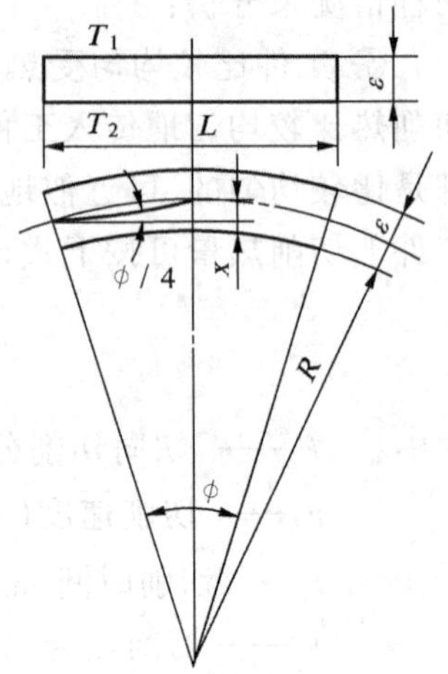

图 4-3-6　工件单面受热时的弯曲变形计算

加工大型零件，刀具热变形往往造成几何形状误差。如车长轴时，可能使工件产生锥度(靠近尾座处的直径要比靠近主轴箱附近的直径大)。

为了减小刀具热变形，应合理选择切削用量和刀具几何参数，并给以充分冷却和润滑，以减少切削热、降低切削温度。

(3) 机床热变形对加工精度的影响　机床在工作过程中，受到内外热源的影响，各部分的温度将逐渐升高。由于各部件的热源不同，分布不均匀，以及机床结构的复杂性，因此不仅各部件的温升不同，而且同一部件不同位置的温升也不相同，形成不均匀的温度场，使机床各部件之间的相互位置发生变化，破坏了机床原有的几何精度而造成加工误差。

机床空运转时，各运动部件产生的摩擦热基本不变。运转一段时间之后，各部位传入的热量与散失的热量基本相等，即达到热平衡状态，变形亦趋于稳定。机床达到热平衡状态时几何精度称为热态几何精度，在机床达到热平衡状态之前，机床几何精度变化不定，对加工精度的影响也变化不定。因此，精密加工应在机床处于热平衡之后进行。

一般机床，如车床、磨床等，其达到热平衡的空运转时间为4 ~ 6h，中小型精密机床为1 ~ 2h，大型精密机床往往要超过12h，甚至达到数十小时。

不同类型机床，其内部主要热源也各不相同，热变形对加工精度的影响也不相同。对于车、铣、钻镗类机床，主轴箱中的齿轮、轴承摩擦发热，润滑油发热是其主要热源，使主轴箱及与之相连部分如床身或立柱的温度升高而产生较大变形。例如车床主轴发热使主轴箱在垂直面内和水平面内发生偏移和倾斜，如图4-3-7所示。在垂直平面内，主轴箱的温升将使主轴升高；又因主轴前轴承的发热量大于后轴承的发热量，主轴前端将比后端高。此外，由于主轴箱的热量传给床身，床身导轨将向上凸起，故而加剧了主轴的倾斜。

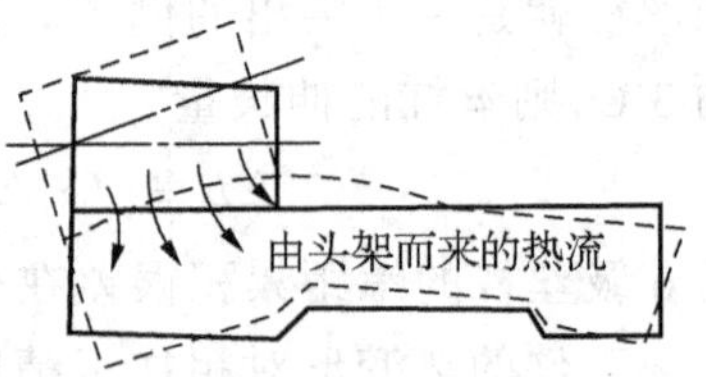

图 4-3-7　车床热变形趋势

3) 工艺系统热变形的对策

(1) 减少热源的发热和隔离热源　为了减小切削热，宜采用较小的切削用量。对磨削加工，除要正确选择砂轮和磨削用量外，还应及时地修整砂轮，以防砂轮钝化和堵塞而产生过多的热量。

为了减少机床的热变形，凡是可能从机床分离出去的热源，如电动机、变速箱、液压系统、冷却系统等均应移出，使之成为独立单元。对于不能分离的热源，如主轴轴承，丝杠螺母副、高速运动的导轨副等则可以从结构、润滑等方面改善其摩擦特性，减少发热，例如采用静压轴承、静压导轨，改用低粘度润滑油、锂基润滑脂，或使用循环冷却润滑、油雾润滑等；也可用隔热材料将发热部件和机床大件（如床身、立柱等）隔离开来。

对发热量大的热源，如果既不能从机床内部移出，又不便隔热，则可采用强制式风冷、水冷等散热措施。

目前，大型数控机床，加工中心机床普遍采用冷冻机对润滑油，切削液进行强制冷却，以提高冷却效果。精密丝杠磨床的母丝杠中则通以冷却液，以减少热变形。

（2）均衡温度场　如在M7150型磨床的床身下部配置热补偿油沟，可使床身上、下温差降至1～2℃，导轨的中凸量由原来的0.0265mm降至0.0052mm。

（3）采用合理的机床部件结构及装配基准

① 采用热对称结构　如在主轴箱的设计中将传动元件（轴、轴承及传动齿轮等）对称布置，可使箱壁温升均匀而变形减小。

又如传统的牛头刨床滑枕截面结构形状如图4-3-8a所示，由于导轨面的高速滑动，使滑枕上冷下热，就会产生较大的弯曲变形如图4-3-8b，BA6063牛头刨床将导轨布置在截面中间，如图4-3-8c所示，使上、下结构接近对称，就可以大大减少滑枕的弯曲变形而提高了机床的精度。

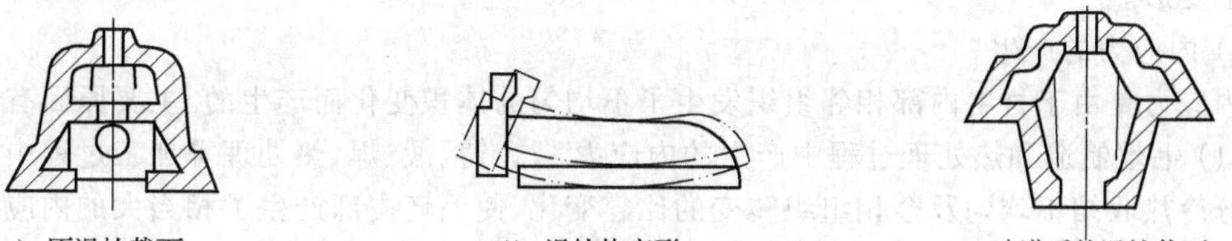

a) 原滑枕截面　b) 滑枕热变形　c) 改进后的滑枕截面

图4-3-8　牛头刨床滑枕的改进

② 合理选择机床零部件的装配基准　如图4-3-9所示车床主轴箱在床身上有三种定位方式，其中图4-3-9a）对加工精度影响最小，因为这时主轴孔热变形方向恰好是沿着误差不敏感方向z的；图4-3-9b）次之，因为使主轴孔产生热位移的有效长度L_1比L_2小，所以图4-3-9c）的热变形对加工精度的影响最大。

（4）加速达到热平衡状态　对于精密机床特别是大型机床，达到热平衡的时间较长。为了缩短这个时间，可以在加工前，使机床作高速空运转，或在机床的适当部位设置控制热源，人为地给机床加热，使机床较快达到热平衡状态。为了保持工艺系统的热平衡，精加工机床应尽量避免中途停车以防止出现质量波动。

（5）控制环境温度　精密机床应安装在恒温车间，其恒温精度一般控制在±1℃以内，精密级±0.5℃。恒温室平均温度一般为20℃，冬季可取17℃，夏季取23℃。

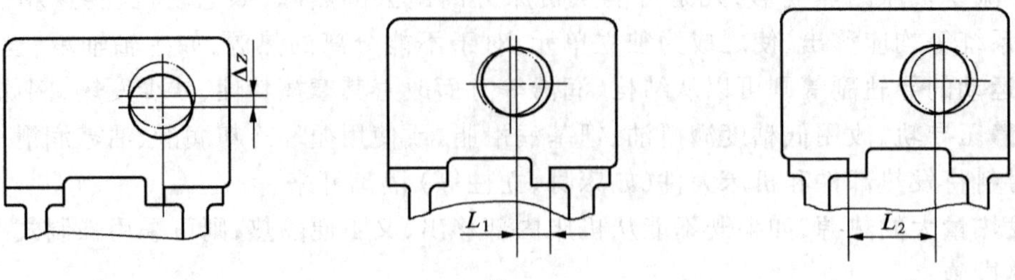

图 4-3-9　车床主轴箱定位支承点对热变形的影响

4.3.3　工艺系统内应力的影响

1）内应力的概念

内应力也称残余应力，是指在没有外力作用下或去除外力后工件内存留的应力。

具有内应力的零件处于一种不稳定的状态。它的内部组织有强烈的倾向要恢复到一个稳定的没有应力的状态。即使在常温下，零件也会不断地缓慢地进行这种变化，直到内应力完全松弛为止。在这一过程中，零件将发生翘曲变形而丧失其原有的加工精度。具有内应力的零件，在外观上一般没有什么表现，只有当应力大到超过材料的强度极限时，才会在零件表面上出现裂纹。具有内应力的零件，在经过切削加工后，内应力将重新分布，零件就明显地出现了变形。

2）内应力的产生

内应力是由于材料内部相邻组织发生了不均匀的体积变化而产生的。主要原因有：

(1) 毛坯制造和热处理过程中产生的内应力　在铸、锻、焊、热处理等加工过程中，由于各部分冷热收缩不均匀及金相组织转变的比容变化，使毛坯内部产生了相当大的内应力。毛坯的结构愈复杂，各部分的厚度愈不均匀，散热的条件相差愈大，则在毛坯内部产生的内应力也愈大。

如图 4-3-10 所示为一内外厚薄相差较大的铸件在铸造过程中产生内应力的情形。铸件浇涛后，由于壁 A 和 C 较薄，散热容易，所以冷却速度较中部 B 快。当 A、C 从塑性状态冷却到弹性状态时（约 620℃），B 尚处于塑性状态。此时，A、C 继续收缩，B 不起阻碍作用，故不会产生内应力。当 B 亦冷却到弹性状态时，A、C 的温度已降低很多，其收缩速度变得很慢，但这时 B 收缩较快，因而受到 A、C 的阻碍。这样，B 内就产生了拉应力，而 A、C 内就产生了压应力，形成相互平衡状态。如果在 A 上开一缺口，A 上的压应力消失，铸件在 B、C 的残余应力作用下，就产生了弯曲变形，直到残余应力重新分布达到新的平衡状态为止。

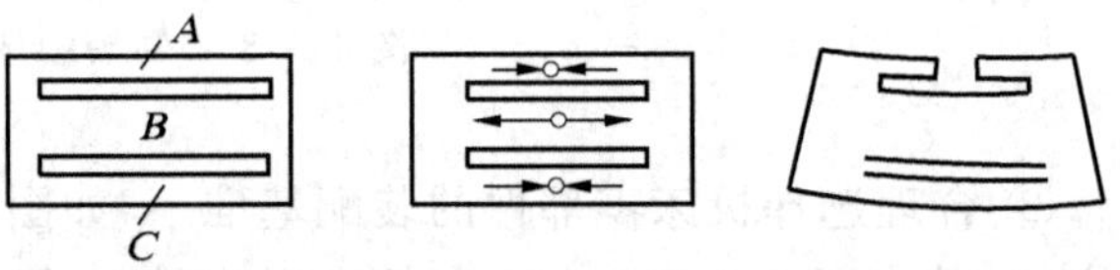

图 4-3-10　铸件残余应力的形成及变形

(2) 冷校直带来的内应力　具体以弯曲工件的冷校直（图 4-3-11）来说明。弯曲的工件（原来无内应力）要校直，必须使工件产生反向弯曲（图 4-3-11a），并使工件产生一定的塑性变形。当工件外层应力超过屈服极限时，其内层应力还未超过弹性极限，故其应力分布情况如图 4-3-11b 所示。去除外力后，由于上、下部外层分别产生了拉伸和压缩的塑性变形，故里层的弹性恢复受到阻碍。结果产生图 4-3-11c 所示应力分布。冷校直后虽然弯曲减小了，但内部组织处于不稳定状态，如再进行一次加工，又会产生新的弯曲。

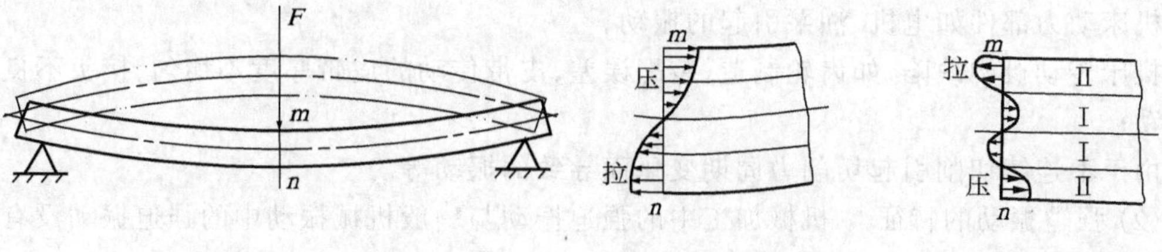

a) 冷校直方法　　b) 加载时的应力分布　　c) 卸载后的残余应力分布

图 4-3-11　冷校直引起的残余应力

(3) 切削加工带来的内应力　由于力和热的作用，使工件表面层产生塑性变形，也会产生相应的残余应力。

3) 减小内应力的措施

① 增加消除内应力的热处理工序，例如对铸、锻、焊接件进行退火或回火；零件淬火后进行回火；对精度要求高的零件如床身、丝杠、箱体等在粗加工后进行时效处理。常用的时效方法有：自然时效、人工时效和振动时效。

② 尽量不采用冷校直，对精密零件应严禁冷校直，可以采用热校直或加大余量多次切削来消除弯曲变形。

③ 合理设计零件结构，如铸、锻件应尽量壁厚均匀；焊接件应焊缝均匀布置，坡口形状合理等。

④ 粗、精加工分开进行。

4.3.4　工艺系统的振动

机械加工过程中产生的振动，是一种十分有害的现象。它不仅严重恶化加工表面的质量，缩短刀具及机床的使用寿命，降低切削加工的生产率，而且由振动引起的噪声污染，会损害操作工人的身体健康。因此，研究机械加工中的振动，探求消振、减振的有效措施已越来越受到重视。

1) 工艺系统振动的分类

(1) 自由振动　在初始干扰力作用下，使系统的平衡被破坏而产生的仅靠系统弹性恢复力维持的振动。

(2) 强迫振动(受迫振动)　在外界周期性干扰力持续作用下，系统受迫产生的振动。

(3) 自激振动　依靠振动系统在自身运动中激出交变力维持的振动。切削过程中的自激振动一般称之为切削颤振。

由于系统中总存在阻尼，自由振动实际上总是衰减的，所以对加工质量影响不大，而受迫振动和自激振动都是持续的振动，对零件的加工质量影响很大，必须加以重视。

2) 强迫振动

(1) 强迫振动产生的原因

① 工艺系统的外部振源　来源于工艺系统之外，并通过地基传给机床，激起工艺系统的振动。

② 工艺系统的内部振源　来源于工艺系统内部，主要包括：

回转零件因偏心质量引起的不平衡，如工件、卡盘、飞轮等不平衡所引起的振动；

机床动力部件如电机、油泵引起的振动；

机床传动机构缺陷，如齿轮制造，装配误差，皮带传动的皮带厚度不均匀，接头不良引起的振动；

由于不连续切削引起切削力周期变化而导致的振动等。

(2) 强迫振动的特征　机械加工中的强迫振动与一般机械振动中的强迫振动没有本质上的区别。

强迫振动的频率与干扰力的频率相同，或是干扰力频率的数倍。这种频率对应关系是诊断是否为强迫振动的主要依据，并可利用上述频率特征去分析，查找强迫振动的振源。

强迫振动的幅值既与干扰力的幅值有关，又与工艺系统的动态特性有关。一般而言，在干扰力源频率不变的情况下，干扰力的幅值越大，强迫振动的幅值将随之增大。工艺系统的动态特性对强迫振动的幅值影响极大。如果干扰力的频率远离工艺系统各阶模态的固有频率，则强迫振动响应将处于机床动态响应的衰减区，振动幅值很小；当干扰力频率接近工艺系统某一固有频率时，强迫振动的幅值将明显增大；当干扰力频率与工艺系统某一固有频率相同，系统将产生共振。工艺系统阻尼较小，则共振振幅将很大。

3) 自激振动

(1) 自激振动产生的原因　在没有周期性外力作用的情况下，激发系统产生自激振动的交变力是如何产生的呢？

工艺系统是一个由振动系统和调节系统组成的闭环系统，如图 4-3-12 所示。激励工艺系统产生振动的交变力是由切削过程产生的，而切削过程同时又受到工艺系统振动的控制，工艺系统的振动一旦停止，动态切削力便随之消失。如果切削过程很平稳，即使系统存在产生自激振动的条件，也因切削过程没有交变的动态切削力，使自激振动不可能产生。但在实际加工过程中，偶然性的外界干扰（如工件材料硬度不均、加工余量有变化等）总是存在的，这种偶然性外界干扰所产生的切削力的变化，作用在工艺系统上，会使系统产生振动。系统的振动将引起工件、刀具间的相对位置发生周期性变化，使切削过程产生维持振动运动的动态切削力。如果工艺系统不存在产生自激振动的条件，这种偶然性外界干扰，将因工艺系统存在阻尼而使振动逐渐衰减；如果工艺系统存在产生自激振动的条件，就会使工艺系统产生持续的振动。

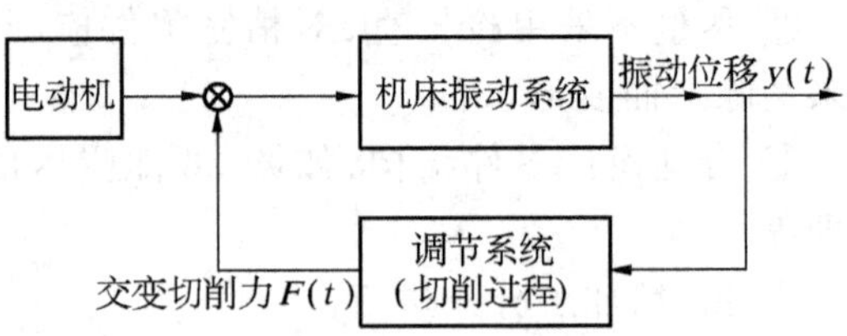

图 4-3-12　自激振动闭环系统

维持自激振动的能量来自电动机，电动机通过动态切削过程把能量输给振动系统，以维持振动的持续。

关于切削颤振的理论，迄今还不完善，其中比较成熟的解释切削颤振机理的学说主要有负摩擦颤振理论、再生颤振理论和主振模态耦合颤振理论（可参见有关教材）。

(2) 自激振动的特征

① 与自由振动相比，虽然二者都是在没有外界周期性干扰作用下产生的振动，但自由振动在系统阻尼作用下将逐渐衰减，而自激振动则会从自身的振动运动中吸取能量以补偿阻尼的消耗，使振动得以维持。

② 与受迫振动相比，二者都是持续的等幅振动，但维持自激振动的交变力是自振系统在振动过程中自行产生的。因此，若停止切削（或磨削）过程，即使机床仍空运转，自激振动也就停止了。

③ 自激振动的频率和振幅，是由系统本身的参数决定的，其频率接近或等于系统的固有频率。其振幅则决定于系统在一个振动周期中所获得能量和阻尼所消耗能量的对比情况。

4）消振、减振的基本途径

（1）消除或减弱产生强迫振动的条件

① 减小机内外干扰力的幅值。

② 适当调整振源的频率。在选择转速时，使可能引起强迫振动的振源频率 f，远离机床加工系统薄弱模态的固有频率 f_n，一般应满足

$$\left| \frac{f_n - f}{f} \right| \geqslant 0.25 \tag{4-17}$$

③ 采取隔振措施。

（2）消除或减弱产生自激振动的条件

① 合理选择切削用量。在中等切削速度时（例如车削时 $v = 20 \sim 60\text{m/min}$）最容易发生颤振，因此，选择极低速或高速进行切削均可避免颤振。一般多采用高速，既可避免颤振，又可提高生产率，并能减小表面粗糙度。

增大进给量，有利于抑制颤振。

减小切深，可减小动态切削力，减振效果极为显著，但将大大降低生产率，因此常用合理增大进给量和切削速度来补偿。

② 合理选择刀具的几何参数。适当地增大前角 γ_o、主偏角 κ_r，能减小 F_y 而减小振动。后角 α_o 可尽量取小，但精加工中由于 α_o 较小，刀刃不容易切入工件，而且 α_o 过小时，刀具后面与加工表面间的摩擦可能过大，这样反而容易引起振动。通常在刀具的主后面上磨出一段 α_o 角为负的窄棱面作为消振棱（图 4-3-13）。

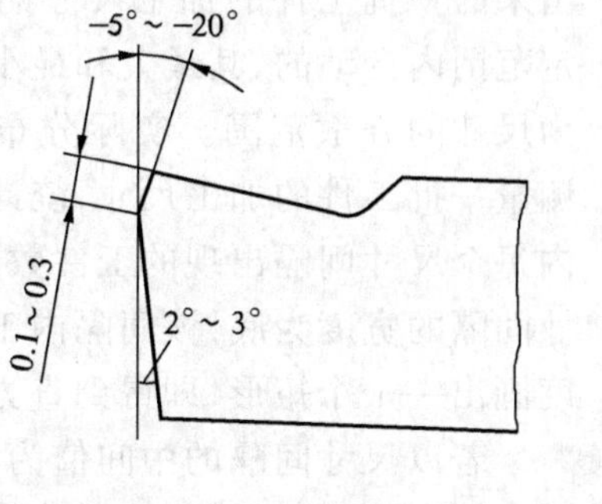

图 4-3-13　车刀消振棱

③ 采用变速切削方法加工。所谓变速切削就是人为地以各种方式连续改变机床主轴转速所进行的一种切削方式。

④ 合理地安排系统低刚度主轴位置。

（3）改善工艺系统的动态特性，提高工艺系统的稳定性

① 提高工艺系统刚度。

② 增大工艺系统阻尼。

（4）采用各种消振、减振装置　常用的消振、减振装置有：动力减振器、摩擦减振器、冲击式减振器，阻尼式减振器等（可参见有关教材）。

4.4 加工精度统计分析

前面对加工精度的影响因素进行了分析,实际生产中,工件的加工误差是多种因素影响的综合结果,且这些因素的影响往往带有随机性,因此仅用单因素分析是不够的,需用数理统计的方法(分布图分析法、点图分析法等)进行综合分析,找出规律,提出相应的解决措施。

4.4.1 加工误差的分类

根据加工误差出现的规律,可将其分为两类:

(1) 系统性误差　顺序加工一批工件时,大小、方向保持不变或按一定的规律变化的误差。前者为常值系统性误差,如一次调整情况下的调整误差,机床、夹具、刀具的制造误差;后者为变值系统性误差,如刀具的磨损误差,工艺系统热平衡前的热变形误差等。

(2)随机性误差(偶然性误差)　顺序加工一批工件时,大小、方向不同且无规则地变化的误差。如由于工件材质不均匀、加工余量不均匀、残余应力等引起的误差。

在不同的情况下,误差的表现性质有所不同。例如,对于在一次调整中加工出来的一批工件,调整误差是常值性系统误差,但对于经过若干次调整加工出来的一批工件,由于每次的调整不可能是常值,变化也无一定规律,因此调整误差所引起的加工误差又成为随机性误差。

4.4.2 分布图分析法

分布图是表明一批工件尺寸分布情况的曲线,也称为分布曲线。

1) 实际分布图

由于各种误差的影响,同一工艺条件下加工出来的一批工件的加工尺寸的实际数值是在一定范围内变动的,其最大和最小加工尺寸之差称为尺寸的分散范围。实际分布图的基本要点是测量一批工件的加工尺寸,统计在尺寸分散范围内每个尺寸间隔出现的工件数(频数),以每个尺寸间隔的宽度为底,该间隔内工件频数为纵向高度画出一个个矩形,即得到直方图。

若以尺寸间隔的中间值为横坐标,频数或频率(频数与所测工件总数之比)为纵坐标,即可得若干点,连接这些点就成为分布折线图。直方图和分布折线图统称为实际分布图。当所测工件总数增多且尺寸间隔很小时,这根折线便很接近于光滑曲线,即实际分布曲线(图 4-4-1)。

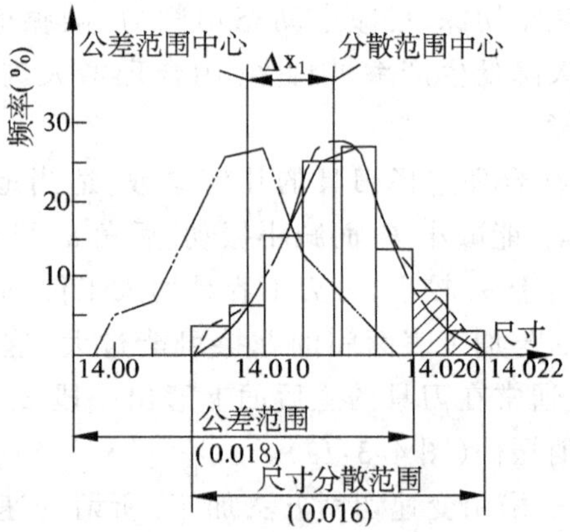

图 4-4-1　实际分布图

2) 理论分布图

大量的试验、统计、分析表明,用调整法加工一批零件,在没有突出因素影响的情况下,其尺寸分布近似正态分布,如图 4-4-2。在研究加工误差时,常用理论分布曲线来近似地代替实际分布曲线,可使问题的分析大大地简化。

正态分布的概率密度的函数表达式为

$$y = \frac{1}{\sigma\sqrt{2\pi}}\exp\left(-\frac{(x-\mu)^2}{2\sigma^2}\right) \qquad (4-18)$$

式中　y——概率密度，工件分别在单位尺寸宽度上的概率；

x——工件尺寸；

μ——总体的平均值；

σ——正态分布随机变量的均方差值。

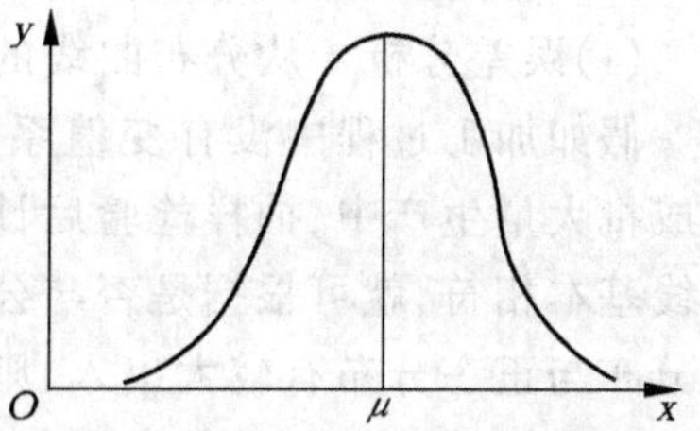

图 4-4-2　正态分布曲线

一般用样本的平均值 $\bar{x}$ 代替 μ，用样本的 σ 代替总体的均方差值。

正态分布曲线的特点是：

①曲线呈扣钟形对称于直线 $x=\mu$，靠近 μ 的工件尺寸出现的概率较大。当 $x=\mu$ 时，y 有最大值：

$$y_{\max} = \frac{1}{\sigma\sqrt{2\pi}} \qquad (4-19)$$

② 对 μ 的正偏差和负偏差，其概率相等。

③ 分布曲线下与 x 轴所围成的面积包括全部零件数（100%），其值等于 1。

式 4－18 中的参数 μ 决定了曲线的位置，当 σ 保持不变，曲线随 μ 值的变化沿 x 轴移动而不改变形状，如图 4-4-3a 所示，μ 值的变化主要是常值系统性误差的影响。

σ 是决定分布曲线形状和分散范围的唯一参数。σ 减小时，曲线形状陡峭，分散范围小，表明加工尺寸变动小，加工精度高；σ 增大，曲线形状平坦，分散范围大，表明加工尺寸变动大，加工精度低，如图 4-4-3 b 所示。σ 的变化是由随机性误差决定的。随机性误差越大，σ 越大。尺寸在 $\pm3\sigma$ 范围内的工件数占总工件数的 99.73%，因此，一般取整批工件的分散范围为 6σ。

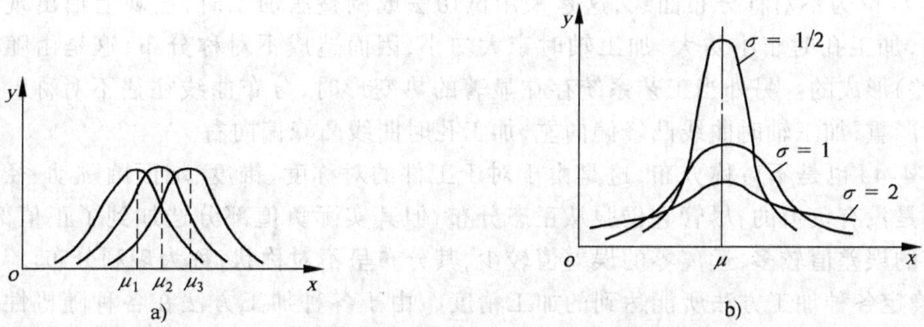

图 4-4-3　μ、σ 值对正态分布曲线的影响

$\pm3\sigma$（或 6σ）是一个很重要的概念，在研究加工精度时，6σ 的大小表明了某种加工方法在一定的条件（毛坯余量、切削用量、正常的机床、夹具与刀具等）下所能达到的加工精度。一般情况下，应使所选择的加工方法能保证：

$$6\sigma \leqslant T$$

其中，T 为公差带宽度。

3)分布图分析法的应用

(1)误差分析　从分布曲线的形状、位置,可以分析各种误差的影响。

假如加工过程中没有变值系统性误差(或影响很小),则其尺寸分布应服从正态分布。在成批大量生产中,抽样检验后计算出 μ 和 σ,绘制分布图。如果实际分布曲线与正态分布曲线基本相符,就可根据是否与公差带中心重合来判断是否存在常值系统性误差。如果实际分布与正态分布有较大出入,则可根据非正态分布曲线的形状初步分析其形成原因,以判断变值系统性误差是何种类型。图 4-4-4 表示了几种非正态分布曲线,可根据其形状初步分析其形成原因。

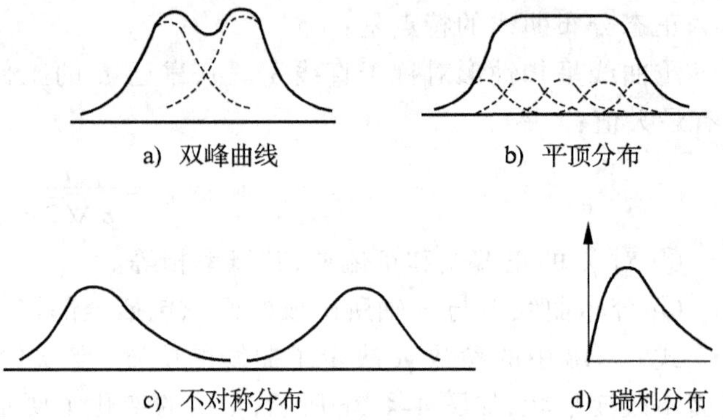

图 4-4-4　非正态分布曲线

图 4-4-4a 为多峰值分布曲线,这表示该分布曲线有几个分布中心,即存在着阶跃变值系统性误差,如将几次调整加工的零件合在一起作分布曲线就会出现多峰值分布。

图 4-4-4b 为等概率分布曲线,其中有一段曲线概率相等,这是由于线性变值系统性误差所形成。如加工中刀具或砂轮的尺寸磨损比较显著(尺寸磨损大于随机性误差时),尽管在加工的每一瞬间,工件的尺寸分布为正态分布,但随着刀具或砂轮的磨损,不同瞬间尺寸分布的算术平均值是逐渐移动的(当均匀磨损时,瞬时平均值可看成是匀速移动),因此分布曲线为平顶。

图 4-4-4c 为不对称分布曲线,这是采用试切法或调整法加工时,主观上怕出现不可修复的废品,加工孔时宁小勿大,加工轴时宁大勿小,因而造成不对称分布,这是由随机误差(主观误差)形成的。另外当工艺系统存在显著的热变形时,分布曲线往往不对称。例如刀具热变形严重,加工轴时曲线凸峰偏向左,加工孔时曲线凸峰偏向右。

图 4-4-4d 也是不对称分布,这是由于对于工件的对称度、锥度、端面圆跳动、径向圆跳动等误差是没有负值的,尽管它仍服从正态分布,但其实际负值部分迭加到了正值部分,所以接近零的误差值较多,远离零的误差值较少,其分布呈不对称状,称为瑞利分布。

(2)确定各种加工方法所能达到的加工精度　由于各种加工方法在各种随机性因素影响下所得到的加工尺寸分布图符合正态分布,所以在多次统计的基础上,求得某种加工方法的均方差 σ 值,再按尺寸分布范围等于 6σ 的规律,即可确定各种加工方法所能达到的加工精度。

(3)确定工艺能力能否满足加工精度要求　工艺能力是指处于控制状态的加工方法所能加工出产品质量的实际能力。由于加工时误差超出分散范围的概率极小,可以认为不会发生,所以可用该工序的尺寸分散范围来表示工艺能力。由于大多数加工工艺的分布都接近于正态分布,所以一般都取工艺能力为 6σ。

判断工艺能力能否满足加工精度要求,只要把工件规定的公差 T 与工艺能力 6σ 相比

较，T 与 6σ 的比值称为工艺能力系数 C_p

$$C_p = \frac{T}{6\sigma} \tag{4-20}$$

根据工艺能力系数 C_p 的大小，可将工艺能力分为 5 级，见表 4-4-1。

表 4-4-1　工艺等级

工艺能力系数值	工艺等级	说　明
$C_p > 1.67$	特级工艺	工艺能力很高，可以允许有异常波动或作相应考虑
$1.67 \geqslant C_p > 1.33$	一级工艺	工艺能力足够，可以有一定的异常波动
$1.33 \geqslant C_p > 1.00$	二级工艺	工艺能力勉强，必须密切注意
$1.00 \geqslant C_p > 0.67$	三级工艺	工艺能力不足，可能产生少量不合格品
$0.67 \geqslant C_p$	四级工艺	工艺能力很差，必须加以改进

一般情况下，工艺能力系数不应低于二级，即 $C_p > 1$。但即使如此，加工中是否会出现废品，还要看加工过程中调整的情况。如有常值系统性误差存在，μ 就与公差带中心不重合，这时还是有可能出现不合格品的。

(4)估算一批零件的合格率和废品率　分布曲线下某一间隔内的面积，表示该区间内工件出现的概率，据此可计算出一批零件的合格率和废品率。

如图 4-4-5 所示，尺寸在 C、D 两点间的工件为合格品，计算出图中阴影部分的面积即可得到该工序加工的合格率。加工孔时，阴影部分右边零件的尺寸过大，为不可修复的废品；阴影部分左边零件的尺寸过小，为可修复的废品；加工轴时正好与此相反。

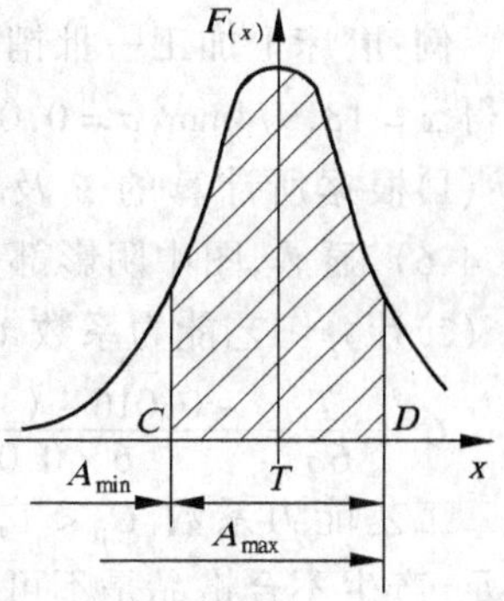

图 4-4-5　利用正态分布曲线估量废品率

分布曲线下面积的计算可利用积分方法

$$F(x) = \frac{1}{\sigma\sqrt{2\pi}}\int_{-\infty}^{x} \exp\left[-\frac{\left(\frac{x-\mu}{\sigma}\right)^2}{2}\right] dx$$

其中 F 值需用查表法求得。令 $z = \frac{x-\mu}{\sigma}$，变为标准正态分布，并取积分区间为 $0 \sim z$，则

$$F(z) = \frac{1}{\sigma\sqrt{2\pi}}\int_{0}^{z} e^{-\frac{z^2}{2}} dz$$

各种不同 z 值的 $F(z)$ 可由表 4-4-2 查出。

表 4-4-2　正态分布曲线下的面积函数

z	$F(z)$	z	$F(z)$	z	$F(z)$	z	$F(z)$	z	$F(z)$
0.00	0.0000	0.20	0.0793	0.60	0.2257	1.00	0.3413	2.00	0.4772
0.01	0.0040	0.22	0.0871	0.62	0.2324	1.05	0.3531	2.10	0.4821

续表 4-4-2

z	$F(z)$	z	$F(z)$	z	$F(z)$	z	$F(z)$	z	$F(z)$
0.02	0.0080	0.24	0.0948	0.64	0.2389	1.10	0.3643	2.20	0.4861
0.03	0.120	0.26	0.1023	0.66	0.2454	1.15	0.3749	2.30	0.4893
0.04	0.0160	0.28	0.1103	0.68	0.2517	1.20	0.3849	2.40	0.4918
0.05	0.0199	0.30	0.1179	0.70	0.2580	1.25	0.3944	2.50	0.4938
0.06	0.0239	0.32	0.1255	0.72	0.2642	1.30	0.4032	2.60	0.4953
0.07	0.0279	0.34	0.1331	0.74	0.2703	1.35	0.4115	2.70	0.4965
0.08	0.0319	0.36	0.1406	0.76	0.2764	1.40	0.4192	2.80	0.4974
0.09	0.0359	0.38	0.1480	0.78	0.2823	1.45	0.4265	2.90	0.4981
0.10	0.0398	0.40	0.1554	0.80	0.2881	1.50	0.4332	3.00	0.49865
0.11	0.0438	0.42	0.1628	0.82	0.2039	1.55	0.4394	3.20	0.49931
0.12	0.0478	0.44	0.1700	0.84	0.2995	1.60	0.4452	3.40	0.49966
0.13	0.0517	0.46	0.1772	0.86	0.3051	1.65	0.4505	3.60	0.499841
0.14	0.0557	0.48	0.1814	0.88	0.3106	1.70	0.4554	3.80	0.499928
0.15	0.0596	0.50	0.1915	0.90	0.3159	1.75	0.4599	4.00	0.499968
0.16	0.0636	0.52	0.1985	0.92	0.3212	0.18	0.4641	4.50	0.499997
0.17	0.0675	0.54	0.2004	0.94	0.3264	1.85	0.4678	5.00	0.49999997
0.18	0.0714	0.56	0.2123	0.96	0.3315	1.90	0.4713	–	–
0.19	0.0753	0.58	0.2190	0.98	0.3365	1.95	0.4744	–	–

例:磨床上加工一批销轴,要求外径尺寸为 $\phi 14^{-0.016}_{-0.043}$mm,抽样检查一批工件,经实测计算得 $\bar{x} = 13.974$mm,$\sigma = 0.005$mm,其尺寸分布符合正态分布,试分析该工序的加工质量。

解:(1)根据所计算的 $\bar{x}$ 及 6σ 作分布图(见图 4-4-6),显然,图中阴影部分为不合格品。

(2)计算工艺能力系数 C_p

$$C_p = \frac{T}{6\sigma} = \frac{-0.016-(-0.043)}{6\times 0.005} = 0.9 < 1$$

工艺能力系数 $C_p < 1$,说明本工序工艺能力不足,产生不合格品是不可避免的。

(3)计算不合格品率 Q

工件要求最大尺寸:$d_{max} = 13.984$mm

最小尺寸:$d_{min} = 13.957$mm

实际生产中工件可能出现的最小极限尺寸为

$A_{min} = \bar{x} - 3\sigma = (13.974 - 0.015)\text{mm} = 13.959\text{mm} > d_{min}$,故不会出现不可修复的废品。

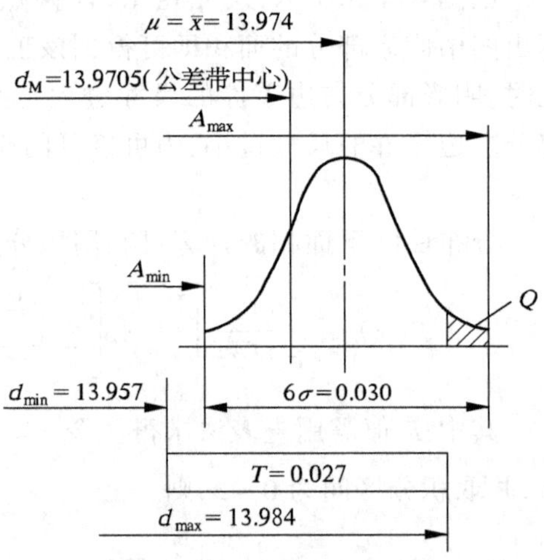

图 4-4-6 销轴直径尺寸分布图

实际生产中工件可能出现的最大极限尺寸为

$A_{max} = \bar{x} + 3\sigma = (13.974 + 0.015)\text{mm} = 13.989\text{mm} > d_{max}$

故将产生可修复的废品。

废品率 $Q = 0.5 - F(z)$

$$z = \frac{x - \bar{x}}{\sigma} = \frac{13.984 - 13.974}{0.005} = 2$$

查表 4-4-1,得 $F(z) = 0.4772$

$Q = 0.5 - 0.4772 = 2.28\%$

(4)改进措施　重新调整机床，使分散中心与公差带中心 d_M(13.970 5)重合，调整量 $\Delta = (13.974 - 13.9705)\text{mm} = 0.0035\text{mm}$(具体操作时，砂轮进刀量为 $\Delta/2$ 即可)。这时废品率减少，经计算可得，废品率为 0.7%，其中可修复和不可修复的废品率各为 0.35%。

分布图分析法不能反映零件加工的先后顺序，因而不能反映误差的变化趋势，分析时很难把变值系统性误差与随机性误差区分开来；同时它必须等一批工件加工结束后，才能得出分布情况，因此不能在加工过程中及时提供控制精度的资料。下面介绍的点图法，可以弥补上述不足。

4.4.3　点图分析法

点图分析法是在分布图分析法的基础上发展起来的，其要点是在一次调整中，按工件加工顺序依次定期测量尺寸，作出加工尺寸变化图，从而看出加工过程中加工尺寸变化的全貌。这样可以得到在时间上与工艺过程运行同步的有关信息，反映出加工误差随时间变化的趋势。应用这种分析方法的前提是工艺过程应该是稳定的。

1)点图的形式

(1)单值点图　如果按加工顺序逐个测量工件的尺寸，以工件序号为横坐标，工件尺寸(或误差)为纵坐标，将所测尺寸用点的形式标在坐标图上，就可得到图 4-4-7a 所示点图。当加工工件很多，为了缩短点图的长度，将顺次加工出的 m 个工件编为一组，以工件组序为横坐标，纵坐标保持不变，将同一组内 m 个工件根据尺寸标在同一横坐标的垂直线上，就可得到图 4-4-7b 所示点图。

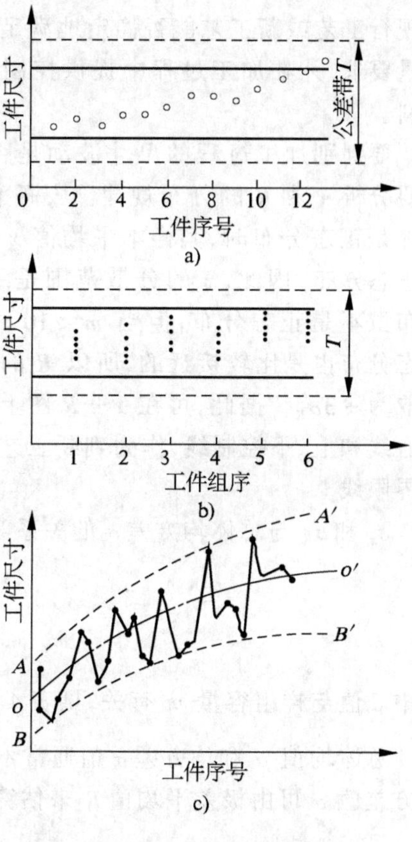

图 4-4-7　单值点图

上述点图都反映了每个工件尺寸(或误差)与加工时间的关系，称为单值点图。

如果把点图的上下极限点包络成两根平滑的曲线，并作出这两根曲线的平均值曲线，就能较清楚地揭示出加工过程中误差的性质和变化趋势。平均值曲线 OO' 表示每一瞬时的分散中心，其变化情况反映了变值系统性误差随时间变化的规律，其起始点 O 可看成常值系统性误差的影响；上下限曲线 AA' 和 BB' 间的宽度表示每一瞬时的尺寸分散范围，也就是反映了随机性误差的影响(图 4-4-7c)。

(2)$\bar{x}$—R 图　单值点图由于分散的数值很大，难以看出零件在依次加工过程中尺寸变化的一般趋向，为了能直接反映出加工中系统性误差和随机性误差随加工时间的变化趋势，生产中常用样组点图。以分组序号为横坐标，以每组零件的平均尺寸 $\bar{x}$ 为纵坐标绘制的图称为 $\bar{x}$ 点图，见图 4-4-8 a，从 $\bar{x}$ 点图可看出尺寸的变化趋势，用以控制工艺过程质量指标的分布中心。若横坐标不变，以每组零件的极差 R(组内最大尺寸与最小尺寸之差)为纵坐标

绘制的图称为极差 R 点图，图 4-4-8 b，极差 R 点图可显示出加工过程中尺寸分散范围的变化情况，用以控制工艺过程质量指标的分散程度。

实际生产中，常将 $\bar{x}$ 点图和 R 点图联合起来使用，称为 $\bar{x}$—R 图。前者控制工艺过程质量指标的分布中心，后者控制工艺过程质量指标的分散程度。

2）$\bar{x}$—R 图的应用

$\bar{x}$—R 图可以用来判断工艺过程的稳定性，判定现行工艺或新工艺能否稳定地满足产品的加工质量要求，并在加工过程中提供控制加工精度的资料。

要判别加工过程的尺寸波动是否属于正常，需要分析 $\bar{x}$ 和 R 的分布规律。从概率论可知，当总体是正态分布时，其样本平均值 $\bar{x}$ 的分布也服从正态分布，因此，$\bar{x}$ 的分散范围是 $\pm 3\sigma_{\bar{x}}$。R 的分布虽不是正态分布，但当 $m < 10$ 时，其分布与正态分布也是比较接近的，所以 R 的分散范围也可取为 $\pm 3\sigma_R$。据此，可在 $\bar{x}$—R 图上分别作出其中心线和上、下控制线，作为判断工艺过程稳定性的界限线。

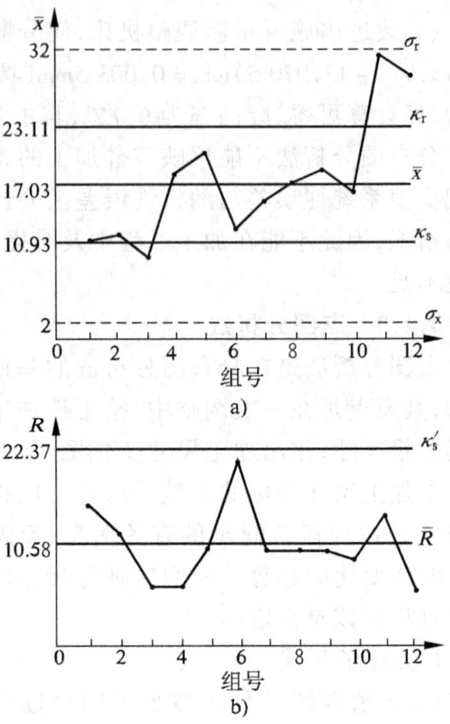

图 4-4-8 $\bar{x}$ - R 图

$\sigma_{\bar{x}}$ 和 σ_R 与总体均方差 σ 的关系为

$$\sigma_{\bar{x}} = \frac{\sigma}{\sqrt{m}}$$

$$\sigma_R = \mathrm{d}\sigma$$

式中 d 值与样组容量 m 有关，见表 4 - 3。

总体均值 μ 和均方差 σ 值通常不知道，μ 可由小样本平均值 $\bar{x}$ 的平均值 $\bar{\bar{x}}$ 来估计，总体均方差值 σ 可由极差平均值 $\bar{R}$ 来估算：

$$\hat{\mu} = \bar{\bar{x}},$$

$$\bar{\bar{x}} = \frac{1}{K}\sum_{i=1}^{k}\bar{x}_i$$

$$\hat{\sigma} = a_n\bar{R},$$

$$\bar{R} = \frac{1}{K}\sum_{i=1}^{k}R_i$$

式中 $\hat{\mu}$、$\hat{\sigma}$——分别表示 μ、σ 的估计值；

$\hat{x}_i$——各小样本的平均值；

R_i——各小样本的极差；

a_n——常数，其值见表 4-4-3。

表 4-4-3　系数表

m(件)	4	5	6	7	8	9	10
d	0.880	0.864	0.848	0.833	0.820	0.808	0.797
a_n	0.486	0.430	0.395	0.370	0.351	0.337	0.325
A_2	0.73	0.58	0.48	0.42	0.37	0.34	0.31
D_1	2.28	2.11	2.00	1.92	1.86	1.82	1.78
D_2	0	0	0	0.076	0.136	0.184	0.223

$\bar{x}$ 的上控制线位置　$\bar{x}_s = \bar{\bar{x}} + A_2\bar{R}$

$\bar{x}$ 的下控制线位置　$\bar{x}_x = \bar{\bar{x}} - A_2\bar{R}$

$\bar{x}$ 的平均线位置　$\bar{\bar{x}} = \frac{1}{K}\sum_{i=1}^{k}\bar{x}_i$

R 的上控制线位置　$R_s = \bar{R} + 3\sigma_R = (1 + 3da_n)\bar{R} = D_1\bar{R}$

R 的下控制线位置　$R_x = \bar{R} - 3\sigma_R = (1 - 3da_n)\bar{R} = D_2\bar{R}$

R 的平均线位置　$\bar{R} = \frac{1}{K}\sum_{i=1}^{k}R_i$

式中，A_2、D_1、D_2 为常数，可查表 4-4-3。

在 $\bar{x}$—R 图上作出上下控制线后，就可根据图中点的情况来判别工艺过程是否稳定(波动状态是否属于正常)，判别的标志见表 4-4-4。

表 4-4-4　正常波动与异常波动标志

正常波动	异常波动
1)没有点子超出控制线	1)有点子超出控制线
2)大部分点子在中线上下波动，小部分在控制线附近	2)点子密集在中线上下附近
3)点子没有明显的规律性	3)点子密集在控制线附近
	4)连续 7 点以上出现在中线一侧
	5)连续 11 点中有 10 点出现在中线一侧
	6)连续 14 点中有 12 点以上出现在中线一侧
	7)连续 17 点中有 14 点以上出现在中线一侧
	8)连续 20 点中有 16 点以上出现在中线一侧
	9)点子有上升或下降倾向
	10)点子有周期性波动

必须指出，工艺过程稳定性与出不出废品是两个不同的概念。工艺的稳定性用 $\bar{x}$—R 图判断，而工件是否合格则用公差衡量，两者之间没有必然的联系。如某一工艺过程是稳定的，但误差较大，若用这样的工艺过程来制造精密零件，则肯定会出现很多废品。同时，工艺过程出现异常波动，是指总体分布的数字特征 μ、σ 发生了变化，这种变化可能有好有坏，如发现点子密集在平均线上下附近，说明分散范围变小了，这应查明原因，使之巩固，以提高工艺能力(即减小 6σ 值)。

4.5 提高加工质量的途径

4.5.1 提高加工精度的途径

机械加工过程中,为保证和提高加工精度,必须根据产生加工误差的主要原因,采取误差预防或误差补偿等有效措施来直接控制原始误差或控制原始误差对零件加工精度的影响。

1)误差预防技术

指减少误差源或改变误差源至加工误差之间的数量转换关系以控制或减少误差影响。

(1)直接减少或消除原始误差　首先应提高机床、夹具、刀具和量具等的制造精度,控制工艺系统的受力、受热变形。其次在查明影响加工精度的主要原始误差因素后有针对性地采取措施,对其进行消除或减少。如在车床上加工细长轴,为提高精度常采用跟刀架,虽减小了径向切削力 F_y,但因工件刚度极差,并没解决工件在轴向切削力 F_x 作用下而"压弯"的问题。为了解决这一问题,可采用下列预防措施:

①采用反向进给的切削方式,进给方向由卡盘一端指向尾架使轴向切削力 F_x 对工件是拉伸作用而不是压缩(图 4-5-1);

②采用有伸缩性的弹性后顶尖,既避免了工件从切削点到尾架顶尖一段由于受压而弯曲,又使工件在热伸长下有伸缩的余地;③反向进给采用大进给量和较大主偏角的车刀,增大 F_x 力使工件受强力拉伸作用,具有抑制振动的作用,使切削平稳;

④在卡盘一端的工件上车出一缩颈,其直径约为工件坯料直径一半,以增加工件的柔性可减小由于坯料弯曲而在卡盘强制夹持下而产生轴心线歪斜的影响。

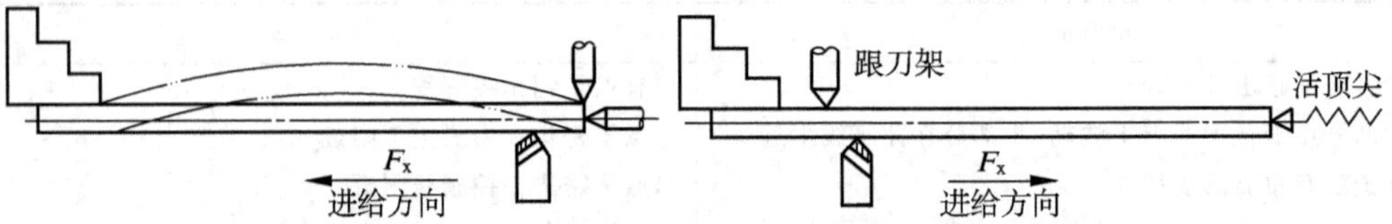

a) 顺向进给时 F_x 对细长轴起压缩作用　　b) 反向进给时 F_x 对细长轴起拉伸作用

图 4-5-1　不同进给方向加工细长轴的比较

(2)转移原始误差　误差转移法是把影响加工精度的原始误差转移到误差的非敏感方向或不影响加工精度的方面去。这样,在不减少原始误差的情况下,同样可以获得较高的加工精度。

例如转塔车床的转塔刀架在工作时需经常旋转,要长期保持其转位精度是比较困难的,因此在生产中采用垂直装刀法,使转位误差处于零件加工表面的切线方向,即加工误差的非敏感方向,使其对加工尺寸精度影响甚微,可忽略不计。

又如,用镗模加工箱体孔系,主轴与镗杆为浮动联接,这样就把机床的主轴回转误差、导轨误差等转移到与箱体孔系加工精度无关的方面,镗孔精度由夹具和镗模来保证。此外在大型龙门式机床中,为消除横梁变形引起的加工误差(这往往是产生加工误差的主要原始误差之一),可在机床上再增添一根主要承受主轴重量的附加梁。

(3)分化原始误差　生产中常会由于毛坯或半成品的误差引起定位误差或复映误差太大,因而造成本工序的加工误差。为此可根据误差复映规律,在加工前将这批工件按误差大小分为 n 组,使每组工件的误差缩小为 $1/n$,然后再按各组工件的加工余量或有关尺寸的变动范围,调整刀具与工件的相对位置或选用合适的定位元件,使各组工件加工后的尺寸分布中心基本一致,大大缩小整批工件的尺寸分散范围。当不考虑调整误差时,加工后整批工件的尺寸分散范围为

$$\Delta'_{后} = \varepsilon \times \Delta_{前}/n = \Delta_{后}/n$$

式中　$\Delta_{前}$、$\Delta_{后}$——未分组调整前这批工件加工前及加工后的尺寸分散范围;

$\Delta'_{后}$——分组调整后这批工件加工后的尺寸分散范围;

ε——误差复映系数。

(4)均化原始误差　加工过程中,机床、刀具等的误差总是要传递给工件的,其中的某些误差只是根据局部地方的最大误差值来判定的。均化原始误差的实质就是利用有密切联系的刀具或工件表面(如配偶件表面,成套件表面等)的相互比较,相互检查,从中找出它们之间的差异,然后再进行相互修正加工或互为基准的加工,使这些局部较大的误差比较均匀地影响到整个加工表面,使被加工表面原有的误差不断缩小和平均化,因而工件的加工精度也就大大地得到提高。

例如对工件上精密孔径或轴颈的研磨加工,研具的精度并不很高,分布在研具上的磨料粒度大小也不一样,但研磨时利用工件和研具在研磨过程中的研磨和磨损,使工件和研具相互修整,同时工件和研具间有复杂的相对运动轨迹,使工件上各点均有机会与研具的各点相互接触并受到均匀的微量切削,逐步使误差均化,因而获得精度高于研具原始精度的加工表面。又如精密分度盘的最终精磨,也是在不断微调定位基准与砂轮之间的角度位置,通过不断均化各分度槽之间角度误差而获得的。

(5)“就地加工”法　在机械加工和装配中,有些精度问题涉及到很多零部件的相互关系,如只单纯依靠提高单个零件的精度来达到设计要求,有时不仅是困难的,甚至是不可能的。“就地加工”法就是把各相关零件、部件先行装配,使它们处于工作时要求的位置,然后就地进行最终加工,以此法消除机器或部件装配后的累积误差,保证高的装配精度。

如在转塔车床的制造中,转塔上六个安装刀架的大孔轴线必须保证与机床主轴回转轴线重合,各大孔的端面又必须与主轴回转轴线垂直,若把转塔作为单独零件加工出这些表面,装配后就很难保证上述两项要求。采用就地加工法,把转塔装配到转塔车床上后,在车床主轴上装镗杆和径向进给小刀架来进行最终精加工,就很容易保证上述各项精度要求。

2)误差补偿技术

误差补偿的方法就是在现存的表现误差条件下,人为地在系统中引入一个附加的原始误差,使之与系统中现存的原始误差相抵消,并尽量使两者大小相等,方向相反,从而达到减少或消除工件的加工误差,提高加工精度的目的。

(1)常值系统性误差的补偿

①控制原始误差的大小和方向　如在双柱坐标镗床上,利用重锤和人为制造的横梁导轨直线度误差(在刮研横梁导轨时,故意使导轨面产生“向上凸”的几何形状误差)去补偿由于主轴等部件引起的横梁扭曲及由于横梁自重引起的横梁“向下垂”的变形误差。

②采用校正装置　在加工精密丝杠、蜗轮副、齿轮等精密元件时，为消除传动链误差的影响，常采用各种形式的误差校正机构和装置，以达到误差补偿而提高加工精度的目的。

如在精密螺纹加工中，机床传动链误差将直接反映到被加工零件螺距上，使精密丝杠的加工精度受到一定的限制，为了满足加工精度要求，生产中广泛采用了图 4-5-2 所示的螺纹加工校正装置，以误差补偿原理来消除传动链误差的方法。当刀架纵向进给运动时，由校正尺工作表面使杠杆产生位移并使丝杠螺母产生与螺距误差大小相等方向相反的附加转动，从而使车刀恢复到要求的进给速度。

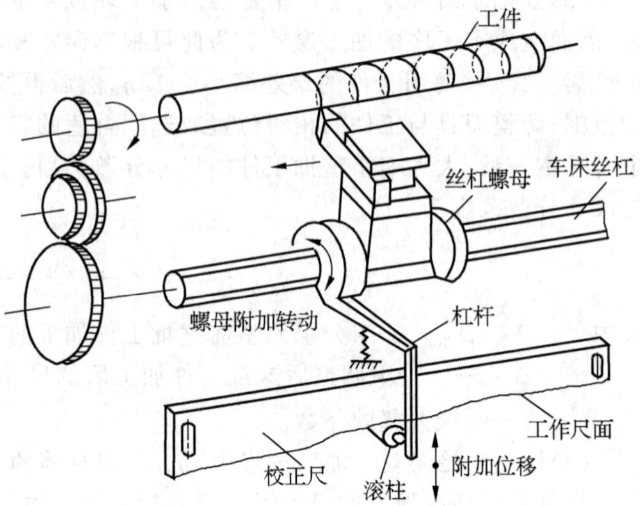

图 4-5-2　螺纹加工校正机构

(2)变值系统性误差的补偿　对于变值系统性误差的补偿，往往是不能用一种固定的补偿量所能解决的，而需采用积极控制的误差补偿方法。主要措施有：

①在线检测　在加工中随时测量出工件的实际尺寸，随时给刀具以附加的补偿量来控制刀具和工件间的相对位置，使工件尺寸的变动范围始终在自动控制之中，如现代机械加工中的在线测量和在线补偿。

②偶件自动配磨　将互配件中的一个零件作为基准件，去控制另一个零件的加工精度。在加工过程中不断自动测量、比较工件的实际尺寸直至达到规定的尺寸，机床就自动停止加工，从而保证精密偶件间的高精度的配合间隙。如柴油机高压油泵柱塞的自动配磨就是采用的这种方法。

③积极控制起决定作用的误差因素　在某些复杂精密零件的加工中，当无法对主要精度参数直接进行在线测量和控制时，就应该设法控制起决定作用的误差因素，并把它掌握在很小的变动范围内。如在加工高精度精密丝杠时，由于母丝杠与工作丝杠温升不同，相对的长度变化也不同，采用校正尺只能补偿两者间温差的恒值部分，而不能补偿各自温度变化而产生的变值部分，为满足现在对精密丝杠越来越高的要求，必须设法控制影响工件螺距累积误差的主要误差因素——加工过程中母丝杠和工作丝杠的温度变化。具体措施有：母丝杠采用空心结构，通入恒温油使母丝杠恒温；采用淋浴的方法使工件恒温，并在砂轮的磨削区域用低于室温的油作局部的冷却，带走磨削所产生的热量；用泵将已经冷冻机降温的油经自动温度控制系统使油的温度达到给定值后再送入母丝杠和工件淋浴管道内，达到恒温目的。

4.5.2　控制加工表面质量的途径

1)减小表面粗糙度的工艺措施

为减少或消除几何因素对表面粗糙度的影响，切削加工中，应首先考虑减小残留面积高度。减小残留面积高度的方法,首先是改变刀具的几何参数:增大刀尖圆弧半径 γ_ε 和减小副偏角 κ'_r。采用带有 $\kappa'_r = 0$ 的修光刃的刀具或宽刃精刨刀、精车刀也是生产中减小加工表面粗糙度所常用的方法。在采用这些措施时,必须注意避免振动。另外还可考虑采用减小进给量的措施来减小残留面积高度,但减小 f 会降低生产率,故只有在改变刀具几何参数后会引起振动或其它不良影响时,才考虑降低 f。

合理选择切削速度,切削塑性大的材料时,适当地提高切削速度,以防止积屑瘤和鳞刺的产生,从而减小表面粗糙度。

改善材料的切削性能,通过适当的热处理,如进行正火、调质等热处理,以提高材料的硬度、降低塑性和韧性,防止鳞刺的产生。

正确选择切削液不但能提高刀具的使用寿命,而且由于切削液的冷却作用使切削温度降低,切削液的润滑作用使刀具和被加工表面间的摩擦状况得到改善,因而对降低加工表面粗糙度值有明显的作用。

磨削时可从正确选择砂轮、磨削用量和磨削液等方面采取措施来减小表面粗糙度。当磨削温度不太高、工件表面没有出现烧伤和涂抹微熔金属时,就应降低工件线速度 v_w 和纵向进给速度 v_{ft},并仔细修整砂轮,适当增加光磨次数;当磨削表面出现微熔金属的涂抹点时,则可采取减小磨削深度,必要时适当提高工件线速度等措施来减小表面粗糙度。同时还应考虑砂轮是否太硬,磨削液是否充分,是否有良好的冷却性和流动性。

当磨削表面出现拉毛、划伤时,主要应检查磨削液是否清洁,砂轮是否太软。

进一步降低表面粗糙度值,还可采用精密切削加工和光整加工工艺等,这将在下面详细讲述。

2)改善表面物理、力学性能的工艺措施

为减少表面层冷作硬化,应合理选择刀具的几何形状,采用较大的前角和后角,并在刃磨时尽量减小其切削刃口半径,使用时,尽量减小刀具后面的磨损限度,合理选择切削用量,采用较高的切削速度和较小的进给量。加工中采用有效的冷却润滑液。

为防止磨削烧伤,应注意控制磨削用量,提高工件线速度与砂轮圆周速度的比值,适当加大横向进给量,并选取较小的磨削深度。正确选择砂轮的硬度、结合剂和组织,提高磨粒硬度,使用较粗粒度的砂轮,修整砂轮时适当增大修整导程和修整深度,选用较软的砂轮以提高砂轮的自砺性,使砂轮不易被磨屑堵塞而防止烧伤的发生。还可采用间隙磨削,用开槽砂轮进行磨削,使工件与砂轮间断接触以改善散热条件,且工件受热时间短,因此能有效减轻烧伤程度。同时要通过采用高压大流量冷却、内冷却砂轮、含油砂轮等措施来提高冷却效果以防烧伤。

为控制加工表面的残余应力,一般需另加一道专门的工序,如采用人工时效方法来消除表面残余应力,采用高频淬火、氰化、渗碳、渗氮等表面热处理工艺,使表面形成残余压应力。同时还可采用精密加工工艺或光整加工工艺、表面强化工艺作为最终加工工序。

3)提高表面质量的加工方法

提高表面质量的加工方法可分为两大类,一类着重于减小加工表面的粗糙度,另一类着重改善表面层的物理—力学性能。

(1)减小表面粗糙度的加工方法　主要是指精密、超精密加工和光整加工。

精密、超精密加工的切削深度和进给量一般均极小，切削速度则很高或极低，加工时尽可能进行充分的冷却润滑，最大限度地排除切削力、切削热对加工质量的影响，以有利于减小表面粗糙度。光整加工是用粒度很细的磨料对工件表面进行微量切削和挤压、擦光的过程它不要求机床有精确的成形运动，加工过程中，磨具与工件的相对运动应尽量复杂，尽可能使磨料不走重复的轨迹，让工件加工表面各点都受到具有很大随机性的接触条件，以突出它们间的高点，进行相互修整，使误差逐步均化而得到消除，从而获得极光洁的加工表面和高于磨具原始精度的加工精度。

①超精密切削　指加工尺寸误差小于 0.1μm，表面粗糙度为 Ra0.025μm 以下的切削加工方法。超精密切削加工最关键的问题是超微量切除技术。用于超精密切削的刀具材料必须能刃磨得极其锋利（切削刃口钝圆半径 r_a 小）并在切削过程中保持其锋利程度。刀具的刃磨质量对超精密切削的表面质量有明显的影响，所以必须使刀具的前、后刀面有极小的粗糙度。为保证超精密切削时工件表面的残留面积小，背吃刀量和进给量要足够小，切削速度要非常高。

超精密切削对机床精度和加工环境也有极高的要求，机床主轴应有极高的旋转精度，进给部件应运动平稳、均匀、无爬行现象，机床必须安装在恒温室内并置于隔振地基上。为防止切屑擦伤已加工表面，常采用吸屑器及时吸走切屑，或用充分的煤油和橄榄油对切削区进行润滑和清洗。

在超精密磨削和镜面磨削时，还必须将砂轮修出大量等高的微刃，这些等高的微刃能从工件表面切除极微薄的余量，以消除一些微量尺寸误差，从而得到很高的加工精度；由于微刃是大量的，在加工表面只留下极微细的切削痕迹而得到极小的表面粗糙度值。

②研磨　利用研具和工件的相对运动，在研磨剂的作用下，对工件进行的光整加工和精密加工。研磨加工中研具在一定的压力下与加工表面作复杂的相对运动，使研具和工件之间的磨料和研磨液按尽可能不重复的轨迹滚动或滑动，在相对运动中切削、刮擦和挤压，起着机械切削作用和物理化学作用，从而切去极微薄的一层金属，获得很高的表面质量和加工精度。

研磨方法可分为手工研磨和机械研磨，机械研磨使工件和研具的相对运动靠机械运动来实现，所以效率较高，常用于批量生产。如果按研磨剂的使用条件来分，研磨可分为自由嵌砂研磨、强迫嵌砂研磨、无嵌砂研磨三种。

③珩磨　珩磨是一种在大批大量生产中应用很广的孔光整加工方法。其工作原理如图 4-5-3 所示，由几根粒度很细的油石所组成的珩磨头作旋转（定时改变旋转方向）和往复运动，同时珩磨头上的磨条作径向进给运动，使磨条以一定的压力对工件表面进行磨削、挤压和刮擦，珩磨头的旋转和往复运动，使磨粒在孔表面所形成的轨迹是交叉而不重复的网纹，此网纹有利于润滑油膜的形成。珩磨的切削速度远低于磨削速度，其径向压强只有磨削时的 1/50～1/100，所以珩磨一般不会发生磨削烧伤，但效率也不高。珩磨能获得 IT4～IT6 级的尺寸精度，孔的圆度和圆柱度误差小于 0.003～0.005mm，表面粗糙度可达 Ra0.4～0.02 μm。

为了使磨条能均匀地与加工表面接触，以保证小而均匀地切除余量，珩磨头与工件孔必须保证同轴，因此珩磨头必须与机床主轴浮动连接，所以珩磨不能修正被加工孔轴线的位置误差。

④抛光　用涂有抛光膏的高速旋转的弹性抛光轮，在相对机械运动的作用下，去掉工件表面的微观凸峰，以获得光亮、平整表面的加工方法。抛光膏由磨粒和油脂混合而成，其作用和研磨剂相同。弹性抛光轮可分别用毛毡、皮革、帆布、绸布等叠加而成。抛光的机理为附着在抛光轮表面的磨粒对工件表面的微量切削作用，抛光轮表面纤维在离心力作用下对工件表面起到滚压和强烈摩擦作用，使工件表面金属出现极薄的塑流层，对不平处起到填平作用，从而获得高质量的加工表面。由于抛光所去除的余量相当微小，且抛光一般为手工操作，所以抛光加工主要用于加工精度要求不高而表面要求光洁的工件，提高零件的疲劳强度、耐腐蚀性或作表面装饰，而不能提高零件的尺寸及形位精度。

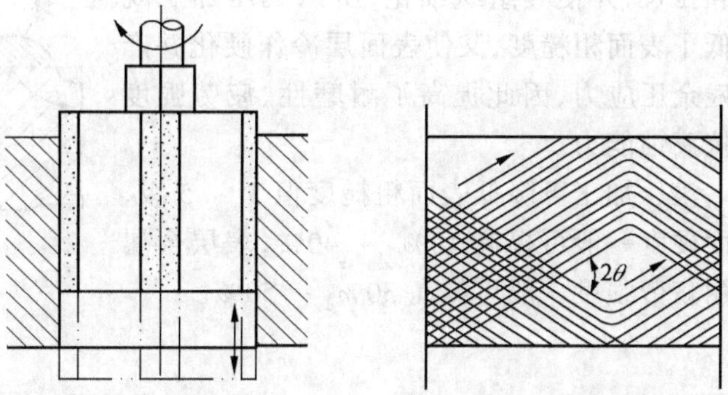

a) 加工示意　　b) 工作表面网纹

图 4-5-3　珩磨原理

为解决手工抛光生产率低、工人劳动强度大的问题，近年来，液体抛光、电解抛光、化学抛光等高效、先进的抛光方法 获得越来越多的应用。

(2)改善表面物理、力学性能的加工方法　改善表面物理、力学性能的加工方法常用的有滚压加工、挤（胀）孔、喷丸强化、金刚石压光等冷压加工方法。通过使表面层金属发生冷态塑性变形，以提高表面硬度，在表面层产生压缩残余应力，同时也降低表面粗糙度值。冷压加工既简便又有明显效果，应用十分广泛。表 4-5-1 列举了常用的机械强化方法。

①喷丸强化　利用大量快速运动的珠丸打击零件表面，使工件表面因塑性变形而发生冷作硬化和残余压应力的加工方法。这时表层金属结晶颗粒的形状和方向也得到改变，因而有利于提高零件的抗疲劳强度和使用寿命。

喷丸所使用的珠丸一般是铸铁的，或是切成小段的钢丝（使用一段时间后自然变成球状），对于铝质工件，为避免表面残留铁质微粒而引起电解 腐蚀，宜采用铝丸或玻璃丸。珠丸直径一般为 0.2 ～ 4mm，对于尺寸较小粗糙度值要求较小的工件，采用直径较小的珠丸。

喷丸强化工艺主要用于强化形状复杂或不宜用其它方法强化的工件。使用的设备是压缩空气喷丸装置和机械离心式喷丸装置，工作时能使珠丸以 35 ～ 50m/s 的速度喷向工件表面。

② 滚压加工　是利用经过淬硬和精细研磨过的滚轮或滚珠，在常温状态下对金属表面进行挤压，利用金属产生塑性变形，从而达到改善加工表面的物理力学性能、降低表面粗糙度的一种无屑加工方法。加工过程中，将表层的凸起部分向下压，凹下部分往上挤，即用工件表面的“峰”去填充“谷”，逐渐将前工序留下的波峰压平，从而修正工件表面的微观几何形状（图 4-5-4）。

在塑性变形过程中，表层金属产生晶格扭曲和拉长，并使其组织细化，所以滚压加工既降低了表面粗糙度，又使表面层冷作硬化并产生残余压应力，因此提高了耐磨性、疲劳强度和抗腐蚀能力。

滚压加工可降低表面粗糙度值 3 ~ 5 级，表面硬度一般可提高 10% ~ 40%，表层金属的耐疲劳强度一般可提高 30% ~ 50%。

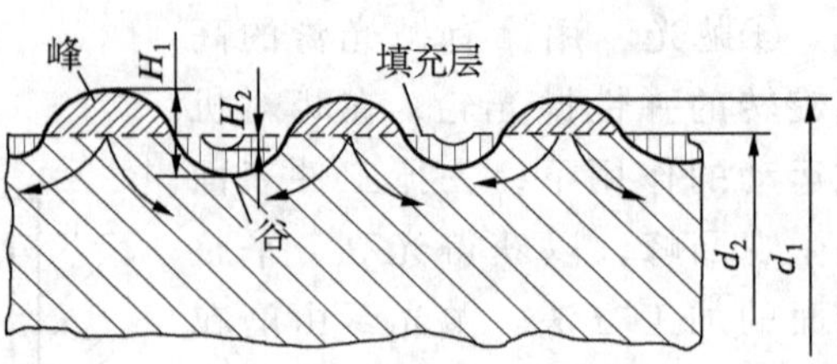

图 4-5-4　滚压加工原理

d_1—滚压前的直径　d_2—滚压后的直径

H_1—滚压前表面粗糙度高度　H_2—滚压后表面粗糙度高度

表 4-5-1　机械强化加工方法

序号	加工方法	加工表面	加工效果				加工部位	工序简图
			硬化深度/mm	硬化程度%	能达到的公差等级	表面粗糙度 Ra/μm		
1	单滚珠多滚珠滚压	外圆柱面	0.2 ~ 1.5	10 ~ 40	IT 6 ~ 7	0.08 ~ 0.63	轴、轴颈	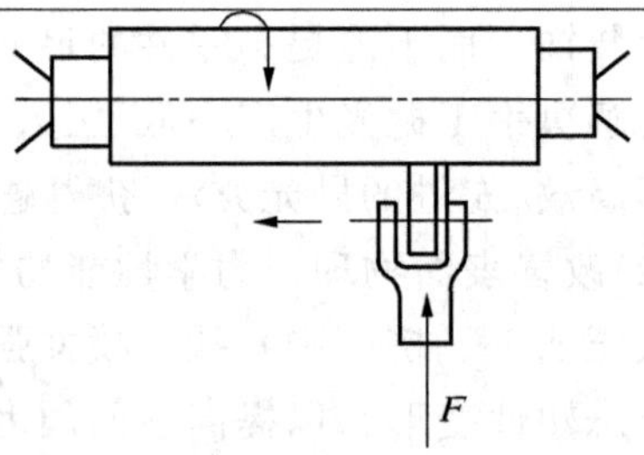
2	单滚柱多滚柱滚压	平面或成型表面	0.2 ~ 1.5 有时可达 1.5	—	IT 6 ~ 7	0.32 ~ 0.63	平板导轨零件端面等	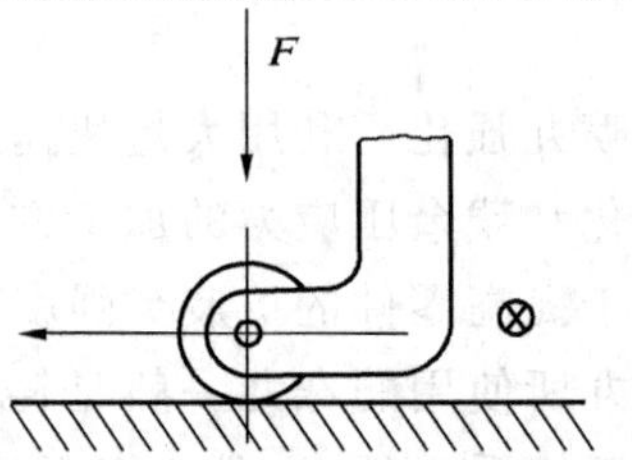
3	单滚柱多滚柱扩压	内圆柱面	0.2 或更大	可达 40	IT 6 ~ 7	0.08 ~ 0.63	大于 ф30mm 的孔	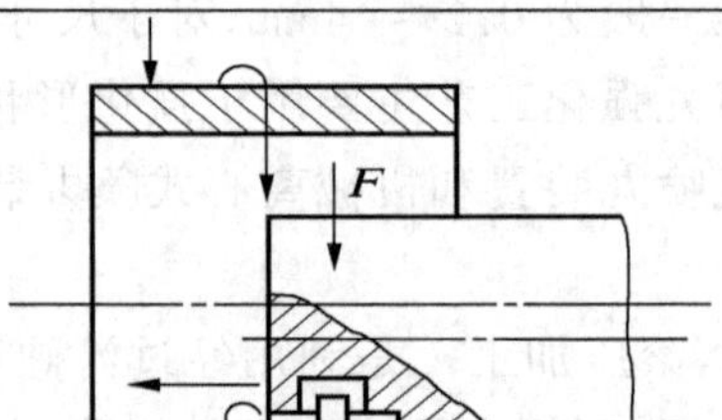

续表 4-5-1

序号	加工方法	加工表面	加工效果				加工部位	工序简图
			硬化深度/mm	硬化程度%	能达到的公差等级	表面粗糙度 $Ra/\mu m$		
4	多滚珠单滚珠弹性滚压	外圆柱面平面或成型表面	—	可达40	IT5~6	0.08~0.63	轴和轴颈等	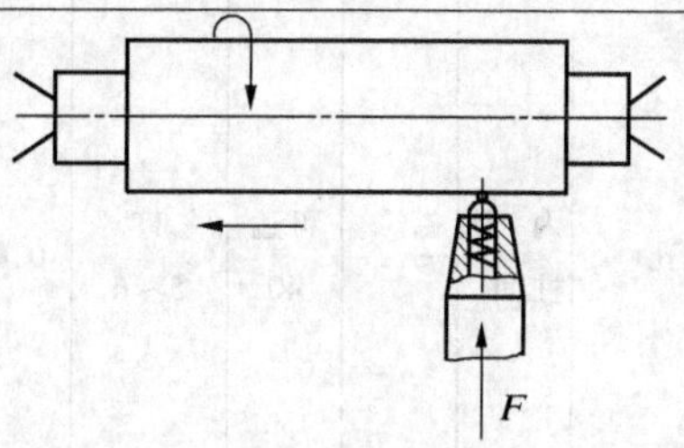
5	单滚珠弹性滚压	平面或成型表面	—	—	IT6	0.16~0.63	平面或成型表面	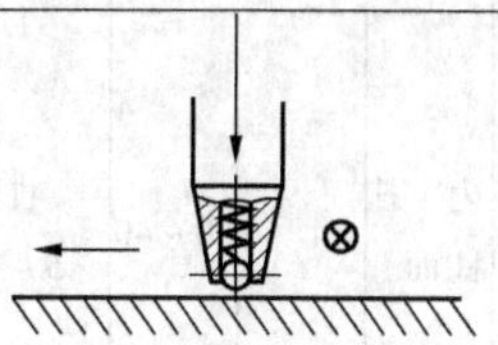
6	弹性滚珠扩压	内圆柱面	—	—	IT6	0.08~0.63	ϕ30~200mm的孔	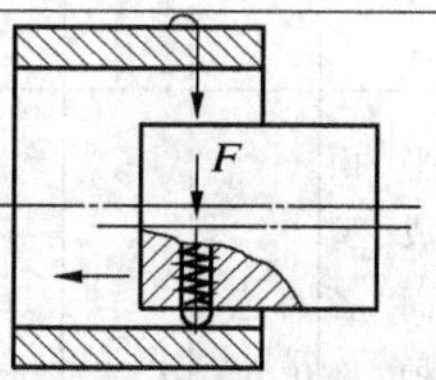
7	滚珠弹性滚压	外圆柱面	0.5~1.0	20~80	IT6	0.08~0.63	轴和轴颈等	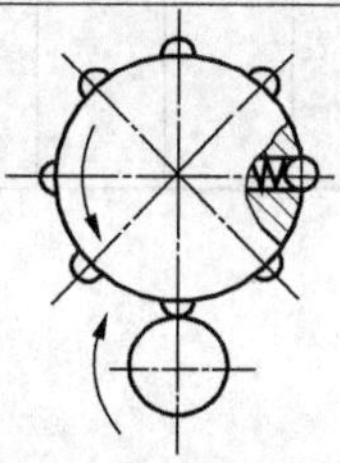
8	滚珠弹性扩压	内圆柱面	0.2~1.0	20~80	IT6	0.08~0.63	大于ϕ50mm的孔	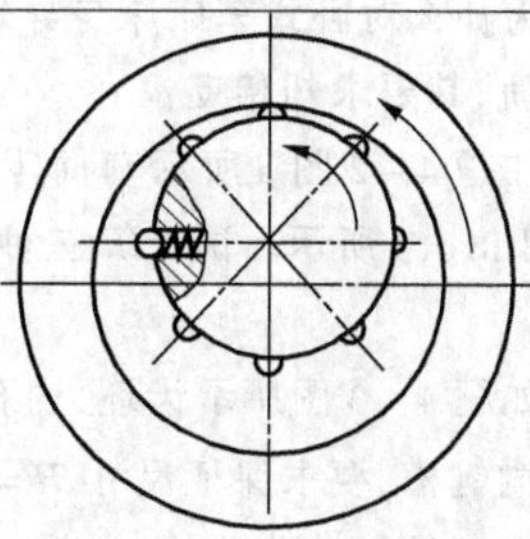
9	钢球挤压	内圆柱面	—	可达40	IT5~6	0.08~0.63	圆孔	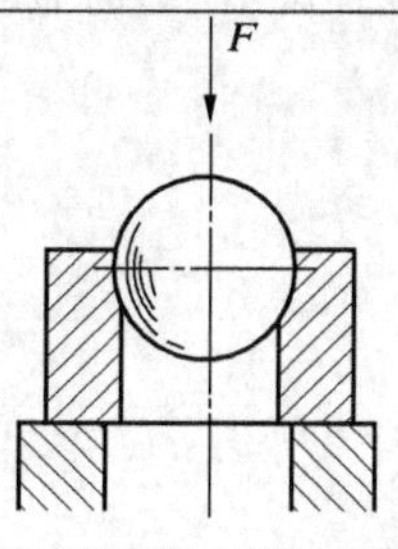

续表 4-5-1

序号	加工方法	加工表面	加工效果 硬化深度/mm	 硬化程度%	 能达到的公差等级	 表面粗糙度 $Ra/\mu m$	加工部位	工序简图
10	胀孔	内圆柱面	—	可达40	IT 5~6	0.08~0.63	圆孔	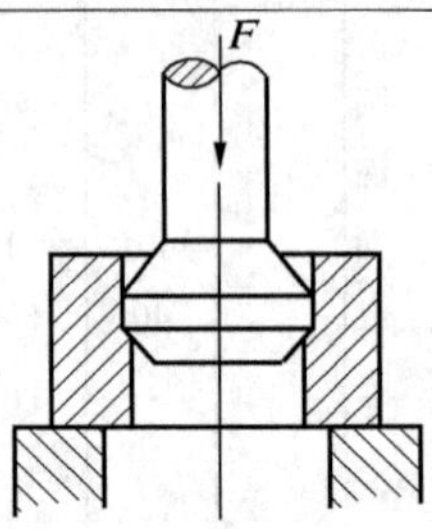
11	胀孔	内圆柱面	—	20~40	IT 5~6	0.04~0.16	圆孔	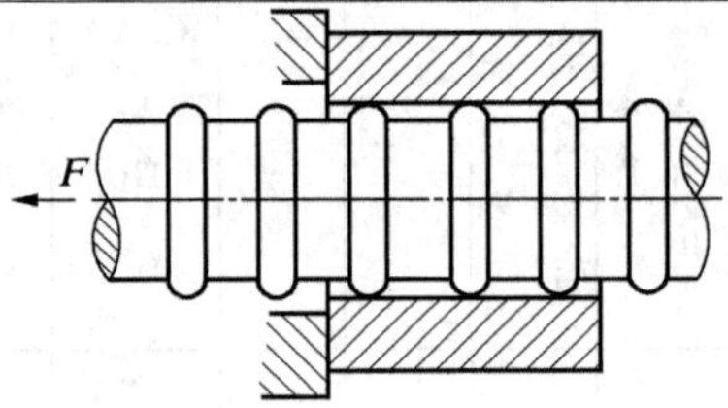
12	喷丸强化	平面成型面各种旋转表面	可达0.7	—	—	1.25~20	各种形状表面	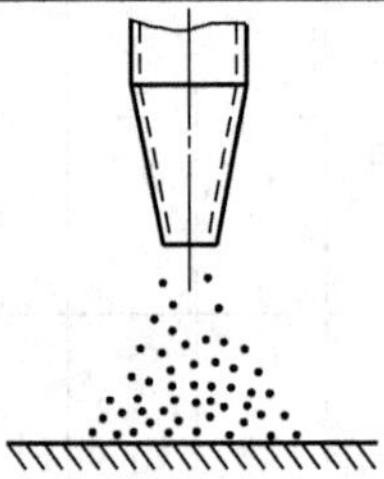

复习思考题

4-1 为什么对卧式车床床身导轨在水平面的直线度要求高于在垂直面的直线度要求？而对平面磨床的床身导轨，其要求却相反？

4-2 在题4-2图a所示套筒零件上铣键槽，要求保证尺寸 $54_{-0.14}^{\ 0}$mm 及对称度。现有三种定位方案，分别如图b、c、d所示。试计算三种不同定位方案的定位误差。(已知内孔与外圆的同轴度误差不大于0.02mm)

4-3 如题4-3图所示齿坯，内孔和外圆已加工合格($d=80_{-0.1}^{\ 0}$mm，$D=35_{\ 0}^{+0.025}$mm)，现在插床上用调整法加工内键槽，要求保证尺寸 $H=38.5_{\ 0}^{+0.2}$mm。试分析采用图示定位方法能否满足加工要求(要求定位误差不大于工件尺寸公差的1/3)？若不能满足，应如何改进？(忽略外圆与内孔的同轴度误差)

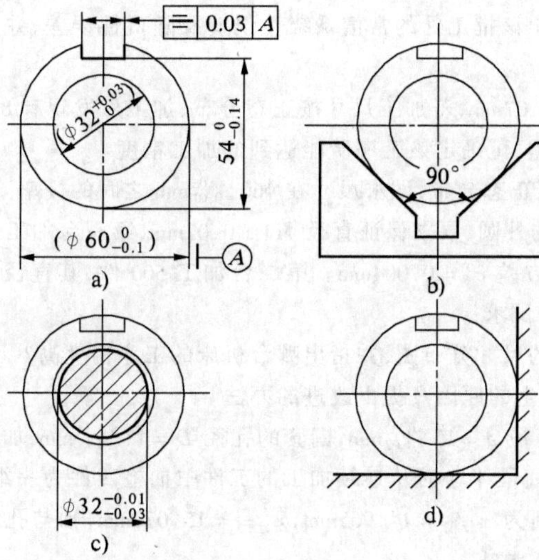

题 4-2 图

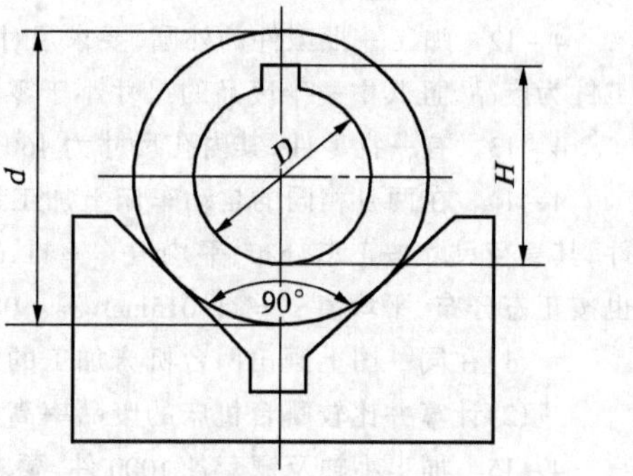

题 4-3 图

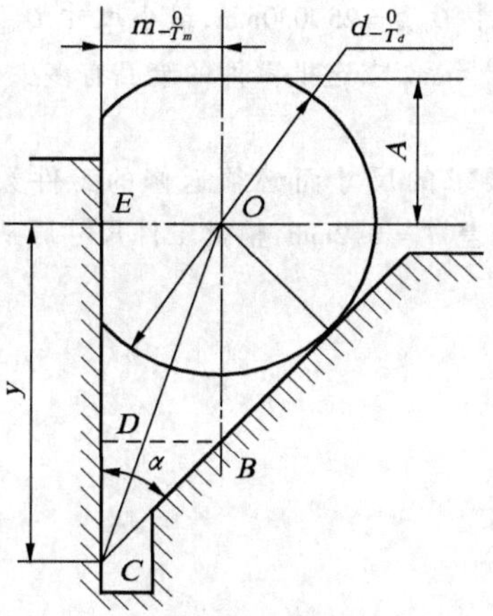

题 4-4 图

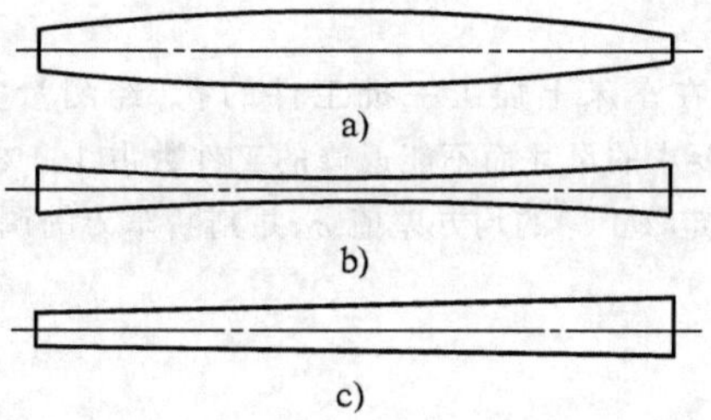

题 4-5 图

4－4　在题 4－4 图所示一轴上铣平面，要求保证的工序尺寸为 A，与定位有关的尺寸及定位方案如图中所示，求尺寸 A 的定位误差。（忽略 α 角的变化的影响）

4－5　在车床上用两顶尖装夹工件车削细长轴时，出现题 4－5 图 a)b)c)所示误差是什么原因，可分别采用什么办法来减少或消除？

4－6　设已知一工艺系统的误差复映系数为 0.25，工件在本工序前有圆度误差 0.45，若本工序形状精度规定允差 0.01mm，问至少走刀几次方能使形状精度合格？

4－7　机械加工表面质量包括哪些具体内容？其对机器使用性能有何影响？

4－8　什么是磨削烧伤？其有哪几种形式？它们对零件使用性能有何影响？

4－9　什么是强迫振动？它有哪些主要特征？

4－10　什么是自激振动？它与强迫振动、自由振动相比，有哪些主要特征？

4－11　车削一批轴的外圆，其尺寸要求为 $\phi 20_{-0.1}^{0}$mm，若此工序尺寸按正态分布，$\sigma=0.025$mm，公差带中心小于分布曲线中心，其偏移值 $\Delta_0=0.03$mm，试指出该批工件的常值系统性误差及随机性误差，并计算合格率及废品率。

4－12　加工一批工件的外圆，要求尺寸为 $\phi 20\pm0.07$mm，若加工尺寸按正态分布，加工后发现有8%的工件为废品，且其中一半废品的尺寸小于零件的下偏差，试确定该工序所能达到的加工精度。

4－13　有一批零件，其内孔尺寸为 $\phi 60_{0}^{+0.03}$mm，属正态分布，试求尺寸在 $\phi 60_{+0.01}^{+0.03}$mm 之间的概率。

4－14　在两台相同的自动车床上加工一批小轴的外圆，要求保证直径 $\phi 11\pm0.02$mm，第一台加工1000件，其直径尺寸按正态分布，平均值 $\bar{x}_1=11.005$mm，均方差 $\sigma_1=0.004$mm。第二台加工500件，其直径尺寸也按正态分布，平均值 $\bar{x}_2=11.015$mm，$\sigma_2=0.0025$mm。试求：

(1)在同一图上画出两台机床加工的两批工件的尺寸分布图，并指出哪台机床的工序精度高？

(2)计算并比较哪台机床的废品率高，并分析产生的原因及提出改进的办法。

4－15　加工小轴及铜套各1000件，要求小轴的直径 $d=15_{-0.07}^{0}$mm，铜套的孔径 $D=15_{0}^{+0.11}$mm，加工后知其尺寸均属正态分布，允许可返修废品率小于3%，每隔半小时从连续加工的工件中抽检四件为一组，经分组检验测得轴与孔的分组尺寸均值的分布中心分别为 $\bar{x}_{分轴}=14.965$mm，$\bar{x}_{分孔}=15.070$mm，轴与孔的分组尺寸均值的均方差 $\sigma_{分轴}=0.005$mm，$\sigma_{分孔}=0.01$mm。试求：

(1)计算小轴与铜套的废品件数（是否可返修），分析产生废品的原因并提出改进措施。

(2)若对不满足加工要求的零件采取措施后再加工一批，得可返修废品率为2.28%，问所采取的措施是什么？

4－16　在生产现场测量一批小轴的外圆（计1000件），其最大尺寸 $D_{max}=25.030$mm，最小尺寸 $D_{min}=25.000$mm，若整批工件尺寸为正态分布，图纸要求该轴的外径为 $\phi 25_{0}^{+0.02}$mm，求这批零件的废品有多少件？能否修复？

4－17　在车床上加工一批工件的孔，经测量实际尺寸小于要求的尺寸而必须返修的工件数占22.4%，大于要求的尺寸而不能返修的工件数占1.4%，若孔的直径公差 $T=0.2$mm，整批工件尺寸服从正态分布，试确定该工序的均方差值 σ，并判断车刀的调整误差是多少？

5 工艺过程设计

工艺过程设计是机械制造技术的基本内容之一。在实际生产中,机械产品都要经过一定的工艺过程才能制成。生产规模的大小、工艺水平的高低以及解决各种工艺问题的方法和手段都要通过工艺过程设计来体现。因此,工艺过程设计与生产实际有着密切的联系,它要求设计者必须具备丰富的生产实践经验和广博的机械制造技术基础理论知识。

5.1 工艺规程概述

规定产品制造工艺过程和操作方法等的工艺文件称为工艺规程。它是根据工厂具体的生产条件,确定合理的工艺过程和操作方法,并按规定格式书写成的工艺文件。

5.1.1 工艺规程的作用与格式

1)工艺规程的作用

①是指导生产的主要技术文件。合理的工艺规程是在总结广大工人和技术人员实践经验的基础上,依据工艺理论和必要的工艺试验而制定的。按照工艺规程组织生产,可以保证产品的质量和较高的生产效率与经济效益。

②是生产组织和管理工作的基本依据。由工艺规程所涉及的内容可以看出,在生产管理中,原材料和毛坯的供应、机床设备、工艺装备的调配、专用工艺装备的设计和制造、作业计划的编排、质量检验、工具管理、劳动力的组织以及生产成本的核算等都是以工艺规程作为基本依据的。

③是生产准备和技术准备的基本依据。根据工艺规程能正确地确定生产所需的机床和其它设备的种类、规格、数量,车间的面积、机床的布置、工人的工种、等级和数量以及辅助部门的安排等。

2)工艺规程的格式

根据中华人民共和国机械电子工业部指导性技术 JB/Z187.2－88《工艺文件的完整性》,机械加工工艺规程有:

①机械加工工艺过程综合卡片。

②机械加工工序卡片。

③机械加工工艺卡片 。

④机械加工工序操作指导卡片。

⑤检验卡片等。

装配工艺规程有:

①装配工艺过程卡片。

②装配工序卡片。

将工艺规程的内容,填入一定格式的卡片,即成为生产准备和施工所依据的工艺文件。这些工艺文件具体格式各厂有所区别,但基本内容相似。一般最常用的有:机械加工工艺过程综合卡片、机械加工工艺卡片及机械加工工序卡片。

机械加工工艺过程综合卡片，一般用于单件小批生产中，主要按加工顺序列出整个零件加工所经过的工艺路线。

机械加工工艺卡片，以工序为单位，详细说明零件的机械加工工艺过程。它用来指导工人操作，是帮助车间技术人员掌握整个零件加工过程的一种最主要的工艺文件。广泛用于成批生产及单件小批生产中较重要的零件。表 5-1-1 为机械加工工艺卡片示例。

表 5-1-1　衬套机械加工工艺卡

×××厂	机械加工工艺卡	产品名称		图　号		
		零件名称	衬　套	共　　页	第　　页	

材料种类	铸　　件	材料成分	ZQSn6-6-3	毛坯尺寸	

工序	工种	工步	工　序　内　容	设　备	工　　具		
					夹具	量具	刃具
1	车		夹住 φ94h6 毛坯外圆	CA6140			
		(1)	粗车端面				
		(2)	车 φ114mm × 8mm 至 $\phi114^{+0.5}_{0}$mm × 10				
		(3)	车孔 φ80H7 至 $\phi80^{+0.5}_{+0.4}$mm，倒角 1 × 45°	CA6140			
2	车		用软卡爪夹住 φ114mm 处				
		(1)	车端面取总长($96^{+0.5}_{+0.4}$)mm				
		(2)	车 φ94h6 × 88mm 至 $\phi94^{+0.45}_{+0.4}$ × 88mm(备放入夹具)				
			倒角 1 × 45°				
3	车		将工件置于 J－001 夹具中	CM6140	J－001		
		(1)	精车 φ80H7($^{+0.03}_{0}$)mm 孔至尺寸，倒角 1 × 45°				
4	车		工件套在心轴上	CM6140	J－002		
		(1)	精车两端面，取长度 96mm 至尺寸				
		(2)	精车 φ94h6($^{0}_{-0.02}$)mm 外圆至尺寸，车端面取 8mm 至尺寸				
		(3)	车槽 2 × 0.5mm，倒角				
			注意表面粗糙度要求和形位公差				

更改号				拟　订	校　对	审　核	批　准	会　　签
更改者								
日　期								

机械加工工序卡片，是根据工艺卡中每一道工序制定的，用于具体指导工人操作的工艺文件。它多用于大批大量生产或成批生产中的主要零件。

5.1.2 工艺规程设计的内容与步骤

工艺规程设计应具备最基本的原始资料：产品装配图和零件的工作图、产品验收的质量标准、产品的生产纲领、现有生产条件和资料（包括毛坯的生产条件或协作关系、工艺装备及专用设备的制造能力、有关车间的设备和工艺装备的条件、技术工人的水平以及各种工艺资料和标准等）、国内外同类产品的有关工艺资料等。

机械加工工艺规程设计的内容和步骤为：

①分析零件图和产品的装配图。

②确定毛坯。

③拟定工艺路线。

④确定各工序的设备、工艺装备和辅助工具。

⑤确定工序的加工余量，计算工序尺寸及公差。

⑥确定各工序的切削用量和时间定额。

⑦确定各主要工序的技术要求及检验方法。

⑧进行技术经济分析，选择最佳方案。

⑨填写工艺文件。

装配工艺过程设计包括以下几部分内容：

①产品分析，根据装配图分析尺寸链，在弄清零、部件相对位置尺寸关系的基础上，合理安排装配顺序和装配方法，编制装配工艺系统图和工艺规程卡片。

②确定生产规模及装配的组织形式。

③选择和设计所需要的工具、夹具和设备。

④规定总装配和部件装配的技术条件，检查方法。

⑤规定合理的运输方法和运输工具。

5.2 加工工艺规程设计

为保证加工质量、提高生产率和降低生产成本，加工工艺过程设计应解决好定位基准的选择、工艺路线的拟定、工序尺寸及公差的确定、加工工序设计等问题。

5.2.1 定位基准的选择

零件一般具有尺寸精度和相互位置精度要求，在加工工艺过程设计时，定位基准的选择正确与否，对其有很大影响，而且对零件各表面间的加工顺序也有很大影响。定位基准有粗基准（未经过机加工）和精基准（经过机加工）两种。

1)粗基准的选择

粗基准的选择要求应考虑到加工表面与不加工表面之间的位置要求和合理分配各加工表面的余量，同时要为后续工序提供精基准。具体选择时应遵循下列原则：

(1)保证相互位置要求原则　为了保证不加工表面与加工表面之间相互位置要求，一般选择不加工表面为粗基准。如图 5-2-1 所示的毛坯，铸造时内孔 B 和外圆 A 有偏心，为了保证内孔加工后壁厚均匀，应选择不加工的外表面 A 为粗基准加工孔 B。

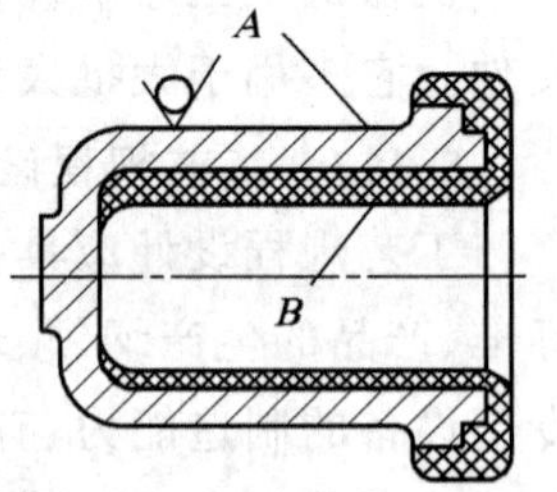

图 5-2-1 套的粗基准选择

当工件上有多个不加工表面与加工表面之间有位置要求时，则应以其中要求较高的不加工表面为粗基准。

(2)保证加工表面加工余量合理分配原则　为保证重要加工表面的加工余量均匀，应选重要加工面为粗基准。如图 5-2-2 所示，为保证导轨面有均匀的金相组织和较高耐磨性，应使其加工余量小而均匀。因此，选择导轨面为粗基准加工床腿底面，然后再以底面为基准加工导轨面。当工件上有多个重要加工面要求保证余量均匀时，则应选择余量要求最严的面为粗基准。

为了保证各加工面都有足够的加工余量，应选择毛坯余量最小的面为粗基准。例如，图 5-2-3 所示阶梯轴，因 ϕ55mm 外圆的余量较小，故应选 ϕ55mm 外圆为粗基准。如果选 ϕ108 mm 外圆为粗基准加工 ϕ50mm 外圆时，当两外圆有 3mm 的偏心时，则有可能因 ϕ50mm 余量不足而使工件报废。

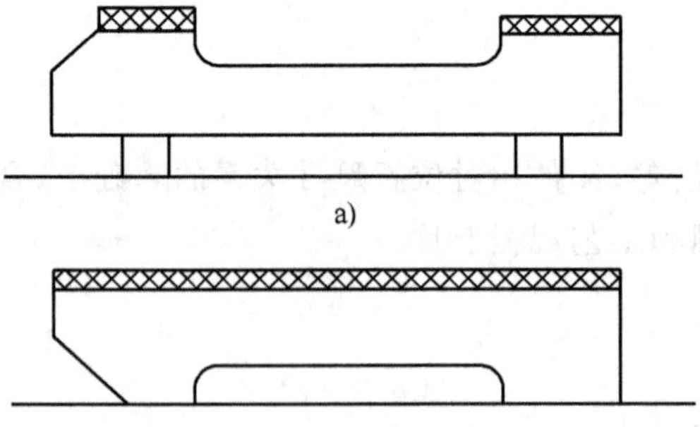

图 5-2-2 床身加工的粗基准选择

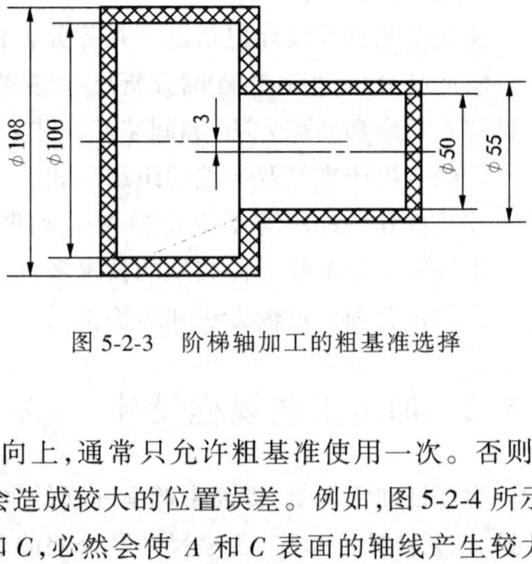

图 5-2-3 阶梯轴加工的粗基准选择

(3)粗基准不重复使用原则　在同一尺寸方向上，通常只允许粗基准使用一次。否则，精度低、粗糙度一般数值大的粗基准重复使用，会造成较大的位置误差。例如，图 5-2-4 所示的小轴，如重复使用毛坯面 B 定位加工表面 A 和 C，必然会使 A 和 C 表面的轴线产生较大的同轴度误差。

(4)便于工件装夹原则　作为粗基准的表面应平整光洁，没有浇口、冒口或铸造飞边等其它表面缺陷，以便使工件定位可靠，夹紧方便。

2)精基准的选择

精基准的选择应保证加工精度和装夹可靠方便。应遵循下列原则：

(1)基准重合原则　选择加工表面的设计基准作为定位基准，采用基准重合原则，可以直接保证设计精度，避免基准不重合误差。

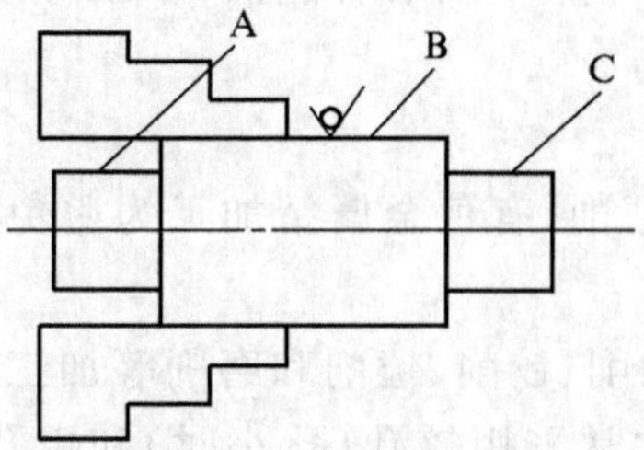

图 5-2-4　重复使用粗基准实例

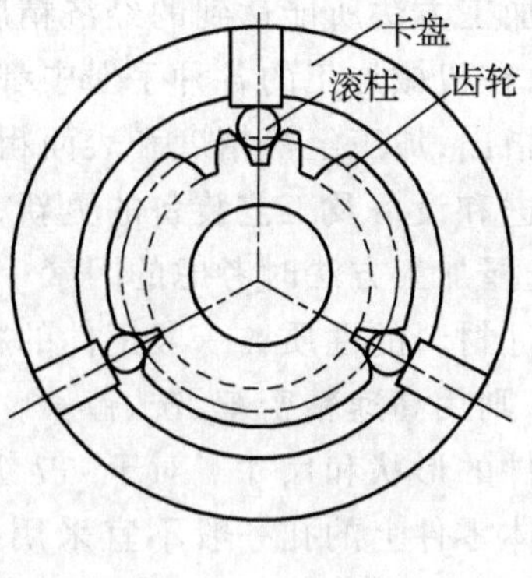

图 5-2-5　齿形表面定位

(2)基准统一原则　在工件加工过程中,应尽可能选用统一的定位基准。例如,轴类零件的大多数工序都采用中心孔为定位基准,不但能在一次安装中加工大多数表面,而且能保证各段外圆的同轴度要求以及端面与轴心线的垂直度要求。又如箱体零件,常以一面两孔作为统一基准进行平面和孔系的加工。

采用基准统一原则可以简化工艺过程,使各工序所用夹具比较统一,从而减少设计和制造夹具的时间和费用,并可减少基准变换所带来的基准不重合误差。

(3)自为基准原则　在精加工或光整加工工序中,要求加工余量小而均匀时,可选择加工表面本身作为定位基准。如磨削车床导轨面时,就利用导轨面作为基准进行找正安装,以保证加工余量少且均匀。另外,如无心磨外圆、浮动镗刀镗孔等均采用自为基准原则。

(4)互为基准原则　当对工件上两个相互位置精度要求很高的表面进行加工时,需要用两个表面互相作为基准反复加工。如图 5-2-5 所示,加工精密齿轮时,齿面高频感应加热淬火后需要进行磨齿,因其淬硬层较薄,应使磨削余量小而均匀,所以要先以齿面为基准磨内孔,再以孔为基准磨齿面,从而保证齿面余量均匀,且孔和齿面又有较高的位置精度。

(5)便于装夹原则　所选择的精基准应保证工件安装可靠,夹具设计简单,操作方便。

实际上,无论精基准还是粗基准的选择,上述原则都不可能同时满足,有时还是互相矛盾的。因此,在选择时应根据具体情况进行分析,权衡利弊,保证其主要的要求。

5.2.2　工艺路线的拟定

工艺路线的拟定是加工工艺过程设计的关键阶段,其中主要内容包括选择各加工表面加工方法、安排工序的先后顺序、确定工序集中程度以及选择设备与工艺装备等。

1)加工方法的选择

(1)加工经济精度和表面粗糙度　任何一个表面加工中,影响选择加工方法的因素很多,每种加工方法在不同的工作条件下所能达到的精度和技术经济效果均不相同。也就是说可以获得的精度和表面粗糙度均有一个较大的范围。例如,选择较低的切削用量(a_p、f),精细地操作,就能达到较高精度。但是,这样会降低生产率,增加成本。所以在选择加工方法时,应根据工件的每个加工表面的技术要求来选择与经济精度相适应的加工方案。

加工经济精度(表面粗糙度)是指在正常加工条件下(采用符合质量标准的设备、工装和标准技术等级的工人,不延长加工时间)所能达到的加工精度(表面粗糙度)。

各种加工方法所能达到的经济精度和粗糙度等级,以及各种典型表面的加工方法均已制成表格,在机械加工的各种手册中都能查到。

还需指出,加工经济精度和表面粗糙度的数值不是一成不变的,随着科学技术的发展,工艺的改进和设备及工艺装备的更新,会逐步提高。

(2)选择加工方法时考虑的因素

①工件材料的性质　一般钢件的精加工可以采用磨削,有色金属精加工为避免磨削时堵塞砂轮,则用高速精密车、铣、镗。

②工件的形状和尺寸　对于 IT7 级精度的孔采用拉削、铰削、镗削和磨削等加工方法都可。但箱体零件上的孔一般不宜采用拉削或磨削,而常常采用铰孔(孔小时)和镗孔(孔大时)。

③生产类型　大批大量生产时,应采用高效生产方法,如拉削、高速磨削、强力磨削等。单件小批生产则采用刨、铣和钻、扩、铰。

④现有生产条件

2)加工阶段的划分

当零件表面的精度和粗糙度要求较高时,往往不可能在一个工序中加工完成,而必须划分几个阶段来进行加工。

(1)加工阶段的划分

①粗加工阶段　主要是切除各表面上的大部分余量。

②半精加工阶段　其主要任务是使主要表面消除粗加工留下来的误差,为精加工作好准备(达到一定的加工精度,保证一定的精加工余量),并完成次要表面加工。

③精加工阶段　保证各主要表面达到图样规定的技术要求。

④光整加工阶段　进一步提高尺寸精度和降低表面粗糙度数值(达到 IT6 级以上和 $Ra < 0.32\ \mu m$),提高表面层的物理力学性能。这个阶段一般不能用于提高形状精度和位置精度。

⑤超精密加工阶段　按照超稳定、超微量切除等原则,实现加工尺寸误差和形状误差在 $0.1\mu m$ 以下的加工阶段。

有时若毛坯余量特别大,表面极其粗糙,在粗加工前设有去皮加工阶段,称为荒加工。常常在毛坯准备车间进行。

应当指出:加工阶段的划分是指整个工艺过程而言的,因此应以工件的主要加工面来分析,不应以个别表面(或次要表面)和个别工序来判断。同时,在具体应用时,也不可以绝对化,对有些重型零件或余量小、精度不高的零件,则可以在一次安装中完成表面的粗加工和精加工。

(2)划分加工阶段的原因

①利于保证加工质量　工件划分加工阶段后,粗加工因加工余量大,切削力大等因素造成的加工误差,可以在以后的加工阶段中得以纠正,逐步减小误差,有利于保证加工质量。

②便于合理使用设备　粗加工要求采用刚性好、功率大、效率高的设备。精加工则要求精度高的设备。划分加工阶段后,可以充分发挥各类设备的优势,满足加工的要求。

③便于安排热处理工序　粗加工后,工件残余应力大,一般要安排去应力的热处理工序。精加工前要安排淬火等最终热处理,其变形可以通过精加工予以消除。

④便于及时发现毛坯缺陷　毛坯经粗加工阶段后，可以及时发现和处理缺陷，以免造成对缺陷工件继续加工而造成浪费。

⑤避免损伤已加工表面　精加工工序安排在最后，可以避免加工好的表面在搬运和夹紧中受到损伤。

3)工序集中程度的确定

工序集中与工序分散是拟定工艺路线时确定工序数目的两种不同的原则，它和设备的类型选择有密切关系。

工序集中就是将工件的加工集中在少数几道工序内完成，每道工序的加工内容较多。工序集中可采用技术上措施集中，称为机械集中，如多刀、多刃加工，多轴机床和自动机床加工等；也可采用人为的组织措施集中，称为组织集中，如卧式车床的顺序加工。

工序分散就是将工件的加工，分散在较多的工序内进行。每道工序的加工内容较少，有些工序只包含一个工步。

工序集中与工序分散各有利弊，选用时，应考虑生产类型、现有生产条件、工件结构特点和技术要求等因素，使制定的工艺路线适当地集中，合理地分散。具体选择原则如下：

①单件小批生产适用于采用工序集中的原则，以便简化生产组织工作。成批生产宜采用工序适当集中的原则，以便选用效率较高的机床，如六角车床、多刀半自动车床等。大批大量生产中，零件结构较复杂，适用于采用工序集中原则，可以采用各种高效组合机床、自动机床等加工；零件结构较简单的产品，也可采用分散原则，如轴承生产等。

②产品品种较多，又经常变换，适用于采用工序分散的原则。同时，由于数控机床和柔性制造系统的发展，也可以采用工序集中的原则。

③零件加工质量要求较高时，一般采用工序分散原则，可以用高精度机床来保证质量要求。

④重型零件，宜采用适当集中原则，减少工件装卸和运输的工作量。

目前，随着加工设备精度和自动化程度的不断提高，发展趋势是倾向于工序集中。

4)加工顺序的安排

零件的加工过程通常包括机械加工工序，热处理工序，以及辅助工序。在安排加工顺序时，常遵循以下原则：

(1)机械加工工序的安排

①基面先行　首先以粗基准定位加工出精基准，以便尽快为后续工序提供基准，若基准不统一，则应按基准转换顺序逐步提高精度的原则安排基准面加工。

②先粗后精　先粗加工，其次半精加工，最后安排精加工和光整加工。

③先主后次　先安排主要表面(指装配基面、工作表面等)的加工，再安排次要表面(指键槽、紧固螺孔和光孔等)的加工。由于次要表面加工量较少，而且又和主要表面有位置精度要求，因此一般应放在主要表面半精加工结束后，最后精加工或光整加工之前完成。

④先面后孔　箱体、底座、支架类零件，其上的平面较大，用平面定位比较稳固可靠。因此，先加工平面，就能以平面定位加工孔，保证平面和孔的位置精度。

(2)热处理工序的安排

①预备热处理　预备热处理的目的是改善材料的切削加工性，消除残余应力和为最终热处理作好组织准备，如正火、退火、调质和时效处理等。一般安排在粗加工前、后和需要消

除应力时。放在粗加工前,可改善粗加工时材料的加工性能,并可减少车间之间的运输工作量;放在粗加工后,有利于粗加工后的残余应力的消除。

②最终热处理　最终热处理的目的是达到零件设计的力学性能。如调质、淬火、渗碳淬火和氮化等都属最终热处理。它应安排在精加工前后。变形较大的热处理如渗碳淬火应安排在精加工磨削前进行,以便在精加工磨削时纠正热处理变形。调质处理对一些性能要求不高的零件也常作为最终热处理,也应安排在精加工前进行。变形较小的热处理如氮化等,应安排在精加工后。

(3)辅助工序的安排　检验工序是主要的辅助工序。它对保证产品质量、防止产生废品有极重要的作用。除每道工序由操作者自行检验外,检验工序应安排在:

① 粗加工结束后。

②关键工序前后。

③零件转换车间前后。

④零件全部加工结束后。

除检验工序外,其它辅助工序有:去毛刺、倒棱、清洗、防锈等。辅助工序也是必要的工序,若安排不当或遗漏,将会给后续工序和装配带来困难,影响产品质量,甚至使机器不能使用。

5.2.3　工序尺寸的确定

1)加工余量

(1)加工余量的概念　加工余量是指加工时从加工表面上切除的金属层厚度。加工余量可分为工序余量和加工总余量。工序余量是指某一表面在一道工序中切除的金属层厚度;加工总余量是指零件从毛坯变为成品过程中,从某一表面切除的金属层总厚度。

①工序余量　工序余量等于前后两道工序尺寸之差。图 5-2-6 表示工序余量与工序尺寸的关系。由图可知,工序余量的基本尺寸可按以下公式表示:

对于被包容面(见图 5-2-6a)

$$Z = a - b$$

对于包容面(见图 5-2-6b)

$$Z = b - a$$

式中　Z——工序余量的基本尺寸;

a——前工序的工序尺寸;

b——本工序的工序尺寸。

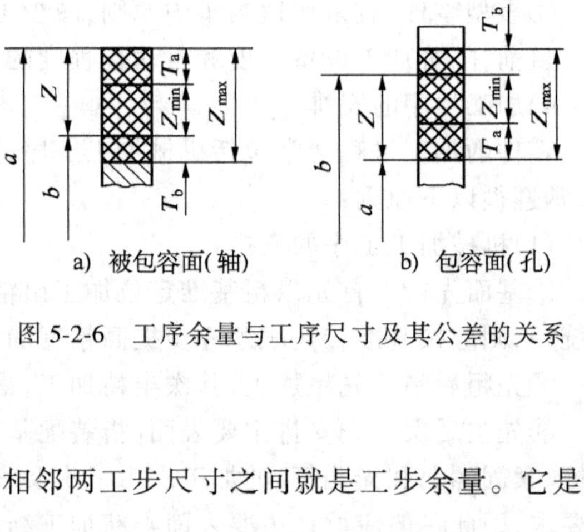

a) 被包容面(轴)　　b) 包容面(孔)

图 5-2-6　工序余量与工序尺寸及其公差的关系

当加工某一表面的工序分几个工步时,则相邻两工步尺寸之间就是工步余量。它是某工步在表面上切除的金属层厚度。

由于工序尺寸都存在着误差,因此,加工余量也是个变动值,据实际切除余量大小不等有最小加工余量和最大加工余量之分。

为了方便加工,工序尺寸都按“入体原则”标注极限偏差,即被包容面的工序尺寸取上偏差为零,包容面的工序尺寸取下偏差为零。毛坯尺寸则按双向布置上、下偏差。工序余量和工序尺寸公差(T_a、T_b)的关系为

$$Z_{min} = Z - T_a$$

$$Z_{max} = Z + T_b = Z_{min} + T_a + T_b$$

式中　Z_{min}——最小工序余量；

Z_{max}——最大工序余量；

T_a——上工序尺寸的公差；

T_b——本工序尺寸的公差。

②加工总余量　加工总余量等于某一表面的毛坯尺寸与零件设计尺寸之差，也等于该表面各工序余量之和。

另外，加工余量有双边余量和单边余量之分。对于外圆和孔等回转表面，加工余量指双边余量是从直径上考虑的，实际切除的金属层厚度是加工余量的一半。平面的加工余量则指单边余量，它等于实际切削的金属层厚度。

(2)影响加工余量的因素　加工余量的大小对工件的加工质量、生产率和生产成本有较大的影响。合理确定加工余量的基本原则是在确保加工质量前提下，加工余量尽量选取小值。下面分析影响加工余量的各种因素。

① 上工序的表面粗糙度值 R_y 和缺陷层 D_a 为了获得较高的加工质量，本工序必须切除上工序遗留的表面粗糙度和金属材料遭破坏的缺陷层，达到表面以下的正常金属组织。如图 5-2-7 所示。

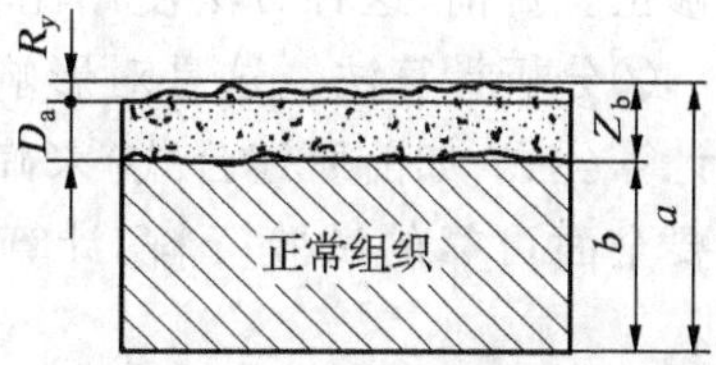

图 5-2-7　表面粗糙度及缺陷层

②上工序的尺寸公差 T_a　上工序加工后，表面存在尺寸误差和形状误差，这些误差的总和一般不超过上工序的尺寸公差 T_a。从式 $Z = Z_{min} + T_a$ 中可知，本工序基本余量中包括了 T_a 值。

③上工序的形位误差 ρ_a　ρ_a 是指不由尺寸公差 T_a 所控制的形位误差。如加工件表面在空间的弯曲、偏斜以及其它空间位置误差等。当形位公差和尺寸公差之间的关系是包容原则时，可不计 ρ_a 值；若是独立原则或最大实体原则时，尺寸公差不控制形位误差，此时加工余量中要包括上工序的形位误差 ρ_a。例如，图 5-2-8 所示的小轴，当轴线有直线度误差 ω 时，须在本工序中纠正，因而直径方向的加工余量应增加 2ω。

ρ_a的数值可按设计技术要求确定。若设计图样未注形位公差，则按未注形位公差值确定。ρ_a具有矢量性质。

④本工序加工时的装夹误差 ε_b　装夹误差包括工件的定位误差和夹紧误差，若用夹具装夹时，还要考虑夹具的装夹误差。这些误差会使工件在加工时的位置发生偏移，所以确定加工余量必须考虑装夹误差的影响。例如，图 5-2-9 所示，用三爪卡盘装夹工件外圆磨内孔，由于三爪卡盘定心不准，使工件轴线偏离主轴轴线 e 值，造成孔的磨削余量不均匀，为确保工件加工质量，孔的直径余量应增大 $2e$。

综上所述，加工余量的计算公式：

单边余量　$Z_b = T_a + R_y + D_a + |\rho_a + \varepsilon_b|$

双边余量　$2Z_b = T_a + 2(R_y + D_a) + 2|\rho_a + \varepsilon_b|$

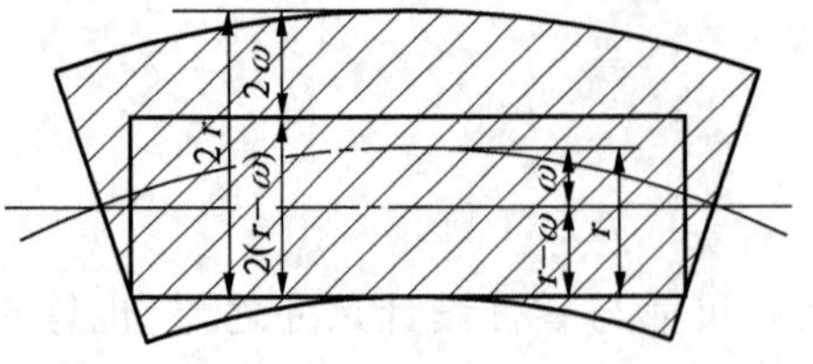

图 5-2-8　轴线直线度误差对加工余量的影响

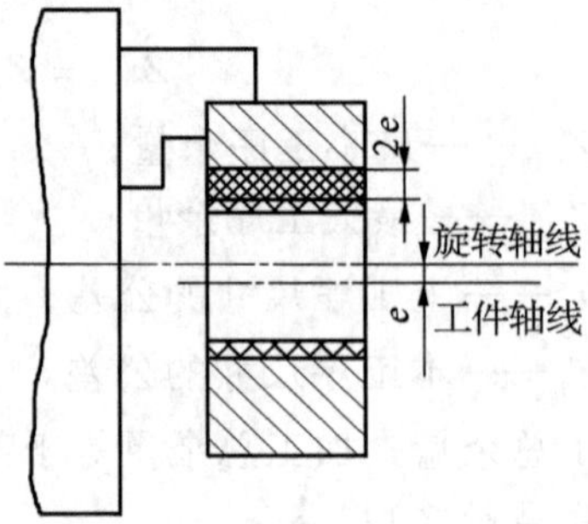

图 5-2-9　三爪卡盘装夹误差对加工余量的影响

(3)加工余量的确定方法

①经验估计法　此法是根据工艺人员的经验来确定加工余量。为避免产生废品,所确定的加工余量一般偏大。常用于单件小批生产。

②查表修正法　此法是根据有关手册,查得加工余量的数值,然后根据实际情况进行适当修正。目前,这种方法使用比较广泛。

③分析计算法　这是对影响加工余量的各种因素进行分析,然后根据一定的试验资料和计算公式(如前所述公式)来确定加工余量的方法。此法确定的加工余量较经济合理,但需要全面可靠的试验资料,计算也较复杂,适用于大批大量生产或毛坯材料比较贵重的场合。

在确定加工余量时,要分别确定加工总余量和工序余量。加工总余量的大小与所选择的加工精度有关。用查表法确定加工余量时,粗加工工序余量不能用查表法得到,而是由加工总余量减去其它各工序余量之和而得。

2)工序尺寸

在加工过程中,工件上的设计尺寸一般要经过几道工序的加工才能得到,每道工序应保证的加工尺寸叫工序尺寸,其公差即工序尺寸公差。工艺过程设计的一项重要工作,就是合理地确定每道工序的工序尺寸及公差。工序尺寸及公差的确定可分为两种情况进行。

(1)基准重合时工序尺寸及公差的确定　当工序基准、定位基准或测量基准与设计基准重合,工件表面多次加工时,只需考虑各工序的加工余量和所能达到的精度。其确定顺序由最后一道工序开始向前推算,基本步骤为:

①确定加工总余量和工序余量。

②确定工序公差　最终工序尺寸公差等于设计尺寸公差,其余工序公差按经济精度确定。

③求工序基本尺寸　从零件图上的设计尺寸开始逐一向前推算工序基本尺寸,直到毛坯尺寸。

④标注工序尺寸公差　最后一道工序的公差按设计尺寸标注,其余工序尺寸公差按入体原则标注。

例 5－1　某零件孔的设计要求为 $\phi100\text{mm}^{+0.035}_{0}\text{mm}$, Ra 值为 $0.8\mu\text{m}$, 毛坯为铸件,其加工工艺路线为:毛坯－粗镗－半精镗－精镗－浮动镗。求各工序尺寸。

解：首先，通过查表及凭经验确定加工总余量及公差、工序余量以及工序的经济精度和公差值，然后，计算工序基本尺寸，结果列于表 5-2-1 中。

表 5-2-1　工序尺寸及公差的计算　　mm

工序名称	工序基本余量	工序的经济精度	工序尺寸	工序尺寸及其公差和 R_a
浮动镗	0.1	H7($^{+0.035}_{0}$)	100	$\phi 100^{+0.035}_{0}$　R_a 为 0.8μm
精　镗	0.5	H8($^{+0.054}_{0}$)	100 - 0.1 = 99.9	$\phi 99.9^{+0.054}_{0}$　R_a 为 1.6μm
半精镗	2.4	H10($^{+0.14}_{0}$)	99.9 - 0.5 = 99.4	$\phi 99.4^{+0.14}_{0}$　R_a 为 3.2μm
粗　镗	5	H13($^{+0.54}_{0}$)	99.4 - 2.4 = 97.0	$\phi 97^{+0.54}_{0}$　R_a 为 6.4μm
毛坯孔	8	T17(±1.75)	97.0 - 5 = 92.0	$\phi 92 \pm 1.75$

(2)基准不重合时，工序尺寸及公差确定　工艺基准与设计基准不重合时，就需要利用工艺尺寸链原理来进行工序尺寸及公差的确定。

3)工艺尺寸链

(1)工艺尺寸链的定义及组成　在零件加工过程中，由一系列相互联系且按一定顺序排列的工艺尺寸所形成的封闭尺寸组合，称为工艺尺寸链。

如图 5-2-10a 所示的台阶零件，上道工序将 A、C 两面均已加工完成，工序尺寸为 A_1，本工序要求加工 B 面，工序尺寸为 A_0，工序基准为 C，为了使工件定位可靠和夹具结构简单，常选 A 面为定位基准。采用调整法加工时，按尺寸 A_2 对刀加工，间接保证尺寸 A_0，则 A_1、A_2、和 A_0 这些相互联系的尺寸就形成一个封闭尺寸组合，即为工艺尺寸链，如图 5-2-10b 所示。

由以上分析可知，工艺尺寸链的主要特征是：封闭性和关联性。

封闭性——尺寸链中间接获得的尺寸与直接得到的尺寸之间排列呈封闭形式，不封闭就不成为尺寸链。

关联性——任何一个直接保证的尺寸及其精度的变化，必将影响间接保证的尺寸和精度。如上尺寸链中，A_1、A_2 的变化，都将引起 A_0 的变化。

工艺尺寸链中每一个组成尺寸，称为环。图 5-2-10 中，A_1、A_2 和 A_0 都是尺寸链的环，这些环可分为两种：

①封闭环　是加工过程中最后自然形成或间接得到的尺寸。如图 5-2-10 中的 A_0 称为封闭环。每一尺寸链中只能有一个封闭环。

②组成环　在工艺尺寸链中对封闭环有影响的所有尺寸。根据对封闭环的影响不同，组成环又可分为两种：

增环——当其它组成环大小不变，某一组成环的增大(或减小)会导致封闭环也增大(或减小)时，该组成环为增环，如图 5-2-10 中的 A_1 可标记成 $\overrightarrow{A_1}$。

减环——当其它组成环大小不变，某一组成环的增大(或减小)会导致封闭环反而减小(或增大)时，该组成环为减环，如图 5-2-10 中的 A_2 可标记成 $\overleftarrow{A_2}$。

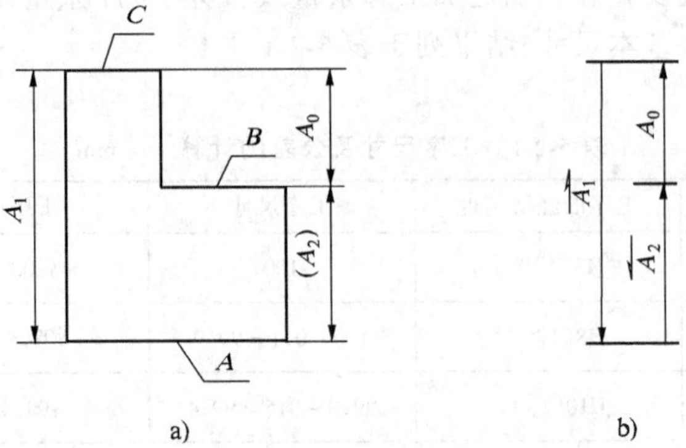

图 5-2-10 工艺尺寸链示例

将组成工艺尺寸链的各环尺寸或字母和符号标注在零件示意图上，如图 5-2-10a 所示，或单独表示出来，如图 5-2-10b 所示，这些尺寸图称为工艺尺寸链图。对于环少的尺寸链，可以根据增、减环的定义来判别。对于环数多的尺寸链，可以采用箭头法区分增、减环。在绘制尺寸链图时，用首尾相接的单向箭头顺序表示各环。从封闭环开始朝任一方向画一箭头，然后依次画出所有组成环的箭头。凡是与封闭环箭头方向相同的环即为减环，与封闭环箭头方向相反的即为增环。

(2)尺寸链的分类及计算方法　尺寸链按几何特征划分：

①长度尺寸链　全部环为长度尺寸的尺寸链。

②角度尺寸链　全部环为角度尺寸的尺寸链。

③组合式尺寸链　既有长度尺寸又有角度尺寸的尺寸链。

尺寸链按空间位置划分：

①直线尺寸链　全部组成环平行于封闭环的尺寸链。

②平面尺寸链　全部组成环位于一个或几个平行平面内，但某些组成环不平行于封闭环的尺寸链。

③空间尺寸链　组成环位于几个不平行平面内的尺寸链。

在尺寸链中，直线尺寸链用得最多，故本节尺寸链主要介绍直线尺寸链的应用和求解。

尺寸链的计算方法，有极值法和概率法两种。生产中一般多采用极值法。只有在大批大量生产情况下，当所计算出的工序尺寸公差偏小而加工有困难，且不经济时，可应用概率法。工艺尺寸链的计算，是指计算封闭环与组成环的基本尺寸、公差、上偏差和下偏差之间的关系。极值法的具体计算方法如下：

①封闭环的基本尺寸　封闭环的基本尺寸等于增环基本尺寸的和减去减环基本尺寸的和。

②封闭环的极值尺寸　封闭环的最大极限尺寸等于增环最大极限尺寸之和减去减环最小极限尺寸之和；封闭环最小极限尺寸等于增环最小极限尺寸之和减去减环最大极限尺寸之和。

③封闭环的上、下偏差　封闭环的上偏差等于增环上偏差之和减去减环下偏差之和。封闭环的下偏差等于增环的下偏差之和减去减环上偏差之和。

④封闭环的公差　封闭环的公差等于各组成环公差之和。

当大批大量生产，工艺尺寸链的环数较多（如五环以上）时，按概率法计算比较合理。由概率论原理可得封闭环公差值的计算公式：

$$T_0 = \sqrt{\sum_{i=1}^{m-1} T_i^2}$$

显然，在组成环公差不变时，由概率法计算出的封闭环公差要小于极值法计算的结果。因此，在保证封闭环精度不变的前提下，应用概率法可以使组成环公差放大，从而减低了加工对尺寸精度的要求，降低了加工难度。

(3)工艺尺寸链的分析

定位基准与设计基准不重合时，工序尺寸及公差的计算

例 5－2　如图 5-2-11 所示套类零件，A，C，D 表面在上道工序均已加工，尺寸如图所示，本工序要求加工缺口 B 面，设计基准为 D，设计尺寸为 $8^{+0.35}_{0}$ mm，定位基准为 A，试确定用调整法加工时的工序尺寸及其公差。

解 a. 确定封闭环，找出组成环，画出工艺尺寸链图，判断各组成环性质。

从加工工艺过程和工艺方法可知，上道工序已保证尺寸 $40^{0}_{-0.35}$ mm 和 $15^{0}_{-0.10}$ mm，本工序直接保证尺寸为 L，因此，设计尺寸 $8^{+0.35}_{0}$ mm 成为自然形成的尺寸，即为封闭环。同时尺寸 $40^{0}_{-0.10}$ mm，$15^{0}_{-0.10}$ mm 和 L 的变化对设计尺寸 $8^{+0.35}_{0}$ mm（封闭环）均有影响，所以，这三个尺寸为组成环。

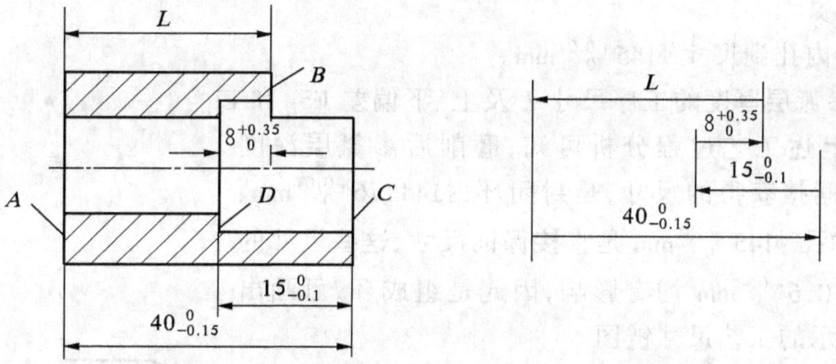

图 5-2-11　套类零件工序简图及工艺尺寸链图

画工艺尺寸链图时，先画出封闭环，然后从封闭环的两个界面开始，分别画出形成这两个界面的工艺基准和工序尺寸，直至两条线路最后得到的加工尺寸的工序基准重合，然后从封闭环开始标出单向箭头，与封闭环异向的是增环，同向的为减环。如图 5－2－11 所示，L、$15^{0}_{-0.10}$ mm 是增环，$40^{0}_{-0.15}$ mm 是减环。从工艺尺寸链图可以看出，全部组成环平行于封闭环，它属直线尺寸链。

b.按极值法计算工序尺寸及公差

工序尺寸的基本尺寸 L：

按基本尺寸计算方法列算式 $8 = L + 15 - 40$，计算得：$L = 33$

工序尺寸的上偏差 ES_L：

按上偏差计算方法列算式：$+0.35 = ES_L + 0 - (-0.15)$，计算得：$ES_L = +0.20$ mm

工序尺寸的下偏差 EI_L:

按下偏差计算方法列算式:$0 = EI_L + (-0.1) - 0$,计算得:$EI_L = +0.10$mm

加工缺口 *B* 时的工序尺寸及其上下偏差 $L = 33^{+0.2}_{+0.1}$mm。

从上面计算结果可以看出:虽然设计尺寸 $8^{+0.35}_{0}$mm 的加工公差为 0.35mm。但是因定位基准与设计基准不重合,使本工序尺寸公差减小到 0.10mm,提高了加工精度。但是采用上述加工方案,工件定位方便,夹具设计结构简单。因此,在工艺设计时,应该全面地考虑问题,以求得到最佳方案。

在上例中,如果设计尺寸为 $8^{+0.25}_{0}$mm,则其公差已等于上道工序的两工序尺寸公差之和。本工序尺寸 *L* 不允许有加工误差,这是不可能的。因此要重新选择定位基准;或者提高上道工序的加工精度,即减小其工序尺寸公差,才能保证本工序加工方案的可行性。

从待加工的的设计基准标注工序尺寸,因为待加工的设计基准与定位基准两者差一个余量,所以仍然属设计基准与定位基准不重合问题。

机械产品中有些零件需进行表面处理,如渗氮、渗碳等。表面处理后若需继续加工,为了保持氮化层或渗碳层的深度,就应控制加工前的渗氮或渗碳层深度。这种问题也属于以待加工的设计基准标注工序尺寸及其公差的计算。

例 5-3　图 5-2-12a 所示一个轴颈衬套,材料为 38CrMoAlA,要求内孔渗氮,磨削后,控制渗氮层深度单边为 $0.3^{+0.20}_{0}$mm(即双边为 $0.6^{+0.40}_{0}$mm),其工艺过程如下:

工序 1:磨内孔 $\phi 144.76^{+0.04}_{0}$mm。

工序 2:渗氮。

工序 3:磨内孔到尺寸 $\phi 145^{+0.04}_{0}$mm。

求:磨前渗氮层厚度的工序尺寸 *L* 及上、下偏差 ES_L 和 EI_L。

解:根据上述工艺过程分析可知,磨削后渗氮层深度 $0.6^{+0.40}_{0}$mm 是间接获得的尺寸,是封闭环;$\phi 144.76^{+0.04}_{0}$mm、渗氮深度 *L*、内孔 $\phi 145^{+0.04}_{0}$mm 是直接保证尺寸,这些尺寸的变化对封闭环 $0.6^{+0.4}_{0}$mm 均有影响,因此是组成环,可画出如图 5-2-12 所示的工艺尺寸链图。

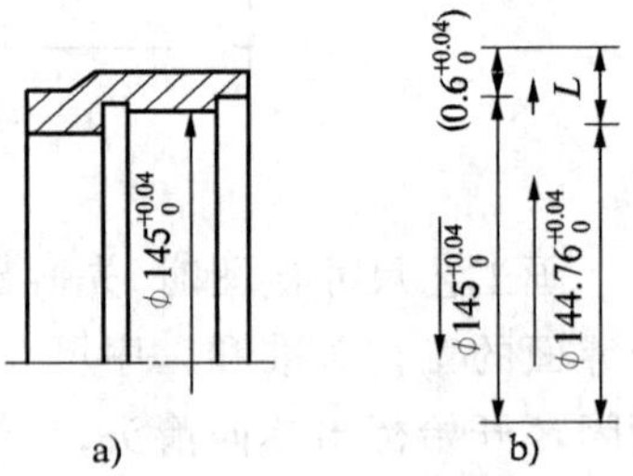

图 5-2-12　渗氮层工序尺寸换算

渗氮层深度的工序尺寸 *L*:

$$L = (145 + 0.6) - 144.76 = 0.84\text{mm}$$

工序尺寸 L 的上偏差 ES_L:

$$+0.4 = (+0.04 + ES_L) - 0$$

$$ES_L = +0.36\text{mm}$$

工序尺寸 L 的下偏差 EI_L:

$$0 = (0 + EI_L) - (+0.04)$$

$$EI_L = +0.04\text{mm}$$

所以,磨前渗氮深度应控制在 $L = 0.84^{+0.36}_{+0.04}$mm。

4)工序尺寸图解法

在工序较多,工序中的工艺基准与设计基准又不重合,且各工序的工艺基准需多次转换时,工序尺寸及其公差的换算会变得很复杂,难以迅速地建立工艺尺寸链,而且容易出错。

采用把全部工序尺寸、工序余量画在一张图表上的图解法，可以直观地、简便地建立工艺尺寸链，进而计算工序尺寸及其公差和验算工序余量。图解法还便于利用计算机进行辅助工艺设计。

下面以某轴套端面加工时，轴向工序尺寸及公差计算为例，具体介绍工艺尺寸链图解计算法。图 5-2-13 为图解计算图表。

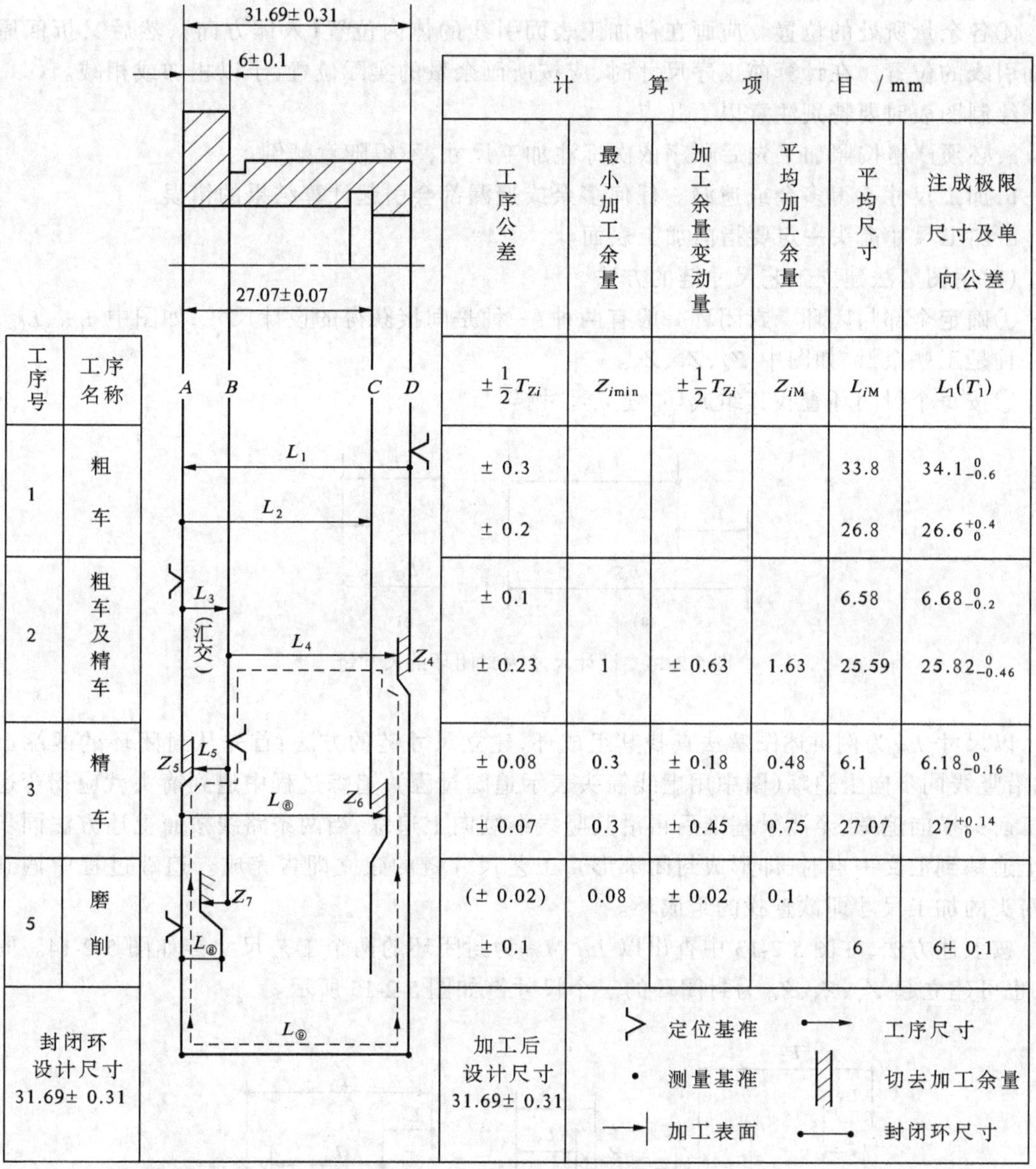

工序号	工序名称	工序公差 $\pm\frac{1}{2}T_{Zi}$	最小加工余量 $Z_{i\min}$	加工余量变动量 $\pm\frac{1}{2}T_{Zi}$	平均加工余量 Z_{iM}	平均尺寸 L_{iM}	注成极限尺寸及单向公差 $L_1(T_1)$
1	粗车	± 0.3				33.8	$34.1^{0}_{-0.6}$
		± 0.2				26.8	$26.6^{+0.4}_{0}$
2	粗车及精车	± 0.1				6.58	$6.68^{0}_{-0.2}$
		± 0.23	1	± 0.63	1.63	25.59	$25.82^{0}_{-0.46}$
3	精车	± 0.08	0.3	± 0.18	0.48	6.1	$6.18^{0}_{-0.16}$
		± 0.07	0.3	± 0.45	0.75	27.07	$27^{+0.14}_{0}$
5	磨削	(± 0.02)	0.08	± 0.02	0.1		
		± 0.1				6	6± 0.1
封闭环设计尺寸 31.69± 0.31		加工后设计尺寸 31.69± 0.31					

计算项目 / mm

图 5-2-13　工序尺寸图解计算

(1)图表绘制　绘制步骤如下：

①在图表上方画出工件简图。简图中标出与工艺计算有关的轴向设计尺寸。并采用双向对称偏差标注尺寸。

所以,上图中有 $32_{-0.62}^{\ 0}$mm = 31.69 ± 0.31mm, $27_{\ 0}^{+0.14}$mm = 27.07 ± 0.07mm。把有关表面向下引线,并按顺序编号。

②自上而下,画出表格,依次分栏说明各工序的名称和加工内容。

③用图表中右下方的代表符号,画出各工序的定位基准、工序基准、加工表面、工序尺寸、切去余量以及封闭环尺寸等。当工序尺寸为已知的尺寸时,则在尺寸的数字代号上标以圆圈,以区别于未知工序尺寸。

④各余量所处的位置。应画在待加工表面引线的体内位置(入体方向),然后又折回原表面引线的位置。在计算前工序尺寸时,应按所画余量的实际位置,予以相加或相减。

绘制图表时要特别注意以下几点:

a.必须严格按照加工先后顺序依次标注加工尺寸,不得随意颠倒。

b.加工尺寸不得多余或遗漏。任何多余或遗漏都会引起计算结果的错误。

c.加工尺寸箭头一定要指向加工表面。

(2)用图解法建立工艺尺寸链的方法

①确定全部封闭环　封闭环一般有两种:一种是间接获得的设计尺寸,如图中 $L_⑧$、$L_⑨$,另一种是工序余量,如图中 Z_4、Z_5、Z_6。

②按每个封闭环查找其组成环,建立尺寸链。

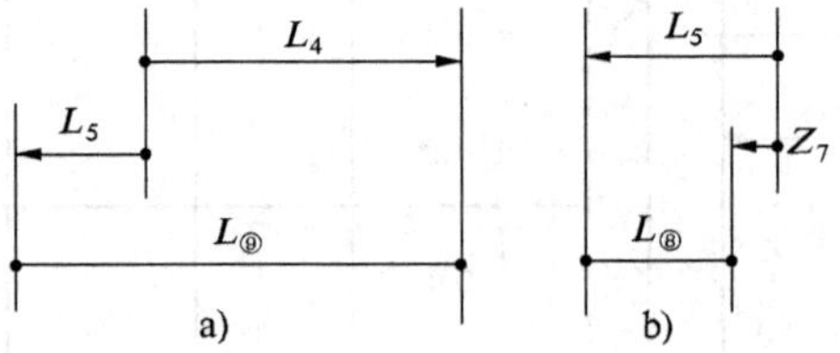

图 5-2-14　设计尺寸为封闭环的尺寸链

以尺寸 $L_⑨$ 为例讲述图解法查找其组成环,建立尺寸链的方法:首先从封闭环的两端出发,沿竖线同步向上追踪(图中用虚线箭头表示追踪过程),追踪过程中遇到箭头就应拐弯逆加工箭头横向追踪,至测量基准后再沿其竖线继续向上追踪,当两条路线按照上述方法同步向上追踪到汇交一点时(即形成封闭廓形),工艺尺寸链的建立即告完成。追踪过程中遇到带箭头的加工尺寸即欲查找的组成环。

按上述方法,在图 5-2-13 中查出以 $L_⑧$、$L_⑨$ 为封闭环的两个工艺尺寸链如图 5-2-14。同样,也可建立起 Z_4、Z_5、Z_6 为封闭环的三个尺寸链如图 5-2-15 所示。

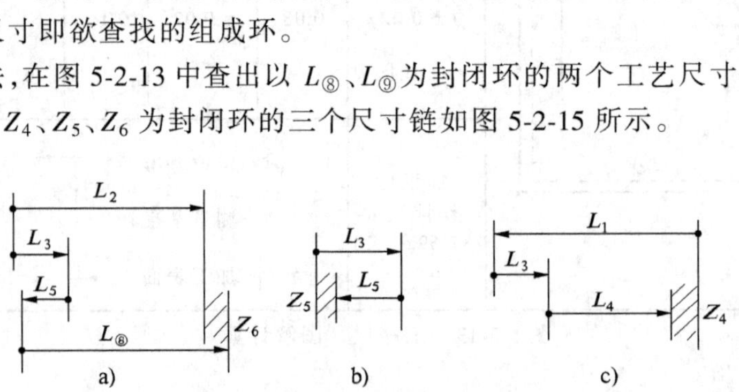

图 5-2-15　工序余量为封闭环的尺寸链

(3)计算工序尺寸的步骤和方法

①确定各工序尺寸的公差　首先确定要求严格和公差小的工序尺寸,再确定公差大的工序尺寸。一般是先确定与设计尺寸有关的工序尺寸公差。当设计尺寸为封闭环时,采用“等公差原则”把设计尺寸的公差均分到各工序尺寸,再根据加工难易和尺寸大小作适当调整。当工序尺寸为设计尺寸时,工序尺寸公差就等于该设计尺寸公差。其次再确定与设计尺寸无关的工序尺寸公差,按工序的经济精度确定。

②确定余量公差　余量一般都是间接获得的量,在已知工序尺寸公差后,可以确定相应的余量公差。

③确定平均余量　平均余量按下式计算:

$$Z_{iM} = Z_{i\min} + \frac{T_{zi}}{2}$$

式中　Z_{iM}——平均余量(mm);

$Z_{i\min}$——最小余量(mm);

T_{zi}——余量公差(mm)。

$Z_{i\min}$可从有关手册查出。

④求工序尺寸平均尺寸 L_{iM}　由图 5-2-16 的工序平均尺寸与平均余量关系可求出 L_{iM}。

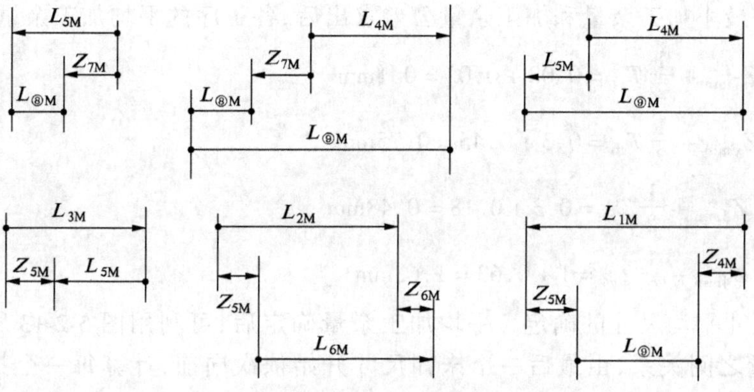

图 5-2-16　工序尺寸平均尺寸关系图

a.工序尺寸公差　工序尺寸 L_1、L_2、L_3 不是尺寸链的组成环,其公差按各自加工方法的经济精度选择。通过查阅有关手册,可选取 $T_1 = 0.6\text{mm}$, $T_2 = 0.4\text{mm}$, $T_3 = 0.2\text{mm}$。

工序尺寸 L_4、L_5 为尺寸链的组成环,封闭环为设计尺寸。由前述可把封闭环的公差分配给各组成环。其中 L_5 在两个尺寸链中都是组成环,其公差要按要求高的那个尺寸链确定。本例中,由于 $L_⑧$公差小于 $L_⑨$(图 5-2-13),故 L_5 公差确定为:$T_8 = T_5 + T_{z7}$

其中,T_{z7}为靠磨余量,为已知工序尺寸,一般取 $T_{z7} = 0.04$ mm。

则　　$T_5 = 0.2 - 0.04 = 0.16\text{mm}$

由此可求出:$T_4 = T_9 - T_5 = 0.62 - 0.16 = 0.46\text{mm}$

为便于以后计算,工序尺寸公差按对称分布形式填表。

在图 5 - 2 - 13 中,上述各项内容计算如下:

b.各工序余量公差　当各工序尺寸的公差确定后,将其代入图 5-2-15 中的尺寸链,即可算出各尺寸链的封闭环——工序余量的公差。

$$T_{z6}=T_6+T_5+T_3+T_2=0.14+0.16+0.2+0.4=0.9\text{mm}$$

$$T_{z5}=T_5+T_3=0.16+0.2=0.36\text{mm}$$

$$T_{z4}=T_4+T_3+T_1=0.46+0.2+0.6=1.26\text{mm}$$

加工余量的公差确定后，以 $\pm\frac{1}{2}T_{zi}$ 的形式填入图表相应的栏内。

c.各工序平均加工余量的确定　工序平均加工余量可按下式计算

根据平均加工余量的定义，平均加工余量 Z_{iM} 应为

$$Z_{iM}=\frac{1}{2}(Z_{i\max}+Z_{i\min})$$

因为　$Z_{i\max}=Z_{i\min}+T_{zi}$

所以　$Z_{iM}=\frac{1}{2}(Z_{i\min}+T_{zi}+Z_{i\min})=Z_{i\min}+\frac{1}{2}T_{zi}$

最小加工余量可参考有关的经验和实验资料，或通过查阅有关手册获得，是已知量。

靠磨端面时 $Z_{7\min}=0.08$

精车端面时 $Z_{6\min}=Z_{5\min}=0.3\text{mm}$

粗车端面时 $Z_{4\min}=1\text{mm}$

在各工序的最小加工余量和加工余量公差求出后，各工序的平均加工余量计算如下：

$$Z_{7M}=Z_{7\min}+\frac{1}{2}T_{z7}=0.08+0.02=0.1\text{mm}$$

$$Z_{6M}=Z_{6\min}+\frac{1}{2}T_{z6}=0.3+0.45=0.75\text{mm}$$

$$Z_{5M}=Z_{5\min}+\frac{1}{2}T_{z5}=0.3+0.18=0.48\text{mm}$$

$$Z_{4M}=Z_{4\min}+\frac{1}{2}T_{z4}=1+0.63=1.63\text{mm}$$

d.各工序尺寸平均尺寸的确定　平均加工余量确定后，可利用图 5-2-13 所表明的工序尺寸与加工余量之间关系，由最后一个未知尺寸开始依次向前，计算每一个拟求的工序尺寸。即按 L_5、L_4、L_3、L_2、L_1 的顺序进行。例如 L_5，由 L_5 的两端竖线向下查找，找出后面工序中与 L_5 有关的工序尺寸和工序余量，得到图 5-2-16 所示的平均尺寸关系图，然后将这些工序尺寸与加工余量相加或相减，即可求得拟求的工序尺寸的平均尺寸。

$$L_{5M}=L_{⑧M}+Z_{7M}=(6+0.1)\text{mm}=6.1\text{mm}$$

$$L_{4M}=L_{⑨M}-L_{⑧M}-Z_{7M}=(31.69-6-0.1)\text{mm}=25.59\text{mm}$$

$$L_{3M}=L_{5M}+Z_{5M}=(6.1+0.48)\text{mm}=6.58\text{mm}$$

$$L_{2M}=L_{6M}-Z_{6M}+Z_{5M}=(27.07-0.75+0.48)\text{mm}=26.8\text{mm}$$

$$L_{1M}=L_{⑨M}+Z_{5M}+Z_{4M}=(31.69+0.48+1.63)\text{mm}=33.8\text{mm}$$

把各工序尺寸及公差按“入体原则”换算后填入图 5-2-13 表中。

5.2.4　机械加工工序设计

1)机床的选择

工序集中程度确定后，基本上也就确定了设备的类型。在具体选择时还应考虑下列问题：

①机床的精度与工序要求的加工精度相适应。

②机床的规格与工件的外形尺寸相适应。

③机床的生产率与工件的生产类型要求相匹配。

④机床应与工厂现有条件相适应。如设备负荷的平衡状况等。

如果没有相应的机床可供选用,应经过技术评价论证后,提出改装现有设备或设计专用机床,为此应根据具体要求提出任务书。

2)工艺装备的选择

工艺装备的选择主要指夹具、刀具和量具的选择。工艺装备对工序的加工精度、生产率和经济性有重要的影响。应根据生产类型、加工条件、工件结构特点和技术要求等进行选择。

(1)夹具的选择　单件小批生产尽量选用通用夹具及机床附件,有条件的可采用组合夹具。大批大量生产为提高生产率应根据工序要求设计高效专用夹具。多品种中、小批生产可采用可调夹具或成组夹具。

(2)刀具的选择　刀具的选择主要取决于各工序所采用的加工方法、加工表面的尺寸、工件材料、加工质量的要求、生产率和经济性等。在选择时应优先采用标准刀具,必要时可采用高效的复合刀具和专用刀具。注重推广新型刀具材料和先进刀具。

(3)量具的选择　量具主要根据生产类型和工件的加工精度来选择。单件小批生产,应尽量选用通用量具。大批大量生产应采用各种极限量规和高效的专用检验夹具和量仪。

当需要设计专用工艺装备时,应参照机械工业委员会指导性技术文件 JB/Z283.3－87 编制专用工艺装备设计任务书,并填写《专用工艺装备设计任务书》。工艺装备应参照 JB/Z180－88 中规定的编号方法进行编号。

3)切削用量的选择与工时定额的制定

(1)切削用量的选择　在相同的加工条件下,选用不同的切削用量,会产生不同的切削效果。切削用量选得过小,降低了生产率,增加了生产成本;切削用量选得过大,刀具磨损加快,降低了加工质量,也会影响生产率和生产成本。因此,合理选择切削用量,对提高生产率、保证加工质量、必要的刀具耐用度和经济性都有重大意义。

①金属切除率与切削用量的选择　粗加工时的切削用量,一般以提高生产率为主,也应考虑加工成本和经济性。也就是要尽可能保证较高的单位时间金属切除量(即金属切除率)和必要的刀具耐用度。在车削加工中,金属切除率可用下式计算:

$$Z_w = 1000 v_c f a_p$$

式中　Z_w——单位时间内的金属切除量(mm^3/min);

v_c——切削速度(m/min);

f——进给量(mm/r);

a_p——背吃刀量(mm)。

由上式可知,提高切削速度、增大进给量和背吃刀量,都能提高金属切除率。但是,三个因素中对刀具影响最大的是切削速度,其次是进给量,影响最小的是背吃刀量,所以合理选择粗加工切削用量时应该首先选择一个尽量大的背吃刀量,其次选择一个较大的进给量,最后在刀具耐用度、工艺系统刚度、机床功率许可的条件下选择合理的切削速度。

a.背吃刀量 a_p 的选择　背吃刀量根据工件加工余量和工艺系统的刚度来确定。在保留半精加工、精加工必要余量前提下,应尽量将粗加工余量一次切除。

b.进给量 f 的选择　进给量主要根据工艺系统的刚度和强度来确定。选择进给量时，在工艺系统的刚性和强度允许的情况下，可选择大一些的进给量；反之则应适当减小进给量。

c.切削速度 v_c 的选择　在背吃刀量和进给量既定之后，则可在保证刀具合理耐用度前提下，确定切削速度。合理的切削速度可根据生产实践经验和有关资料确定，一般不需要经过精确计算。但必须考虑机床许用功率。

②加工质量与切削用量的选择　半精加工、精加工时的切削用量，应以保证加工质量为主，并兼顾生产率和必要的刀具耐用度。

半精加工、精加工的背吃刀量由粗加工后留下的余量来确定。

半精加工、精加工的进给量提高的限制因素主要是表面粗糙度。为了减小已加工表面的残留面积高度，一般多采用较小的进给量。

在背吃刀量和进给量确定后，一般也是在保证刀具耐用度前提下确定合理切削速度。为了抑制积屑瘤和鳞刺的产生，提高工件表面质量，用硬质合金刀具进行精加工时一般多采用较高的切削速度；用高速钢刀具一般多采用较低切削速度。

(2)工时定额的制定　工时定额也称为时间定额，是在一定的生产条件下规定的完成单件产品（如一个零件）或某项工作（如一个工序）所必须消耗的时间。工时定额不仅是衡量生产率的指标，也是安排生产计划，计算生产成本的重要依据，还是新建或扩建工厂（或车间）时计算设备和工人数量的依据。

制定工时定额应根据工厂的现存生产技术条件，由技术人员通过计算或类比方法，或者通过对实际操作时间的测定和分析的方法进行确定。工时定额还应定期修订，以使其保持平均先进水平。

零件一个工序完成的消耗时间定额，称为单件工时定额。它包括下列几方面：

①基本时间 T_m——指直接改变生产对象的形状、尺寸、相对位置与表面质量等所消耗的时间（包括刀具的切入和切出时间），又称为机动时间。

②辅助时间 T_a——指在每个工序中，为保证完成工艺过程所用于辅助动作而消耗的时间。它包括装卸工件、开停机床、改变切削用量、试切和测量零件尺寸等所消耗的时间。

基本时间和辅助时间的总和，称为作业时间（或操作时间）。用 T_b 表示。即是直接用于制造产品或零部件所消耗的时间。

③服务时间 T_s——指工人在工作时为照管工作地及保持正常工作状态所消耗的时间。如更换和刃磨刀具、润滑和擦拭机床、清理切屑等所消耗的时间。

④休息和自然需要时间 T_r——指工人在工作时间内为恢复体力和满足生理需要所消耗的时间。

⑤准备终结时间 T_e——指当加工一批工件的开始和终了时，所做的准备工作和结束工作而消耗的时间。如熟悉工艺文件、领取材料和工艺装备、调整机床、归还工艺装备、送交成品等所消耗的时间。因为该时间对一批零件（批量为 N）只消耗一次，故分摊到每个零件上的时间为 T_e/N 。

因此，单件和批量生产的单件工时定额 T_t 为

$$T_t = T_m + T_a + T_s + T_r + T_e/N$$

大量生产时，因为零件生产纲领 N 很大，T_e/N 就可忽略不计。单件工时定额 T_t 为：

$$T_t = T_m + T_a + T_s + T_r$$

式中 T_m 可根据各种切削方式进行计算，T_a、T_s、T_r 的数据可查阅有关手册并结合工厂实际情况确定。

4)填制工艺文件

加工工艺过程设计完成后，要以表格或卡片的形式确定下来，用于指导工人操作和作为生产、工艺管理等各种技术文件的依据。

工艺文件填写应符合下列基本要求：

(1)内容要尽量简要、明确。

(2)文字正确、字体端正、笔画清楚、排列整齐。

(3)所用术语、符号、计量单位等，应符合有关标准。

(4)设备一般填写型号和名称，必要时还应填写设备编号。

(5)在填写工艺装备时，属专用的，按专用工艺装备的名称(编号)填写；属标准的，填写名称、规格和精度，有编号的也可填写编号。

(6)对一些难以用文字说明的工序或工步内容，应绘制示意图。

5.3 成组技术与计算机辅助工艺过程设计

5.3.1 成组技术

1)成组技术概述

成组技术(GT:Group Technology)是一门生产技术与管理相结合的科学，它研究如何识别和发展生产活动中有关事物的相似性，并充分利用它把各种问题按其之间的相似性归类成组，寻求解决这一组问题相对统一的最优方案，以取得所期望的经济效益。

在机械产品生产中，成组技术的应用乃是将多种零件按工艺相似性分类，以形成零件族，把同一零件族中生产量小的零件汇集成生产量大的组，从而使小批量生产能获得接近于大批量生产的经济效益的一门生产技术。成组技术是改变多品种、中小批量生产企业落后面貌的一项卓有成效的技术组织措施。

不同的机械产品虽然其用途和功能各不相同，但每种产品的零件类型却存在着一定的规律。根据调查可知任何机械产品的组成零件可分成三类：①复杂件和特殊件，占零件数的5%～10%；②相似件占70%左右；③简单件或标准件为20%～25%。占零件大多数的相似件，它们在功能结构和加工工艺等方面存在大量的相似性。成组技术的核心问题是充分揭示和利用生产关系中出现的各种信息，使工厂企业以最有效的各种方式得到统一的数据和信息，从而为企业建成集成的信息系统打下基础，以获得最大的经济效益。

2)成组工艺实施方法

成组工艺的实施步骤如下：

① 产品零件按零件分类编码系统进行分组分类。

② 制订零件的成组加工工艺过程。

③设计成组工艺装备，如成组夹具、成组刀具、成组量具等。

④建造成组加工生产线，设计成组输送装置、成组装卸装置、仓库等。

成组工艺的生产组织形式基本上可分为3大类：

① 独立的成组加工机床或成组加工柔性制造单元　主要用于形状较简单、相似程度较大,能在一台机床上完成的零件。

② 成组加工和一般加工的混合生产线　主要用于零件较复杂,相似程度较小,需要多台机床才能完成全部工序的情况。其中能进行成组加工的就用成组加工机床加工,不能进行成组加工的则用普通机床加工,甚至可用专用机床加工,因此形成混合生产线(工段)。

③成组加工生产线或成组加工柔性制造系统　这是成组加工的最高组织形式,零件的全部工序都进行成组加工。

3)零件分类系统

零件的分类编码就是用数字来描述零件的几何形状、尺寸和工艺特征,也就是零件特征的数字化。零件分类是根据零件的特征来进行的,这些特征一般可分为以下 3 个方面:

(1) 结构特征　零件的几何形状、尺寸大小、结构功能、毛坯类型等。

(2) 工艺特征　零件的毛坯形状、加工精度、表面粗糙度、加工方法、材料、定位夹紧方式、选用机床类型等。

(3) 生产组织与计划特征　加工批量,制造资源状况、工艺过程跨车间、工段、厂际协作等情况。

零件的特征用相应的标志表示,可由分类系统中的相应环节来描述。而零件的编码是一种数学描述,每个零件都有识别码,它就是零件的件号或图号,为了区分,零件的识别码是唯一的,不能重复。在零件分类中,又有分类码,它是在推行成组技术时才提出的,它是可以重复的,相同分类码的零件表示了它们是相似的,可以归为一类。目前,世界各国都采用分类编码的方法来描述零件的相似特征,并用数字来描述零件的几何形状、尺寸、材料、精度和工艺特征。零件分类编码系统是将零件进行分类编码的一种工具,它使零件的有关信息代码化,对零件进行分类分组,从而以成组方式组织生产。成组技术在实际应用中,常有以下 3 种基本代码结构:

(1) 层次结构　在层次结构中,每一个后缀符号的意义取决于前缀符号的值。这种结构也称为单码结构或树状结构。由层次代码组成的层次结构具有相对的密实性,能以有限个位数的数,传递大量的有关零件的信息。

(2) 链式结构　在链式结构中,那些有序符号的意义是固定的,与前缀无关,这种结构又称为多码结构。它较复杂,因而可以方便地处理具有复杂特殊属性的零件,有助于识别具有相似工艺要求的零件。

(3) 混合结构　工业上大多数商业化的零件编码系统都是由上述两种编码系统组合而成,形成混合结构。混合结构具有单码结构和多码结构共同的优点。典型的混合结构都是由一系列较小的多码结构组成,这些结构链中的数字都是独立的,但整个混合代码中,需要有一个或几个数字表示零件的类别,这类层次结构一样。混合结构能最好地满足设计和制造的需要。

4) 典型的编码系统介绍

目前,全球已有 100 多种编码系统在工业中使用,每个工业企业可根据自己的产品特点,选择其中一种,或在某种编码系统的基础上加以改进,以适应本企业的要求。在选择时,以实用为目的。

(1)OPITZ 编码系统　OPITZ 编码系统系统建立于 60 年代初,由当时的联邦德国阿亨工业大学 OPITZ 教授提出的,并在其领导下制定的一种通用零件分类系统。在成组技术领域内,这是开创性的工作,也是最著名的分类编码系统。该系统由 9 位十进制数字代码,另加一套加工辅助代码组成。它的基本结构如图 5-3-1 所示。前 5 位为主码(形状代码),描述零件的基本设计特征。后 4 位为辅码(增补代码),描述制造特征,它们分别表示零件的尺寸、材料、原材料原始形式和精度。每个码位有 10 个特征码(0 ~ 9)分别表示零件 10 个不同的特征。

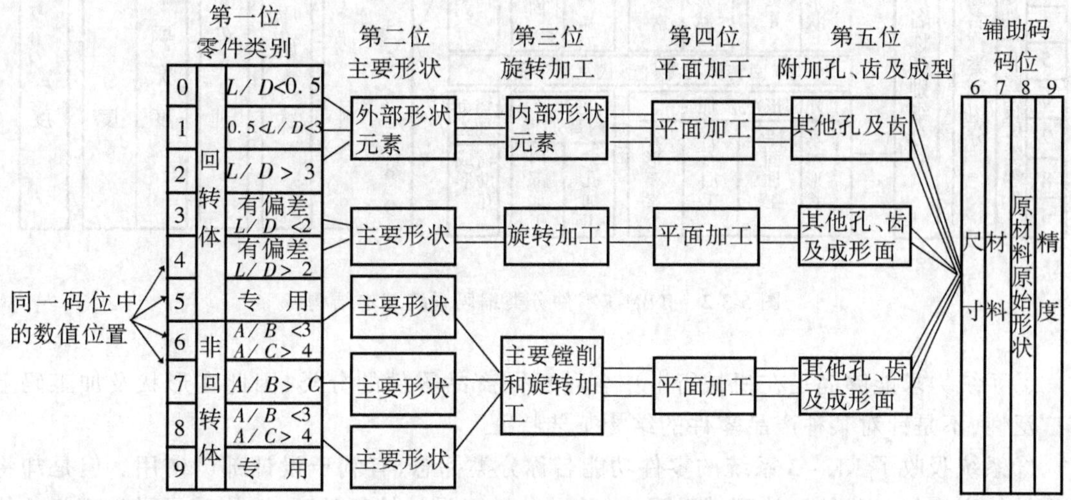

图 5-3-1　OPITZ 编码系统

OPITZ 编码系统的特点可归纳如下:

① 系统的结构简单,便于记忆和分类,应用广泛。

② 系统的分类标志,虽然形式上偏重零件的结构特征,但是实际上隐含着工艺信息。例如零件的尺寸标志,既反映零件形状结构的大小,同时也反映零件在加工中所用的机床和工艺装备(刀具和夹具)的规格和大小。

③ 系统虽然考虑了精度的标志,但只用 1 位码来标识是不够充分的。

④ 系统的分类标志欠严密和准确。

(2)JLBM－1 系统　JLBM－1 系统是机械工业部为在机械加工领域中推行成组技术而开发的一种零件分类编码系统。这一系统经过四次修订已于 1984 年正式作为机械工业部的技术指导资料。

JLBM－1 系统是一个十进制 15 位代码的混合结构分类编码系统。它的基本结构如图 5-3-2 所示。JLBM－1 系统的基本结构是和 OPITZ 系统相同。为了弥补 OPITZ 系统的不足,它把 OPITZ 系统形状加工码予以扩充,把 OPITZ 系统的零件类别码改为零件功能名称码,把热处理标志从 OPITZ 系统中的材料热处理码中独立出来,主要尺寸码也由原来的一个环节扩大为两个环节。JLBM－1 系统除了增加形状加工的环节,因此比 OPITZ 系统可容纳较多的分类标志外,它在系统的总体组成上,比 OPITZ 系统简单,也易于使用。系统特点:

①系统横向分类环节数适中,结构简单明确,规律性强,便于理解和记忆。

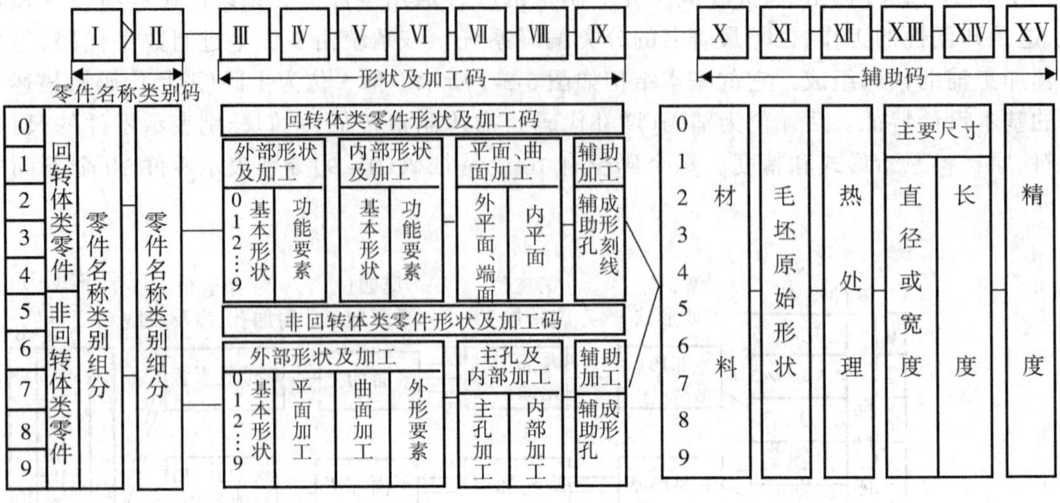

图 5-3-2　JLBM-1 零件分类编码系统基本结构

②系统力求能够满足在机械行业中各种不同产品零件的分类，因此在形状及加工码上有广泛性，不是针对某种产品零件的结构工艺特征。

③系统吸收了 KK－3 系统的零件功能名称分类标志，有利于设计部门使用。但是却将与设计较密切的一些信息放到辅助码中，从而分散了设计检索的环节，影响了设计部门的使用。

④系统只在横向分类环节的第 I，II 位间为树式结构，其余为链式结构，因此虽然比 O-PITZ 系统增加了 6 位横向分类环节，但实际上纵向分类环节增加不多，所以系统中存在标志不全的现象，如一些常用的热处理组合在系统中无反映。

5）零件分类成组方法

按照分类编码系统，可将零件按照一定的相似性特征将其分成设计族、加工族、数控族和管理族，各族的相似性特征及应用见表 5-3-1。

表 5-3-1　零件族特征及应用

零件族类型	相似性特征	应　用
设计族	零件功能、几何形状、材料、成形方法及加工特点等	零件图样检索、设计合理化和标准化、CAD 等
加工族	零件几何形状、加工工艺、材料、毛坯类型、加工尺寸、加工设备及工艺装备等	成组加工、设备布置、成组工艺过程设计、成组夹具设计、CAM 等
数控族	按数控加工相似性分类，相似特征与加工族相同	NC 机床使用合理，简化数控编程工作，限制程序设计的多样性，减少加工刀具的种类
管理族	考虑与管理有关的因素，GT 生产组织形式，批量，制造指令停留时间，工装种类及复杂程度，制造加工复杂程度等	GT 生产管理，合理安排作业计划和载荷的调整、补偿，拟订制造指令的替换方案，建立计算机辅助管理系统

6)编码分类方法

零件的编码是有关特征信息的组合，分类则是将在若干特征方面具有相似性的零件归结在一起，因此按照一定的相似性标准直接引用编码对零件进行分类。零件分类的关键在于制定适宜的相似性标准。常用的编码分类法有：

(1) 特征码位法　在编码中选用若干特征码位来制定分类的相似性标准，只要特征码位的代码相同的零件皆可归属于同一零件组，使得可能出现的零件组数可以大大减少，如 OPITZ 编码系统。

(2) 码域法　适当放宽每一码位相似特征方面的范围，这样允许编码不同，但具有一定零件特征相似性的零件归属于同一零件组，即适当扩大了成组的零件种数。

(3) 特征码域法　综合上述两种方法，既抓住零件分类的主要特征方面，又能适当放宽其相似性要求，以得到满意的结果。在实际应用中，采用计算机辅助编码和计算机辅助分类。

7)成组工艺过程设计

根据不同的加工族制定适合族内各零件的成组工艺过程。采用的方法有：

(1)复合零件法　按照零件族中的复合零件来设计工艺规程的方法，复合零件是拥有同组零件的全部待加工表面要素的一个零件，可以是零件族中实际存在的某个具体零件，也可以是一个假拟的零件。按复合零件设计的成组工艺，只要从中删除某一零件没有的工序或工步内容，便可为族内所有零件使用，形成各个零件的加工工艺；

(2)复合路线法　在零件分类成组的基础上，把同组零件工艺路线作一一比较，以组内最复杂的工艺路线为基础，然后将此路线与组内其它零件的工艺路线相比较，将选作代表的工艺路线中没有的工序，而组内其它零件需要，一一添上，最终形成一个能满足全组零件要求的成组工艺。

5.3.2　计算机辅助工艺过程设计

1)概述

工艺规程设计过程是根据产品设计图纸，制定出从原材料加工成符合设计要求的产品所需要的一系列加工方法、制造过程以及有关资源需求的计划过程。计算机辅助工艺过程设计(CAPP：Computer Aided Process Planning)不仅彻底改变了手工编制方式和对人的依赖，而且大大提高了编制工效，缩短了生产准备周期，保证了工艺文件的一致性和工艺规程的精确性，避免了不必要的差错，为逐步实现工艺过程优化创造了条件。

CAPP 是连接 CAD 和 CAM 的桥梁和纽带，CAD 数据库信息只有经过 CAPP 系统才能变成 CAM 的加工信息，有了完善的 CAPP 系统，并解决了 CAD 和 CAPP，CAPP 和 CAM 的连接问题，才能真正实现 CAD/CAPP/CAM 的集成。在计算机集成制造系统 CIMS 中，CAPP 又是向各分系统提供必要信息和数据的重要信息源，CAM、FMS、MRP－II 等都要依靠 CAPP 系统提供的信息，作出相应的决策。CAPP 的成功开发和应用是制造企业实施 CIMS 的先决条件。

2)CAPP 系统的分类

CAPP 这一课题研究是在 60 年代后期开始的，但直到 80 年代才受到工业界的重视。在 CAPP 发展过程中历经了派生式、创成式和知识基系统 3 个发展阶段。目前，CAPP 正向更高更完备的智能型方向发展。下面就对这 3 种主要类型的 CAPP 系统作一简单介绍。

(1) 派生式 CAPP　派生式工艺设计系统的工作原理是利用零件的相似性，即相似的零件具有相似的工艺过程。一个新零件的工艺是通过检索相似零件的工艺并加以筛选或编辑而成的,并由此得到"派生"这个名称。在派生式 CAPP 系统的数据库中存储有各类复合工艺。所谓复合工艺是指为每个零件族(糊似零件的集合)设计出的可供全组零件使用的工艺,它是符合企业生产条件下的最优工艺方案。根据零件信息的描述与输入方法不同,派生式 CAPP 系统又分为基于成组技术(GT)的派生式与基于特征的派生式 CAPP 系统。前者用 GT 码描述零件信息,后者用特征来描述零件信息。图 5-3-3 是基于 GT 的派生式 CAPP 的工作原理。

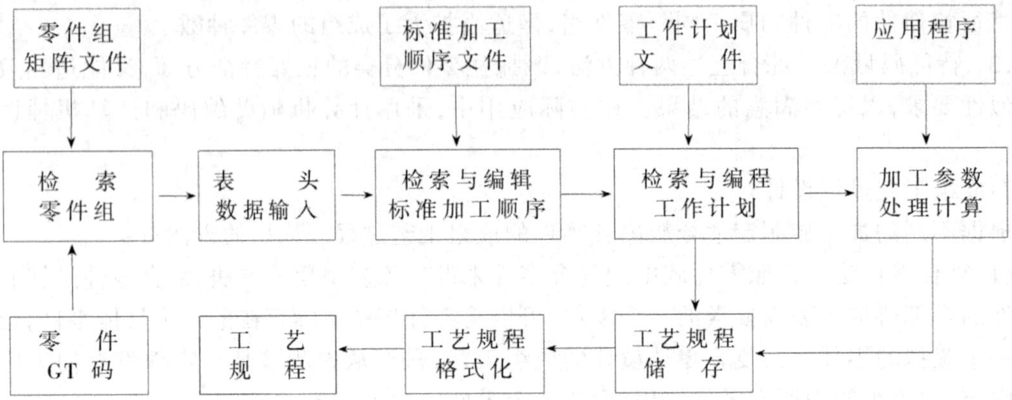

图 5-3-3　派生式 CAPP 系统工作原理图

系统要预先对现有零件进行分组,得到所谓的零件族或样件(可以是实际零件或虚构零件),每个零件族或样件有一通用的制造过程,即样件的标准工艺规程。派生式系统需要存储零件族矩阵文件或样件信息文件(用于对标准工艺规程的搜索和筛选),样件的标准工艺规程文件及各种加工工程数据文件,如切削用量、设备、刀具、量具、辅具等资料供新零件检索调用。在工艺设计时,系统以被设计零件的 GT 码为依据,首先搜索到该零件所属的零件族矩阵或样件,每一个零件族矩阵或样件对应着一个标准工艺规程即样件工艺规程。再通过系统预先制定的筛选逻辑,从标准工艺规程中筛选,派生出当前零件的工艺规程。然后调用有关工艺数据,对工艺规程文件进行必要的补充,最后得到当前零件的工艺过程方案。

派生式 CAPP 系统在技术上较易实现,且容易在 GT 基础上发展成与 CAD 和 CAM 集成的系统。但系统仍有缺点:一是系统的操纵者需是有经验的工艺人员,二是标准工艺过程未考虑生产批量因素,三是生产技术和手段发展后,系统不易修改。所以,派生式 CAPP 主要适用于零件族较少、每族零件种数较多的企业。

(2)创成式 CAPP　和派生式系统不同,创成式 CAPP 系统不存在任何工艺过程方案,而是存储进行各种工艺决策所需的决策逻辑。当输人新零件的有关信息后,系统可以模仿工艺人员的手工编制过程,利用决策逻辑和制造工程数据信息(包括各种加工方法的加工能力和对象、各种设备及刀具的适用范围等)作出各种工艺决策,自动生成零件的工艺过程方案。图 5-3-4 是它的工作原理框图。

创成式 CAPP 系统的工艺规程是根据程序中所反映的决策逻辑和制造工程数据信息生成的。这些信息主要是有关各种加工方法的加工能力和对象、各种设备及刀具的适用范围等等一系列的基本知识。而工艺决策中的各种决策逻辑或者植入程序代码,在向创成式系

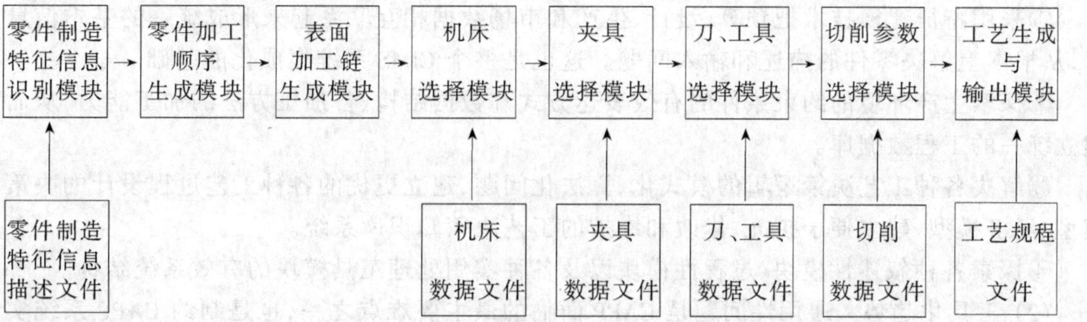

图 5-3-4　创成式 CAPP 系统工作原理图

统输入待加工零件的信息后，系统能自动提供(生成)各种工艺规程文件，用户不需或略加修改即可。创成式系统的特点克服了派生式 CAPP 系统的缺点。

创成式 CAPP 系统解决了零件工艺路线的确定(也叫工艺决策)与工序设计。前者生成工艺规程主干，指明零件加工顺序(包括工序与工步)以及各工序的定位与装夹表面；后者主要包括工序尺寸的计算、设备与工装的选择、切削用量的确定、工时定额的计算以及工序图的生成等内容。

创成式 CAPP 虽然可以不依赖于操作人员的知识和经验，自动实现工艺过程合理化和优化，但由于其知识库需要包含所有的工艺决策逻辑，使系统不易实现。同时，在不同的生产环境和生产条件下，需有不同的工艺决策逻辑。所以，目前的创成式 CAPP 系统都是针对某一产品或某一工厂专门设计的。

3)知识基 CAPP 系统

在知识基 CAPP 系统(专家系统)中，工艺专家编制工艺的经验和知识存在知识库中，并可以方便地通过专用模块增删和修改，提高了系统的适应性和通用性。对知识库中工艺生成逻辑可进行查调和修改。而以自然形式存放的工艺知识通过知识编辑模块，成为一种直接供推理机使用的数据结构，以加快运行。推理机从文件库中读取零件制造特征信息，经过逻辑推理(这种推理类似创成式 CAPP 系统)，生成工艺文件输出并存人文件库。数据库中内容也类似创成式 CAPP 系统。

经过多年的研究和开发，国内外已出现了很多 CAPP 系统，目前国外比较著名的 CAPP 系统有美国(CAM－I)开发的 CAPP、美国普度大学的 APPAS 及 TIPPS、柏林工业大学开发的 CAPSY 等。此外我国也相继研制了一些较为成功的 CAPP 系统，如华中理工大学开发的 RCAP、同济大学开发的 TOJICAPP、东南大学开发的 SE－CAP/NL 等。但目前这些系统绝大多数是独立的自动化系统，只有个别的系统是与 CAD 系统(一般是二维的回转体系统)或是与数控编程系统连接的。

4)CAPP 发展趋势

(1) 集成化趋势　所谓集成化是指 CAD/CAPP/CAM 的局部集成。CAPP 系统向前与 CAD 集成，解决了 CAPP 系统的零件信息输入问题。向后与 CAM 集成，要求 CAPP 输出的数控加工工序决策结果必须符合 NC 加工的工艺原则，工艺设计深度必须达到对工步一级的全面、详细的规范描述。

为了达到集成化的目标，必须解决这样一些问题：

①采用特征建模技术把预算、设计、生产和市场数据相互联系起来形成统一的基本信息库,从根本上解决零件的描述和输入问题。这也是整个 CIMS 系统集成化的基础。

②探索生产环境的约束条件的有效表达方式和数据结构、各加工方法的加工能力,从而建立统一的工程数据库。

③解决各种工艺决策逻辑的模式化、算法化问题,建立更优的各种工艺过程设计的决策模型、经济模型,建立便于扩充、修改和维护的工艺决策知识库系统。

④探索各种叙述性模块、过程性模块以及各种实用处理工具模块的有效系统结构。

(2) 工具化趋势　通用性问题是 CAPP 面临的最主要难点之一,也是制约 CAPP 系统实用化与商品化的一个重要因素。为此,有人提出了 CAPP 专家系统建造工具(CAPP Expert System Building Tools)的思路,以应付生产实际中变化多端的问题,力求使 CAPP 系统也能像 CAD 系统那样具有通用性。工具化思想主要体现在以下几个方面:

①工艺设计的共性与个性分开处理　工艺设计的共性主要包括:推理控制策略和一些公共算法以及通用的、标准化的工艺数据与工艺决策知识,由系统开发者完成;个性主要包括:与特定加工环境相关的工艺数据及工艺决策知识等,由用户根据实际需要进行扩充或修改。

②工艺决策方式多样化　系统给用户提供多种工艺设计方法,一般的工具化 CAPP 系统应能进行基于样件或实例的派生式工艺设计,基于知识的创成式工艺设计以及检索式工艺设计(即用人机交互法进行工艺设计)。

③具有功能强大、使用方便和统一标准的数据与知识库管理平台。

④智能化输出　系统除了可按标准格式输出各种工艺文件外、还可输出由用户自定义工艺文件。

(3) 智能化趋势　CAPP 所涉及的是典型的跨学科的复杂问题,业务内容广泛、许多决策依赖于专家个人的经验、技术和技巧,而且制造业生产环境的差别也非常显著,要求 CAPP 系统具有很强的适应性和灵活性。依靠传统的过程性软件设计技术,不能满足工程实际对 CAPP 的需求。而专家系统技术以及其它人工智能技术在获取、表达和处理各种知识的灵活性和有效性给 CAPP 的发展带来了生机。

①基于人工神经元网络的 CAPP 系统。ANN(人工神经网络,Artificial Neural Network)理论是近年来得到迅速发展的一个国际前沿领域,基于人工神经网络的 CAPP 系统的关键是工艺设计过程神经网络模型的建立。到目前为止,已开发了三十余种神经网络模型,各种模型都有其特定的功能。

②基于实例与知识的 CAPP 系统。这种 CAPP 系统同样具有自组织和学习功能,其基本原理和思路是通过系统本身的工艺设计实例来“自我”总结、组织、学习和更新工艺设计“经验”,当经验积累到一定程度时,系统将成为一个“聪明的设计者”。

5.4　装配工艺规程设计

机械产品的装配是机械产品制造的最后一个阶段,包括组装、调整、检验和试验等工作。机械产品的质量是以其工作性能、精度、寿命和使用效果等综合指标来评价的。这些指标是在保证零件质量的前提下,由装配工作最终予以保证的。又因为装配工作需占用大量的劳动，所以，研究装配工艺过程，制定合理的装配工艺规程，不仅是保证机械产品质量的手段，也是提高产品生产效率，缩短装配周期，减轻工人的劳动强度，降低生产成本的有力措施。

装配工艺过程设计时应遵循以下基本原则：

①保证产品装配质量。合理选择装配方法，力求装配工作达到最佳效果。

②提高装配生产率。合理安排装配顺序和装配工序，尽量减少装配工作量，特别是手工劳动量，提高装配机械化和自动化程度，缩短装配周期，满足装配规定的进度计划要求。

③降低装配成本。要减少装配生产面积，减少工人的数量和降低对工人技术等级的要求，尽量采用通用装备，减少装配投资等。缩短装配周期，提高装配效率后，也能降低成本。

5.4.1 装配精度

1)装配精度的概念

装配精度是指机器装配以后，各工作面间的相对位置和相对运动等参数与规定指标的符合程度。包括工作面间的平行度、垂直度、同轴度、间隙、过盈及速度的稳定性等。由于产品的精度最终是在装配时获得，所以装配精度的高低直接影响机器的工作性能、使用效果、可靠性和寿命，而且还影响经济性。装配精度是制定装配工艺规程的主要依据。也是选择合理的装配方法和确定零件加工精度的依据。因此应正确规定机器的装配精度。

对于标准化、通用化和系列化的产品，如通用机床和减速器等，装配精度可根据国家标准、部颁标准或行业标准来制定。

对于没有标准可循的产品，其装配精度可根据用户的使用要求，参照经过实践考验过的类似部件或产品的已有数据，采用类比法确定。

对于一些重要产品，其装配精度要经过分析计算和试验研究后才能确定。

机械产品的装配精度一般包括：零部件间的尺寸精度、相互位置精度、相对运动精度和接触精度。

(1)零部件间的尺寸精度　零部件间的尺寸精度包括距离精度和配合精度。距离精度是指零部件间的轴向距离、轴向间隙和轴线距离等。配合精度是指配合面间达到规定间隙或过盈的要求。

(2)零部件间的相互位置精度　零部件间的相互位置精度是指相关零件的平行度、垂直度、跳动和同轴度等方面的要求。

(3)零部件间的相互运动精度　零部件间的相互运动精度是指产品中相对运动的零部件间在运动方向上的平行度、直线度和垂直度等以及运动位置上的精度。运动位置上的精度是指传动精度。如滚齿机滚刀主轴与工作台的相对运动精度和车床车削螺纹时主轴与刀架移动的相对运动精度。

(4)接触精度　接触精度是指相互配合表面、接触表面达到规定接触面积的大小与接触点分布情况。它影响接触刚度和配合性质的稳定性。如齿轮啮合、导轨副之间的接触精度的要求。

2)装配精度与零件精度的关系

零件精度是保证装配精度的基础。机器是由零件装配而成的，零件的精度特别是关键零件的精度对装配精度有很大影响。

装配精度并不完全取决于零件精度。装配是产品制造的最后阶段，它要通过对零部件的连接、调整、校正、修配、配作来达到装配的技术要求，这是一项技术难度较大的复杂工艺过程。质量不好的装配,即使采用高质量的零件,也难达到装配技术要求,生产不出合格产品。可见,产品的装配精度是由相关零件的加工精度和合理的装配方法共同保证的。

在机械产品的装配工作中如何保证和提高装配精度,达到经济高效的目的,是装配工艺设计要研究的核心。为此,要深入分析产品的结构和技术要求,建立装配尺寸链,选择能保证装配精度的装配方法,制定合理的装配工艺规程。

5.4.2 装配尺寸链

1)装配尺寸链的基本概念

装配尺寸链是产品或部件装配过程中,由相关零件的尺寸或位置关系所组成的封闭的尺寸系统,是为了定量分析产品或部件的装配精度与构成产品或部件的零件精度的密切关系,在装配过程中建立的尺寸链。它由一个封闭环和若干个与封闭环关系密切的组成环组成。组成环中增、减环的定义与工艺尺寸链相同。装配尺寸链是制定装配工艺,保证装配精度的重要工具。在装配尺寸链中,封闭环不是某一零部件的尺寸,而是不同零部件之间的基本尺寸相对位置精度和尺寸精度经装配累积到最后自然形成的尺寸。

2)装配尺寸链的建立

当运用装配尺寸链的原理去分析和解决装配精度问题时,首先要正确建立起装配尺寸链,即正确地确定封闭环,并根据封闭环的要求查明各组成环。

为了正确地确定封闭环,必须深入了解产品的使用要求及各部件的作用,明确设计者对产品及部件提出的装配技术要求。为了正确查找各组成环,须仔细分析产品或部件的结构,了解零件间连接的具体情况,找出与装配精度有关的零部件上的相关尺寸。

建立装配尺寸链,就是准确找出封闭环和组成环,并画出尺寸链简图。

图 5-4-1a 所示为车床主轴与尾座套筒中心线在垂直方向上的不等高要求,在机床检验标准中规定只许尾座高 $0_{-0.06}$mm。用此例来介绍建立装配尺寸链的步骤,如下:

(1) 确定封闭环　封闭环为装配精度 $A_0 = 0_{-0.06}$mm。

(2) 查找组成环　组成环的查找先找出对装配精度有影响的相关零件,然后再在相关零件上找出相关尺寸。

①查找相关零件　以封闭环两端的那两个零件为起点,以相邻零件装配基准间的联系为线索,分别逐次查找装配关系中影响装配精度的零件,直至找到同一个基准零件或同一个基准表面为止。其间经过的所有零件都是相关零件。本例中,主轴箱、尾座体、尾座垫板都是相关零件。

②确定相关零件上的相关尺寸　每一个相关零件上只能选一个长度尺寸作为相关尺寸。即选择相关零件上装配基准间的联系尺寸作为相关尺寸。本例中的尺寸 A_1、A_2、A_3 都是相关尺寸。其中 A_1 是主轴中心线至主轴箱的安装基准之间的距离,A_2 是尾座套筒孔中心至尾座体的装配基准之间的距离。A_3 是尾座体的安装基准至尾座垫板的安装基准之间的距离。A_1 和 A_2 都以导轨平面为共同的安装基准。

③画尺寸链图并确定增、减环　将封闭环和组成环画成图 5-4-1b 所示尺寸链简图。利用画箭头的方法可判断 A_2、A_3 为增环,A_1 为减环。

装配尺寸链比较复杂。在同一装配结构中装配精度要求往往有几个,需要在不同方向(如垂直、水平、径向和轴向等)分别查找。在查找中要坚持最少环数原则,就是最短路线原则,并且在保证产品精度的前提下,装配尺寸链的组成环可以适当地简化。

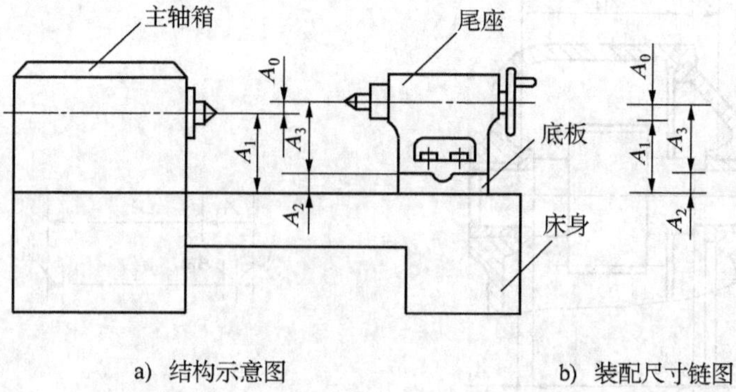

图 5-4-1　车床主轴与尾座套筒中心线不等高及尺寸链简图

3)装配尺寸链的计算方法

装配尺寸链的计算方法也分为极值法和概率法两种。与工艺尺寸链的计算方法相同，见本章第二节。

装配尺寸链的计算可分为正计算和反计算。已知与装配精度有关的各零部件的基本尺寸及其偏差，求解装配精度要求的基本尺寸及其偏差的计算过程为正计算，它用于对已设计图样进行校核验算。当已知装配精度要求的基本尺寸及偏差，求解与该项装配精度有关的各零部件基本尺寸及其偏差的计算过程称为反计算，它主要用于产品设计过程之中。

5.4.3　保证装配精度的方法

机械产品的精度要求，最终是靠装配实现的。根据产品的性能要求、结构特点、生产类型和生产条件，可采用不同的装配方法。常用于保证产品装配精度的方法有：互换装配法、选择装配法、修配装配法和调整装配法等。

装配尺寸链的解算方法与装配方法密切相关。同一项装配精度，采用不同的装配方法时，其装配尺寸链的解算方法也不相同。

1) 互换装配法

互换装配法是在装配过程中，零件互换后仍能达到精度要求的装配方法。其实质是控制零件的加工误差来保证产品的装配精度，也就是装配精度主要取决于零件的加工精度。

互换装配法分为完全互换和不完全互换两种。

(1)完全互换法　就是机械产品装配时，每个参加装配的零件不需要作任何选择、修配和调整，就可以达到规定的装配精度要求。采用完全互换法时，装配工作简单、效率高，装配质量稳定可靠，便于组织流水装配和自动化装配，也有利于产品维修和配件供应。因此是一种比较先进和理想的装配方法。

下面举例简述完全互换装配法的尺寸链计算。

例 5－4　图 5-4-2 中，已知：$A_0 = 0.2 \sim 0.7$mm，$A_1 = 140$mm，$A_2 = A_5 = 5$mm，$A_3 = 50$mm，$A_4 = 100$mm，试确定各组成环的公差与偏差。

解：a. 画装配尺寸链图，并确定增、减环。如图 5-4-2b，A_3、A_4 为增环，A_1、A_2、A_5 为减环。

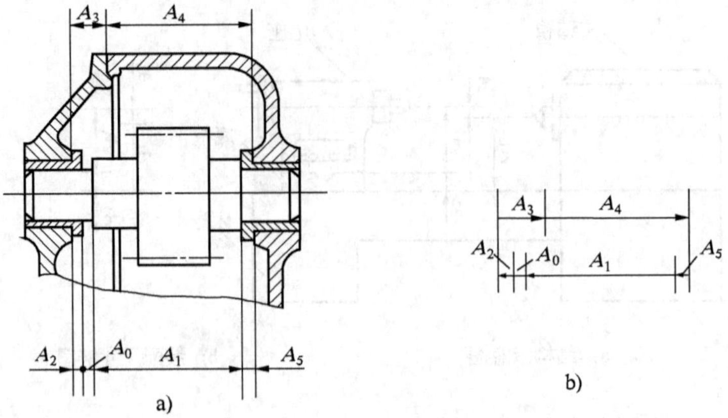

图 5-4-2　某些轮箱部件装配简图

b.封闭环的基本尺寸及公差

$$A_0=(A_3+A_4)-(A_1+A_2+A_5)$$
$$=(50+100)-(140+5+5)$$
$$=0\ \text{mm}$$

所以，A_0应表示为 $0^{+0.7}_{+0.2}$ mm。

c.确定组成环公差及极限偏差

在装配尺寸链中，各组成环的公差均为未知数。首先把封闭环公差平均分配给各组成环，即

$$T_i=\frac{T_0}{m-1}=0.5/5=0.1\text{mm}$$

然后再按各组成环的尺寸大小和加工难易程度，调整各环的公差值。如 A_4 尺寸较大时，加工困难，应给予较大的公差，而 A_2、A_5 尺寸小，容易加工，公差就可以小一些。此外，还应考虑工厂的具体生产条件，根据工艺能力不同，使各组成环的加工难易程度尽量接近。取：$T_1=0.14\text{mm}$，$T_2=T_5=0.04\text{mm}$，$T_3=0.1\text{mm}$，$T_4=0.18\text{mm}$，并按“入体原则”标注其极限偏差，即

$$A_1=140^{\ 0}_{-0.14};A_2=A_5=5^{\ 0}_{-0.04};A_3=50^{+0.1}_{\ 0};A_4=100^{+0.18}_{\ 0}$$

d.确定协调环

在组成环公差确定后，需在组成环中选出一个做为尺寸链计算时的“协调环”。协调环应满足下列条件：第一是结构简单；第二是非标准件；第三不能是几个尺寸链的公共组成环。本例中选 A_1 为协调环，其偏差要根据尺寸的计算公式来确定，即

$$EI_1=(-0.7+0.1+0.18+0.04+0.04)\text{mm}=-0.34\text{mm}$$
$$ES_1=(0-0.2)\text{mm}=-0.2\text{mm}$$

得　$A_1=140^{-0.2}_{-0.34}\text{mm}$

应用完全互换法可以可靠地保证装配质量。但由于各环公差以及上、下偏差都是极限尺寸，因而在组成环的数目较多且装配精度要求较高时，会使零部件的加工难度较大。

(2)不完全互换法　在绝大多数产品装配时，各组成环不需要挑选、修配和调整，装入后

即能达到封闭环的公差要求。这种装配方法又称为大数互换装配法或部分互换法。它是根据概率论原理建立的一种装配反法。生产实践证明,用调整法加工一批零件时,其实际尺寸处于公差带中间的占多数,而处于公差带两端的极限尺寸是极少数。在装配过程中,某一部件的各个组成环恰好都处于极限尺寸的情况更为少见,因此,当装配精度高而组成环数目又较多时,用概率法解算装配尺寸链比较合理。与极值法相比,概率法可将组成环的平均公差扩大 $\sqrt{m-1}$ 倍,使各组成环加工容易、成本降低。这种方法常应用于生产节拍不是很严格的成批生产中,尤其是封闭环要求不很高,组成环较多的尺寸链中应用较多。

在装配时,应采取适当工艺措施,以便排除个别产品因超出公差或极限偏差产生废品的可能性。

采用不完全互换法,应使用各组成环的平均公差进行计算。

2)选择装配法

选择装配法是将尺寸链中组成环的公差放大,按经济加工精度制造,然后选择合适的零件进行装配,以保证装配精度要求。这种装配方法常用于装配精度要求很高而组成环数又极少的成批或大量生产中,如滚动轴承的装配;内燃机中活塞与缸套、活塞与活塞销的装配等。

选择装配法按其形式不同分为三种:直接选配法、分组选配法和复合选配法。

(1)直接选配法　直接选配法是由装配工人从许多待装的零件中凭经验挑选合适的零件进行装配,来保证装配精度要求。这种装配方法的优点是零件不必事先分组,能达到很高的装配精度。但是工人凭经验挑选合适零件通过试凑进行装配,装配时间不易控制,而且装配精度在很大程度上取决于工人的技术水平,不宜用于大批大量的流水作业。

另外,采用直接选配法装配时,可能出现无法满足装配要求的"剩余零件",当各零件加工误差分布规律不同时,这种现象将更趋严重。

(2)分组选配法　分组选配法是先将被加工零件的制造公差放宽几倍(一般放宽 3、4 倍),零件加工后测量分组(公差带放宽几倍就分几组),并按对应组进行装配,以保证装配精度的方法。由于同组零件具有互换性,所以这种方法又称为分组互换法。

分组装配法在大批大量生产中可降低对组成环的加工要求,而不降低装配精度。但是,分组选配法增加了零件测量、分组和配套工作。

现以发动机中活塞销与活塞销孔装配为例,说明分组选配的原理。

图 5-4-3 是活塞与活塞销的装配关系,装配要求活塞销孔与活塞销配合应有 0.0025mm ~ 0.0075mm 的过盈量。即封闭环的公差应为 $T_0 = 0.005$mm。显然,如果采用完全互换法,孔和轴的公差很小,加工很困难,也不经济。

采用分组装配法,把轴和孔的公差放大为:孔 $D = \phi 28^{-0.005}_{-0.015}$mm,轴 $d = \phi 28^{\ 0}_{-0.01}$mm。按此公差加工后,将零件逐件测量,按实际尺寸分为四组,如表 5-4-1 所示。最后对应组进行装配,保证了各组装配后的配合精度符合要求。

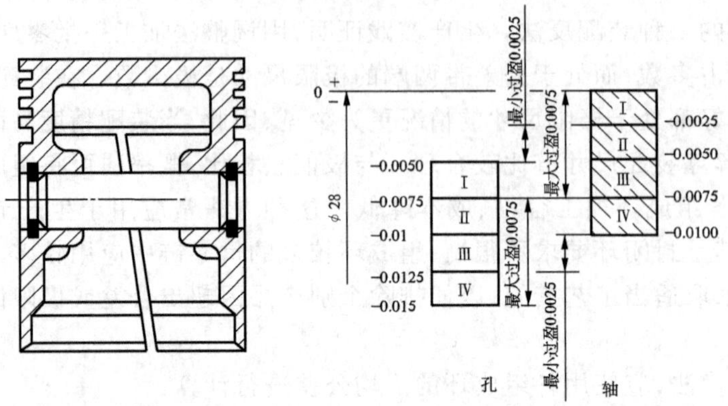

a) 装配关系　　b) 分组尺寸公差带图

图 5-4-3　活塞与活塞销的配合

表 5-4-1　活塞销和活塞销孔的分组尺寸　　mm

组别	标志颜色	活塞销直径 $d=\phi28^{0}_{-0.010}$	活塞销孔直径 $D=\phi28^{-0.005}_{-0.015}$	配合情况	
				最小过盈	最大过盈
Ⅰ	红	$\phi28^{0}_{-0.0025}$	$\phi28^{-0.0050}_{-0.0075}$	0.0025	0.0075
Ⅱ	白	$\phi28^{-0.0025}_{-0.0050}$	$\phi28^{-0.0075}_{-0.0100}$		
Ⅲ	黄	$\phi28^{-0.0050}_{-0.0075}$	$\phi28^{-0.0100}_{-0.0125}$		
Ⅳ	绿	$\phi28^{-0.0075}_{-0.0100}$	$\phi28^{-0.0125}_{-0.0150}$		

采用分组装配时应注意：

①配合件公差要相等，放大的方向相同，放大倍数等于分组数。该倍数应为整数。

②配合件表面粗糙度及形位公差要求不变。

③分组数不宜太多。尺寸公差只要增大到经济精度即可。否则会增加分组、测量、贮存、保管等工作量，造成组织工作复杂和混乱，增加生产费用。

(3)复合选配法　复合选配法是上述两种方法的复合形式。零件加工后预先测量分组，装配时再在各对应组内凭工人的经验直接选择装配。这种方法吸取了前两种的特点，配合公差可以不等，装配质量高，速度快，能满足一定生产节拍的要求。但是，装配精度仍然要靠工人的技术水平。常作为分组选配法的一种补充形式。如发动机的活塞与气缸壁的装配多采用此种方法。

3)修配装配法

在单件小批生产中，对于产品中那些装配精度要求较高的多环尺寸链，各组成环先按经济精度加工，装配时通过修配某一组成环尺寸(称为修配环)，使封闭环的精度达到产品精度的要求，这种装配方法称为修配装配法。修配装配法的优点是能利用较低的制造精度，来获得很高的装配精度。但是修配劳动量较大,要求工人的技术水平高,不易控制修配时间,不便组织流水作业。

实际生产中,常采用的方法有单件修配法,合并加工修配法和自身加工修配法等。

(1)单件修配法　单件修配法就是在多环的尺寸链中,选择一个固定零件作修配环,装配时,在非装配位置用去除金属层的方法改变其尺寸,以达到装配简单要求。如在车床尾座与床头箱装配中,以尾座底板为修配件,来保证尾座中心线与主轴中心线的等高性。这种方法生产中应用最广。

(2)合并加工修配法　这种方法将两个或多个零件合并在一起进行加工装配,合并加工所得的尺寸看作一个组成环,这样就减少了组成环的数目,又减少了修配工作量。如在车床尾座与床头箱装配中,也可采用合并加工修配法,即把尾座体和底板相配合平面分别加工好,并配刮横向小导轨,然后将两者装为一体,以底面为定位基准,镗削尾座的套筒孔,直接控制尾座的套筒孔至底板底面的尺寸。使加工精度容易保证,还可给底面留较小的刮研余量(0.2mm 以下)。

合并加工法在装配中应用较广,但这种方法由于零件对号入座,给组织生产带来一定的麻烦,因此多用于单件或成批生产中。

(3)自身加工修配法　自身加工修配法是在机器制造中,有一些装配精度是在机器总装时用自己加工自己的方法来保证的。如平面磨床装配时自己磨削自己的工作台面,以保证工作面与砂轮轴平行;牛头刨床在装配后,用自刨法加工工作台面,使滑枕与工作台面相平行。这种方法广泛地应用于机床制造。

4)调整装配法

对于装配精度要求高而组成环较多的尺寸链,可以采用调整装配法进行装配。调整装配法与修配装配法相似,各组成环可按经济精度加工,由此而引起的封闭环的累积误差的超出部分,通过改变某一组成环来补偿。但在具体作法上,调整装配法在装配时通过调整某一零件的位置或选定一个适当尺寸的调整件加入尺寸链中来补偿封闭环的超差部分,以保证装配精度的要求。

根据调整方法不同,调整装配法可分为:可动调整法、固定调整法和误差抵消调整法三种。

(1)可动调整法　可动调整法是采用改变调整件位置来保证精度的方法。调整过程中不需拆卸调整件,比较方便。

机械制造中采用可动调整法装配的例子很多。如图 5-4-4 所示为普通车床横刀架采用楔块来调整丝杠和螺母间隙的装置就是使用可动调整法。该装置中,将螺母做成两部分,分为前螺母和后螺母,前螺母右端做成斜面,在前、后螺母之间装一个左端也做成斜面的楔块。调整间隙时,先将前螺母固定螺钉放松,通过转动调节螺钉,使斜楔块上下移动来保证螺母和丝杠之间的合理间隙。又如图 5-4-5 所示主轴箱中用螺钉调整轴承间隙的装置,调整后用螺母锁紧。

可动调整法不但调整方便,能获得比较高的精度,而且可以补偿由于磨损和变形等所引起的误差,使设备恢复原有精度。所以,在一些传动机械或易磨损结构中,常用可动调整法。但是,可动调整法因可动调整件的出现削弱了机构的刚性,因而在刚性要求较高或机构比较紧凑,无法安排可动调整件时,就可采用其它的调整法。

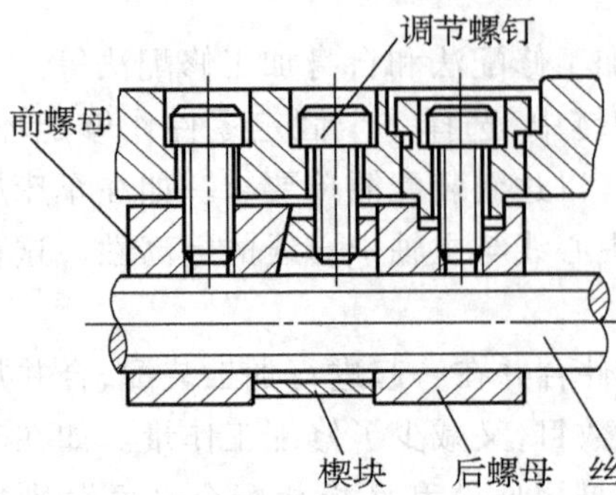

图 5-4-4 采用楔块调整丝杠和螺母间隙装置

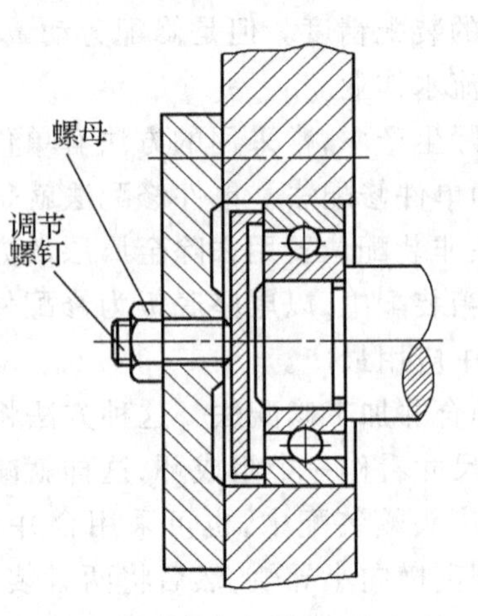

图 5-4-5 调整轴承间隙装置

(2)固定调整法　采用调整的方法改变补偿环的尺寸,使封闭环达到其公差与极限偏差要求的方法称为固定调整法。补偿环要形状简单,便于装拆,常用的补偿环有垫片、套筒等。改变补偿环的实际尺寸的方法是根据封闭环公差与极限偏差的要求,分别装入不同尺寸的补偿环。例如补偿环是减环,因放大组成环制造公差后使封闭环尺寸嫌大时,就取较大的补偿环装入;反之,当封闭环实际尺寸嫌小时,就取较小的补偿环装入。为此,需要预先按一定的尺寸要求,制成若干组不同尺寸的补偿环,供装配时选用。

固定调整法可降低对组成环的加工要求,但能获得较高的装配精度。尤其是尺寸链中环数较多时,其优点更为明显。固定调整法在装配时不必修配补偿环,没有修配法的一些缺点,所以在大批大量生产中应用较多。固定调整法又没有可动调整法中改变位置的补偿环,因而刚性较好,结构也比较紧凑。但是,固定调整法在调整时要拆换补偿环,装拆和调整比较费事,所以设计时要选择装拆方便的结构。另外,由于要预先做好若干组不同尺寸的调整件,这也给生产带来不便。为了简化补偿环的规格,生产中常用"多件组合法"。"多件组合法"是把调整件(如垫片)做成几种规格,如厚度分别为 0.1、0.2、0.5 和 1mm 等,装配时根据尺寸组合原理(如同块规一样)把不同厚度的垫片组成各种不同的尺寸,以满足装配精度要求。

固定调整法常用于大批大量生产和中批生产中,以及封闭环要求较严的多环装配尺寸链中,尤其是在比较精密的机械传动中用调整法还能补偿使用过程中的磨损和误差,恢复原有精度。如精密机械、机床和传动机械中的锥齿轮啮合精度的调整,轴承间隙或预紧度的调整中,都广泛采用固定调整法。

(3)误差抵消调整法　误差抵消调整法是通过调整几个补偿环的相互位置,使其加工误差相互抵消一部分,从而使封闭环达到其公差与极限偏差要求的方法。误差抵消调整法和可动调整法相似,所不同的是补偿环是矢量,且多于一个。常见的补偿环是轴承的跳动量、偏心量和同轴度等。

误差抵消调整法,可在不提高零件的加工精度条件下,提高装配精度。它与其它调整法一样，常用于机床制造，且封闭环要求较严的多环装配尺寸链中。但由于误差抵消调整法需事先测出补偿环的误差方向和大小，装配时需技术等级高的工人，因而增加了装配时间和装配前的工作量，并给装配组织工作带来一定麻烦。因此，误差抵消调整法多用于批量不大的中小批生产和单件生产。

5.4.4 装配工艺规程制定

装配工艺规程是指导装配生产的主要技术文件，是工厂组织生产、计划管理及新建、扩建工厂或车间的主要依据。制定装配工艺规程是生产技术准备工作的主要内容之一。它对保证装配质量，提高装配生产效率，缩短装配周期，减轻工人的劳动强度，缩小装配占地面积和降低生产成本都有重要影响。

可以按下列步骤制定装配工艺规程。

1)研究产品装配图及验收技术条件

制定装配工艺时，首先要仔细地研究产品装配图及验收技术条件，研究的任务包括下面几方面：

①审查图样的完整性和正确性。

②分析产品的结构工艺性，明确各零、部件间装配关系。

③审核产品装配技术要求和检查验收的内容及方法，制定相应的技术措施。

④研究设计人员所确定的装配方法，进行必要的装配尺寸链分析和计算。

2)确定装配方法及装配组织形式

装配方法随生产纲领和现有生产条件的不同而变化，要综合考虑加工和装配间的关系，使整个产品获得最佳技术经济效果。

装配组织形式的确定，可根据产品结构特点(包括重量、尺寸和复杂程度)、批量大小和现有生产条件，可参看表 5-4-2。

表 5-4-2　各种生产类型的装配工艺特征

装配工艺特征	生产类型		
	单件小批生产	中批生产	大批大量生产
产品特点	产品经常变换，很少重复生产	产品周期重复	产品固定不变，经常重复
组织形式	采用固定式装配或固定流水装配	重型产品采用固定流水装配，批量较大时，采用流水装配，多品种平行投产时，采用变节拍流水装配	多采用流水装配线和自动装配线，有间歇移动、连续移动和变节拍移动等方式
装配方法	常用修配法，互换法比例较少	优先采用互换法，装配精度要求高时，灵活应用调整法和修配法(环数多时)以及分组法(环数少时)	优先采用完全互换法，装配精度要求高时，环数少用分组法；环数多用调整法
工艺过程	工艺灵活掌握，也可适当调整工序	适合批量大小，尽量使生产均衡	工艺过程划分很细，力求达到高度的均衡性

装配工艺特征	生产类型		
	单件小批生产	中批生产	大批大量生产
设备及工艺装备	一般为通用设备及工艺装备	较多采用通用设备及工艺装备，部分是高效的工艺装备	宜采用专用、高效设备及工艺装备，易于实现机械化和自动化
手工操作量和对工人技术水平的要求	手工操作比重大，需要技术熟练的工人	手工操作比重较大，需要有一定熟练程度的技术工人	手工操作比重小，对操作工技术要求较低
工艺文件	仅有装配工艺过程卡	有装配工艺过程卡，复杂产品要有装配工序卡	有装配工艺过程卡和工序卡
应用实例	重型机械、重型机床、汽轮机和大型内燃机等	机床、机车车辆等	汽车、拖拉机、内燃机、滚动轴承、手表和缝纫机等

3)划分装配单元、确定装配顺序

(1)划分装配单元　将产品划分为可进行独立装配的单元是制定装配工艺规程中最重要的一个步骤。特别对于大批大量生产结构复杂的产品尤为重要。只有划分好装配单元，才能合理安排装配顺序和划分装配工序，组织平行流水作业。

产品或机器是由装配单元组成。一般情况下装配单元可划分五个等级：零件、合件、组件、部件和机器。

零件——组成机器的基本单元，它是由整块金属或其它材料组成。大部分零件先组成合件、组件和部件后再进入总装配。

合件——合件是比零件大一级的装配单元。是由若干个零件永久联接(如焊、铆、热装、冷压、合铸等)而成，或联接后再经加工而成的装配单元。如装配式齿轮，发动机连杆小头孔压入衬套后再精镗，齿轮减速器的箱体与箱盖等。

组件——是一个或几个合件与零件组合而成的装配单元。如主轴箱中轴与其上的齿轮、套、垫片、键和轴承的组合体。

部件——是若干组件、合件及零件组合而成的装配单元，并在机器中能完成部分功用。如车床的主轴箱、进给箱等。

机器——是由上述各装配单元结合而成的整体，具有独立的、完整的功能。

(2)选择装配基准　无论哪一级装配单元都要选定某一零件或比它低一级的单元作为装配基准。装配基准件通常应为产品的基体或主干零部件。基准件应有较大的体积和质量，有足够的支承面，以满足陆续装配如零件或部件时的作业要求和稳定性要求。例如：

床身零件是床身组件的装配基准零件；

床身组件是床身部件的装配基准组件；

床身部件是机床产品的装配基准部件。

(3)确定装配顺序　在划分装配单元、确定装配基准件后，就可安排装配顺序。确定装配顺序的要求是保证装配精度，以及使装配联接、调整、校正和检验工作能顺利进行，前面工序不妨碍后面工序进行，后面工序不应损坏前面工序的质量。

在确定装配顺序时应注意下列原则：

①预处理工序先行。装配前先安排对零件预处理，如零件的倒角、去毛刺与飞边、清洗、防锈和防腐处理、油漆和干燥等。

②先基准件、重大件的装配，以便保证装配过程的稳定性。

③先复杂件、精密件和难装配件的装配，使之有充分地安装、调整、检测空间，并保证装配顺利进行。

④先进行易破坏件及影响以后装配质量的工作。如压力装配、加热装配和冲击性质的装配。

⑤及时安排检验工序。在完成对装配质量有较大影响的工序后，经检验合格后方可进行后续装配工作，以保证装配精度和装配效率。

⑥集中安排使用相同设备、工艺装备以及具有共同特殊环境的装配工作。可以减少装配设备和工艺装备的重复使用，提高装配效率。

⑦处于基准件同一方位的装配工作应尽可能集中连续安排，以防止基准件的多次转位和翻身。

⑧电线、油气管路的安装应与相应工序同时进行。

⑨易燃、易爆、易碎、有毒物质或零、部件的安装，尽可能放在最后，以减少安全保护工作量，保证装配工作顺利完成。

(4)绘制装配系统图　为了清晰表示装配顺序，常用装配系统图的形式表示出来。对于结构比较简单、组成零、部件少的产品，可以只绘制产品装配系统图，如图 5-4-6 所示。

对于结构复杂，组成零、部件较多的产品，除绘制产品装配系统图外，还要绘制装配单元系统合成图，如图 5-4-7 所示。

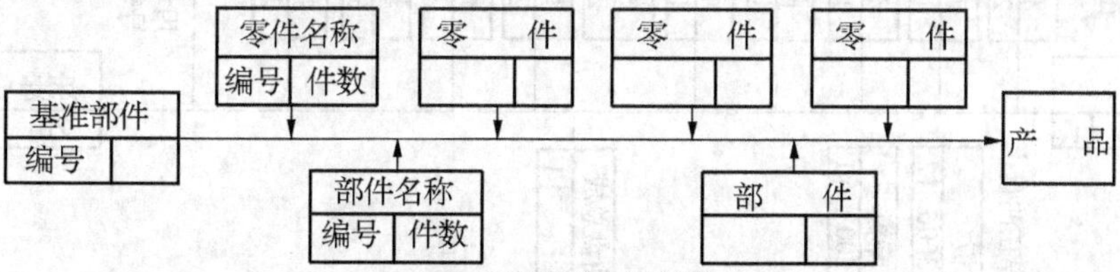

a）产品装配单元系统图

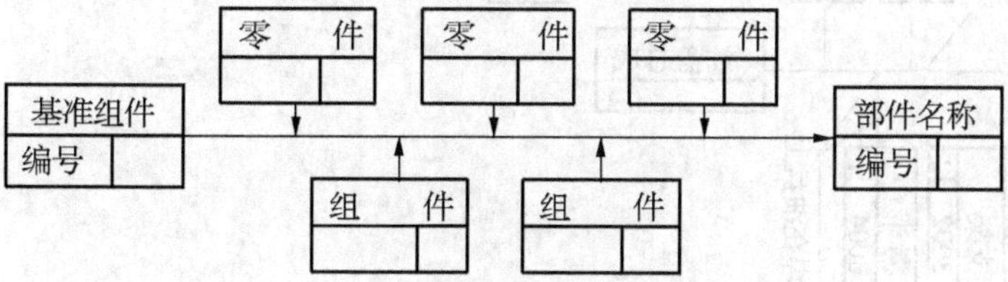

b）部件装配单元系统图

图 5-4-6　装配系统图

装配系统图的画法是：首先画一条横线，横线左端画出基准件的长方格，横线右端箭头指向装配单元的长方格。然后按装配顺序由左向右依次将装入基准件的零件、合件、组件和部件引入。表示零件的长方格画在横线上方；表示合件、组件和部件的长方格画在横线下方。每一长方格内，上方注明装配单元名称，左下方填写装配单元的编号，右下方填写装配

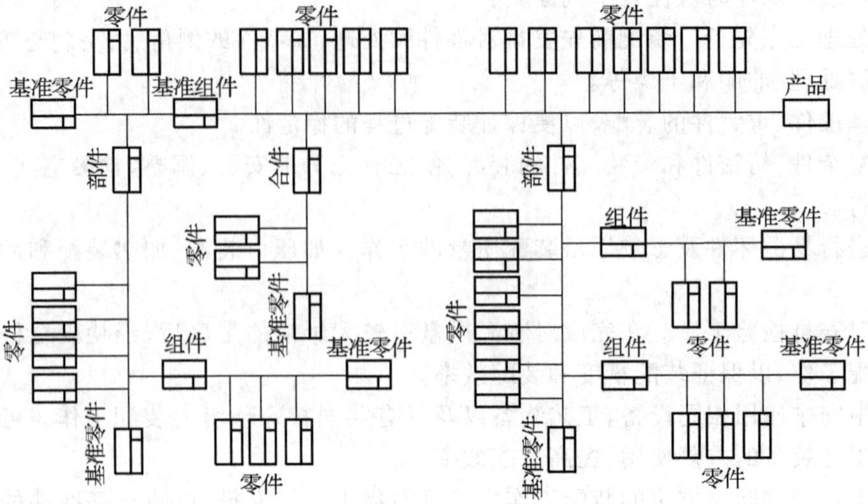

图 5-4-7　装配单元系统合成图

单元的件数。

在装配单元系统图上加注所需的工艺说明，如焊接、配钻、配刮、冷压、热压和检验等，就形成装配工艺系统图，如图 5-4-8 所示为床身部件装配工艺系统图。

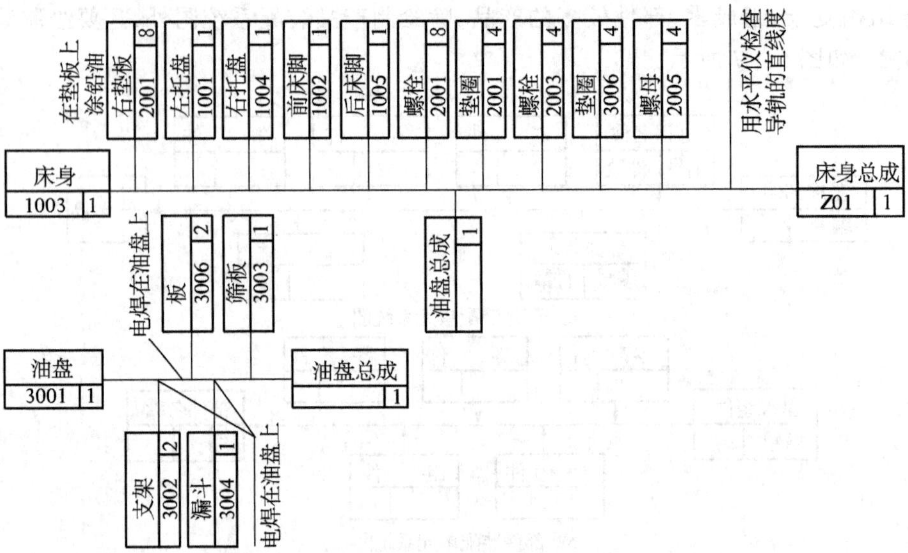

图 5-4-8　床身部件装配工艺系统图

装配工艺系统图较全面地反映了装配单元的划分、装配顺序和装配工艺方法，它是装配工艺规程制定中的主要文件之一，也是划分装配工序的依据。

4)划分装配工序

装配顺序确定后，还要将装配工艺过程划分为若干工序，其主要工作如下：

①确定工序内容、设备、工装及时间定额；

②制定各工序装配操作规范(如过盈配合的压入方法、变温装配的温度值、紧固螺栓联接的预紧扭矩、配作要求等);

③制定各工序装配质量要求及检测方法、检测项目等。

5)编制工艺文件

在单件小批生产时,通常不制定工艺卡片。装配时,按产品装配图和装配工艺系统图进行装配。

成批生产时,应根据装配工艺系统图分别制定总装和部装的装配工艺卡片。卡片的每一工序内应简要地说明工序的工作内容,所需设备和工艺装备的名称及编号、工人技术等级、时间定额等。

大批大量生产时,应为每一工序单独制定工序卡片,详细说明该工序的工艺内容,以便指导工人进行装配。

6)制定产品检验与试验规范

装配工艺规程设计的最终环节是按产品性能和验收技术条件制定检测与试验规范。它包括:

①检测和试验项目及检验质量指标。

②检测和试验的方法、条件与环境要求。

③检测和试验所需工装的选择与设计。

④质量问题的分析方法及处理措施。

5.4.5 自动化装配简介

在机械产品的生产中,装配的工作量根据产品的复杂程度不同可达20%~70%左右。由于装配技术上的复杂性和多样性,装配在机械制造生产过程中多采用手工劳动。近年来,在大批大量生产中加工过程自动化技术的高速发展,使生产率得到大幅度提高,大量零件自动化高速生产出来。手工装配由于其工人劳动强度大、效率低、质量得不到保证,已经不能适应生产要求。因此,迫切需要发展自动化装配。

产品的装配过程包括大量装配动作,人工操作时看来容易实现,但如用机械化、自动化代替手工操作,则要求具备高度准确和可靠性能。因此,一般可从生产批量大、装配工艺过程简单、动作频繁或耗费体力大的零部件装配开始,在经济合理情况下,逐渐实现机械化、半自动化和自动化装配。

自动化装配可用于各种形式的装配:

①在机械加工中工艺合件装配;

②被加工零件的组、部件装配;

③用于顺序焊接的零件拼装;

④成套部件的设备总装。

在装配过程中,自动化装配可完成以下形式的操作:零件传输、定位及其连接;用压装或由紧固螺钉、螺母使零件相互固定;装配尺寸控制以及保证零件连接或固定的质量;输送组装完毕的部件或产品,并将其包装或堆垛在容器中等。

1)自动装配机

配合部分机械化的流水线和辅助设备实现了局部自动化装配和全自动化装配,在自动装配机上必须装备相应的带工具和夹具的夹持装置,以保证所组装的零件相互位置的必要精度,实现单元组装和钳工操作的可能性,如:装上－取下,拧出－拧入,压紧－松开,压入,铆接,磨光及其它必要的动作。自动装配机因工件输送方式不同可分为回转型和直进型两类,根据工序繁简不同,又可分为单工位、多工位结构。回转型装配机常用于装配零件数量少,外形尺寸小、装配节拍短或装配作业要求高的装配场合。至于基准零件尺寸较大、装配工位较多、尤其是装配过程中检测工序多或手工装配和自动装配混合操作的多工序装配时,则以选择直进型装配机为宜。图 5-4-9 所示为具有七个自动工位和三个并列手工工位的直进型装配系统。

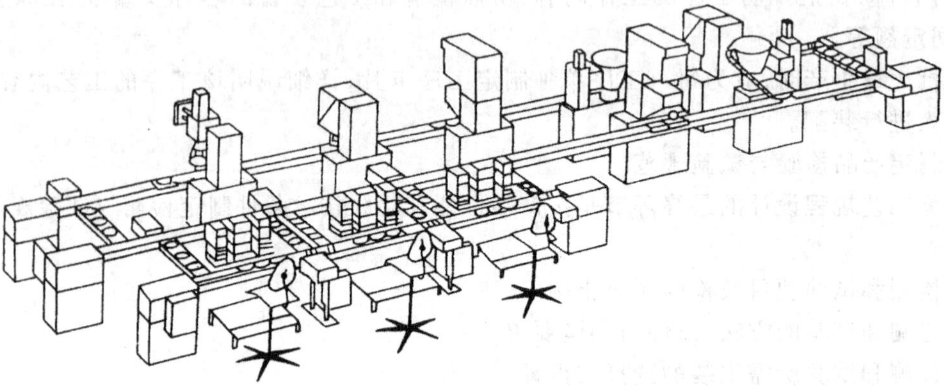

图 5-4-9　直进型装配系统

2)装配机器人

在仪器仪表、汽车、手表、电焊机、电子元件等生产批量大、装配精度要求高的产品装配时,不仅要求装配机更加准确和精密,而且应具有视觉和某些触觉传感机构,反应更灵敏,对物体的位置和形状具有一定的识别能力。这些功能一般自动装配机很难具备,而 70 年代发展起来的工业机器人则完全具备这些功能。

例如,在汽车总装配中,点焊和拧螺丝的工作量很大(一辆汽车有数百甚至上千个焊点),又由于采用传送带流水作业,如果由人来进行这些装配作业,就会紧张到连喘气的时间都没有的程度。如果采用装配机器人,就可以轻松地完成这些装配任务。

又如,国外研制的精密装配机器人定位精度可高达 0.02～0.05mm,这是装配工人很难达到的。装配间隙为 10μm 以下,深度达 30mm 的轴、孔配合,采用具有触觉反馈和柔性手腕的装配机器人,即使轴心位置有较大的偏离(可达 5mm),也能自动补偿,准确装入零件,作业时间仅在 4s 以内。

在装配生产中,工业机器人既可为自动装配机服务,又可直接用来完成装配作业,它可以进行堆垛、拧螺钉、压配、铆接、弯形、卷边、胶合等装配工作。

为保证装配机器人能正常进行上述装配工作,必须具有如下功能:

①在垂直方向上手臂应能作直线运动;

②结构沿垂直轴方向上要有足够大的刚度,以便承受在装配方向上产生相当大的作用力;

③有补偿定位误差的可能性,如依靠在垂直于装配基本方向的平面上,其结构具有柔性;

④工作机构能作高速运动。

考虑到上述要求,装配工业机器人合理的结构应是带有在水平面上铰接的工作手臂和具有垂直行程的工作机构。一般工业机器人的承载能力不超过 400N,此外装配工业机器人的特点是具有很灵活的操作机能和较大的工作空间以及相当紧凑的结构。

装配机器人从结构上大致可分成如图 5-4-10 所示的四类。

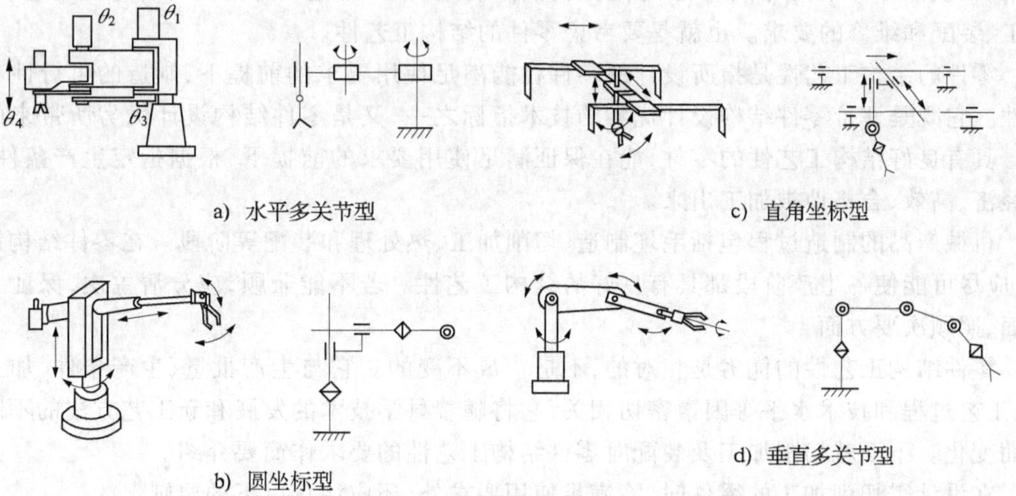

图 5-4-10 装配机器人结构类型

下面介绍装配机器人应用的实例。

例如采用装配机器人进行小型电动机滚珠轴承与端盖的精密装配。

电机端盖与轴承的配合间隙为 10μm,直径为 ϕ32mm,要求装配在 3s 内完成。图 5-4-11 表示采用装配机器人在定子、转子组合好以后,把端盖与转子上部轴承装配起来。装配机器人动作顺序如下:

①抓住滑槽上供给的端盖;

②把端盖移到装配线上;

③解除机械联锁,使顺序性机构起作用;

④靠触觉动作,探索插入方向,使端盖下降;

⑤配合作业完毕后,解除顺序性机构作用,恢复机械联锁;

⑥移动到滑槽上,重复以上各步动作。

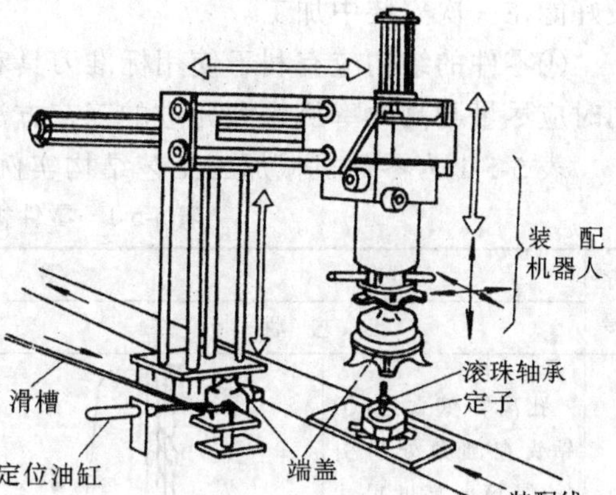

图 5-4-11 用装配机器人进行装配

由于装配机器人对零件位置的偏离和倾斜有适应性,借助触觉传感器进行装配力反馈,使接触压力控制在 2N 左右,来满足精密装配的要求。

5.5 工艺过程的技术经济分析

5.5.1 零件结构工艺性

零件的结构对加工质量、生产效率和经济性有重要的影响。为了获得较好的技术经济效果，在设计零件结构时，不仅要考虑如何满足使用要求，还应当考虑要符合毛坯制造、切削加工、装配和维修的要求。也就是要考虑零件的结构工艺性。

零件的结构工艺性是指所设计的零件在能满足使用要求的前提下，制造的可行性和经济性。它既是评价零件结构设计优劣的技术指标之一，又是零件结构设计优劣所带来的后果。具有良好结构工艺性的零件，能在保证满足使用要求的前提下，根据指定生产条件，可较经济、高效、合格地被加工出来。

机械产品的制造过程包括毛坯制造、切削加工、热处理和装配等阶段。在零件结构设计时，应尽可能使各生产阶段都具有良好的结构工艺性。若不能兼顾，应分清主次，保证主要方面，照顾次要方面。

零件结构工艺性的优劣是相对的，不是一成不变的。它与生产批量、生产条件、加工方法、工艺过程和技术水平等因素密切相关，它将随着科学技术的发展和新工艺方法的不断出现而变化。下面就切削加工及装配对零件结构工艺性的要求作简要介绍。

在设计需切削加工的零件时，除满足使用要求外，还应注意以下的原则：

①零件的结构、形状应便于加工、测量，加工表面应尽量简单；尽可能布置在同一平面上或同一轴线上，以利于提高切削效率。

②不需要加工的毛坯面或要求不高的表面，不要设计成加工面或高精度、低表面粗糙度值要求表面。

③零件的结构、形状应能使零件在加工中定位准确，夹紧可靠；有位置精度要求的表面，最好能在一次安装中加工。

④零件的结构应有利于使用标准刀具和通用量具，减少专用刀具、量具的设计与制造。同时应尽量与高效率机床和先进的工艺方法相适应。

表 5-5-1 为零件机械加工工艺结构实例。

表 5-5-1 零件机械加工工艺结构实例

序号	零件结构			
	工艺性不好		工艺性好	
1	孔离箱壁太近：①钻头在圆角处易引偏；②箱壁高度尺寸大，需加长钻头方能钻孔	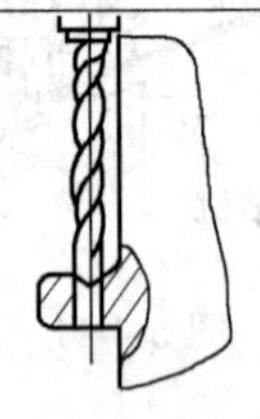	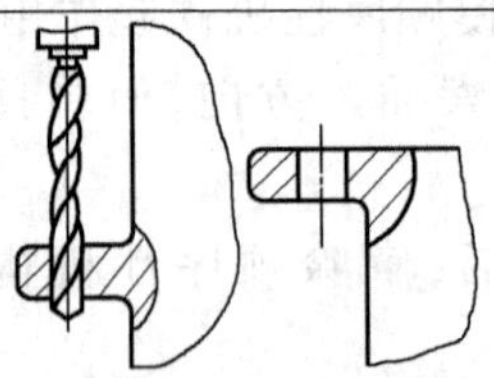 a) b)	①加长箱耳，不需加长钻头可钻孔；②只要使用上允许，将箱耳设计在某一端，则不需加长箱耳，即可方便加工
2	车螺纹时，螺纹根部易打刀；工人操作紧张，且不能清根	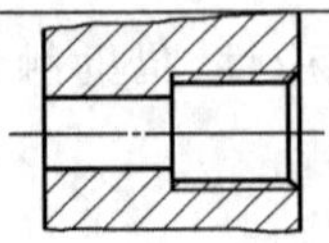	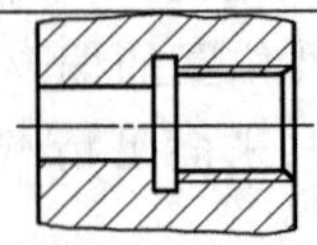	留有退刀槽，可使螺纹清根，操作相对容易，可避免打刀

续表 5-5-1

序号	零件结构			
	工艺性不好		工艺性好	
3	插键槽时，底部无退刀空间，易打刀	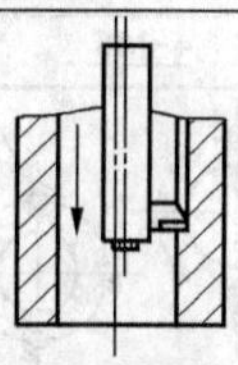	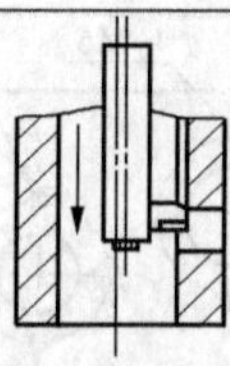	留出退刀空间，避免打刀
4	键槽底与左孔母线齐平，插键槽时易划伤左孔表面	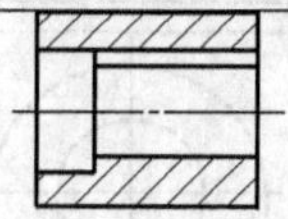	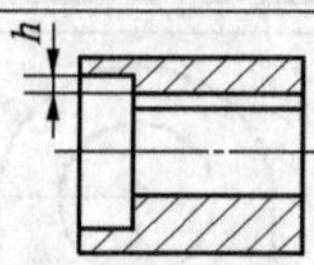	左孔尺寸稍大，可避免划伤左孔表面，操作方便
5	小齿轮无法加工插齿，无退刀空间	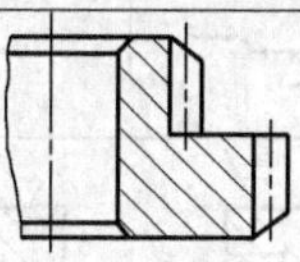	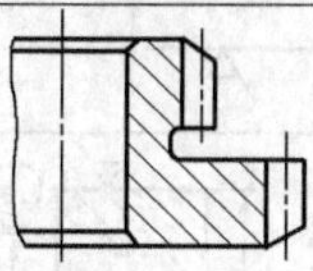	大齿轮可滚齿或插齿，小齿轮可以插齿加工
6	两端轴颈需磨削加工，因砂轮圆角而不能清根	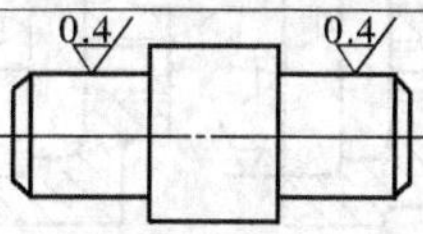	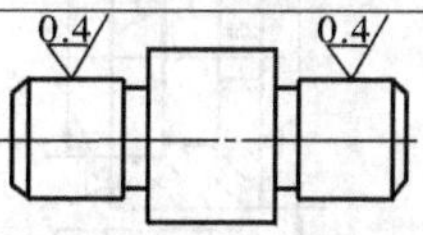	留有退刀槽，磨削时可以清根
7	斜面钻孔，钻头易引偏	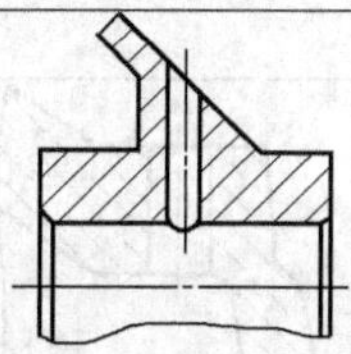	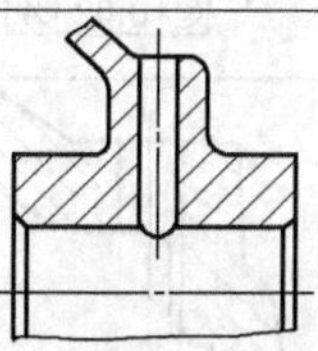	只要结构允许，留出平台，可直接钻孔
8	锥面需磨削加工，磨削时易碰伤圆柱面，并且不能清根	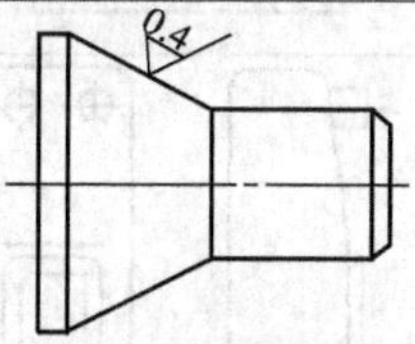	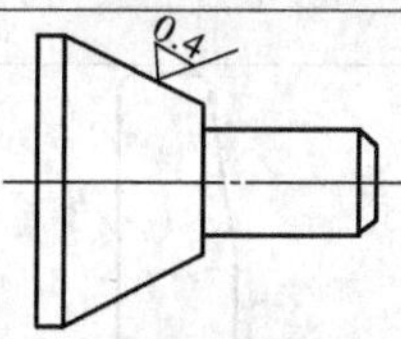	可方便地对锥面进行磨削加工
9	加工面设计在箱体内，加工时调整刀具不方便，观察也困难	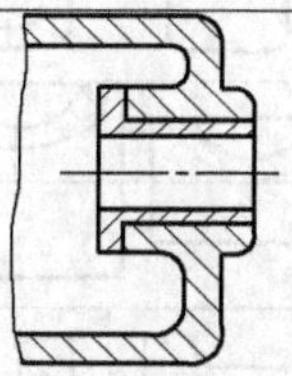	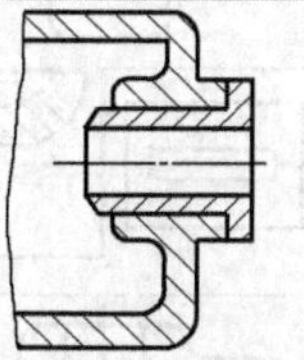	加工面设计在箱体外部，加工方便
10	加工面高度不同，需两次调整刀具加工，影响生产率	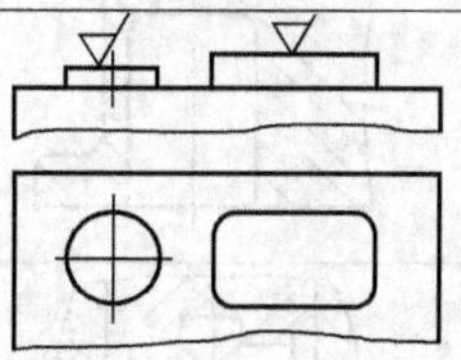	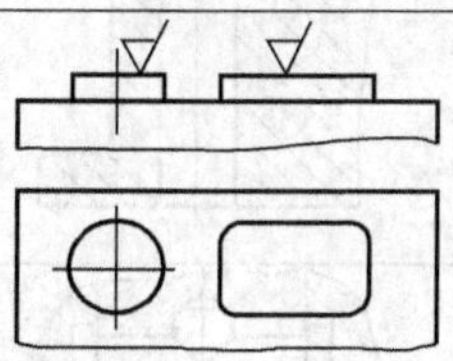	加工面在同一高度，一次调整刀具，可加工两个平面
11	三个空刀槽的宽度有三种尺寸，需用三把不同尺寸刀具加工	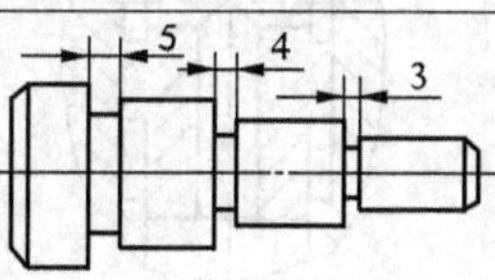	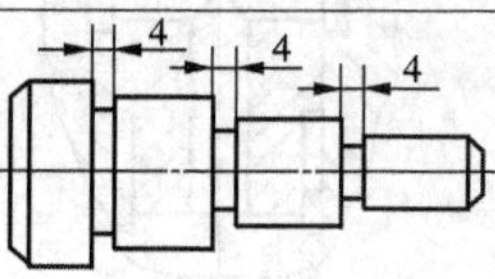	同一个宽度尺寸的空刀槽，使用一把刀具即可加工

序号	零件结构			
	工艺性不好		工艺性好	
12	同一端面上的螺纹孔,尺寸相近,由于需更换刀具,因此加工不方便,而且装配也不方便	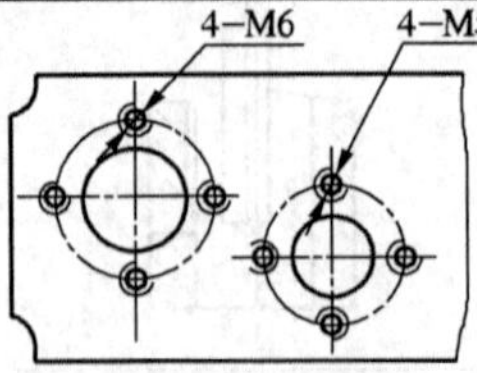	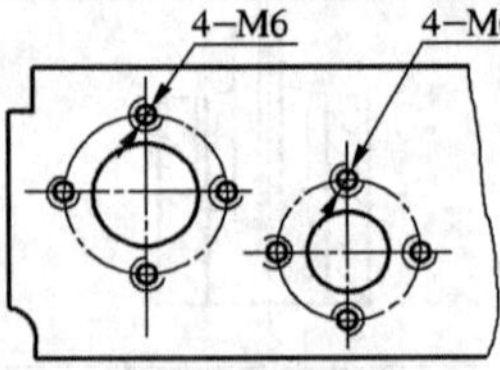	尺寸相近的螺纹孔,改为同一尺寸螺纹孔,方便加工和装配
13	加工面大,加工时间长,并且零件尺寸愈大,平面度误差愈大	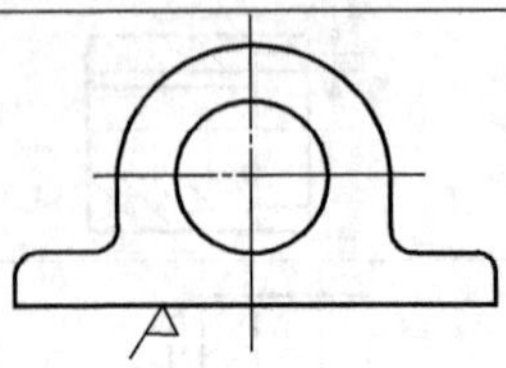	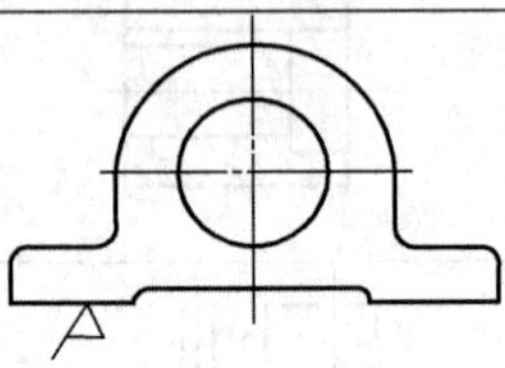	加工面减小,节省工时,减少刀具损耗,并且容易保证平面度要求
14	有同轴度要求,由于外圆需在两次装夹下加工,同轴度不易保证	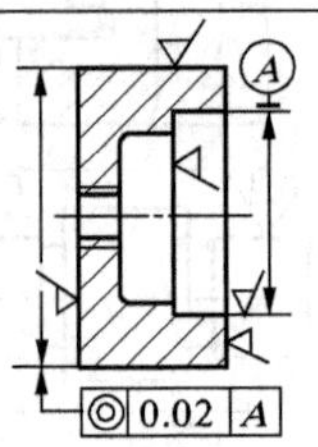	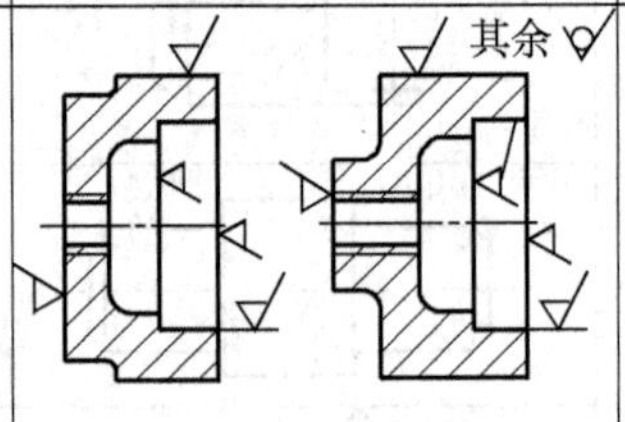	可在一次装夹下加工外圆和内孔,同轴度要求易得到保证
15	内壁孔出口处有阶梯面,钻孔时孔易钻偏或钻头折断	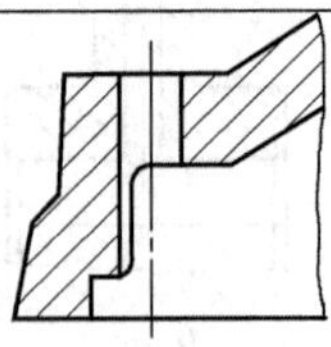	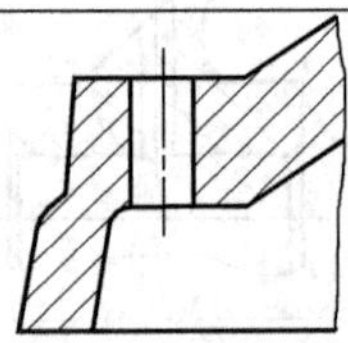	内壁孔出口处平整,钻孔方便易保证孔中心位置度
16	加工 *B* 面时以 *A* 面为定位基准,由于 *A* 面较小,定位不可靠	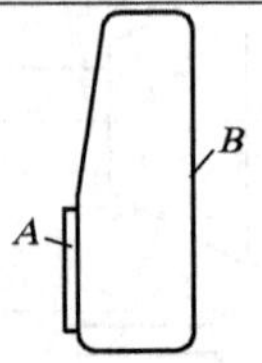	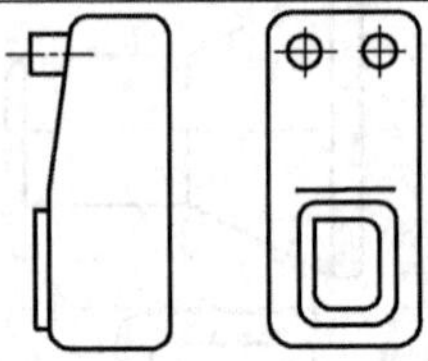	附加定位基准,加工时保证 *A*、*B* 面平行,加工后,将附加定位基准去掉
17	键槽设置在阶梯轴90°方向上,需两次装夹加工	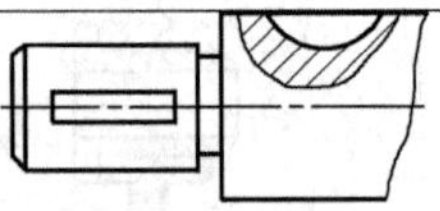	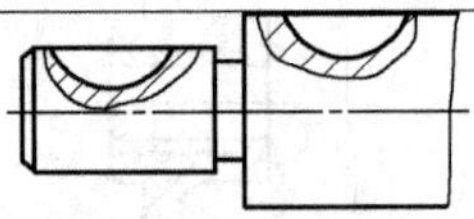	将阶梯轴两个键槽设计在同一方向上,一次装夹即可加工两个键槽
18	钻孔过深,加工时间长,钻头耗损大,并且钻头易偏斜	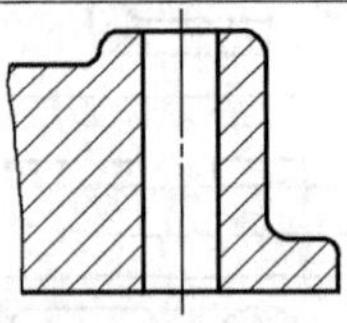	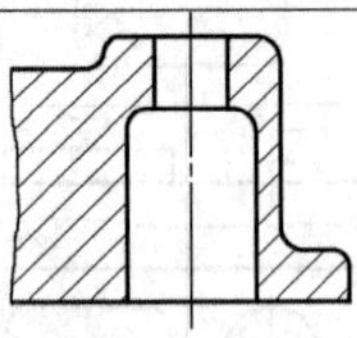	钻头的一端留空刀,钻孔时间短,钻头寿命长,钻头不易偏斜
19	进、排气(油)通道设计在孔壁上,加工相对困难	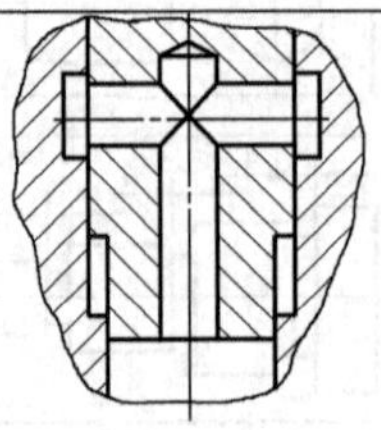	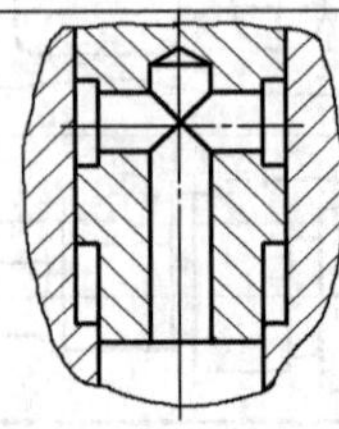	进、排气(油)通道设计在轴的外圆上,加工相对容易

机械结构的装配工艺性在一定程度上决定了装配过程周期的长短，耗费劳动量的大小、成本的高低以及机器使用质量的优劣等。根据机器的装配实践和装配工艺的需要，零部件在装配过程中，应注意下述基本原则：

(1)机器结构应能分成独立的装配单元，以便使许多装配工作同时平行进行，减少总装配工作量，缩短装配周期，有利于产品的局部结构改进及更新换代。

(2)减少装配的修配和机械加工，可以降低装配的难度和劳动量，也有利于确定装配工作量。

(3)机器结构应便于装配和拆卸，以方便机器的维护和检修。

表 5-5-2 为零件装配工艺结构实例。

表 5-5-2 零件装配工艺结构实例

序号	零件结构			
	工艺性不好		工艺性好	
1	快速行程轴一端装在箱体内，另一端装在溜板上的操作箱体内，同时装在两个箱体内非常不方便	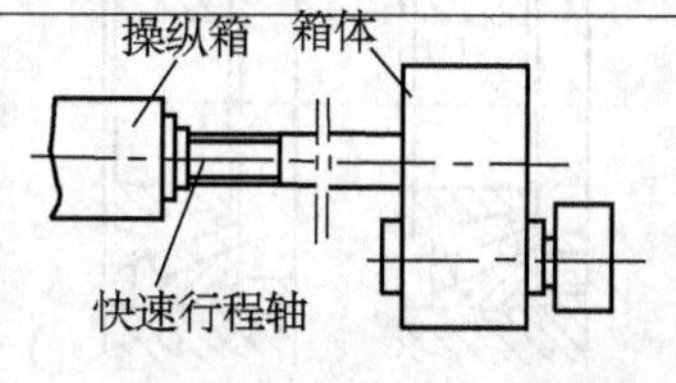	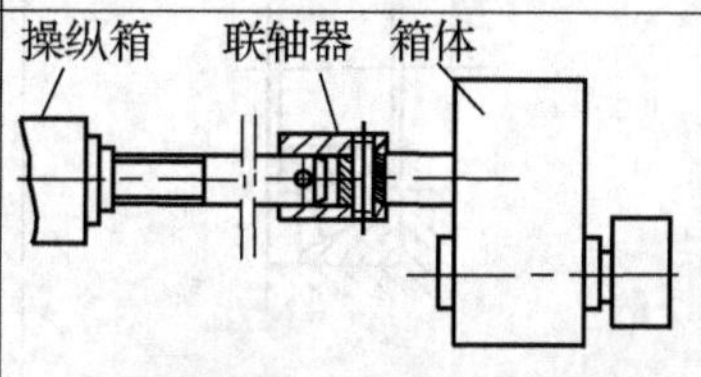	将快速行程轴分为两段，箱体与操纵箱各自成为独立装配单元，可以平行装配
2	齿轮直径大于箱体支承孔直径，须先把齿轮放入箱体内，才能安装在轴上	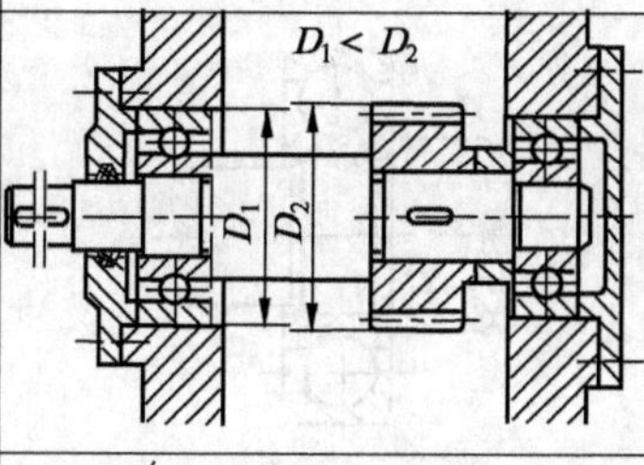	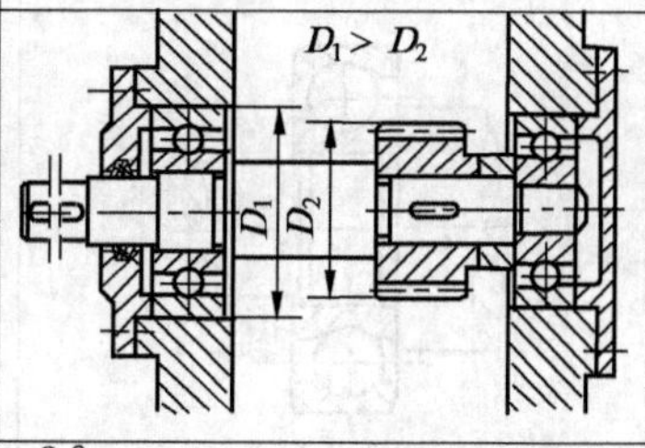	使箱体左侧支承孔直径大于齿轮直径，可以在箱体外把轴上零件装在轴上，再装入箱体
3	有配合要求的零件端部无倒角，不便装配	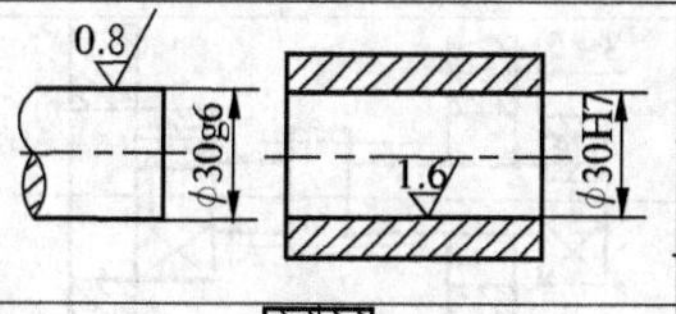	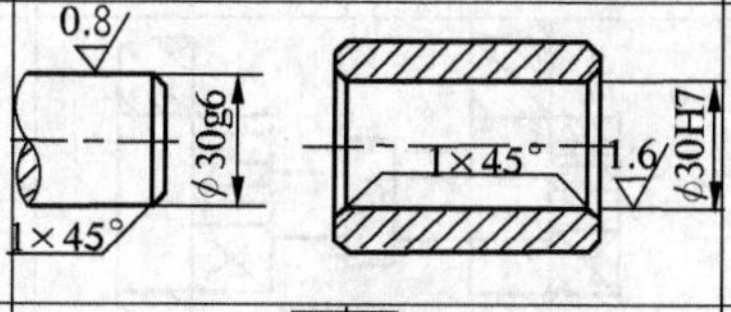	端部加工出倒角，方便装配，还使外露部分比较美观
4	与轴承孔配合轴径太长，装配较困难	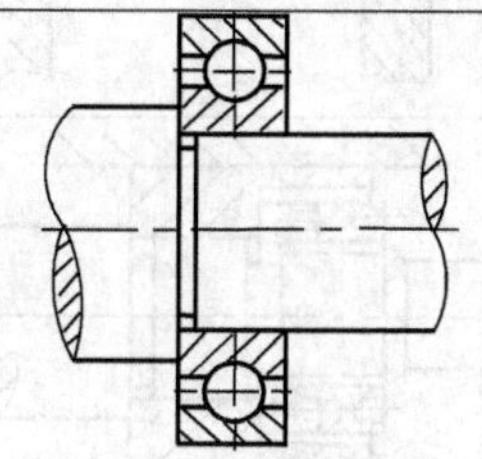	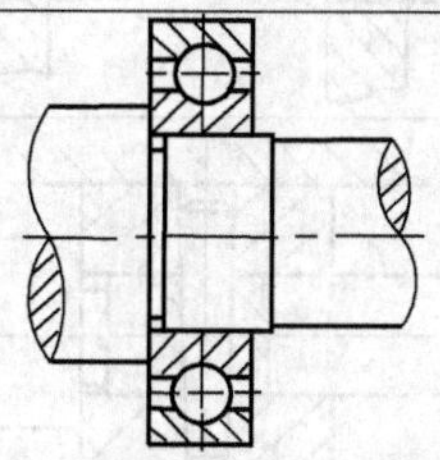	轴承右侧的轴径长度减小，装配长度缩短
5	圆柱销与盲孔配合，封闭气体，装配困难	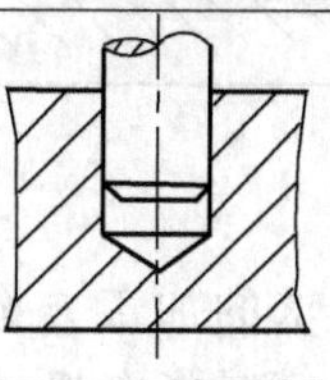	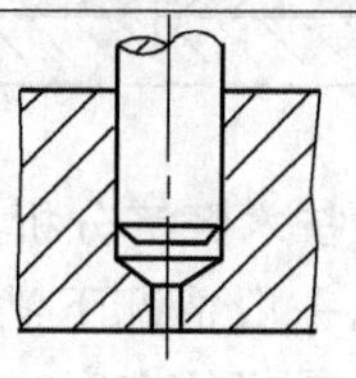	考虑放气措施，设置放气孔

序号	零件结构			
	工艺性不好		工艺性好	
6	扳手空间过小,造成扳手放不进去或旋转范围过小,螺栓拧紧困难	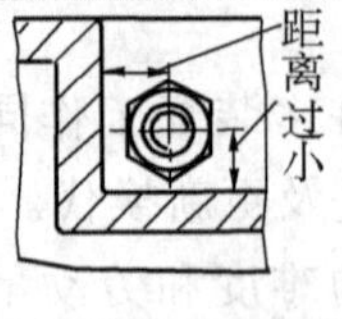	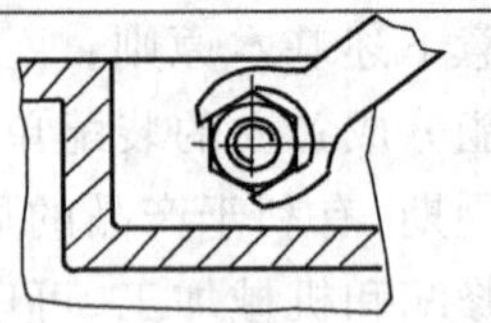	确定螺栓位置时,留出扳手活动空间
7	由于螺钉长度大于箱体凹入部分高度,无法装入	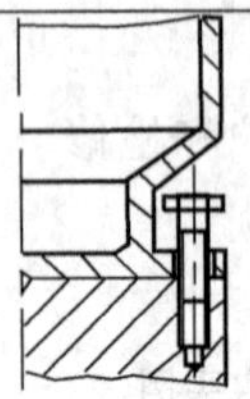	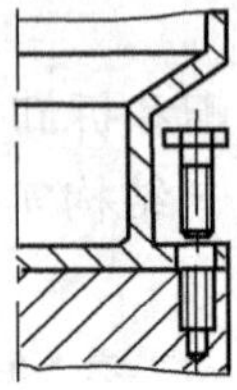	留出安装螺钉的空间
8	支承孔台肩直径小于轴承外圈内径,无法拆卸轴承内圈	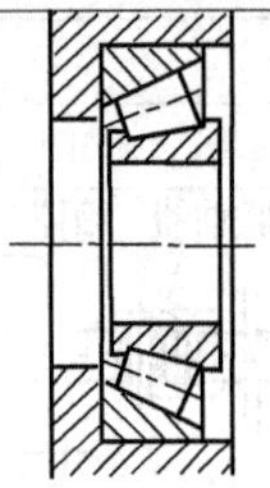	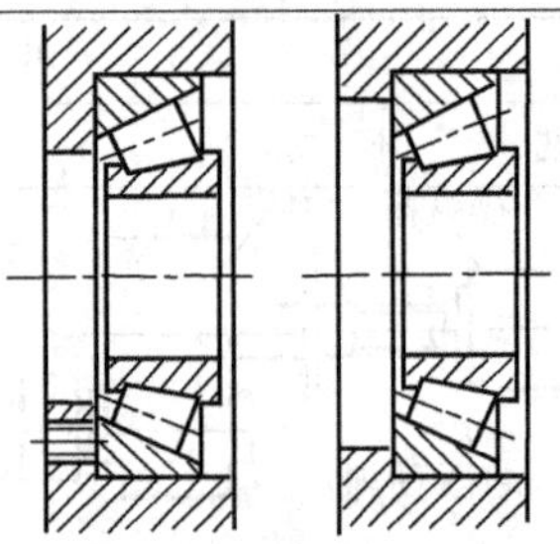	使台肩直径大于轴承外圈内径,或设置工艺孔,方便拆卸
9	轴肩外径大于滚动轴承的内圈外径,不方便拆卸	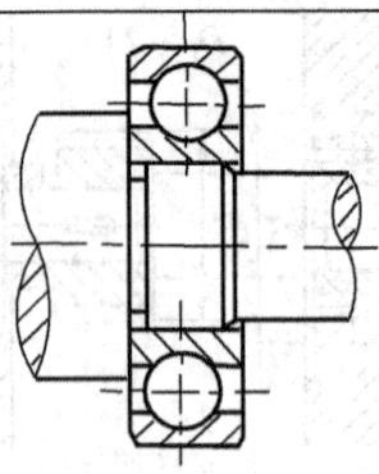	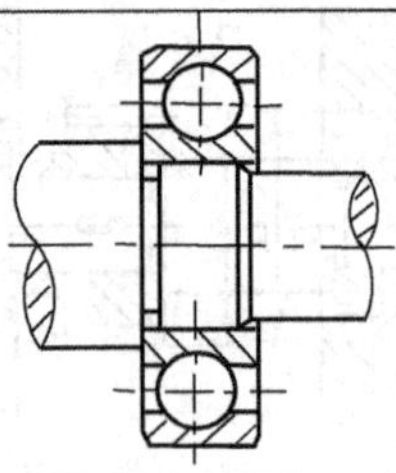	轴承内圈外径大于轴肩外径,以便拆卸
10	轴上的两个轴承同时装入箱体配合孔中,导向性不好,装配困难	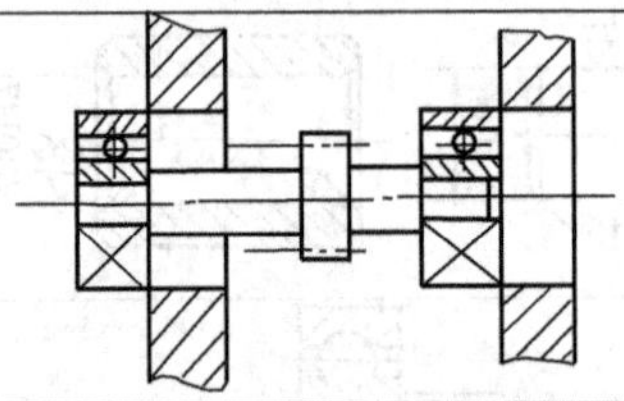	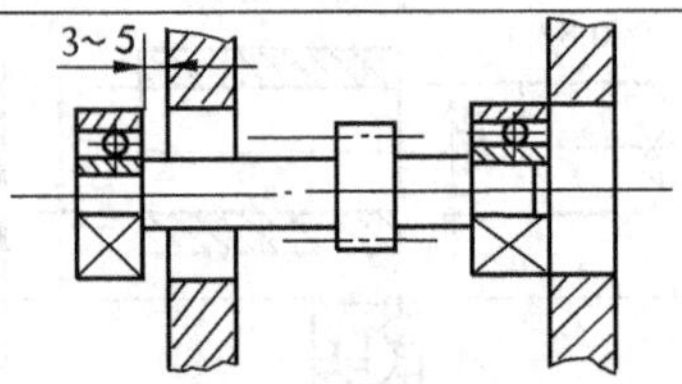	轴上右轴承先行装入孔中 3 ~ 5mm 后,左轴承才开始装入孔中
11	活塞上需配钻销钉孔,装配中要机械加工	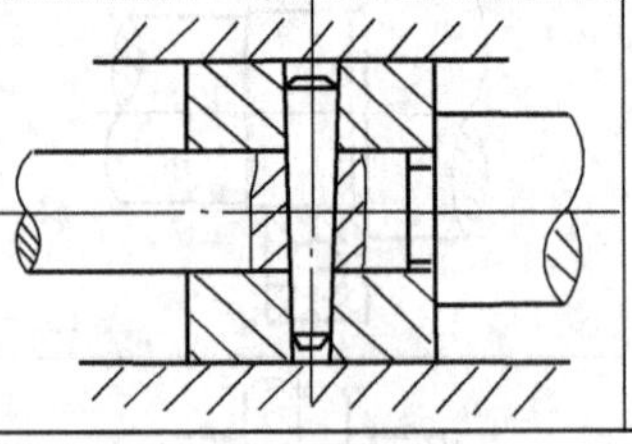	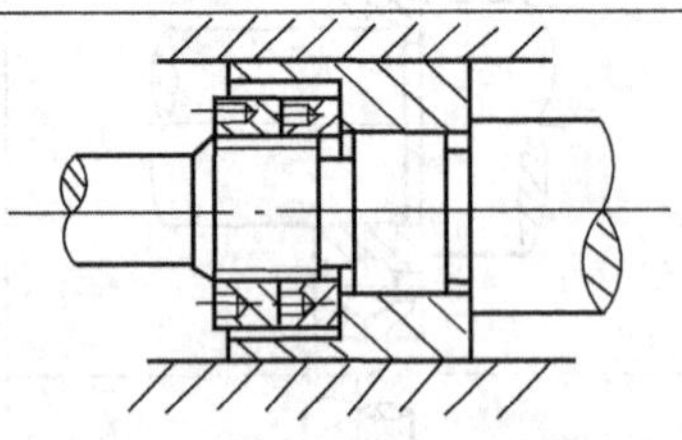	销钉连接改为螺钉连接,消除装配中机械加工

5.5.2 工艺方案的技术经济分析

在机械加工过程中,一般情况下满足同一质量要求的加工方案可以有多种,这些方案中,必然有一个是经济性最好的方案。所谓经济性好,就是指在机械加工中能用最低的成本制造出合格的产品。这样，就需要对不同的工艺方案进行技术经济分析，从技术上和生产成本等方面进行比较。

1）生产成本与工艺成本

零件生产成本是制造一个零件所耗费用的总和。生产成本分为两类费用：一类是与工艺过程直接有关的费用，称为工艺成本。工艺成本占生产成本的70%～75%，如材料费、生产工人的工资、机床使用折旧费和维修费，工艺装备的折旧费和维修费以及车间和工厂的管理费用等。另一类与工艺过程没有直接关系的费用，如行政人员的开支，厂房折旧费和维修费、照明取暖费等。

（1）工艺成本的组成　按照工艺成本与年产量的关系，可分为两部分费用。

①可变费用 V　与年产量直接有关的费用。这类费用包括：材料或毛坯费用、操作工人工资、通用机床折旧费和维修费、通用工艺装备的折旧费和维修费以及机床电费等。该费用随年产量增减而变化。

②不变费用 S　与年产量无直接关系的费用。这类费用包括：专用机床折旧费和维修费、专用工艺装备的费用等。专用机床及工艺装备是专为某些零件的某加工工序所用的，它不能用于其它工序的加工，当产量不足、负荷不满时就只能闲置不用。由于设备折旧年限（或年折旧费用）是确定的，因此专用机床和专用工艺装备的费用不随年产量变化。

（2）工艺成本的计算　零件的全年工艺成本 E 及单件工艺成本 E_d 可分别用下式表示

$$E = VN + S$$

$$E_d = V + \frac{S}{N}$$

式中　E——零件全年成本（元/年）；

E_d——单件工艺成本（元/件）；

N——零件年产量（件/年）；

V——可变费用（元/件）；

S——不变费用（元/年）。

全年工艺成本与年产量关系可用图5-5-1表示，E 与 N 成线性关系，说明全年工艺成本随着年产量的变化而成正比变化。

单件工艺成本与年产量关系可用图5-5-2表示，其图形为一双曲线。当 N 增大时，E_d 逐渐减小，极限值接近于可变费用 V。

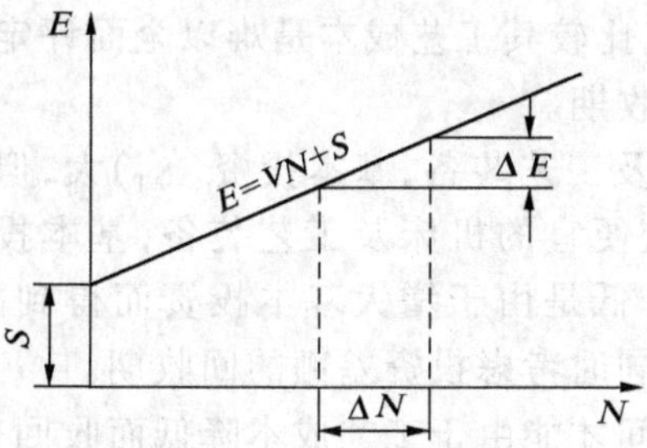

图5-5-1　全年工艺成本与年产量的关系

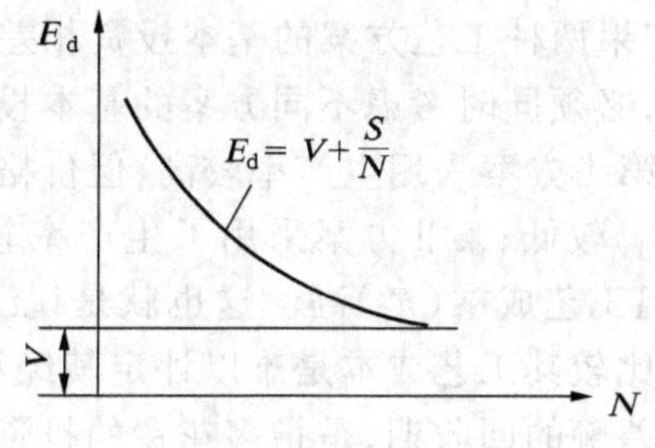

图5-5-2　单件工艺成本与年产量的关系

2）不同工艺方案的经济性比较

对于两个不同的工艺方案进行经济性比较时，一般可分为两种情况：

(1)如果两种工艺方案的基本投资相近，或在采用现有设备条件下，工艺成本即可作为衡量各种方案经济性的依据。

①如两种方案Ⅰ、Ⅱ只有少数工序不同，可比其单件工艺成本。即

方案Ⅰ　$E_{d1}=V_1+\frac{S_1}{N}$

方案Ⅱ　$E_{d2}=V_2+\frac{S_2}{N}$

则　E_d 值小的方案经济性好，如图 5-5-3a 所示。

②如两种方案Ⅰ、Ⅱ有较多工艺不同时，应比较其全年工艺成本。即

方案Ⅰ　$E_1=NV_1+S_1$

方案Ⅱ　$E_2=NV_2+S_2$

则　E 值小的方案经济性好，如图 5-5-3b 所示。

由此可知，各方案的取舍与加工零件的年产量有密切关系，当两种方案的工艺成本相同时的年产量称为临界年产量 N_k。

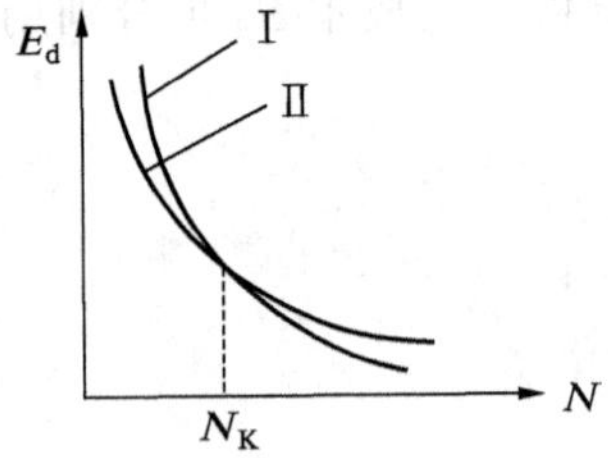

a)单件工艺成本

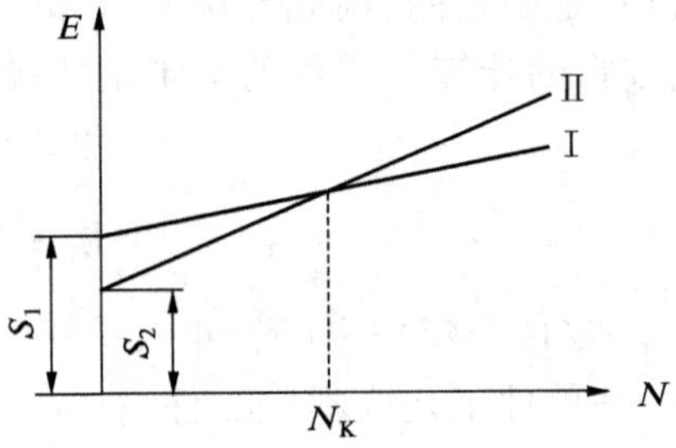

b)全年工艺成本

图 5-5-3　两种方案工艺成本的比较

临界年产量 N_k 可由计算确定：

$$E=N_kV_1+S_1=N_kV_2+S_2$$

$$N_k=\frac{S_2-S_1}{V_1-V_2}$$

若 $N<N_k$，宜采用方案Ⅱ；

若 $N>N_k$，宜采用方案Ⅰ。

(2)如果两种工艺方案的基本投资相差较大时，单纯比较其工艺成本是难以全面评定其经济性的，必须同时考虑不同方案的基本投资差额的回收期。

例如第Ⅰ方案采用生产率较高，但价格较贵的机床及工艺装备，基本投资(K_1)大，但工艺成本(E_1)较低；第Ⅱ方案采用了生产率较低但价格较便宜的机床及工艺装备，基本投资(K_2)小，但工艺成本(E_2)高。这也就是说工艺成本的降低是由于增大基本投资而得到的，这时单纯比较其工艺成本是难以评定其经济性的，必须同时考虑投资差额的回收期。

投资差额的回收期，是指多花费的投资需要多长时间才能由于工艺成本降低而收回来。其值可通过下式计算：

$$\tau=\frac{K_1-K_2}{E_2-E_1}=\frac{\Delta K}{\Delta E}$$

式中　　τ——回收期(年);

ΔK——基本投资差额(元);

ΔE——全年工艺成本差额(元/年)。

回收期愈短,则经济效果愈好,回收期限必须满足以下要求:

①回收期应小于所采用的设备或工艺装备的使用年限。

②回收期应小于该产品由于结构性能及市场需求等因素所决定的生产年限。

③回收期应小于国家规定的标准回收期,例如采用新夹具标准回收期常定为2-3年;采用新机床的标准回收期常定为4-6年。

复习思考题

5-1　题图5-1为车床主轴箱体的一个视图,图中Ⅰ孔为主轴孔,是重要孔,加工时希望加工余量均匀。试选择加工主轴孔的粗、精基准。

5-2　试分别选择题图5-2所示各图的粗、精基准(其中图a为齿轮零件简图,毛坯为模锻件;图b为飞轮,毛坯为铸件)。

5-3　试判断题图5-3各尺寸链中哪些是增环?哪些是减环?(A_0、B_0、C_0分别为封闭环)

5-4　有一类零件系大量生产,毛坯为热轧棒料,经过粗车、精车、淬火、粗磨、精磨达到设计尺寸$\phi 30_{-0.013}^{\ 0}$mm。现给出各工序的加工余量及工序尺寸公差如下表。毛坯的尺寸公差为6±1.5mm。试计算工序尺寸及其偏差,精磨工序的最大余量和最小余量。

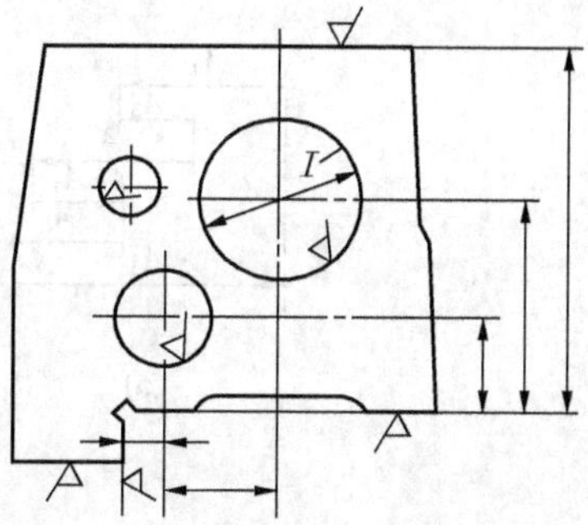

题图5-1

	粗车	精车	粗磨	精磨
余量		1.45mm	0.35mm	0.2mm
公差	350μm	210μm	0.033mm	

5-5　题图5-4所示工件,$A_1=70_{-0.07}^{-0.02}$mm,$A_2=60_{-0.04}^{\ 0}$mm,$A_3=20_{\ 0}^{+0.19}$mm。因A_3不便测量,试重新给出测量尺寸,并标注该测量尺寸的公差。

5-6　如题图5-5所示零件已加工完外圆、内孔及端面,现需铣床上铣出右端缺口,求调整刀具时的测量尺寸H、A及其偏差。

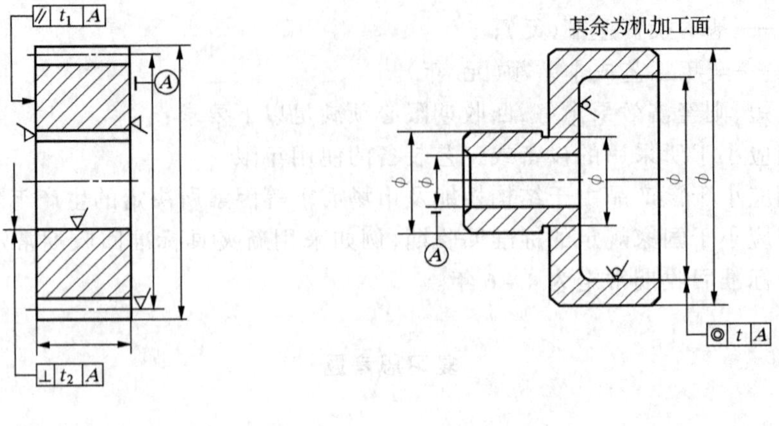

a)　　　　　　　　b)

题图 5-2

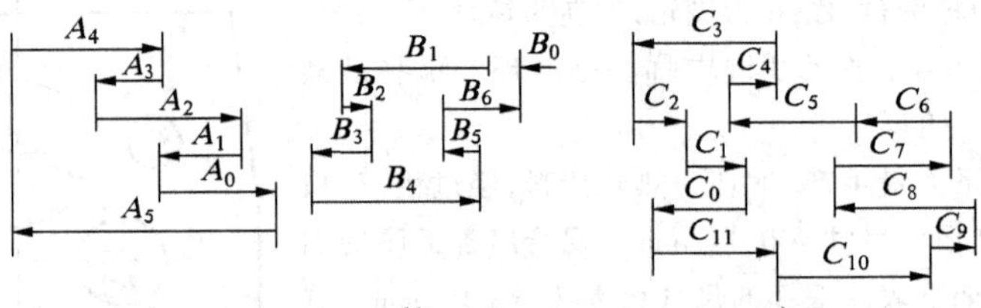

a)　　　　b)　　　　c)

题图 5-3

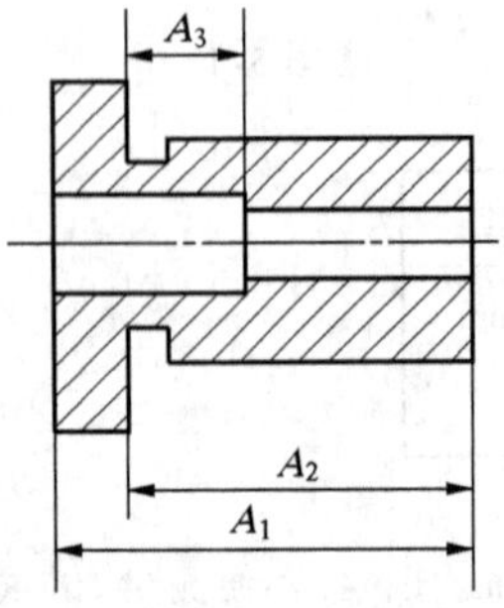

题图 5-4

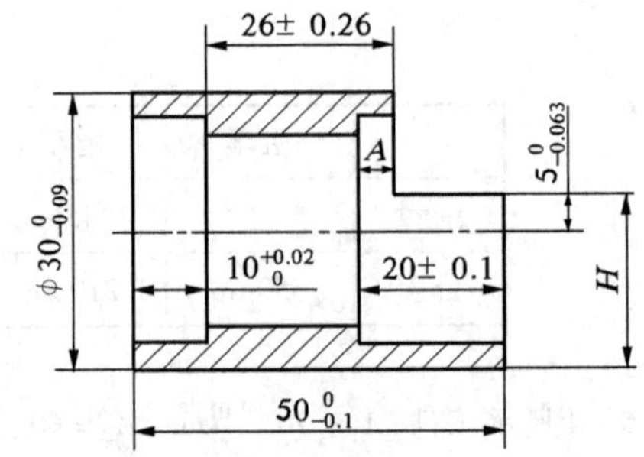

题图 5-5

5-7　如题图 5-6 中小轴的工艺过程为：车外圆至 $\phi30.5_{-0.1}^{\ 0}$mm，铣键槽深度为 $H_{\ 0}^{+TH}$，热处理，磨外圆至 $\phi30_{+0.016}^{+0.036}$mm 。设磨后外圆与车后外圆的同轴度公差为 $\phi0.05$mm，求保证键槽深度设计尺寸 $4_{\ 0}^{+0.2}$mm 的铣槽深度 $H_{\ 0}^{+TH}$。

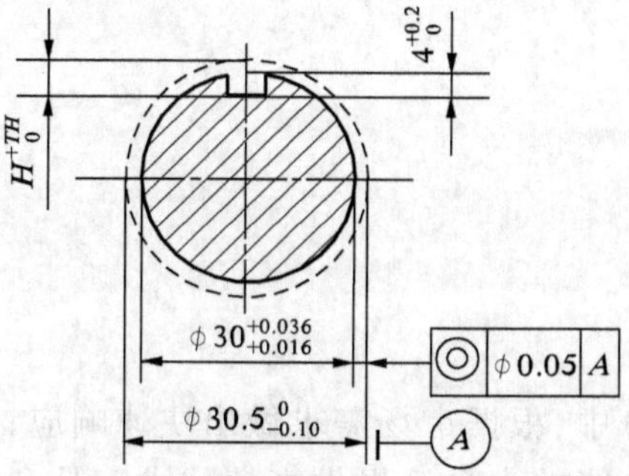

题图 5-6

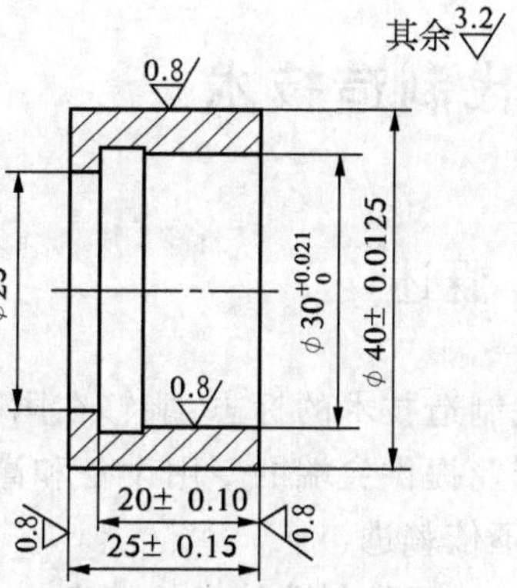

题图 5-7

5－8　如题图 5－7 所示衬套，材料 20，$\phi30^{+0.021}_{0}$ 内孔表面要求磨削后保证渗碳层深度 $0.5^{+0.3}_{0}$ mm，试求：

(1)磨削前精镗工序的工序尺寸及偏差。

(2)精镗后热处理时渗碳层的深度。

5－9　成组技术最适合于那些生产类型的工厂采用？它如何能提高生产效率？推广成组技术需要那些先决条件。

5－10　如题图 5－8 所示之主轴部件，为保证弹性挡圈能顺利装入，要求保持轴向间隙为 $A_0=0^{+0.42}_{+0.05}$ mm。已知 $A_1=32.5$mm，$A_2=33$mm，$A_3=2.5$mm。试求各组成零件尺寸的上下偏差。

5－11　题图 5－9 所示齿轮箱部件，根据使用要求齿轮轴肩与轴承端面间的轴向间隙应在 1～1.75mm 范围内。若已知各零件的基本尺寸为 $A_1=101$mm，$A_2=50$mm，$A_3=A_5=5$mm，$A_4=140$mm。试确定这些尺寸的公差及偏差。

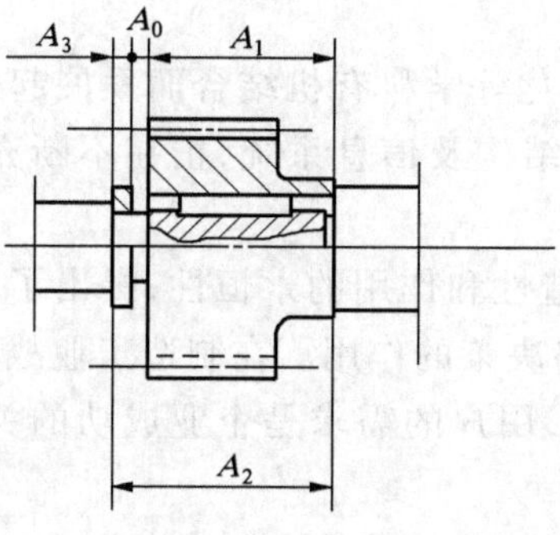

题图 5-8

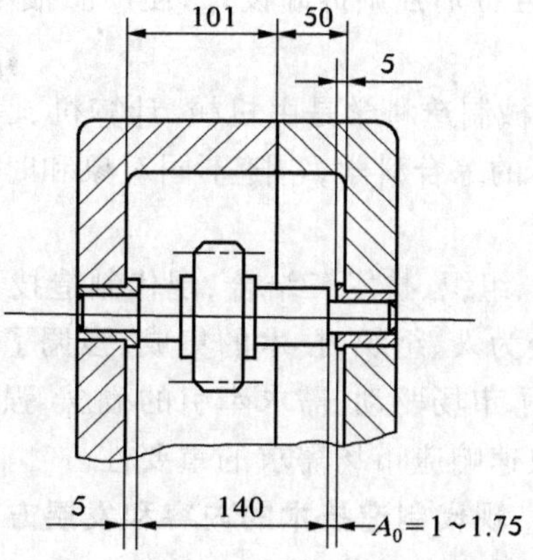

题图 5-9

6 现代制造技术

6.1 概述

现代制造技术的标志：能够在国际国内经济竞争中，根据市场需求做出快速响应；能够为各种产业提供尖端的专用设备和高水平通用设备；能够为自己提供高精技术产品和关键设备，而不依赖进口。

6.1.1 现代制造技术的特点

(1) 机械制造过程是一种离散的生产过程，其中的各个环节之间可以彼此关联或不关联。由系统论、信息论和控制论形成的系统科学和方法论，分析系统各组成部分之间的关系和研究制造过程，提出制造系统的概念，并形成了现代制造系统工程学。计算机技术、数控技术、微电子技术、传感器技术、伺服技术等的发展促使了制造系统的进一步发展。

(2) 设计与工艺一体化，传统的制造工程设计和工艺分步实施，造成了工艺从属于设计、工艺与设计脱离等现象，影响了制造技术的发展。产品设计往往受到工艺条件的制约，受到制造可行性、加工精度、表面粗糙度、尺寸等限制。因此，设计与工艺必须密切结合，要以工艺为突破口，形成设计与工艺的一体化。

(3) 精密加工技术是关键，精密和超精密加工技术是衡量先进制造技术水平的重要指标之一。当前，纳米加工技术代表了制造技术的最高精度水平。

(4) 产品生命周期的全过程，现代制造技术是一个从产品概念开始，到产品形成、使用，一直到处理报废的集成活动和系统。在产品的设计中，不仅要进行结构设计、零件设计、装配设计，而且特别强调拆卸设计，使产品报废处理时，能够进行材料的再循环，节约能源，保护环境。

(5) 机械制造科学是由机械、计算机、信息、材料、自动化等学科有机结合而发展起来的一门跨学科的综合科学，它随不同对象和时间而改变功能结构及信息系统，正在不断充实、完善和发展。

(6) 人、组织、技术三结合，现代制造技术强调人的创造性和作用的永恒性；提出了由技术支撑转变为人、组织、技术的集成；强调了经营管理、战略决策的作用。在制造工业战略决策中，提出了市场驱动、需求牵引的概念，强调用户是核心，用户的需求是企业成功的关键，并且强调快速响应市场需求的重要性。

6.1.2 现代制造技术的内容和发展方向

1)制造系统自动化

机械制造过程是一种离散的生产过程，与连续的生产过程相比，实现自动化更为困难。机械制造自动化的发展经历了单机自动化、自动线、数控机床、加工中心、柔性制造系统、计算机集成制造系统和并行工程等几个阶段，并进一步向柔性化、集成化、智能化发展。自动化不仅提高生产效率和改善劳动条件，而且能保证产品质量，并提高对市场变化的响应速度和竞争能力。

2)精密工程和微型机械

精密工程包括精密加工和超精密加工技术、微细加工和超微细加工技术、纳米技术等方面。当前,以纳米技术为代表的超精密加工技术和以微细加工为手段的微型机械技术代表了这一时期精密工程的方向。金刚石砂轮超精密磨削,先进超精密研磨抛光加工等超精密加工设备,加工精度可达1nm以上。微型机械是近年来发展起来的新型学科,具有很强的生命力,已逐渐应用于机械工程、生物工程、海洋工程、宇宙工程及医疗技术等方面。

3)特种加工

利用声、光、电、磁、原子等能源的、物理的、化学的传统加工方法,有电火花加工、电解加工、超声波加工、激光加工、电子束加工、离子束加工等。加工方法包括分离(去除)加工、结合(附着、注入、接合)加工和变形加工,还包括表面层材料的化学成分、组织结构、力学物理性质的变化。特种加工方法的主要加工对象是难加工材料。不少特种加工方法同时又是精密和超精密加工方法。

4)表面工程技术

表面工程技术是指表面功能性覆层技术,通过附着(电镀、涂层、氧化膜)、注入(多元共渗、渗氮、离子溅射)、热处理(激光表面处理)等手段,能赋予工件表面耐磨、耐蚀、耐疲劳、耐热、耐辐射以及光、磁、电等特殊功能,这是近年来发展的新技术,对制造技术的发展有重要意义。

5)快速成形制造

快速成形制造采用CAD/CAM、数控、激光和材料等学科技术进行的快速成形。

6)传统加工工艺及其设备的改造和革新

工艺及其设备的改造和革新的技术潜力很大,如高速切削、高速磨削、强力磨削;从工具角度来看,涂层刀具、超硬材料刀具(金刚石、立方氮化硼、陶瓷等)、超硬磨料磨具(金刚石、立方氮化硼等)的问世对加工质量和效率的提高、加工材料范围的扩大等方面均有重要意义。旧设备的改造和挖潜,如将普通机床改造成数控机床,对整个机械工业的发展和水平都有重要作用。

7)精良生产(LP:Lean Production)

又称无故障生产,精良生产的主导思想是以"人"为中心,以"简化"为手段,强调一体化质量保证,以"尽善尽美"为最终目标。不断地改进生产,降低成本,力争无废品,无库存和产品品种多样化。精良生产不仅是一种生产方式,而且是一种现代制造企业的组织管理方法。可以说,精良生产的核心是"精心",它已受到世界各国的重视。

8)产品的生命周期和绿色制造

产品生命周期是指产品从设计开始,不仅要考虑它如何满足使用要求,而且要考虑当它生命终结时如何处置,使它对自然界的污染和破坏最小,对自然资源的利用最大。绿色制造是一个综合考虑环境影响和资源效率的现代制造模式,其目标是使产品从设计、制造、安装、运输、销售、使用乃至最后处理处置的整个寿命周期全程中资源利用率最高,对环境的负面影响最小。绿色制造涉及诸多内容,如毛坯的绿色制造、表面处理的清洁性、干式加工等。

20世纪90年代以来,国际计算机集成制造系统(CIMS)发展进入了新阶段。围绕CIMS应用提出了许多新的概念,进行了新的实践。如敏捷制造(AM:Agile Manufacturing)、虚拟制造(VM:Virtual Manufacturing)、智能制造(IM:Intelligent Manufacturing)、精良生产(LP:Lean Production)、并行工程(CE:Concurrent Engineering)、企业资源计划(ERP:Enterprise Resource Planning)等等。这给企业 CIMS 应用的研究注入了新的活力。实践使人们越来越清楚地认识到解决企业所面临的问题不只是依靠技术,而且必须涉及到人、管理、组织和体制等重要因素。如果说计算机集成制造系统是以信息集成为特点,从技术角度解决企业竞争需求的;那么并行工程、精良生产、敏捷制造、企业资源计划系统等新的管理理论和技术将是以顾客需求为核心,通过企业组织和 Team Work 这些重要纽带,去合理优化使用企业全部资源,以达到技术、组织、体制和人为核心的集成,实现企业的国际竞争。

6.1.3 未来制造系统的特征

根据今后一段时间的社会、经济、技术、贸易、工业等各方面的发展,未来制造系统工程具有以下特征:

(1) 柔性、集成、并行工作　具有多功能性和信息密集性,能够制造生产成本与批量无关的产品,能按订单制造,满足产品的个性要求。

(2) 多学科高技术密集型　它综合了计算机技术、微电子技术、控制技术、传感技术、机电一体化技术等学科。机械系统会尽量简化,但不能丢失功能,应易于实现多功能性,整个制造系统在多学科理论指导下建立。

(3) 高质量保证　具有高质量、高可靠性和可保养性,在生产的产品整个生命周期内使用户感到满意。

(4) 高效高生产率　实际上应该是一个高度自动化的系统。

(5) 智能化　能够代替熟练工人的技艺,具有学习工程技术人员多年实践经验和知识的能力,并用以解决生产实际问题。智能制造系统能发挥人的创造能力和具有人的智能和技能,强调以人为系统的主导者这一总的概念。在智能制造系统中,智能和集成并列,集成是智能的重要支撑,反过来智能又促进集成水平的提高。

先进制造技术的发展和现代制造系统工程的形成,对制造业的发展产生了深远的影响,使国民经济的支柱产业——制造业发生了巨大的变化。我们正面临着制造业新时代的到来,这是一个机遇,世界各国都在面临着这个新时代的挑战,竞争者正在争先跨入新时代的门槛,以确立它们各自在新时代中的竞争地位。这是关系到国内外市场竞争能力、国民经济发展、人民生活水平提高的关键,其影响是深远的。

下面分节介绍有代表性的几项先进制造技术。

6.2 柔性制造系统 FMS

柔性制造技术(FMS:Flexible Manufacturing System)是由统一的控制系统(信息流)、物料(工件、刀具)和输送系统(物料流)连接起来的一组加工设备,能在不停机的情况下实现多品种、小批量零件的加工,并具有一定管理功能的自动化制造系统。这里柔性是指时间和空间的灵活性,而自动化是指将手工操作降至最低程度。

6.2.1 FMS 的产生

通常使用普通加工设备进行多品种小批量生产时,在零件的整个生产过程中,坯料和在制品的运输、存放时间约占生产过程时间的 95%,花在机床上的时间仅为 5%,而这 5% 中真正进行切削加工的时间只占 30%,其它 70% 时间用于零件的定位、装夹、换刀、测量、机床的调整和维修以及清除铁屑、待料等。数控机床只是减少了在机床上的非切削时间和工序间加工设备更换时用于零件搬运、存放等的时间(由于能进行集中工序加工)。因此,为了进一步提高劳动生产率,缩短零件生产周期,充分发挥机床利用率,必须在中小批量生产领域里进一步提高自动化程度,即在上述各个环节尽量实现自动化,如工件输送和搬运自动化、工件装卸自动化、仓库的工件存取自动化、机床上刀具寿命管理自动化和刀具磨损的自动检测与自动补偿、刀具输送和交换自动化、刀具破损的自动检测与自动换刀、工件精度自动测量、自动清除切屑、机床运行状态和加工状态的自动监视和故障的自动诊断等,根据这些生产要求,一种新的制造系统——柔性制造系统(FMS)便出现并迅速发展起来。

FMS自60年代问世以来,就显示出了强大的生命力。它克服了传统的刚性自动线只适用于大量生产的局限性,表现出了对多品种、中小批量生产制造自动化的适应能力。现在世界上已有大量的FMS系统在运行。国际上以柔性生产方式生产的产品产值,已占制造总产值的75%以上,其中美国为78%,日本为80%,且有不断增长的趋势。在21世纪,FMS直接影响企业的竞争实力和维持企业的自身生存。FMS集高效、高质量及高柔性,解决了中小批量和中大批量多品种生产自动化之技术难题,可以说FMS是机械制造业生产及管理上的历史性变革。

6.2.2 FMS的一般组成

FMS系统的具体组成随待加工工件及其它条件而变化,但系统的扩展必须以模块结构为基础。FMS主要由加工系统(数控加工设备,一般是加工中心),物料系统(工件和刀具运输和存储)以及计算机控制系统(中央计算机及其网络)组成。

1) 加工中心与车削中心

加工中心(MC:Machining Center),是由机械设备和数控系统组成的适用于复杂零件加工的高效自动化机床,也是一种本身带有刀库和自动换刀装置(ATC)的多工序数控机床。能在一次装夹中完成铣、镗、钻、扩、铰、锪、攻螺纹等多种工序的加工,并且有多种换刀或选刀功能,从而使生产效率和自动化程度大大提高,它可用于加工各种箱体类、板类复杂零件。各种高精度加工中心可代替精密坐标镗床,也可用它作为基础组成柔性制造单元和柔性制造系统。

车削中心(TC:Turn Center),由数控车床、配上刀库和换刀机械手(自动换刀装置)就构成了车削中心。因此数控车床所具有的功能,车削中心都具备。还具有广泛的加工工艺性能,可加工圆柱、圆锥和各种螺纹,具有直线插补、圆弧插补及各种补偿功能。

2) 加工系统

加工系统通常由数控机床、加工中心或车削中心组成。待加工的工件类别将决定FMS所采用的设备型式。加工系统的主要类型有:

① 以加工箱体类零件为主的FMS,配备有数控加工中心(或数控铣床);

② 以加工回转体类零件为主的FMS,配备有车削中心、或数控车床、或数控磨床;

③ 适于混合零件加工的FMS,即能够加工箱体类零件和回转体零件的FMS。它们配备有加工中心、车削中心或数控车床;

④ 用于专门零件加工的FMS。如加工齿轮等零件的FMS,它除配备有数控车床外还需配备数控齿轮加工机床。

柔性制造系统的加工能力由它所拥有的加工设备的性能所决定。而FMS加工中心所需的功率、加工尺寸范围和精度都由待加工的零件族精度决定。从物料输送系统的连接方便性考虑,FMS最好采用具有托盘装置的机床。同时,机床刀具库的容量也应能够满足加工的需要。从控制角度看,机床与外部环境的通讯能力,即信息交换的种类、数量以及通讯接口支持的网络标准也是机床的重要特性之一。

3）物料系统

用以实现工件及工夹具的自动供给和装卸,以及完成工序间的自动传送、调运和存贮工作。该系统包括各种传送带、自动导引小车、工业机器人及专用起吊运送机等。在FMS中,需要经常将工件装夹在托板上进行输送和搬运。通过物料输送系统可以实现工件在机床之间、加工单元之间、自动仓库与机床或加工单元之间以及托板存放站与机床之间的输送和搬运。FMS中的物料输送系统与传统的自动线或流水线不同,FMS的工件输送系统可以不按固定节拍强迫运送工件,工件的传输也没有固定的顺序,也可以几种零件混杂在一起输送的。FMS的工件输送系统一般都处于可以进行随机调度的工作状态,而且都设置储料库以调节各工位上加工时间的差异。FMS物料系统主要完成两种不同的工作:

(1) 工件的输送　工件输送包括两部分:一是零件毛坯、原材料、工具和配套件等由外界搬运进系统,以及将加工好的成品及换下的工具从系统中撤走;二是零件、工具和配套件等在系统内部的搬运。在一般情况下,前者需要人工干预、即工件送入系统和夹具上装夹工件都是人工操作,而后者可以在计算机的统一管理和控制下自动完成。工件输送系统所用的运输工具为运输小车、辊式运送带、传输带和搬运机器人等。

(2) 工件的存储　工件的存储包括物品在仓库中的保管和生产过程中在制品的临时性停放。这就要求FMS的物料系统中设置适当的中央料库和托盘库以及各种形式的缓冲储区,以保证系统的柔性。

在FMS中,中央料库和托盘库往往采用自动化立体仓库。在制造自动化系统中,以自动化立体仓库为中心组成的一个毛坯、半成品、配套件或成品的自动存储、自动检索系统是物料系统的核心。它由库房、堆垛起重机、控制计算机、状态检测器、条形码扫描器等设备组成,是一个由计算机统一控制进行作业和管理的仓库系统。在该系统中。堆垛起重机将根据主计算机的控制指令动作,主计算机与各物料搬运装置的计算机联机并负责进行数据处理和物料管理工作。自动化立体仓库不仅因为对占地的立体使用,解决了地皮不足的难题,而且由于实现了出库作业的自动化和迅速处理库存信息的能力,克服了人手缺乏、库存管理复杂的困难。

4）计算机控制系统

用于处理FMS的各种信息、输出控制CNC机床、物料搬运系统等自动操作所需的信息。计算机控制系统通过主控计算机或分级式计算机系统来实现制造自动化系统的主要控制功能。根据FMS的规模大小,系统的复杂程度将有所不同。通常大多采用3级分布式计算机控制系统。第一级为设备层控制系统,主要是对机床和工件装卸机器人的控制,包括对各种加工作业的控制和监测;第二级是工作站层控制系统,它包括对整个系统运转的管理、零件流动的控制、零件程序的分配以及第一级生产数据的收集;第三级为单元级控制系统,主要编制日程进度计划,把生产所需的信息如加工零件的种类和数量、每批生产的期限、刀夹具种类和数量等送到第二级系统。FMS中的单元级控制系统,即单元控制器是FMS控制系统的核心,也是实现FMS柔性的主要组成部分。

FMS 的系统软件用以确保 FMS 有效地适应中小批量多品种生产过程的管理、控制及优化工作。一般包括设计规划软件、生产过程分析软件、生产计划调度软件与系统管理及监控软件。

FMS 还有刀具监视和管理系统、切屑排除系统以及零件的自动清洗和自动测量设备。

6.2.3 FMS 的主要特点

由于柔性制造系统仍处于发展中,目前尚无统一的定义。综合有关论述可以看出虽然各种具体的定义描述方式不同,但其反映的柔性制造系统的本质是一致的。我们可以从 3 方面来理解柔性制造系统:

(1)柔性制造系统是由两台以上的数控机床或加工中心及其它的加工设备、一套能自动装卸的物料运输系统和一套计算机控制系统所组成的自动化系统。

(2)柔性制造系统具有使成批生产车间运行达到柔性和中大批量的生产能力,并具有流水线车间的质量而同时可降低直接劳动成本。因此,FMS 既能适应多品种、中小批量生产,又能满足设计更改频繁的离散零件的批量自动化生产。

(3)柔性是柔性制造系统的最大特点。这里的柔性是指对系统内部及外部环境的一种适应能力。它主要体现在以下几个方面:

FMS 能在同一时间内生产不同类型的产品或零件,并可以根据市场的需要及当前生产需要,安排各种零件之间的比例。因此,采用 FMS 将使企业改变产品类型较为容易。

在某个设备发生故障时,FMS 可通过控制系统的调度自动将零件送到另外的机器上加工.从而使系统生产能力接近正常状态。此外,FMS 还可以根据机器的负荷和机器前工件排队情况自动改变零件加工路径和加工顺序,以提高机器利用率,减少等待时间等。

FMS 具有无人照管自动运行的能力。维护工作和装卡工作可在第一班里进行,第二、第三班则可以以无人化的方式运行。

为了实现系统的柔性,FMS 必须具有:制造不同零件的机器及相应的刀具、夹具等;可以灵活改变加工路径的物料输送系统;一整套的计算机控制和调度系统,并能根据需要,生成和传送加工所需的 NC 代码。

6.2.4 FMS 的分类

按 FMS 的规模大小可分为以下 4 类:

(1)柔性制造单元(FMC:Flexible Manufacturing Cell)　FMC 在生产中比 FMS 晚 6~8 年出现,它由 1~2 台加工中心、工业机器人、数控机床及物料运送存贮设备构成,具有适应加工多品种产品的灵活性。FMC 可看成是一个规模最小的 FMS,是 FMS 向廉价化及小型化方向发展的一种产物,其特点是实现单机柔性化及自动化,目前已进入普及应用阶段。

(2)柔性制造系统(FMS:Flexible Manufacturing System)　通常包括 4 台或更多全自动数控机床(加工中心和车削中心等),由集中的控制系统及物料搬运系统连接起来,可在不停机的情况下实现多品种、中小批量的加工及管理。

(3)柔性制造线(FML:Flexible Manufacturing Line)　它是处于单一或少品种大批量非柔性自动线与中小批量多品种 FMS 之间的生产线。其加工设备可以是通用的加工中心、CNC 机床;也可采用专用机床或 NC 专用机床,对物料搬运系统柔性的要求低于 FMS,但生产率更高。它以离散型生产中的柔性制造系统和连续性生产过程中的分散型控制系统(DCS)为代表,其特点是实现生产线柔性化及自动化,其技术已日臻成熟,目前已进入实用化阶段。

(4)柔性制造工厂(FMF:Flexible Manufacturing Factory)　FMF是将多条FMS连接起来,配以自动化立体仓库,用计算机系统进行联系,采用从订货、设计、加工、装配、检验、运送至发货的完整FMS。它也包括了CAD/CAM,并使计算机集成制造系统(CIMS)投入实际使用,实现生产系统柔性化和自动化,进而实现全厂范围的生产管理、产品加工及物料贮运过程的自动化。

6.2.5　FMS的相关技术

计算机辅助设计技术——未来CAD技术发展将会引入专家系统,使之具有智能化,可处理各种复杂的问题。CAD在设计、质量、效率和成本方面皆显示出其优越性。

机电一体化技术——机电一体化(Mechatronics)技术的含义是:在现代微电子技术的基础上,将机械和电子技术有机地结合在一起,相互协调配合,以便在技术上获得"总体大于各部分之和"的效能,使设计出的产品更为"灵巧轻便"。

模糊控制技术——模糊数学在工业中的实际应用始于70年代初。进入80年代时曾掀起一股研究热潮,目前模糊控制技术正处于稳定发展的阶段。模糊数学的实际应用是模糊控制器。最近开发出的高性能模糊控制器具有自学习功能,可在控制过程中不断获取新的信息并自动地对控制量作调整,使系统性能大为改善,其中尤以基于人工神经网络的自学习方法更引起人们极大的关注。

人工智能、专家系统及智能传感器技术——对未来智能化FMS具有重要意义的一个正在急速发展的领域是智能传感器技术。该项技术是伴随计算机应用技术和人工智能而产生的,它使传感器具有内在的"决策"功能。

人工神经网络技术——人工神经网络(ANN)是模拟智能生物的神经网络对信息进行并行处理的一种方法。故人工神经网络也就是一种人工智能工具。在自动控制领域,神经网络不久将并列于专家系统和模糊控制系统,成为现代自动化系统中的一个组成部分。

虚拟现实及计算机仿真技术——虚拟现实(VR)技术是利用计算机并借助相应的传感装置(如头盔和数据手套)及传感媒体(各种信息传输通道及其接口),使操作人员在远离现场的工作环境中仍具有身临其境之感觉的技术。借助虚拟现实技术能使操作人员"如实"地操纵各种设备或进行"现场"培训。计算机仿真技术亦具有与此相类似的功能。这样,不仅能获得可观的经济效益,节省大量资金与时间,并可避免发生生产中的各种工伤事故。

随着高新技术的发展,FMS已渗透、扩散至制造业的各个领域,将对生产方式产生深远的影响。当今世界动态多变的市场要求计算机集成制造(CIM)具有高度柔性。制造系统的柔性是衡量制造系统对变化中的市场、技术及生产条件适应性的重要尺度。显然,制造业的柔性是企业竞争力的一个主要动力。制造柔性是由企业的长期战略考虑而产生的生产与经营决策,故制造柔性便不仅是个技术问题,而且也涉及到企业自身的具体情况和条件。就发展中国家的企业而言,以首先提高人力资源和企业结构资源的柔性为最佳。目前已为日趋增多的人认识到,高效益企业的一个显著特征是,在设计和开发适用的软件时,将人的因素充分考虑进去,以驱动现代的计算机集成制造系统(CIMS)。

6.3 计算机集成制造系统 CIMS

6.3.1 CIM 与 CIMS 的概念

随着计算机在企业的产品设计、产品制造、经营管理领域中深入、广泛的应用及其相互联系，在工业生产方式中产生了新的概念。1974 年美国约瑟夫·哈林顿(Joseph Harrington)博士在《Computer Integrated Manufacturing》一书中首先提出了计算机集成制造(CIM：Computer Integrated Manufacturing)，哈林顿提出的 CIM 概念中有两个基本观点：

(1)企业生产的各个环节，即从市场分析、产品设计、加工制造、经营管理到售后服务的全部生产活动是一个不可分割的整体，要紧密连接，统一考虑。

(2)就其本质而言，整个生产过程实质上是一个数据的采集、传递和加工处理的过程。最终形成的产品可以看作是数据的物质表现。

CIM 这一概念不仅包含与产品生产有关的工艺、库存、加工和计划等活动，而且包括从产品需求分析开始到销售服务之间全过程的一切活动。制造的过程可看作是一个从原料加工、装配到产品的物料转换过程，也是一个复杂的信息转换过程，在制造中发生的相关活动都是信息处理整体中的一部分。哈林顿的这种关于制造的新观点指出了在企业组织生产的总体优化中，信息技术与制造过程相结合是制造业在信息社会中发展的新模式，也是企业发展的必然，但是由于当时计算机应用尚不普遍，市场竞争还未达到迫切发展计算机集成制造系统(CIMS：Computer Integrated Manufacturing System)的程度。因此，这一概念当时并未引起人们的足够重视，直到 80 年代初，它才逐渐为人们广泛接受。

综上所述，CIM 可定义为："通过计算机实现信息集成，实现现代化的生产制造，求得企业的总体效益，使企业能够持续稳定的发展。"即以计算机作为工具，制造为其内容的 CIM，其哲理的核心为信息的"集成"。而 CIMS 定义为："CIMS 是基于 CIM 哲理构成的优化运行的企业制造系统。"在 CIMS 的研究和实施中必须强调"信息流"和"系统集成"这两个最基本观点。

CIM 哲理只有一个，而 CIMS 则由于企业的类型、规模、需求、目标和环境不同而有很大的差别——例如，在类型上，企业有单件生产和多品种、中小批量生产或大批量生产的区别；在生产过程上，企业有离散型(如机械制造、汽车)，流程型(如钢铁、石化)和混合型(如造纸)的分类，如此等等的诸多因素使实现 CIMS 的过程与结果必然是不同的，但就技术而言，CIMS 的许多相关技术具有共性，按 CIM 概念改造企业，整个实施过程的方法和规范也应是一致的。总的说来，CIM 是组织现代化生产的"制造哲理"。而 CIMS 则应理解为是一种工程技术系统，是 CIM 的具体实施，可以把 CIMS 看成是未来生产自动化系统的一种模式。

6.3.2 CIMS 的集成

CIMS 不仅是一个技术系统，它更是一个企业整体集成优化系统。因此，它的核心是"集成"，其集成特性主要包括：

(1) 人员集成　管理者、设计者、制造者、保障者(负责质量、销售、采购、服务等的人员)、以及用户应集成为一个协调整体。

(2) 信息集成　产品生命周期中各类信息的获取、表示、处理和操作工具集成为一体，组成统一的管理控制系统。特别是产品信息模型(PIM：Product Information Model)和产品数据管理(PDM:Product Data Management)在系统中应得到一体化的处理。

(3) 功能集成　产品生命周期中企业各部门功能集成以及产品开发与外部协作企业间功能的集成。

(4) 技术集成　产品开发全过程中涉及的多学科知识以及各种技术、方法的集成,形成集成的知识库和方法库,以利 CIMS 的实施。

6.3.3　CIMS 的构成

在 CIMS 应用工程实现中,将 CIMS 划分为 4 个功能分系统和两个支撑分系统。图 6-3-1 中表示了各个分系统之间以及它们与外部的信息联系。

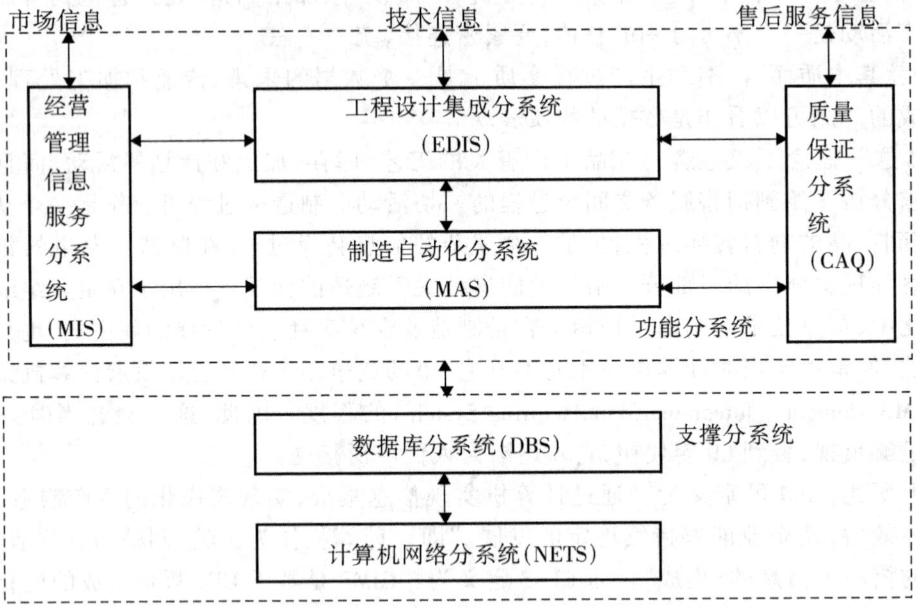

图 6-3-1　CIMS 分系统逻辑关系

1) 4 个功能系统

(1) 管理信息系统(MIS:Management Information System)　目标是通过信息集成、缩短产品生产周期,降低流通资金占用,提高企业应变能力。其主要功能是进行信息处理,提供决策信息,其具体工作是进行信息的收集、传输、加工和查询等,处理的信息包括经营计划管理、物料管理、生产管理、财务管理、人才资源管理、质量管理以及辅助事务管理等,并根据决策支持模块产生决策信息。

CIMS 中经营管理主要应用制造资源计划(MRP II)、准时生产(JIT:Just In Time)等技术。MRP II 根据用户订单、库存状态、生产能力平衡等数据制定年、月或周生产计划,并同成本核算、库存管理等结合起来形成闭环控制管理系统。经营管理还包括市场预测及制定企业长期发展战略规划。

(2) 工程设计集成系统(EDIS:Engineering Design Integrated System)　主要功能是进行工程设计、分析和制造,使产品开发活动能够高效、优质、自动地进行。包括:

计算机辅助设计(CAD)　在 CIMS 中,产品设计需调用各种不同的数据,如管理数据、加工测试数据、质量数据等,故 CIMS 中的 CAD 是与其它模块紧密联系并带有反馈的模块。

CAD 的输出通过通信媒体直接送到其它功能模块。

计算机辅助工程(CAE) 包括对零部件的各种结构分析和优化设计等功能。

计算机辅助工艺过程设计(CAPP) 对产品制造进行合理的工艺设计。

计算机辅助制造(CAM) 按照零件的外形及 CAPP 生成的数控(NC)代码,在考虑刀具补偿等因素的情况下进行后处理。

在 CIMS 中,CAD/CAPP/CAM 是局部集成的分系统。工程设计自动化系统在接到管理信息系统下达的产品设计指令后,进行产品设计、工艺过程设计和产品数控加工编程,并将设计文档、工艺规程、设备信息、工时定额送给管理信息系统,将 NC 加工等工艺指令送给制造自动化系统。

(3) 制造自动化系统(MAS:Manufacturing Automation System) 其目标是使产品制造活动优化、周期短、成本低、柔性高,它是在计算机的控制与调度下,按照 NC 代码将毛坯加工成合格的零件并装配成部件或产品。主要组成部分有数控(数控机床或加工中心)、柔性制造单元(FMC)、柔性制造系统(FMS)等,包括立体仓库、缓冲站、运输车、刀具预调仪、装刀台、刀具库、清洗机、数控机床、加工中心、三坐标测量机、夹具组装台、机器人及计算机控制管理系统等。

(4) 质量保证系统(CAQ:Computer Aided Quality System) 目标是保证从产品设计、制造、检验到售后服务整个过程的质量,提高企业竞争的能力。主要功能是制定质量计划,进行质量信息管理和计算机辅助在线质量控制等,其中包括产品质量决策、质量检测与数据采集、质量评价、控制与跟踪、量具质量管理、生产过程质量管理等。

2) 两个支撑系统

(1) 计算机网络系统(NETS:NETwork System) 它是支持 CIMS 各个系统的开放型网络通讯系统,采用国际标准和工业标准规定的网络协议(如 MAP,TCP/IP)等,可实现异种机互联,异构局域网及多种网络的互联,满足各应用分系统对网络支持服务的不同需求,支持资源共享、分布处理、分布数据库、分层递阶和实时控制。

(2) 数据库管理系统(DBMS:Data Base Management System) 支持 CIMS 各分系统,覆盖企业全部信息,以实现企业的数据共享和信息集成。通常采用集中与分布相结合的 3 层递阶控制体系结构——主数据管理系统、分布数据管理系统、数据控制系统,以保证数据的安全性、一致性、易维护性等。

6.3.4 CIMS 发展的 3 个阶段

综观国内外 CIMS 研究和应用工程的开发,大致经历了 3 个发展阶段:

(1) 以信息集成为特征的阶段(70 年代~80 年代) 这一阶段企业发展的需求是产品生产的自动化,随着电子信息技术的发展,相应的各种单项技术,如 CAD、CAM、工业机器人、FMS、MRP Ⅱ 得到了广泛的应用。这些自动化单元技术的集成,使企业各种生产要素之间的配置得到优化,制造资源能够充分利用,给企业带来了明显的技术和经济效益。

(2) 以过程集成为特征的阶段 进入 80 年代后,市场竞争的焦点集中到以更新更快的手段开发并上市新产品,以争取更多的用户。其制造需求是使产品设计和相关过程并行进行。显然,先前的以信息集成为特征的 CIMS 只可支持开发过程信息流向单一、固定的传统产品生产模式,而并行产品设计过程是并发的,信息流向是多方向的,只有支持过程集成的 CIMS 才能满足并行产品开发的需要。由此在 CIMS 中引入了“并行工程”的新思想和新技术。并行工程采用并行方法,在产品设计阶段,就集中产品研制周期中各有关工程技术人员,同步地设计并考虑整个产品生命周期中的所有因素,包括设计、分析、制造、装配、检验、售后服务等。支持并行工程的CIMS应用已在日本、美国和欧洲等国获得了成功,并有着广阔的应用前景。但由于产生历史较短,在体系结构、组成机理、支持环境(包括信息交换平台及数据交换标准)等多方面的关键技术尚需作深入研究,并不断予以完善。

(3) 以企业集成为特征的阶段　80年代末到90年代初,CIMS进入了一个迅速发展的阶段,在其内涵与概念上都有了新的内容。“企业集成”是为21世纪企业将要采用“敏捷制造”新模式而提出的CIMS发展新阶段。其背景是:从现在起延续到下世纪的市场竞争将更为激烈,竞争中“个性化”的产品需求增大、而批量生产的产品越来越少,必然使那些只适宜大批量生产的“刚性生产线”改变为适应新要求的“柔性生产线”并进一步将企业的组织及装备重组,以对市场机遇作出敏捷反应。更进一步的情况是:当本企业不能对相关“个性化”产品作出敏捷反应时、应能通过高速信息公路的工厂子网与其它企业进行合作,或组建跨企业的开发组织或动态联合公司,来对机遇作出快速响应。可见,敏捷制造企业较之并行工程阶段的制造企业有了进一步的发展,强调企业的集成。从运行集成技术来说,必须发展一种“高鲁棒性”的集成技术,可以在不中断系统运行的情况下、修改软件系统、发展建立在网络基础上的集成技术,包括异地组建动态联合公司、异地设计、异地制造等有关的集成技术,通过信息高速公路建立工厂子网,最终形成全球企业网,作为动态集成的工具。所有这些思想和技术的实现,都将使CIMS应用推进到一个新的水平。

6.4　虚拟制造系统(VMS:Virtual Manufacturing System)

6.4.1　虚拟制造概念

市场全球化使企业面临的竞争对手不断增多,面临的竞争压力日益加重,随着产品更新换代速度的加快,交货时间和产品质量成为企业参与市场竞争更为重要的手段。与此同时,由于社会、经济和科学技术的发展而引起的对环境和社会因素的日益关注,导致了产品生命周期概念和可持续性工业生产的出现。面对制造环境的复杂性、制造产品的复杂性以及制造本身的复杂性(包括制造系统结构的复杂性和制造过程的复杂性)的不断提高,企业能否在瞬息万变的市场竞争中立于不败之地,取决于企业的整体竞争能力,即取决于其能否通过信息集成、智能集成、资源集成、技术集成、过程集成、串并行工作机制集成、组织管理集成以及人机集成实现分布式协同求解,从而使企业的运作达到全局最优,资源得到合理的配置和利用,提高市场竞争力。虚拟制造使企业的全面集成成为可能,从而作为一种21世纪的新型制造策略和方法正越来越受到工业界和学术界的重视。

基于对当前虚拟制造研究和归纳总结,对虚拟制造的定义可分为3个方面:

① 虚拟制造作为一种哲理、一种制造策略,为制造业的发展指明了方向,在制造企业组织管理、产品开发过程、资源、工作机制等诸方面集成基础之上,使其成为一个有机整体,以达到提高整体的运作及全局最优决策的效能和市场竞争力的目的。

② 虚拟制造作为一种现代制造环境下的制造理论和方法论,为整个制造企业的产品开发过程提供实施虚拟制造的方法,为实现企业的全面集成提供指导原则、实施方法和途径。

③ 虚拟制造是一种在计算机技术支持下的集成的、虚拟的制造环境。

6.4.2 虚拟制造的功能要求

(1) 通过虚拟制造系统实现制造企业产品开发过程的集成和制造企业的全面集成;根据制造企业策略,在信息集成和功能集成的基础上,实现产品开发过程的集成;通过对整个产品开发过程的建模、管理、控制和协调,对企业资源、技术、人员进行合理组织和配置,面向产品的整个生命周期,实现制造企业策略与企业经营、工程设计和生产活动的集成(纵向集成)以及在产品开发的各个阶段分布式并行处理虚拟环境下多学科小组的协同工作(横向集成),快速适应市场和用户需求的变化,以最快的速度向市场和用户提供优质低价产品。

(2) 各种建模、仿真和分析技术和工具的大量使用,实现了虚拟产品设计/虚拟制造仿真闭环产品开发模式。虚拟制造系统能在产品开发的阶段,根据用户对产品的要求,对虚拟产品原型的结构、功能、性能、加工、装配、制造过程以及生产过程在虚拟环境下进行仿真,并根据产品评价体系提供的方法、规范和指标,为设计修改和优化提供指导和依据。由于虚拟产品原型的过程是在虚拟环境下进行的,所以大大缩短了开发时间,节约了研制经费,并且能够在产品开发的早期阶段发现可能存在的问题,使其在成为事实之前予以解决;又由于开发进程的加快,使设计、评价、修改从多次串行工作模式下的小的局部循环过渡到基于并行工作模式的整体大循环成为可能,并且能够实现对多个解决方案的比较和选择。

(3) 通过多层次、分阶段、多目标的决策支持,提高产品开发过程中的决策和控制能力。

(4) 通过虚拟制造系统在人与系统之间、人工智能与非人工智能技术、现实世界与虚拟的计算机制造环境之间、不同的产品开发过程之间等建立起了连接的纽带。在分布式并行处理环境下,在对产品开发过程多层次、分阶段、多目标的智能决策支持下,进行任务规划、调度、分配和协调。在评价系统支持下,在产品开发的不同阶段,根据不同的评价体系指标及规范,实现对产品和制造过程在时间、质量、成本等多个目标的评价,通过协同决策,提高企业的决策和控制能力,从而实现提高运行效率以达到全局最优的目标。

6.4.3 虚拟制造关键技术的研究

虚拟制造是近几年来国际上提出的,完整的理论体系还没有形成,其研究处于探索阶段。虽然某些基础单元技术已有了较深入的研究,但即使在欧美日等工业发达国家,目前也主要是分析虚拟环境下基础单元技术的要求,对其进行理论上的研究。虚拟制造对于很多工业部门来说,仍处于酝酿阶段,其关键技术的研究可分为以下4个层次:

1) 虚拟制造哲理的研究

虚拟制造哲理的研究为制造企业实现从精良制造向敏捷制造的转变提供了指导思想。在信息集成的基础上,通过组织管理、技术、资源和人机集成实现产品开发过程的集成。在整个产品开发过程中,在基于虚拟现实、科学计算可视化、多媒体等技术的虚拟使用环境、虚拟性能测试环境以及虚拟制造环境等虚拟环境下,在各种人工智能技术和方法的支持下,通过集成地应用各种建模、仿真和分析技术与工具,实现并行产品和过程开发以及对产品设计、制造过程、生产规划、调度和管理的测试,提高制造企业内各级决策和控制能力,提高整体的运作效能,实现全局最优决策和提高市场竞争力的目的。

2) 虚拟制造技术层

虚拟制造技术的研究为虚拟制造的实施和虚拟制造系统的建立提供理论和技术上的支持。它由3大主体技术群(建模技术群、仿真技术群、控制技术群)和一个支撑技术群组成。

(1) 建模技术群　是用来开发虚拟制造系统中各种模型的所有技术与方法。主要包括:产品、过程及生产系统建模技术;虚拟公司建模技术;虚拟制造环境与现实制造环境之间结构、功能等映射关系的管理、维护、监控和更新问题;基于分布式并行处理环境下的虚拟制造开放式体系结构的研究;面向整个产品生命周期综合经济模型和产品评价体系。

(2) 仿真技术群　是指运行和操作构成虚拟制造系统的各种模型的所有方法和技术。分布式交互仿真技术和虚拟现实技术在仿真中的应用,是虚拟制造对仿真提出的新要求。

(3) 控制技术群　是指建模过程、仿真过程所用到的各种管理、组织与控制技术与方法。包括:模型部件的组织、调度策略及交换技术;仿真过程的工作流程与信息流程控制;概念设计与制造方法、加工过程、成本估计集成技术;实现最佳设计的冲突求解技术;基于仿真的推理技术;模型及仿真结果的验证、确认技术;虚拟制造环境下,产品开发过程中的调度与控制机制的研究;以及面向产品开发过程的组织与管理等问题的研究。

(4) 支撑技术群　是指支持虚拟制造系统开发、控制与运行的基础性技术。主要包括:数据库技术;人工智能在制造企业各级组织、产品生命周期的各个阶段决策中应用的研究;系统集成技术;虚拟环境下分布式并行处理多智能主体协同求解技术与系统的研究,以及全局最优决策理论和技术的研究;综合可视化技术(虚拟现实技术、科学可视化技术、计算机仿真和多媒体技术)在虚拟制造环境构造中的应用;计算机软硬件技术以及通讯技术等。

3) 虚拟制造原型系统层

在虚拟制造哲理和技术研究的基础上,从以下 3 个方面研究和开发虚拟制造原型系统。

① 从产品整个生命周期的各个阶段出发,建立面向经营决策、产品决策、设计、制造,一直到产品的回收和再利用等各个阶段或整个生命周期的原型系统。

② 从制造企业的各个组成要素出发,面向技术、组织、管理、人员等各方面建立原型系统。

③ 根据原型系统规模的不同,可划分为单元级、过程级、企业级和虚拟公司级 4 种规模。

4) 虚拟制造集成开发平台层

在理论研究和虚拟制造原型系统的开发的基础上,从集成出发,对虚拟制造的通用功能、模块以及子系统等方面进行归纳整理,构造虚拟制造集成开发平台,建立能适应不同产品和制造环境的虚拟制造系统。主要研究内容有:虚拟制造集成开发平台体系结构的研究;构件库管理系统及构件集的建立;构件重用技术的研究;自适应开发界面的研究。

6.5 敏捷制造系统(AMS:Agile Manufacturing System)

6.5.1 敏捷制造概念

敏捷制造是将柔性生产技术、熟练掌握生产技能和有知识的劳动力,与促进企业内部和企业之间相互合作的灵活管理集成在一起,通过所建立的共同基础结构,对迅速改变或无法预见的消费者需求和市场时机作出快速响应。敏捷制造的特点可归纳如下:

① 能迅速推出全新产品,随着用户需求的变化和产品的改进,用户容易拿到欲买的重新组合产品或更新换代产品。

② 形成可重构并可不断改变的生产系统,即可重新编排、可重新组合、可连续更换的生产系统。

③ 形成信息密集的、生产成本与批量无关的新型制造系统。

④ 高质量的产品，在产品整个生命周期内使用户感到满意，不断发展的产品系列具有相当长的寿命。

⑤ 采用动态组织结构，生产技术和管理组织都具有很高的柔性，采用模块化组织结构和生产设备，建立虚拟公司。因为新产品投放市场的速度是一种重要的竞争优势，而推出新产品最快的办法通常是选用不同公司的组织资源，将它们综合成单一的靠电子手段联系的经营实体，即虚拟公司。

⑥ 通过人、管理、技术3种资源集成为一个协调的、相互关联的系统来实现敏捷性。充分调动人的积极性，最大限度发挥人的创造性，采用高度柔性设备和可改变结构、可量测的模块化制造单元和严密的通信数据标准，建立具有高度交互性的全国工厂网络，以便在企业各个部门间以及多个企业间进行并行工作。对企业内的并行工作不仅要包括工程设计与制造部门，而且要包括市场经营、财务、人力资源管理及其他所有部门。

敏捷制造是一个新概念，尚处于不断发展和完善中，敏捷制造在传统企业的基础上，强调在空间上的"全球化"，在时间上的"快速性"。"全球化"体现在通过组织动态联盟这样的一个新的合作、竞争和生产模式来适应持续多变、无法预测的市场变化；"快速性"要求敏捷企业能够动态灵活地、可重构地、集成地快速响应市场变化。

6.5.2 敏捷企业组织模型

构成企业间动态联盟的基础是一大批敏捷企业，所谓敏捷制造企业，是指能迅速响应客户需求，以敏捷动态优化的形式来组织新产品的开发及时交付客户及投放市场的有竞争优势的企业，见图6-5-1。敏捷企业必须协调顾客、供应商、合同设计商、合同制造商之间的关系，才能改善企业的敏捷性，而支撑企业敏捷性的支柱是动态灵活的组织、快速集成的支撑技术和具有高素质的员工。灵活的组织是发挥技术优势和人的因素的前提，一个企业只有通过有效地组织管理，才能迅速地响应市场，才能在竞争中求得生存发展。

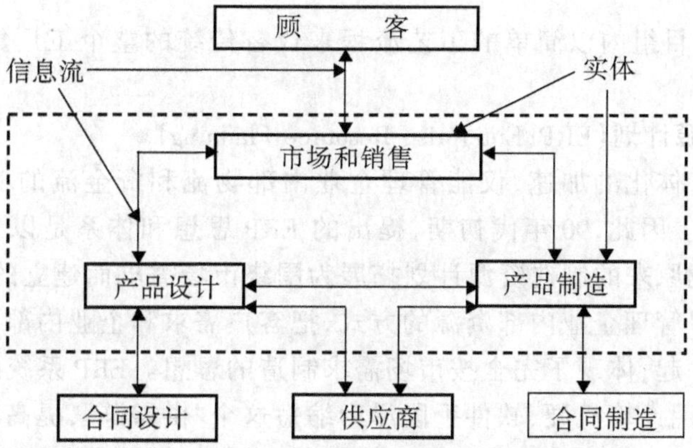

图 6-5-1　敏捷制造企业

1）组织模型

传统企业是按照基于功能的组织结构，是递阶控制结构。企业被划分为若干层次，每一层被化分为若干职能部门，在这种结构下.计划层层下达和执行，权力过分集中，底层操作人员缺乏自主权，计划缺乏灵活性，对市场需求不能作出敏捷响应。另一方面，每个职能部门相互分隔，备部门只能依赖相对狭义的本领域知识来制定相关的决策方案，容易因知识的片面性而忽略一些至关重要的因素，直接影响整体方案的质量。

在敏捷制造模式中，要求企业的组织方式必须是柔性、可变的。企业组织不再是今天的部门、车间等相对固定的组织结构，而是建立以项目经理或项目负责人为核心的项目组，这样才能适应迅速重组和解体的需要，才能满足不同项目需要有不同人员参加的要求。

企业可根据产品的复杂程度和相似度来划分项目组，产品与项目组的有下列三种关系：

(1) 一对一，即一个产品对应一个项目组，适合复杂程度小的产品；

(2) 一对多，即一个产品对应多个项目组，适合复杂产品，分成相对独立的分产品；

(3) 多对一，即多个产品对应一个项目组，适合相似产品或几个简单产品。

每个项目组分两层即管理层和操作层，管理层是项目经理及少数管理人员，是相对固定的；操作层按产品在不同时期有不同人数加入，是动态变化的。

2) 项目组的特性

(1) 灵活性　项目组的多少是随市场需求的产品而定，是灵活变化的，可及时重组和解体。

(2) 动态性　在整个产品生产周期中是动态变化的，有关职能人员根据需要加入小组，完成任务后，及时退出并返回原职能部门。

(3) 完整性　项目组要实现产品生产的“全过程”。

(4) 有序性　项目组的工作按先后顺序进行，如产品需求分析、产品设计、产品制造、产品测试、产品销售、产品售后服务等有序作业。

(5) 并行性　项目组工作虽然有序，但不一定按简单的串行方式连接，而是在时间坐标上有相互的重叠与交叉。小组内的成员并行工作，协同完成产品设计、制造、销售等任务。

(6) 独立性　项目组在企业内是相对独立的，项目负责人有权决策项目内的活动，企业领导负监督之责。

(7) 简单性　项目组内以简单的工艺流程来代替传统的整个工厂集中控制的、复杂的流程。

6.5.3　企业资源计划(ERP:Enterprise Resource Planning)

随着全球经济一体化的加速，仅能管理企业内部物流和资金流的 MRP II(制造资源计划)已不能满足需要。因此，90 年代初期，提出的 ERP 思想和体系是以 MRP II 为基础逐步发展起来的。ERP 把原来的制造资源计划拓展为围绕市场需求而建立的企业内外部资源计划系统。它突破了只管理企业内部资源的方式，把客户需求和企业内部的制造活动，以及供应商的资源融合在一起，体现了完全按市场需求制造的思想。ERP 系统的基本目标是将“供需链”有效运转并运用计算机硬、软件手段尽力缩短这个“供需链”，提高其运转效率，为企业产品质量、市场需求和客户满意提供保障，最终提高企业的市场竞争能力。

6.5.4　ERP 和敏捷制造

敏捷制造技术和 ERP 思想正越来越接近如下的共同目标：

① 在企业物理集成、信息集成和功能集成的基础之上，实现企业的过程重组和集成。

② 从以技术为中心向以人、组织、管理为中心转变。

③ 通过国际计算机网络将供需链上分散的、小型化的、专业化的制造企业有效地组织

起来，合理优化使用资源，走可持续发展道路。

④ 实现企业组织结构由金字塔式的多层次生产管理结构向扁平的网络结构转变。

⑤ 从传统的顺序工作方式向并行工作方式转变。

⑥ 从按功能划分部门的固定组织形式向动态的、柔性的小组工作组织形式转变。

6.5.5 敏捷制造系统(AMS:Agile Manufacturing System)

敏捷企业以产品为对象组织生产，基于项目组的企业组织管理方式下的生产制造系统是敏捷制造系统，是敏捷企业的基础，也是一个具有自主性、虚拟性和可重构性的制造系统。

1) AMS是自主制造系统

传统的企业是按功能单元或成组单元来组织生产。按功能单元组织生产，一个零件要流经许多部门。对一个部门来讲，他们不知道工件从何处来，到何处去，对工件的整个加工过程和交货期不负责，他们只知道应该做好自己部门的工作。因而，成品交货期长。若按成组单元组织生产，将不同产品的相似零件合并成零件族集中在一起加工，虽收到了扩大生产批量的好处，但同一产品的零件分散在不同的零件族和个同的生产单元，在不同的时间内加工制造，虽然每个零件族的加工周期缩短了，而对产品装配来说，则需要较长的零件配套期，因而增加了半产品的库存量，使装配时间拖长，影响交货期。

敏捷制造系统具有自主性，每个工件的加工过程、设备的利用以及人员的投入都由本单元自己掌握和决定，这种系统简单、易行、有效。再者，以产品为对象的敏捷制造系统，每个系统只负责一个或若干个同类产品的生产，易于组织小批或者单件生产，不同产品的生产可以重叠进行。系统内专业范围广泛的团队成员能够胜任小批量甚至单件生产，生产速度快，质量好，交货期大大缩短。一般一个项目组管理一个制造系统，如果项目组的产品较复杂时，可以将之分成若干单元，使每一单元对相对独立的分产品的生产负有责任，分单元之间分工明确，协调完成一个项目组的产品。

2) AMS是虚拟制造系统

AMS是一种以适应不同产品为目标而构造的虚拟制造系统，其特色在于能够随环境的变化迅速地动态重构，对市场的变化作出快速的反应，实现生产的柔性自动化。而柔性制造系统(FMS)有一定的局限性，主要表现在以下几个方面：

① FMS是固定的物理设备，受本身结构的限制，其加工的柔性有限；

② FMS结构固定，因而无法实现动态重构；

③ FMS的造价十分昂贵，购置多台FMS实现柔性自动化的代价过于高昂。

AMS就是在现有的生产设备或生产单元的基础上，按照一定的方式组成的适合敏捷生产模式的虚拟制造系统，它由若干可动态重构的制造单元组成，重构时，根据需要可以选择现有的制造单元或选择设备构成虚拟的制造单元。AMS随着市场需求的变化而组建，随着市场的消失而解体，更多地强调逻辑结构而非物理结构，强调软连接而非硬连接。因而AMS作为一种虚拟的制造系统，对其组成成分没有太高的要求，它们可以是FMS、FMC、DNC、加工中心、单台数控机床或普通加工设备。AMS强调加工设备在信息上的联接与集成，使生产系统的状态达到最优。同时，AMS的构造不受地理位置的约束，可以跨车间乃至跨厂，可以使企业之间充分地实现加工设备与资源的共享。它与FMS相比具有以下的优点：

① 可以充分利用现有的设备；

② 对设备的地理位置没有要求,可以跨车间、跨厂构成;

③ 可迅速动态重构;

④ 成本低,不必重新设计加工设备;

⑤ 单元与系统之间的关系是客户与服务器的关系。

3) AMS是可重构的制造系统

制造系统的敏捷性是指系统动态灵活地、可重构地、集成地、快速地响应产品变化的能力。敏捷性不同于柔性,柔性是指在设计一个新中产过程时,充分考虑到它们未来可能适应的范围。敏捷性是一种自适应性,AMS设计不是预先按规定的需求范围建立某过程,而是使制造系统从组织结构上具有可重构性、可重用性和可扩充性三方面的能力。它有预计完成变化活动的能力,通过对制造系统的硬件重构和扩充。适应新的生产过程,要求软件可重用,能对新制造活动进行指挥、调度与控制。

AMS的结构是开放的、可扩充的,并具有一定的柔性。所以AMS采用积木式的结构,以敏捷制造单元控制器的形式提供一种基础的框架结构(Framework),用模块(Module)表示单元中的每个设备、并通过标准接口与框架结构实现信息上的连接。因此,每个模块内部的细节都封装在模块内部,可以灵活地用于各种设备;要扩充敏捷制造单元只须插入新的模块即可;标准接口与框架结构也可以在一定程度上进行再定义,因此系统具有很高的柔性。

目前,敏捷制造还只是一个设想,其核心是使企业对面临的市场竞争作出快速响应,它所提出的一些新思想、新概念将会使制造业产生根本变化,促进制造业的发展,改变世界的生产和经济形势,对人类社会产生深远影响。

6.6 智能制造系统(IMS:Intelligent Manufacturing System)

6.6.1 智能制造概念

1985年美国的智能制造国家工程中心首先提出"智能制造(IM:Intelligent Manufacturing)"概念并投入研究,主要研究离散的智能制造单元技术,如制造过程的建模和加工模拟系统,制造知识智能处理系统和专家系统,设计和工艺规划的智能化数据库系统,制造过程监测、控制的智能化系统等,希望借此研制智能加工单元机——智能机床,并在此基础上按照一定的系统集成策略,在网络技术支持下,对智能单元进行集成,最终实现由传统的集中控制制造系统向分布式智能制造系统发展。

关于智能制造的定义,有众多说法。

1988年Wright P.K等人所著《制造智能》一书中提出智能制造的目的是:"通过集成知识工程、制造软件系统、机器人视觉和机器人控制来对制造技工们的技能与专家知识进行建模,以使智能机器在没有人工干预的情况下进行小批量生产。"

日本通产省机械信息产业局元岛直树先生认为"在具有国际可互换性的基础上,使订货、销售、开发、设计、生产、物流、经营等部门分别智能化,并按照能灵活对应制造环境变化等原则,使整个企业网络集成化。"智能制造主要研究开发的目标是:①企业整个制造工作的全面智能化,取代部分人的脑力劳动,强调整个企业生产经营过程大范围的自组织能力;②信息制造智能的集成和共享。

美国衣阿华大学工业工程系Andrew Kusiak教授在他所编《智能制造系统》一书中写道:

“制造技术和计算机技术的迅速发展带来了很多新问题。要解决这些问题,需要用现代的工具和方法。人工智能为解决复杂的工业问题提供了一套最适宜的工具。”

美国普度大学傅京孙教授在所编《人工智能及其应用》一书中写到,“人工智能(AI:Artificial intelligent)是计算机科学中涉及设计智能计算机系统的一个分支,这些系统呈现出与人类的智能行为如理解语言、学习、推理及解决问题等有关特性。许多人相信,通过对有关程序操作的研究,能够深入地了解人脑机理的本质。”

综合上面一些学者对智能制造的看法和分析,可以认为智能制造是指将专家系统、模糊推理、人工神经网络等人工智能技术应用于制造中,解决多种复杂的决策问题,提高制造系统的水平和实用性。人工智能的作用是要代替熟练工人的技艺,具有学习工程技术人员实践经验和知识的能力,并用以解决生产实际问题,从而将工人、工程技术人员多年来积累起来的丰富而又宝贵的实际经验保存下来,并能在生产实际中长期发挥作用。因此,目前正在纷纷研究开发发挥人的创造能力和具有人的智能(和技能)的制造系统。

在以人为系统的主导者这一总的概念指导下,对智能制造有两种看法和做法:

(1) 基于人的智能(或智能性技能)的制造。日本是持这种看法的代表,它提出的国际性研究开发项目“智能制造系统”就贯穿了这一思想。

(2) 以人为中心的制造。德、英等西欧国家是持这一看法的代表。

柔性制造、集成制造、智能制造是现代制造技术发展的三个阶段,柔性制造强调单件小批多品种生产的高度自动化和可变性;集成制造强调信息流和物质流集成;智能制造强调发挥人的创造能力,以人为系统的主导者,用机器实现人的思维活动。三者虽然不同,但关系十分密切,在集成制造系统中应用了不少人工智能技术,但在现阶段主要是起辅助支撑作用,然而智能促进了集成水平的提高。在智能制造系统中,集成是智能的重要支撑和基础。

6.6.2 智能制造技术内容

智能制造技术的内容大体上可以分为三个方面,即专家系统,模糊推理和神经网络。

(1) 专家系统　专家系统是当前主要的人工智能技术,它首先是要采集领域专家的知识,分解为事实与规则,存储于知识库中,通过推理作出决策。主要适于解决一些比较简单的确定性问题;在过程控制中,推理判断有一段延迟过程,不易满足实时性要求。

(2) 模糊推理　模糊推理又称模糊逻辑,它是依靠模糊集和模糊逻辑模型进行多个因素的综合考虑,采用关系矩阵算法模型、隶属度函数、加权、约束等方法,处理模糊的、不完全的乃至相互矛盾的信息。主要解决不确定现象和模糊现象,需要多年经验的感知来判断问题。

(3) 人工神经网络　人工神经网络是人脑部分功能的某些抽象、简化与模拟,由数量巨大的以神经元为主的处理单元互连构成,通过神经元的相互作用来实现信息处理。它可大规模并行分布处理信息,具有类似人的自学习、学习联想、自适应等能力。在智能控制、模式识别、非线性优化等方面有良好的应用前景,适于实时处理动态多变的复杂问题。

6.6.3 智能制造形式

(1) 智能机器　主要是指具有一定智能的数控机床、加工中心、机器人等,其中包括一些智能制造的单元技术,如智能控制、智能监测与诊断、智能信息处理等。

(2) 智能制造系统　智能制造系统由智能机器组成整个系统。包含制造过程的智能控制、作业的智能调度与控制、制造质量信息的智能处理系统、智能监测与诊断系统等。

6.6.4 智能制造技术研究

现阶段对智能单元的研究，虽然要求其具有一定的自学习、自校正、自我积累经验的智能化功能，以便能针对某一问题不断获取和完善其知识处理系统，但是，人的智能的作用以及与人工智能的合作集成，则是目前智能制造技术研究的发展方向。当前，智能制造技术的研究有以下几方面。

(1) 智能制造系统的构筑技术　主要有：自律分散制造技术、生产系统最佳体系结构的自动设计、从设计数据到制造工程的自动化技术、应用人工智能的生产管理、应用人工智能的质量管理、设备更新和设计支持技术、生产系统的评价技术等。所谓自律功能是指根据周围环境和自身作业状况信息进行判断，并根据判断结果自行调整以采取最佳行动的能力，与最佳适应控制的概念基本相同。

(2) 与生产有关的信息和通信技术　主要有：智能制造系统中知识库系统的构筑，用于制造系统的实时分散处理技术、生产仿真技术、应用模糊逻辑的生产控制技术、应用神经网络的生产控制技术、高功能网络接口技术、高精度图象处理技术等。

(3) 生产、加工技术　主要有：基于专家系统的生产控制技术、制造系统的容错技术、三维识别技术、数控的自律高功能化技术、自律机器人技术、自动运输车的自律判断技术、应用人工智能的自动检查技术、使用模糊推理的控制系统、作业和技能知识库的建造等。所谓容错技术是指便于在系统中发现错误和纠正错误的技术，它包括编码技术、诊断技术、指令复执、程序复执、待命系统及多机协同操作等。

(4) 与生产有关的人的因素　主要有：在生产和设计中人的因素，在高度自动化工厂中人的任务，生产环境最适化，语音输入技术，具有推理、学习功能的人机接口技术以及虚拟现实系统技术等。

6.7 并行工程(CE：Concurrent Engineering)

6.7.1 并行工程概念

在传统的工程生产中、制造业中产品的开发过程大都沿用从设计到制造的串行生产模式，如图 6-7-1 所示。产品从市场需求分析至形成原型产品的过程中，信息在每一环节工作结束后顺序地传递给下一环节，即每一个后面的环节必须等待前面环节完成后才开始，彼此间缺乏沟通。这样往往造成时间和效益的损失，特别是由于反馈信息的滞后，导致各生产环节较大的返工，使得过程中的各项设计和制造活动几乎没有能一次成功的。

而并行工程是利用计算机仿真技术，采用上、下游共同决策方式，在计算机上进行产品整个生命周期各个阶段的设计，使生产制造等后期产生的问题能在设计早期发现，及时处理。并行工程中信息传递是双向及时而不滞后的、争取产品在过程中的各项设计能一次成功。在产品设计阶段就集中相关环节的有关技术人员，对产品的性能和各项设计作出评估，及时改进设计，得到优化的结果，由此也可以基本上避免串行工程方式中不断反复的情况，这样就可以显著缩短研制周期，确保产品按时供应市场。产品并行生产模式如图 6-7-2 所示。并行工程是项目设计功能的并行开发，它要求在并行工程工作小组成员之间进行开放的和交互式的通信联系，以缩短从概念设计到正式投产的生产准备时间。并行工程强调在集成环境下的并行工作，它是 CIMS 的进一步发展方向。

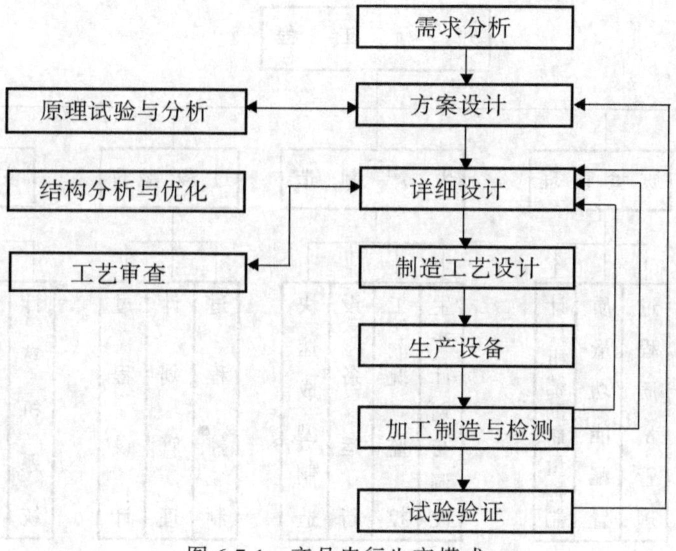

图 6-7-1　产品串行生产模式

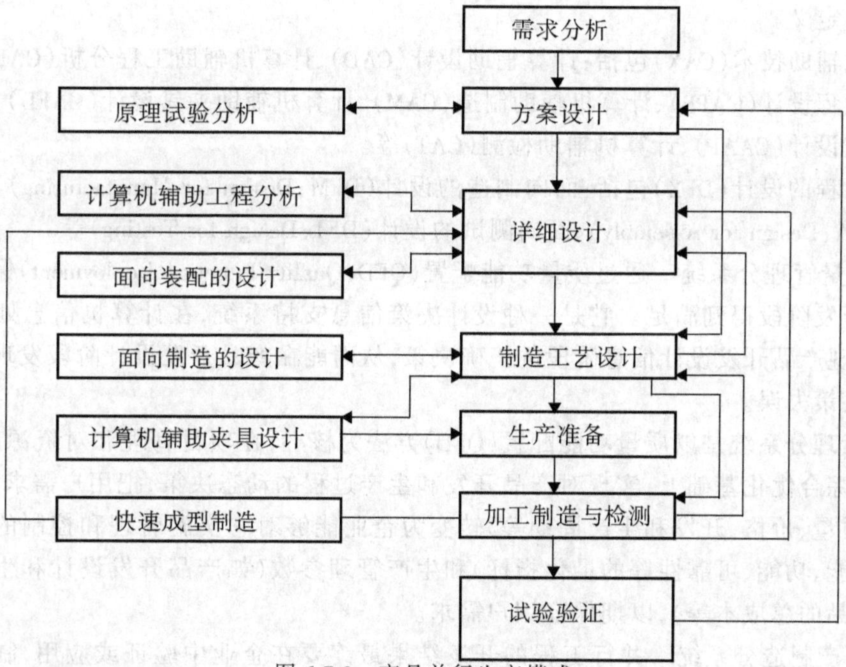

图 6-7-2　产品并行生产模式

6.7.2　并行工程的体系结构

并行工程通常由工程设计、质量管理、生产制造、过程管理、支持环境等 5 个分系统组成，其体系结构如图 6-7-3 所示。

(1)工程设计分系统　以计算机集成制造系统(CIMS)和计算机辅助技术(CAX)为基础，扩展面向工程的设计(DFX)功能，实现基于产品数据管理(PDM)的并行设计和产品全生命

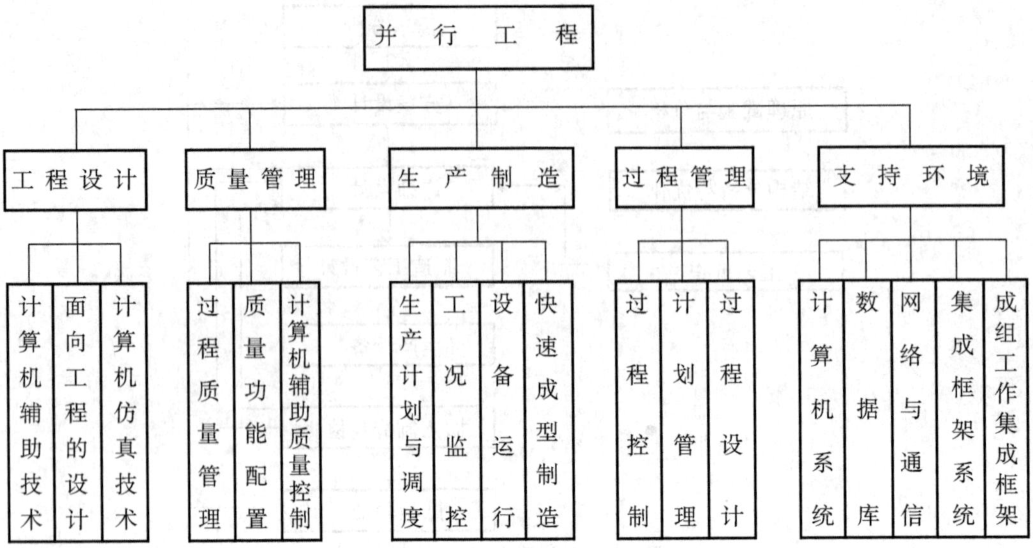

图 6-7-3　并行工程的体系结构

周期的数字定义。

计算机辅助技术(CAX)包括:计算辅助设计(CAD)、计算机辅助工程分析(CAE)、计算机辅助工艺过程设计(CAPP)、计算机辅助制造(CAM)、计算机辅助夹具设计(CAFD)、计算机辅助装配工艺设计(CAAP)、计算机辅助检测(CAT)等。

面向工程的设计(DFX)包括:面向制造的设计(DFM:Design for Manufacturing)、面向装配的设计(DFA:Design for Assembly)、面向测试的设计(DFT:Design for Testing)等。

(2) 质量管理分系统　通过质量功能配置(QFD:Quality Function Deployment)保证用户需求在产品开发阶段得到满足。它是一种设计决策信息支持系统,在计算机信息处理工具的支持下,实现产品开发设计信息阶段的正确决策,从而能在产品开发设计阶段发现和纠正设计过程的决策失误。

质量管理分系统是以质量功能配置(QFD)方法为核心,在项目管理和对资源(人、设备、时间等)的综合优化基础上,实现对产品开发和生产过程的动态决策,把用户需求(如产品性能、功能、质量、价格、开发和生产周期等)转变为企业能够对它实施管理和控制的工程参数(如产品性能、功能、可靠性等的量化指标)和生产管理参数(如产品开发设计和生产配套等的周期、产品的总成本等),以期保证用户需求。

(3) 生产制造分系统　并行工程的开发结果最终要在企业中验证或应用,制造出合格的产品。生产制造分系统的主要工作是调度仿真、工况监控和设备运行。对于一些重要零件,可采用快速成型制造(RPM)方法制造,以便及时验证,而真正实际制造则有待于在具体工厂中进行,因此,在并行工程中,生产制造分系统的工作是在计算机上进行的,是实际生产制造过程的计算机仿真。

(4)过程管理分系统　分析和建立产品开发过程,在支持环境下运用计算机手段对产品开发群组和产品开发过程进行管理和控制。其主要工作是:并行工程的过程设计、计划管理、过程控制。

(5)支持环境分系统　通过构造客户/服务器结构的计算机系统、异构的广域网络、数据库、计算机辅助技术软件及其开发工具、产品数据交换标准(STEP)、产品数据管理(PDM)等,使异地分布的产品开发群组能协同工作。

产品数据管理是管理所有与产品有关的信息和过程的技术,它将数据库的数据管理能力、网络的通信能力及过程的控制能力集合在一起,实现分布环境中产品数据的统一管理,它有力地支持了并行工程,是并行工程的重要技术之一。

并行工程的支持环境可以分为5个层次:

① 内部可操作的计算机环境　对不同计算机操作系统、平台、网络、数据库及用户接口之间实现异构互连,做到物理集成。

② 内部可操作的工具和任务　利用统一的数据交换标准和开放式集成框架,提供统一的图形化用户界面,实现数据与工具的互操作,并能为企业的不同用户提供直观的视图关系。

③ 产品数据管理　管理产品开发过程中产生的大量数据,并能自动维护版本更新与数据变更,做到产品数据管理的一致性和完整性,提供单一的产品数据源。

④ 过程管理　给参与并行设计人员提供一组指导性方法与过程,使他们在产品开发的早期就能考虑下游的需求,并能自觉接受下游人员的参与和建议,由上、下游共同决策。将产品开发过程的各项活动进行分解,变成框架中可操作的微循环工作流,实现产品开发过程管理到微循环工作流管理的转化。

⑤ 决策支持　其目的在于保持对产品开发周期内所发生的变化进行追踪,协助这些变化对过程产生影响,在产品开发设计的各个阶段交接时,能精确地指出上阶段中指标完成的情况,供下阶段选择方案时作"取舍"分析,帮助决策。

因此,并行工程的支持环境中包括计算机系统、数据库、网络与通信、集成框架系统等几个部分。

6.7.3　并行工程装配过程设计与加工过程设计

图6-7-4表示了产品设计与装配过程之间的关系。可以看出,产品设计各个阶段是并行开展的,面向装配的设计(DFA)作用于概念设计、零件造型设计和装配工艺规划的整个过程,体现了在时间上属于下游的装配工艺规划提到设计阶段并行解决这一并行工程哲理。产品设计与装配工艺规划分处上、下游,装配结构中的问题往往在装配工艺规划时才能发现,因此,应在装配结构设计阶段能够得到装配工艺规划的反馈信息,及时修改装配。图6-7-5表示了零件设计与加工过程之间的关系,可以看出,零件设计与工艺过程设计、夹具设计、数控加工等是并行的,面向制造的设计(DFM)作用于整个过程。

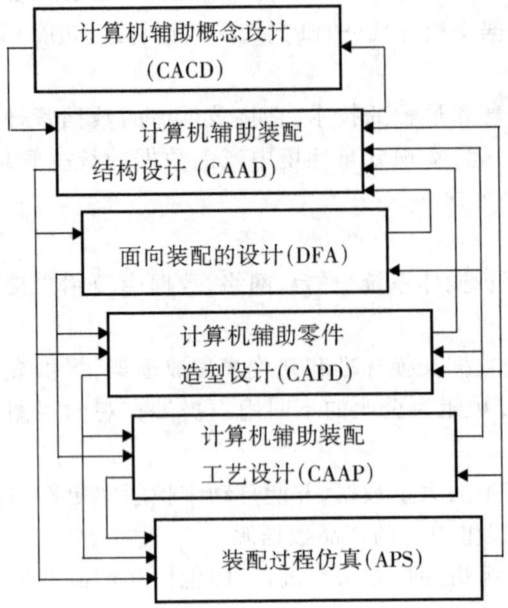

图 6-7-4 并行工程装配过程设计系统

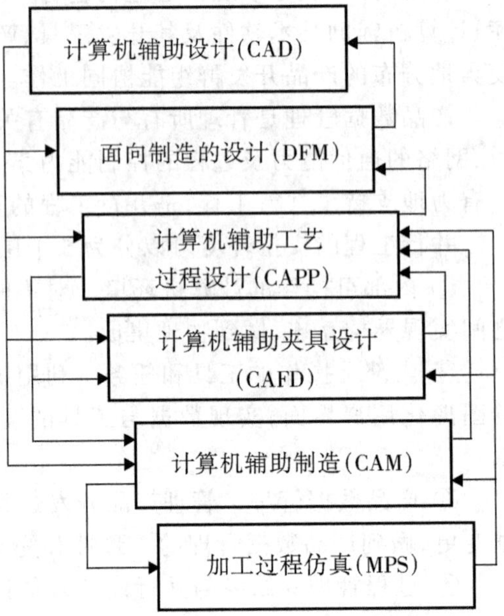

图 6-7-5 并行工程加工过程设计系统

6.7.4 并行工程的特点

(1) 基于集成框架系统的并行产品开发 并行工程的工作是在集成制造的基础上进行的。在实施并行工程中,产品开发是由经营管理、产品研究和开发、设计、制造以及后勤等部门的人员所组成的多功能产品开发队伍协同开发的,采用集成化和并行化的产品开发方式,并强调企业在产品生命周期的全过程中实现信息集成、功能集成和过程集成。集成框架系统是能使企业内各类应用工具实现信息集成、功能集成和过程集成的软件系统,是实施并行工程的基础。产品数据管理(PDM)是支持并行设计的一种领域集成框架,它进行产品生命周期的信息管理,实现产品数据的统一管理与共享,并提供产品数据资源。实施产品数据管理是应用并行工程方法与技术开发产品的关键之一。

(2) 并行有序地开发产品 并行设计是并行工程的主体,它利用计算机仿真技术等系列工程工具对产品开发的全生命周期进行并行而有序的设计,使在生产制造阶段才能发现的问题能够在设计的早期予以修正。更进一步说,使在下游才能发现的问题通过信息反馈,在上游就能修正。

(3) 群组协同工作 组织产品开发的协同工作组,实行"Team Work"工作方式。协同组成员来自所有职能部门(市场、设计、工艺、制造、销售),使得在产品开发的各个阶段都能对产品各方面问题进行通盘考虑,各成员同等重要,且都具备各自领域的专门知识和经验,能及时发现问题,作出决策。这能使他们所代表的职能机构在尽早的时候就开始工作,也就是使传统串行方式中需要顺序进行的工作,提前与其它工作并行地做。这样就可以预防和避免串行工作中诸如反馈滞后的各种问题,从而得到正确和优化的产品设计,提高设计的"一次成功率"。

(4) 面向工程的设计 面向工程的设计(DFX)是一种支持设计的工具总称,其概念已有很大扩展,逐渐覆盖了产品从设计、制造到使用、报废回收的整个生命周期,使在产品的设计阶段就能考虑到生产制造阶段的问题。面向工程的设计有:面向装配的设计(DFA)、面向制造的设计(DPM)、面向质量的设计(DFQ:Design for Quality)、面向可靠性的设计(DFR:Design for Reliability)、面向拆卸的设计(DFD:Design for Disassembly)等。

(5)计算机仿真技术　在并行工程中,计算机仿真占有很重要的地位,产品开发中的设计、制造等大多靠计算机仿真来描述、检验和验证。其主要内容有:

①装配过程仿真(APS:Assembly Process Simulation)　产品装配结构设计完成后,通过计算机仿真技术发现结构中可能存在的装配问题。

②加工过程仿真(MPS:Manufacturing Process Simulation)　在计算机构造的虚拟加工中心或其他数控设备上通过模拟实际数控程序的运动过程,来检验数控加工中的问题:如加工错误、碰撞和干涉、不适当的工艺参数、刀具磨损影响等,以保证最终加工的精度和可靠性。

③生产计划调度仿真(PPDS:Product Planning Dispatching Simulation)　用计算机仿真来制订生产计划和调度计划既快捷、准确,又形象,特别是在由于某些原因使计划变动,进行滚动计划、动态调度等情况下,则更能显示其优越性。

在计算机仿真中主要需要两类信息:①各种实体建模;②装配、加工、调度等的程序。进行仿真所需的软件主要是三维动画仿真、碰撞和干涉算法等。

6.7.5　并行工程的应用

并行工程自提出以来,受到国内外学术界、工业界和政府部门的重视。并行工程在航空、航天、机械、电子、汽车、建筑、化工等工业中的应用以越来越广泛,成为现代制造技术的重要内容之一。从1994年起每年举行1次国际并行工程学术会议,研究和探讨并行工程的理论、技术和方法,以促进全球制造技术水平的提高。并行工程正在迅速发展,其进一步的研究和应用主要有以下几方面:

(1) 并行工程作为一种哲理,越来越多地融合虚拟制造和拟实制造。通常认为计算机集成制造的重点在于实现企业的信息集成;并行工程是以信息集成为基础,实现产品开发过程的集成与并行;敏捷制造的目标是要实现企业间的集成,虚拟制造、拟实制造、企业经营过程重构等是实现其敏捷性的关键手段,而并行工程则是实现敏捷制造的基础。

(2) 并行工程是一种工程方法论,其目的是在产品设计的早期阶段就能考虑到工艺、制造,生产等后期工作的各个因素,以提高产品设计、制造的一次成功率,从而缩短产品开发周期,降低成本,增强企业的市场竞争能力。

(3) 产品数据管理(PDM)是实现并行工程的关键,有待进一步完善。产品数据管理集数据库的数据管理能力、网络通信能力和过程控制能力于一体,不仅能对分布环境中产品数据进行统一管理,而且能对并行工程予以有力支持,它是一门管理产品信息和产品生命过程的技术。

(4) 并行工程作为一种哲理,现阶段已成功地用于机械、电子、化工等工程领域,其应用范围已逐渐向建筑、水利、教育等更多领域发展。

主要参考文献

1 宋健.制造业与现代化．机械工程学报,2002,38(12):1～9

2 孙大涌主编．先进制造技术．北京:机械工业出版社,1999

3 王先奎主编．现代制造技术手册．北京:国防工业出版社,2001

4 王隆太主编．先进制造技术．北京:机械工业出版社,2003

5 蔡光起主编．机械制造技术基础．沈阳:东北大学出版社,2002

6 谢家瀛主编．机械制造技术概论．北京:机械工业出版社,2001

7 赵汝嘉主编．先进制造系统导论．北京:机械工业出版社,2002

8 唐一平改编．制造工程与技术(第4版)(英文改编).北京:高等教育出版社,2002

9 朱晓春主编．先进制造技术．北京:机械工业出版社,2004

10 高晓平主编．先进制造管理技术及其应用．北京:机械工业出版社,2004

11 刘飞等编著．制造系统工程.北京：国防工业出版社，1995

12 国家自然科学基金委员会工程与材料科学部,机械工程科学技术前沿编委会:机械工程科学技术前沿．北京：机械工业出版社,1996

13 王先奎主编.机械制造工艺学.北京：机械工业出版社,2003

14 郭宗连等.机械制造工艺学.北京：中国建材工业出版社,1997

15 李华主编.机械制造技术.北京：机械工业出版社,1997

16 韩秋实主编.机械制造技术基础.北京:机械工业出版社，1998

17 程序,吴国梁主编.机械制造工程原理.南京：东南大学出版社,1998

18 陈玉琨,赵云筑主编.工程材料及机械制造基础.北京：机械工业出版社,1997

19 戴曙主编.金属切削机床.北京：机械工业出版社,1997

20 刘跃南主编.机床计算机数控及其应用.北京:机械工业出版社,1997

21 顾维邦主编.金属切削机床概论.北京:机械工业出版社，1992

22 王辰宝主编.机械加工工艺基础.南京：东南大学出版社,1996

23 邓文英主编.金属工艺学.北京:高等教育出版社,1990

24 王启平主编.机械制造工艺学.哈尔滨:哈尔滨工业大学出版社,1995

25 陆剑中,孙家宁主编.金属切削原理与刀具.北京:机械工业出版社，1995

26 吴祖育,秦鹏飞主编.数控机床.上海：上海科学技术出版社,1990

27 陈日曜主编.金属切削原理.北京：机械工业出版社，1995

28 庞怀玉主编.机械制造工程学.北京:机械工业出版社，1998

29 秦宝荣主编.机床夹具设计.北京:中国建材工业出版社,1998

30 吴道全,万光珉,林树兴,吴能章主编.金属切削原理与刀具.重庆：重庆大学出版社，1996

31 杨先逵主编.计算机辅助机械制造.北京：清华大学出版社,1998

32 任仲贵主编.现代制造工程.上海:中国纺织大学出版社，1999

33 唐荣锡主编.柔性制造系统.北京:北京航空航天大学出版社,1994

34 徐兰如等译.柔性制造系统手册.北京:宇航出版社,1987

35 孙志挥主编.计算机集成制造技术.南京：东南大学出版社，1998

36 戴同主编.CAD/CAPP/CAM 基本教程.北京：机械工业出版社，1997

37 杜裴,黄乃康.计算机辅助工艺过程设计.北京:北京航空航天大学出版社,1994